普通高等医学院校护理学类专业第二轮教材

生物化学

（第2版）

（供护理学类专业用）

主 编　伊淑莹　龚明玉

主 审　翟　静（山东第一医科大学）

副主编　齐素华　杨银峰　龙石银　周太梅

编 者　（以姓氏笔画为序）

邓秀玲（内蒙古医科大学）

孔丽君（滨州医学院）

龙石银（南华大学衡阳医学院）

伊淑莹（山东第一医科大学）

齐素华（徐州医科大学）

池　刚（长治医学院）

孙　洁（佳木斯大学基础医学院）

杨笃晓（山东第一医科大学）

杨银峰（昆明医科大学）

李美宁（山西医科大学）

李素婷（承德医学院）

周太梅（湖南医药学院）

周芳亮（湖南中医药大学）

赵　敏（湖北中医药大学）

胡婧晔（贵州中医药大学）

黄延红（济宁医学院）

龚明玉（承德医学院）

中国健康传媒集团

中国医药科技出版社

内 容 提 要

本教材是"普通高等医学院校护理学类专业第二轮教材"之一，系根据本套教材编写总体原则、要求和生物化学课程教学大纲的基本要求及课程特点编写而成。全书包含绪论和 16 章内容，其中 1～4 章介绍了生物分子的基本结构与功能；5～12 章介绍了物质代谢及其调节；13～16 章介绍了遗传信息的传递。

本教材为书网融合教材，即纸质教材有机融合电子教材、教学配套资源（PPT、微课、视频、图片等）、题库系统、数字化教学服务（在线教学、在线作业、在线考试），使教学资源更加多样化、立体化。

本教材可供全国普通高等医学院校及相关院校的护理学类专业师生教学使用。

图书在版编目（CIP）数据

生物化学/伊淑莹，龚明玉主编 . —2 版 . —北京：中国医药科技出版社，2022.8

普通高等医学院校护理学类专业第二轮教材

ISBN 978 - 7 - 5214 - 3204 - 6

Ⅰ.①生…　Ⅱ.①伊…　②龚…　Ⅲ.①生物化学 - 医学院校 - 教材　Ⅳ.①Q5

中国版本图书馆 CIP 数据核字（2022）第 081576

美术编辑	陈君杞
版式设计	友全图文

出版　**中国健康传媒集团**｜中国医药科技出版社

地址　北京市海淀区文慧园北路甲 22 号

邮编　100082

电话　发行：010 - 62227427　邮购：010 - 62236938

网址　www.cmstp.com

规格　889mm×1194mm $\frac{1}{16}$

印张　17 $\frac{3}{4}$

字数　492 千字

初版　2016 年 8 月第 1 版

版次　2022 年 8 月第 2 版

印次　2024 年 1 月第 2 次印刷

印刷　三河市万龙印装有限公司

经销　全国各地新华书店

书号　ISBN 978 - 7 - 5214 - 3204 - 6

定价　**72.00 元**

获取新书信息、投稿、为图书纠错，请扫码联系我们。

出版说明

为了贯彻《中共中央、国务院中国教育现代化2035》"加强创新型、应用型、技能型人才培养规模"的战略任务要求，落实《国务院办公厅关于加快医学教育创新发展的指导意见》，紧密对接新医科建设对医学教育改革的新要求，满足新时代医疗卫生事业对人才培养的新需求，中国医药科技出版社在教育部、国家药品监督管理局的领导下，通过走访主要院校对2016年出版的全国普通高等医学院校护理学类专业"十三五"规划教材进行了广泛征求意见，有针对性地制定了第2版教材的出版方案，旨在赋予再版教材以下特点。

1. 立德树人，融入课程思政

把立德树人贯穿、落实到教材建设全过程的各方面、各环节。课程思政建设应体现在知识技能传授中厚植爱国主义情怀，加强品德修养、增长知识见识、培养奋斗精神灌输，不断提高学生思想水平、政治觉悟、道德品质、文化素养等。医学教材着重体现加强救死扶伤的道术、心中有爱的仁术、知识扎实的学术、本领过硬的技术、方法科学的艺术的教育，培养医德高尚、医术精湛的人民健康守护者。

2. 精准定位，培养应用人才

体现《国务院办公厅关于加快医学教育创新发展的指导意见》"立足基本国情，以服务需求为导向，以新医科建设为抓手，着力创新体制机制，分类培养研究型、复合型和应用型人才"的医学教育目标，结合医学教育发展"大国计、大民生、大学科、大专业"的新定位，注重人才培养应从疾病诊疗提升拓展为预防、诊疗和康养，以健康促进为中心，服务生命全周期、健康全过程的转变，精准定位教材内容和体系。教材编写应体现以医疗卫生事业需求为导向，以岗位胜任力为核心，以培养医工、医理、医文学科交叉融合的高素质、强能力、精专业、重实践的本科护理人才培养目标。

3. 适应发展，优化教材内容

教材内容必须符合行业发展要求：体现医疗机构对护理人才在临床实践能力、沟通交流能力、服务意识和敬业精神等方面的要求；体现临床程序贯穿于教学的全过程，培养学生的整体临床意识；体现国家相关执业资格考试的有关新精神、新动向和新要求；注重吸收行业发展的新知识、新技术、新方法，体现学科发展前沿，并适当拓展知识面，为学生后续发展奠定必要的基础；满足以学生为中心而开展的各种教学方法的需要，充分发挥学生的主观能动性。

4. 遵循规律，注重"三基""五性"

教材内容应注重"三基"（基本知识、基础理论、基本技能）"五性"（思想性、科学性、先进性、启发性、适用性）；"内容成熟、术语规范、文字精炼、逻辑清晰、图文并茂、易教易学"；注意"适用性"，即以普通高等学校医学教育实际和学生接受能力为基准编写教材，满足多数院校的教学需要。

5.创新模式，提升学生能力

在不影响教材主体内容的基础上要保留"案例引导""学习目标""知识链接""目标检测"模块，去掉"知识拓展"模块。进一步优化各模块的内容，培养学生理论联系实践的实际操作能力、创新思维能力和综合分析能力；增强教材的可读性和实用性，培养学生学习的自觉性和主动性。

6.丰富资源，优化增值服务内容

搭建与教材配套的中国医药科技出版社在线学习平台"医药大学堂"（数字教材、教学课件、图片、视频、动画及练习题等），实现教学信息发布、师生答疑交流、学生在线测试、教学资源拓展等功能，促进学生自主学习。

本套教材凝聚了省属院校高等教育工作者的集体智慧，体现了凝心聚力、精益求精的工作作风，谨此向有关单位和个人致以衷心的感谢！

尽管所有参与者尽心竭力、字斟句酌，教材仍然有进一步提升的空间，敬请广大师生提出宝贵意见，以便不断修订完善！

数字化教材编委会

主　编　伊淑莹　龚明玉
副主编　齐素华　杨银峰　龙石银　周太梅
编　者　（以姓氏笔画为序）
　　　　邓秀玲（内蒙古医科大学）
　　　　孔丽君（滨州医学院）
　　　　龙石银（南华大学衡阳医学院）
　　　　伊淑莹（山东第一医科大学）
　　　　齐素华（徐州医科大学）
　　　　池　刚（长治医学院）
　　　　孙　洁（佳木斯大学基础医学院）
　　　　杨笃晓（山东第一医科大学）
　　　　杨银峰（昆明医科大学）
　　　　李美宁（山西医科大学）
　　　　李素婷（承德医学院）
　　　　周太梅（湖南医药学院）
　　　　周芳亮（湖南中医药大学）
　　　　赵　敏（湖北中医药大学）
　　　　胡婧晔（贵州中医药大学）
　　　　黄延红（济宁医学院）
　　　　龚明玉（承德医学院）

本教材是"普通高等医学院校护理学类专业第二轮教材"之一，系根据本套教材编写要求编写而成。生物化学是在分子水平探讨生命本质的科学，也是目前自然科学中进展最迅速、最具活力的科学。随着现代生物化学与分子生物学的迅速发展，对许多生命现象的研究已经深入分子水平，生物化学内容涉及的范围愈来愈广，新知识、新技术层出不穷，已经渗透到医学各个领域。为落实《"健康中国2023"规划纲要》《中国教育现代化2035》等文件精神，充分体现教材的育人功能，突出教材的先进性、前沿性、实用性，对本教材进行修订。

本教材以护理专业综合职业技能和职业素质培养为目标，根据职业岗位能力和相应工作任务的要求结合课程特点设计编写内容，既注重生物化学基础知识的学习，又强调职业岗位技能的培养。本版教材在结构上保留了上一版的章节，内容中既介绍了生物分子的结构与功能、物质代谢和遗传信息传递的基础知识，又强调了物质代谢异常或基因表达异常与疾病的关系及药物治疗靶点。将糖代谢、生物氧化、脂质代谢、核苷酸代谢中一些较为繁杂的反应过程在内容上做了大幅度精简与整合，做到以"必需、够用"为度。遗传信息及其传递部分在保留基础知识的基础上将 RNA 生物合成与表达调控进行了整合，并将癌基因与抑癌基因的基本概念融入其中；常用的分子生物学技术及应用，修订过程中，进一步将基本原理和过程进行简化，将其内容与基因诊断和基因治疗进行了整合。

以上一版教材为基础，本版教材遵循价值塑造、知识传授和能力培养融为一体的编写思路，有机融合课程思政、立德树人等内容；更新了部分知识，纠正了上一版教材的疏漏，对语言不精炼、逻辑不严谨、表达不规范之处进行了修改；对不美观的图表进行了优化。本教材每章均设置了"学习目标""知识链接""本章小结"和"目标检测"等模块，其中"学习目标"给本章学习提出了明确的要求，便于学生学习时抓住重点和要点；"知识链接"通过较活泼的形式编写与该知识点有关的内容，便于学生理解、记忆或应用相关知识；"本章小结"便于复习、总结；"目标检测"则具有启发性，与临床知识密切联系。绝大部分章节编写了"案例引导"，一方面通过适当的临床案例提高学生的学习兴趣，让学生带着问题去学习；另一方面使基础知识与临床实践紧密结合。

本教材为书网融合教材，即纸质教材有机融合电子教材、教学配套资源（PPT、微课、视频、图片等）、题库系统、数字化教学服务（在线教学、在线作业、在线考试），使教学资源更加多样化、立体化。本教材主要供全国普通高等医学院校及相关院校护理学类专业师生教学使用。

本教材编者均为长期从事医学院校生物化学教学的一线教师，并有一定教材编写经验。在编写过程中，大家齐心协力，并得到了参编院校领导及所有编者的大力支持，在此一并表示衷心感谢。受编者能力所限，书中难免存在不足之处，敬请广大读者提出宝贵意见，以便修订时完善。

编　者
2022 年 4 月

目 录 CONTENTS

绪　论

生物化学（biochemistry）是研究生物体内化学分子与化学反应的基础生命科学，即在分子水平上探讨生命现象的本质。生物化学的任务主要是研究生物体的化学组成，各种生物分子的结构、功能以及在生命活动中的化学变化规律及其调节、遗传的分子基础及其传递规律。从早期对生物体组成的研究，进展到对各种组织和细胞成分的精确分析、物质代谢的精密调节以及遗传信息的表达规律和调节。目前正在运用诸如光谱分析、X射线衍射、电子显微镜以及其他物理学、化学技术，对重要的生物大分子（如蛋白质、核酸等）进行分析，以期说明这些生物大分子的多种多样功能与它们特定结构的关系。生物化学的理论与技术为生命科学的共同语言和前沿学科，并已经渗透到其他基础医学和临床医学各个领域，是目前自然科学中进展最迅速、最具活力的领域，对推动医学各学科的发展做出重要的贡献。

第一节　生物化学发展简史

生物化学是一门年轻的学科，是在化学、生物学和生理学的基础上孕育并发展起来的。1903年，C. Neuberg首次使用"生物化学"这一名词。生物化学的发展经历了叙述生物化学、动态生物化学和分子生物学三个阶段。

1. 叙述生物化学阶段　18世纪中期至19世纪末是叙述生物化学阶段，也是现代生物化学研究的初级阶段。生物化学家明确了很多关于生命体物质的组成和结构，主要对糖、脂质和氨基酸进行了较为详细的研究，发现了核酸。德国科学家H. E. Fischer首先提出氨基酸是通过肽键（—CONH—）结合所形成的多肽，并在此基础上合成了简单的多肽。E. Buchner发现了无细胞发酵现象，为物质代谢和酶学研究奠定了基础。

2. 动态生物化学阶段　从20世纪初开始生物化学发展进入动态生物化学阶段。随着同位素示踪技术的进步，物质代谢和能量转换的研究有了迅速发展。此阶段已基本弄清各代谢途径及其相互联系，并构成了一幅较为完整的代谢通路图，包括葡萄糖、脂肪酸和氨基酸代谢产生乙酰辅酶A的过程、乙酰辅酶A经三羧酸循环（1937年由H. Krebs提出）氧化与氧化磷酸化产生高能磷酸化合物的过程等。在此阶段还发现了维生素、必需脂肪酸和必需氨基酸，发现了激素，并对激素的作用有了初步认识。1926年，J. B. Sumner第一次提纯和结晶出尿素酶，证明了酶的本质是蛋白质。1953年，F. Sanger完成了胰岛素的氨基酸全序列分析，这是第一个确定了氨基酸顺序的蛋白质。随着X射线衍射分析技术的发展，这一阶段对蛋白质一级结构和空间结构以及蛋白质在生命活动中的重要性有了相当认识，也逐步确定了蛋白质是生命的主要基础物质。

3. 分子生物学阶段　虽然在19世纪70年代F. Miecher就发现了核酸，但在此后的半个多世纪中并未引起科学家们的重视，直至1944年O. T. Avery等证明了肺炎球菌转化因子是DNA，才引起人们对核酸的高度重视。1948—1953年，Chargaff运用紫外分光光度法结合纸色谱技术证明并提出了DNA分子中A＝T、G＝C的Chargaff法则；1953年，J. D. Watson和F. H. Crick合作提出了DNA双螺旋结构模型。DNA双螺旋结构的发现确立了核酸作为信息分子的结构基础，提出DNA复制的可能模型，为20世纪后半叶分子生物学的崛起奠定了基础。1958年，Messlson和Stahl用^{15}N标记和超速离心分离实验为DNA

半保留复制提供了证据，其后又逐步阐明了 RNA 合成和蛋白质合成的机制。

1973 年，Conhen 建立了体外重组 DNA 技术，标志着基因工程的诞生，使得基因工程产品在农业、医药方面得到广泛的应用。例如 1979 年，美国基因技术公司首先用人工合成的胰岛素基因进行重组并转入大肠埃希菌，成功表达了人胰岛素。目前已经有重组人乙型肝炎疫苗、人干扰素、人白介素 - 2、各种刺激因子等多种基因工程疫苗和药物广泛应用。基因诊断与基因治疗是基因工程技术用于医学领域的另一个重要方面，目前基因诊断为疾病的个体化治疗提供依据；多种疾病的基因治疗也已经进入临床和实验室研究阶段。

目前分子生物学已经从研究单个基因发展到研究生物整个基因组的结构与功能。在对低等生物基因组研究的基础上，1985 年，美国学者提出了人类基因组计划（human genome project）研究的设想。该项研究于 20 世纪 90 年代启动，由世界多个国家合作于 2001 年发表了人类基因组工作草图。这些研究结果进一步加深了人们对生命本质的认识，为后基因组研究奠定了基础。在功能基因研究的基础上，1994 年，M. Wilkins 又提出了蛋白质组学（proteomics），包括蛋白质的结构与功能、定位、相互作用及表达特点等。1997 年，科学家又提出了转录组学（transcriptomics），随后，代谢组学（metabolomics）、脂质组学（lipidomics）、免疫组学（immunomics）、糖组学（glycomics）等也相继被提出，并成为生物化学及相关领域的研究热点，同时极大地推动着医学的发展。

4. 中国科学家对生物化学发展的贡献　公元前 21 世纪，我国人民已能以曲为"媒"（酶）完成酿酒，后来利用蛋白质纯化的知识制作豆腐等食品。我国近代生物化学家在生物化学研究方面做出了重要贡献，例如我国生物化学家吴宪等在血液化学分析方面首先创立了无蛋白质血滤液的制备和血糖测定方法；在蛋白质研究中提出了蛋白质变性学说；在免疫化学方面首先使用定量分析方法研究抗原 - 抗体反应的机制。1949 年后，我国生物化学家取得了更为显著的成果。1965 年我国首先合成了具有生物活性的牛胰岛素；1981 年首次人工合成了具有生物学活性的酵母丙氨酸 tRNA，这是我国在生命科学史上又一重要里程碑；我国的科学家也参与完成了人类基因组草图的一部分工作，做出了一定贡献；近年来在基因工程、蛋白质工程、新基因的克隆与功能研究等方面均取得了重要成果，施一公、颜宁等结构生物化学家在蛋白质结构、生物膜结构与功能方面的研究取得了举世瞩目的成就。

第二节　生物化学研究的主要内容

随着生物化学不断发展及其应用范围的日益扩大，生物化学研究内容也越来越广泛。本教材根据专业特点主要介绍以下内容。

1. 生物分子的结构与功能　包括蛋白质、核酸、酶、维生素与无机盐的分子结构，主要理化性质和功能以及结构与功能的关系。

2. 物质代谢及其调节　包括糖代谢、生物氧化、氨基酸代谢、核苷酸代谢、物质代谢联系与调节，重点阐述主要代谢途径、各条代谢途径的起始物、关键酶、重要的中间产物、终产物、物质代谢与能量代谢的关系以及各条代谢途径的相互联系、物质代谢的调节和意义；另外，此部分内容还包含了血液生物化学和肝生物化学。

3. 遗传信息传递及其调控　阐明遗传学中心法则所提示的信息流向，包括 DNA 生物合成、RNA 生物合成与转录调控、蛋白质生物合成；同时包括了分子生物学常用技术及应用。

第三节 生物化学与医学各学科的关系

近年来，生物化学、分子生物学已渗透到基础医学和临床医学各学科。遗传学、组织与胚胎学、生理学、微生物学、免疫学、药理学及病理学等基础医学的研究均已深入分子水平，并应用生物化学与分子生物学的理论和技术解决各学科的问题，由此产生了生化药理学、分子遗传学、分子免疫学、分子病毒学、分子药理学、分子病理学等新学科。同样，生物化学与临床医学各学科的关系也很密切，许多疾病的发生、发展机制需要在分子水平加以探讨，同时可以运用生物化学、分子生物学的理论和技术来诊断、治疗和预防多种疾病。近年来，由于生物化学与分子生物学的研究进展飞快，大大加深了人们对心血管疾病、恶性肿瘤、神经系统疾病、免疫性疾病等重大疾病的认识，并出现了易感基因检测等诊断技术，使易感患者可以采取相关措施提前预防，并为个体化治疗提供了依据。相信在生物化学与分子生物学研究成果的基础上，医学的发展会有新的突破。

（伊淑莹　龚明玉）

第一章　蛋白质的结构与功能

　　生物体是由物质组成的不均一体系，各种物质分布合理、变化协调，可与外界进行物质交换，并具有自我更新能力。生物体组成的最主要特征是含有大量的蛋白质（protein）和核酸（nucleic acid）。病毒（virus）能够生长、繁殖、遗传、致病，却没有最简单的细胞形态，只是一种蛋白质与核酸结合而成的核蛋白（nucleoprotein）。例如，烟草花叶病毒（TMV）能使烟草致病，人们将其纯化结晶，在储存数年后再接种到宿主烟叶上，它仍然能够生长、繁殖并使烟叶感染花叶病，同时病毒核蛋白也大量增加，这说明核蛋白是最简单的生命形式。近年来，一类只有蛋白质而没有核酸的病原体——朊病毒（prion）被发现，若其结构发生某种特定的改变，则可引起动物或人的神经退行性病变。朊病毒打破了"病毒必须有核酸"的传统观念。

　　蛋白质是生物体内含量最丰富的大分子物质，约占人体固体成分的45%；蛋白质分布广泛，所有的组织器官都含有蛋白质；蛋白质种类繁多，即使在单细胞生物中所发现的蛋白质也有数千种；生物体结构越复杂，其蛋白质种类越多而且功能也越多样，蛋白质是生命的物质基础。

　　蛋白质生物学功能呈现多样性，主要体现在以下方面。

　　1. 酶　某些蛋白质是酶，能催化生物体内的化学反应。如胰脂肪酶可催化肠腔中脂肪的水解，DNA聚合酶参与DNA的复制和修复。

　　2. 调节蛋白　某些蛋白质是激素，可调节物质代谢。如调节糖代谢的胰岛素、与生长和生殖有关的促甲状腺素、促生长素生成素和卵泡刺激素，以及促肾上腺皮质激素、抗利尿激素、胰高血糖素和降钙素等都是肽类激素。另外，许多激素的信号常常通过G蛋白（鸟苷酸结合蛋白）介导。还有一些蛋白质可结合DNA或RNA，调节转录和翻译。

3. 转运蛋白 某些蛋白质具有运载功能，可结合小分子物质，在细胞内、细胞间、血液中、不同组织间进行运输。如血红蛋白是转运 O_2 和 CO_2 的工具，血清清蛋白可运输游离脂肪酸及胆红素等。

4. 收缩或运动蛋白 某些蛋白质赋予细胞和器官收缩的能力，可使其改变形状或运动。如骨骼肌收缩靠肌动蛋白和肌球蛋白，微管蛋白与鞭毛、纤毛中的动力蛋白协同推动细胞运动。

5. 防御蛋白 免疫球蛋白（抗体）抵御外来的有害物质。

6. 营养和储存蛋白 如卵清蛋白和牛奶中的酪蛋白可提供丰富的氨基酸，某些植物、细菌及动物组织中发现的铁蛋白可以储存铁。

7. 结构蛋白 提供结缔组织和骨基质，以形成组织形态，使生物体结构具有足够的强度。如肌腱和软骨的主要成分是胶原蛋白，它具有很高的抗张强度；韧带含有弹性蛋白，具有双向抗拉性质；头发、指甲和皮肤主要由坚韧的不溶性角蛋白组成；蚕丝和蜘蛛网的主要成分是纤维蛋白；某些昆虫的翅膀具有近乎完美的回弹特性，它是由节肢弹性蛋白构成；染色体中的蛋白质可保护 DNA，维持并调节其功能；低温海水中某些鱼类血液中含有抗冻蛋白，保护血液不被冻凝。

蛋白质是各种生命现象的主要体现者，被称为"功能大分子"。

⊕ **知识链接**

功能蛋白质组学

蛋白质组学是在整体水平上研究细胞内所有蛋白质的种类、数量及其动态变化规律的新领域。同一生物个体的不同细胞中基因组相同，而蛋白质有其自身的组成及活动规律，如蛋白质的修饰、定位、结构变化，蛋白质之间相互作用、蛋白质与其他生物分子相互作用等，均无法在基因水平上获知。不同发育阶段的细胞内或同一个体的不同细胞中，蛋白质种类和数量也各不相同。功能蛋白质组学先锁定蛋白质群体，继而将不同的蛋白质群体统计组合，逐步描绘出细胞的"全部蛋白质"图谱。然后，利用计算机图像分析技术进行比较，从中发现重要的蛋白质群体及其活动规律和关键蛋白质，并创建各种细胞的蛋白质组数据库。21 世纪生命科学的重心将从基因组学转到蛋白质组学。中国是国际蛋白质组计划的重要参与者，我国科学家在肝细胞癌蛋白质组研究领域已取得举世瞩目的突破。

第一节 蛋白质的分子组成

PPT

来自各种生物的蛋白质种类繁多、结构各异，但元素组成相似且含量稳定，含碳 50% ～55%、氢 6% ～8%、氧 19% ～24%、氮 13% ～19% 和硫 0% ～4%；有些蛋白质还含有少量磷或金属元素铁、铜、锌、锰、钴、钼等，个别蛋白质还含有碘。

各种蛋白质的含氮量很接近，平均为 16%。生物体含氮物又以蛋白质为主，因此，在对生物来源的各种样品进行定性及定量分析时，氮被确定为蛋白质的标志性元素。测定生物样品中的含氮量，就可以按下式推算出样品中蛋白质的大致含量。

$$样品中蛋白质含量 = 样品中含氮量 \times 6.25$$

⇒ 案例引导

案例 2008 年 4~6 月，某医院儿科收治了多名婴幼儿患者。患儿大多有不明原因哭闹，排尿时尤甚，精神状态较差，厌食、伴有呕吐；排尿量减少，甚至肉眼可见血尿。B 超检查发现患儿双肾肿大，肾盂、输尿管、膀胱等部位有结石。临床诊断为泌尿系统结石。医生询问喂养史，发现这些患儿均有食用××牌奶粉 3~6 个月不等的经历。经相关部门调查，发现该品牌奶粉中添加了三聚氰胺。

讨论 1. 奶粉中为什么要加入三聚氰胺？

2. 食品中蛋白质含量检测有哪些方法？

3. 作为一名护理人员，如何去关爱这样的临床患儿？

一、氨基酸的结构与分类

蛋白质是高分子化合物，可以受酸、碱或蛋白酶作用而水解成为其基本组成单位——氨基酸（amino acid）。对蛋白质水解液中的各种氨基酸进行分离鉴定，可确定其分子组成。

（一）氨基酸的一般结构

自然界有 300 多种氨基酸，但人体蛋白质水解生成的基本氨基酸只有 20 种，其结构具有共同特点，即与羧基共价连接的 α-碳原子上共价连接一个氨基，称 α-氨基酸。由于氨基酸结构中的 α-碳原子为不对称碳原子，因而具有旋光异构性，分为 D 型和 L 型两种。组成人体蛋白质的 20 种氨基酸，除甘氨酸无旋光异构性外，其他均属于 L-α-氨基酸，结构通式见图 1-1。

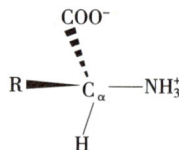

图 1-1 L-α-氨基酸结构通式

生物体内还有很多 L-α-氨基酸，不作为蛋白质的组成成分，但具有其他重要功能，如参与鸟氨酸循环的鸟氨酸、瓜氨酸和精氨酸代琥珀酸。

生物界中已发现的 D 型氨基酸大多存在于某些细菌产生的抗生素及个别植物的生物碱中。

（二）氨基酸的分类

组成人体蛋白质的 20 种 α-氨基酸的名称、结构和等电点见表 1-1。根据侧链（R）基团的结构和理化性质可分为 5 类：①非极性脂肪族氨基酸；②极性中性氨基酸；③芳香族氨基酸；④酸性氨基酸；⑤碱性氨基酸。

表 1-1 氨基酸分类

结构式	中文名	英文缩写	等电点
①非极性脂肪族氨基酸			
H—CH—COO⁻ ‖ NH₃⁺	甘氨酸	Gly（G）	5.97
CH₃—CH—COO⁻ ‖ NH₃⁺	丙氨酸	Ala（A）	6.00
CH₃—CH—CH—COO⁻ ‖ ‖ CH₃ NH₃⁺	缬氨酸	Val（V）	5.96

续表

结构式	中文名	英文缩写	等电点
CH₃—CH—CH₂—CH—COO⁻ （ CH₃ / NH₃⁺ ）	亮氨酸	Leu（L）	5.98
CH₃—CH₂—CH—CH—COO⁻ （ CH₃ / NH₃⁺ ）	异亮氨酸	Ile（I）	6.02
（脯氨酸环状结构）N⁺H₂—COO⁻	脯氨酸	Pro（P）	6.30
CH₂—CH₂—CH—COO⁻ （ S—CH₃ / NH₃⁺ ）	甲硫氨酸	Met（M）	5.74
②极性中性氨基酸			
CH₂—CH—COO⁻ （ OH / NH₃⁺ ）	丝氨酸	Ser（S）	5.68
CH₃—CH—CH—COO⁻ （ OH / NH₃⁺ ）	苏氨酸	Thr（T）	5.60
CH₂—CH—COO⁻ （ SH / NH₃⁺ ）	半胱氨酸	Cys（C）	5.07
H₂N—C—CH₂—CH—COO⁻ （ O / NH₃⁺ ）	天冬酰胺	Asn（N）	5.41
H₂N—C—CH₂—CH₂—CH—COO⁻ （ O / NH₃⁺ ）	谷氨酰胺	Gln（Q）	5.65
③芳香族氨基酸			
（苯环）—CH₂—CH—COO⁻ （ NH₃⁺ ）	苯丙氨酸	Phe（F）	5.48
HO—（苯环）—CH₂—CH—COO⁻ （ NH₃⁺ ）	酪氨酸	Tyr（Y）	5.66
（吲哚环）—CH₂—CH—COO⁻ （ NH₃⁺ ）	色氨酸	Trp（W）	5.89
④酸性氨基酸			
⁻OOC—CH₂—CH₂—CH—COO⁻ （ NH₃⁺ ）	谷氨酸	Glu（E）	3.22
⁻OOC—CH₂—CH—COO⁻ （ NH₃⁺ ）	天冬氨酸	Asp（D）	2.98
⑤碱性氨基酸			
HN—CH₂—CH₂—CH₂—CH—COO⁻ （ C=NH₂⁺ / NH₂ ） （ NH₃⁺ ）	精氨酸	Arg（R）	10.76

续表

结构式	中文名	英文缩写	等电点
$CH_2-CH_2-CH_2-CH_2-CH-COO^-$　NH_3^+　NH_3^+	赖氨酸	Lys（K）	9.74
（咪唑环）$-CH_2-CH-COO^-$　NH_3^+	组氨酸	His（H）	7.59

1. 非极性脂肪族氨基酸　R 基团为非极性疏水，该类氨基酸在水中溶解度小。

2. 极性中性氨基酸　R 基团为极性亲水但不能电离，该类氨基酸在水中溶解度大。

3. 芳香族氨基酸　包括苯丙氨酸、酪氨酸和色氨酸，结构中含有芳香环。

4. 酸性氨基酸　包括谷氨酸和天冬氨酸，其结构中除 α-羧基外，R 基团中还有一个羧基可以电离出 H^+，在生理条件下带负电荷，且在水中溶解度很大。

5. 碱性氨基酸　包括精氨酸、赖氨酸和组氨酸，其结构中除 α-氨基外，R 基团中还有可结合 H^+ 的氨基等基团，在生理条件下带正电荷，且在水中溶解度很大。

由于氨基酸的 R 基团结构多样、性质各异，导致蛋白质结构、性质和功能复杂多样。

还有一些氨基酸的 R 基团具有特殊结构，使这些氨基酸具有特殊性质和作用。例如：①丝氨酸、苏氨酸和酪氨酸中的羟基（—OH）是磷酸化修饰的主要位点，对于调节蛋白质活性具有重要作用；②脯氨酸属亚氨基酸，α-氮原子在杂环中活动受限，对蛋白质的局部空间构象有重大影响；③半胱氨酸结构中的巯基（—SH）还原性很强，两个半胱氨酸之间通过巯基脱氢形成二硫键（—S—S—），生成胱氨酸（图 1-2），对于维持蛋白质的空间构象具有重要作用。

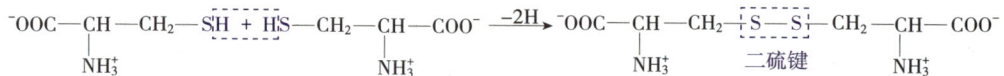

图 1-2　半胱氨酸与二硫键

20 种基本氨基酸构成蛋白质之后，有些氨基酸必须被修饰，才能保证蛋白质具有正常的功能。如两个半胱氨酸通过二硫键形成胱氨酸；羟基化修饰形成羟脯氨酸和羟赖氨酸；氨基酸的 R 基团还可以被甲基化、甲酰化、乙酰化及磷酸化等。

二、氨基酸的理化性质

1. 氨基酸的两性解离性质　所有氨基酸都含有碱性的 α-氨基和酸性的 α-羧基，能在酸性溶液中与质子（H^+）结合而呈阳离子（$—NH_3^+$）；也能在碱性溶液中与 OH^- 结合，失去质子而变成阴离子（$—COO^-$）；加上其他各种可解离基团，氨基酸是典型的两性电解质。

氨基酸所处环境的酸碱度对其解离方式及带电特征有直接影响（图 1-3），在不同酸碱度的溶液中可以带正电，也可以带负电。在特定 pH 环境中，某种氨基酸电离成阳离子与电离成阴离子的趋势和程度相等，净电荷数为零，称为兼性离子，此时溶液的 pH 称为该氨基酸的等电点（isoelectric point，pI）。主要氨基酸的等电点见表 1-1。

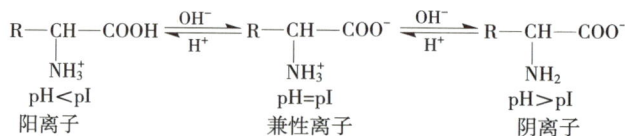

图 1-3　氨基酸的两性解离

2. 芳香族氨基酸的紫外吸收性质　色氨酸、酪氨酸因结构中含有共轭双键，在280nm波长附近具有最大的光吸收峰（图1-4），由于大多数蛋白质均含有这两种氨基酸残基，所以测定蛋白质溶液在280nm处的吸光度，是一种简便的蛋白质定量方法。

苯丙氨酸也有较弱的类似性质。

3. 氨基酸的茚三酮反应　氨基酸与茚三酮的水合物共同加热，经特定的化学反应生成蓝紫色化合物，其颜色的深浅与氨基酸的含量成正比，其最大吸收峰在570nm波长处，可作为氨基酸的定性、定量分析方法。脯氨酸和羟脯氨酸与茚三酮反应呈黄色，天冬酰胺与茚三酮反应生成棕色产物，也有定性、定量意义。

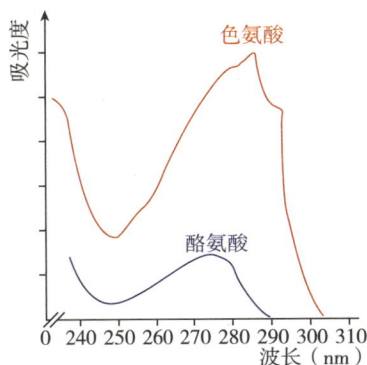

图1-4　色氨酸、酪氨酸的紫外吸收特征

三、肽键和肽链 📱微课

1. 氨基酸通过肽键连接形成肽　一分子氨基酸的 α-羧基与另一分子氨基酸的 α-氨基脱水缩合形成的共价键（—CO—NH—）称为肽键（peptide bond）（图1-5）。两分子氨基酸缩合成为二肽，二肽仍有自由 α-氨基和 α-羧基，能同样借肽键与其他氨基酸缩合成三肽，相同的反应可继续进行，依次形成四肽、五肽……通常由2~20个氨基酸连成的肽称为寡肽（oligopeptide）；更多的氨基酸可连成多肽（polypeptide），氨基酸相互连接形成长链，称为多肽链（polypeptide chain）。

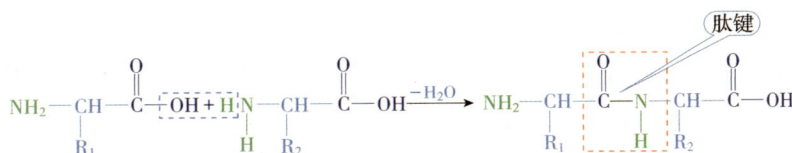

图1-5　肽键的形成

多肽链中有自由 α-氨基的一端称为氨基末端或 N 端，有自由 α-羧基的一端称为羧基末端或 C 端。按照惯例，肽链中的氨基酸序列描述从 N 端至 C 端。

肽链中的氨基酸分子因脱水缩合而结构不完整，称为氨基酸残基（residue）。蛋白质就是由许多氨基酸残基组成、折叠为复杂空间构象、有特定生物学功能的生物分子。习惯上将氨基酸残基数目在50个以上的称为蛋白质，氨基酸残基在50个以下的称为多肽。

2. 生物活性肽　自然界的动物、植物和微生物中存在某些小肽或寡肽，有着重要的生物学活性（表1-2）。肽类激素，如催产素、升压素等；与神经传导等有关的神经肽，如 P 物质、脑啡肽等；抗生素肽，如短杆菌素 S、短杆菌肽 A、缬氨霉素及博来霉素。目前，通过基因工程技术还可得到肽类药物、疫苗等。

表1-2　生物活性肽及其功能

名称	序列	功能
催产素	CYIQNCPLG（九肽）	刺激子宫收缩
升压素	CYFQNCPRG（九肽）	促进肾对水的重吸收
胰高血糖素（牛）	HSQGTFTSDYSLYLDSRR-AQDFVQWLMDT（二十九肽）	调节糖代谢

续表

名称	序列	功能
舒缓激肽（牛）	RPPGFSPFR（九肽）	抑制炎症反应，舒缓平滑肌
促甲状腺释放因子	※ pyroGlu-His-Pro（三肽）	促进释放甲状腺素
胃泌素（人）	※ pyroGlu·GPWLEEEE-EAYGWMDF（十七肽）	引起胃酸分泌
血管紧张素Ⅱ（马）	DRVYIHPF（八肽）	刺激肾上腺释放醛固酮
P物质	RPKPQFFGLM（十肽）	神经递质
脑啡肽	① YGGFM（五肽） ② YGGFL（五肽）	抑制痛觉
谷胱甘肽	δ-Glu – Cys – Gly（三肽）	参与氧化还原反应

注：※ pyroGlu 为焦谷氨酸。

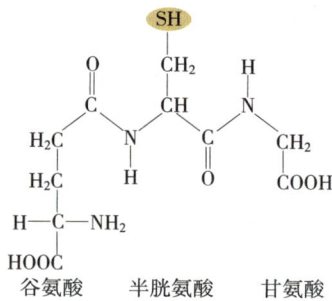

SH

谷氨酸　半胱氨酸　甘氨酸

图 1-6　谷胱甘肽的结构

谷胱甘肽（GSH）是由谷氨酸、半胱氨酸和甘氨酸构成的三肽（图 1-6），其结构中半胱氨酸残基的巯基（—SH）是主要功能基团，可使细胞中的蛋白质或酶等重要生物分子处于还原状态而具有正常活性。GSH 在过氧化物酶的催化下，可清除细胞内代谢产生的 H_2O_2。GSH 还可与致癌剂等毒物结合，保护机体免遭损害。

四、蛋白质的分类

蛋白质是由许多氨基酸通过肽键连接形成的高分子化合物，相对分子质量 $10^4 \sim 10^6$。生物体内存在着种类繁多、功能各异的蛋白质。如大肠埃希菌约可产生 3000 种不同的蛋白质，人类可以产生不少于 10 万种蛋白质。可从分子组成、溶解性质、分子形状及功能等不同角度对蛋白质进行分类。

1. 单纯蛋白质和结合蛋白质　根据化学组成可将蛋白质分为单纯蛋白质（simple protein）和结合蛋白质（conjugated protein）。

（1）单纯蛋白质　只由氨基酸组成，其水解最终产物只有氨基酸。

（2）结合蛋白质　是由蛋白质与非蛋白质物质结合而成，非蛋白质物质称为辅基（prosthetic group）。按其辅基的不同，结合蛋白质可分为核蛋白、色蛋白、糖蛋白、磷蛋白、脂蛋白和金属蛋白等（表 1-3）。

表 1-3　结合蛋白质举例

分类	辅基	举例
核蛋白（nucleoproteins）	核酸	病毒，染色体，核糖体
色蛋白（chromoproteins）	血红素	血红蛋白，细胞色素
糖蛋白与蛋白多糖 （glycoproteins and proteoglycan）	糖类	免疫球蛋白G，黏蛋白，蛋白多糖，胶原蛋白，弹性蛋白
磷蛋白（phosphoproteins）	磷酸	酪蛋白，卵黄蛋白
脂蛋白（lipoproteins）	脂质	高密度脂蛋白，乳糜微粒
金属蛋白（metalloproteins）	金属离子	铁蛋白（Fe），铜蓝蛋白（Cu），钙调蛋白（Ca），醇脱氢酶（Zn）

2. 纤维状蛋白质和球状蛋白质　根据形状可将蛋白质分为纤维状蛋白质和球状蛋白质。

（1）纤维状蛋白质　分子长轴与短轴之比大于 10；较难溶于水，多为细胞的支架或连接细胞、组织和器官的细胞外成分，如胶原蛋白、弹性蛋白、角蛋白等，但纤维蛋白原可溶于水。

（2）球状蛋白质 形状接近球形或椭球形；水溶性较好，空间构象复杂，生理功能多样，如酶、激素、调节蛋白及免疫球蛋白。

第二节 蛋白质的分子结构

PPT

人体蛋白质是由 20 种氨基酸通过肽键连接形成的生物大分子，不同蛋白质的氨基酸序列及空间位置变化几乎无穷尽。蛋白质结构通常分为一级、二级、三级和四级 4 个结构层次，一级结构又称基本结构，二级、三级和四级结构统称高级结构或空间构象（conformation）。但并非所有蛋白质都有四级结构，由一条肽链形成的蛋白质只有一级、二级和三级结构；由两条或两条以上肽链形成的蛋白质才可能有四级结构。

一、蛋白质的一级结构

蛋白质的一级结构（primary structure）指多肽链中从 N 端到 C 端的氨基酸排列顺序。维持一级结构的主要化学键是肽键，称为主键。此外，部分蛋白质分子中的二硫键也属于一级结构范畴（图 1-7）。

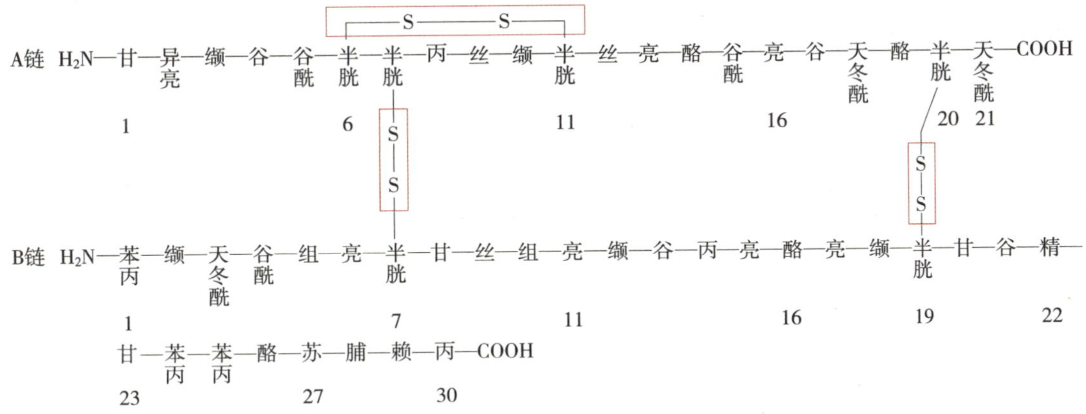

图 1-7 牛胰岛素的一级结构

牛胰岛素的一级结构是由英国化学家 Frederick Sanger 于 1953 年首先揭示出来的。牛胰岛素是胰岛 B 细胞分泌的一种激素，由 51 个氨基酸残基组成，相对分子质量 5733；分 A 和 B 两条肽链，A 链有 21 个残基，B 链有 30 个残基。A 链和 B 链通过两个链间二硫键相连，第三个二硫键在 A 链内第 6 和第 11 位半胱氨酸间形成。

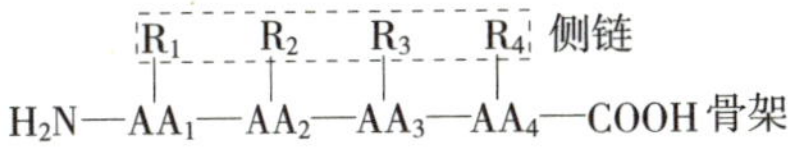

各种蛋白质之间的差别是由其氨基酸的组成、数目以及氨基酸在蛋白质多肽链中的排列顺序决定的。多肽链骨架上各个氨基酸残基的 R 基团大小不同、与水的亲和力不同、带电特征不同，导致不同蛋白质的空间构象及功能不同（图 1-8）。蛋白质分子的一级结构是其特定空间构象及生物学活性的基础，但并不是唯一的决定因素。研究表明，多肽链折叠缠绕形成特定空间构象，很多情况下需要其他特殊的功能分子如分子伴侣的引导（见第十五章），而不完全由一级结构决定。

图 1-8 肽链的骨架与侧链

二、蛋白质的空间构象

蛋白质分子的多肽链并非呈线性伸展，而是在三维空间折叠和盘曲，形成特有的空间构象。蛋白质特定的空间构象是发挥各种功能的结构基础。如血红蛋白肽链的特有折叠方式决定其运送氧的功能，核糖核酸酶的特定构象决定了它可与核糖核酸结合，并催化其降解。

采用 X 射线晶体衍射技术、磁共振等技术可测定蛋白质的构象，但难度较大。目前已知氨基酸序列的蛋白质多达 20 万种，而测得其空间构象的仅 8000 余种。由于蛋白质空间构象的基础是一级结构，近年来根据蛋白质的氨基酸排列顺序预测其三维空间构象受到科学家的关注，例如通过对已知空间构象的蛋白质进行分析，找出一级结构与空间构象的关系，总结规律，以预测新蛋白质的空间构象。

（一）蛋白质的二级结构

蛋白质的二级结构（secondary structure）是指肽链局部骨架原子的相对空间位置，并不涉及氨基酸残基侧链的构象。蛋白质的二级结构主要包括：α 螺旋、β 折叠、β 转角和 Ω 环。维持二级结构的主要化学键是骨架上的羰基氧与亚氨基氢之间形成的氢键。

1. 肽单元　20 世纪 30 年代末，Linus Pauling 和 Robert Corey 开始应用 X 射线衍射法研究氨基酸和二肽、三肽的精细结构，目的是获得蛋白质构件单元的标准键长和键角，从而推导蛋白质的构象。他们的研究成果为阐明蛋白质的二级结构提供了依据：①肽键（—CO—NH—）中的四个原子和与之相邻的两个 α - 碳原子位于同一刚性平面，构成一个肽单元（peptide unit）；②肽键中—NH—的氢与—CO—的氧几乎总是反向的；③肽键中的 C—N 键因为有部分双键性质而不能自由旋转；④C_α 与羰基碳原子及 C_α 与氮原子之间的连接键为典型单键，可自由旋转，旋转的角度最终决定了两个相邻的肽单元平面的相对空间位置（图 1 - 9）。

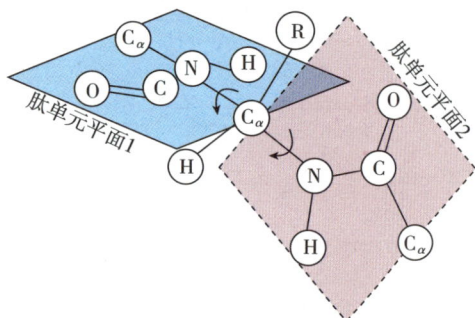

图 1 - 9　肽单元

2. α 螺旋　1951 年，Pauling 和 Corey 根据多肽链骨架中刚性肽平面及其他可以旋转的原子提出了多肽链构象，认为最简单的排列方式是 α 螺旋（α - helix）（图 1 - 10）。其主要特点如下。

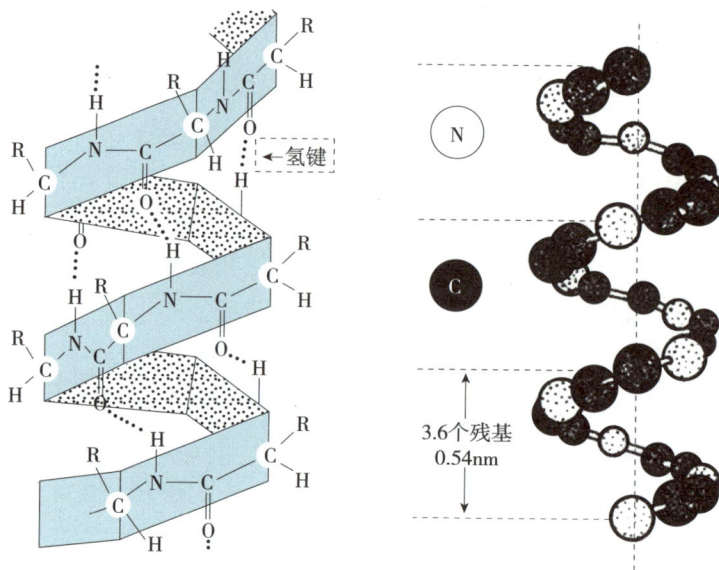

图 1 - 10　α 螺旋

（1）多肽链骨架围绕中心轴有规律地顺时针螺旋式上升，即右手螺旋，每 3.6 个氨基酸残基使螺旋上升一圈，R 基团位于螺旋外侧，螺距为 0.54nm。

（2）第一个肽平面羰基（—CO—）上的氧与第四个肽平面亚氨基（—NH—）上的氢形成氢键，氢键的方向与螺旋长轴基本平行。氢键是一种很弱的非共价键，但由于骨架上所有羰基氧与亚氨基氢都参与了氢键的形成，所以 α 螺旋很稳定。

位于蛋白质表面的 α 螺旋常有两性特点，即一侧亲水，另一侧疏水，使之能在极性或非极性环境中存在。角蛋白、肌球蛋白及纤维蛋白结构中几乎全部是 α 螺旋。

α 螺旋的形成会受到氨基酸残基侧链的影响。一级结构中连续存在的酸性或碱性氨基酸残基，因其 R 基团的静电排斥作用，妨碍 α 螺旋的形成；同样连续存在的天冬酰胺或亮氨酸等，因其 R 基团很大，空间位阻也妨碍 α 螺旋的形成；脯氨酸的特殊结构导致肽链走向转折，不能形成 α 螺旋。

3. β 折叠（β – pleated sheets）　结构也是 Pauling 和 Corey 于 1951 年提出的一种多肽骨架规律性的构象。其特点包括：①多肽链充分伸展，各肽键平面之间折叠成锯齿状结构，通常为 5~8 个氨基酸残基，且 R 基团均较小，侧链 R 基团交错位于锯齿状结构的上下方。②两条以上肽链之间或一条肽链内的若干肽段平行排列，依靠链间肽键上的羰基（—CO—）的氧与亚氨基（—NH—）的氢形成氢键维系，使构象稳定。③若两肽段走向相同，均从 N 端指向 C 端，称顺平行折叠，间距为 0.65nm；若两肽段走向相反，一段从 N 端指向 C 端，另一段从 C 端指向 N 端，称反平行折叠，间距为 0.70nm；反平行较顺平行折叠更加稳定（图 1 – 11）。

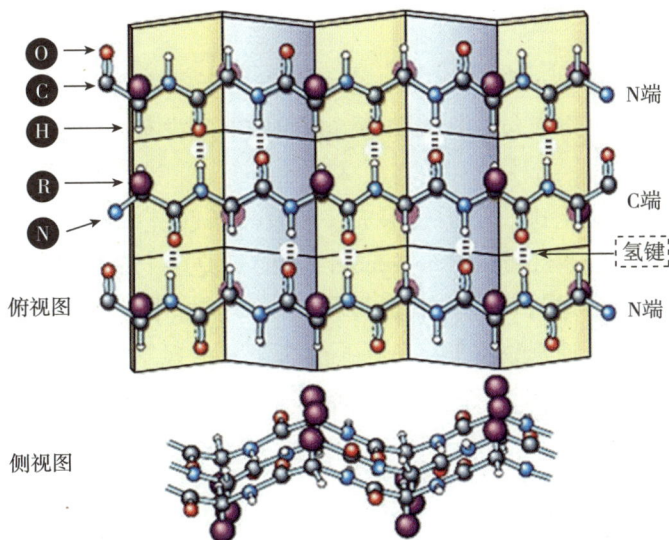

图 1 – 11　β 折叠

β 折叠多存在于结构性蛋白质的空间构象中，如蚕丝蛋白中几乎全部是 β 折叠。有些球状的功能性蛋白质中也存在 β 折叠，如溶菌酶、羧肽酶等。

α 螺旋和 β 折叠是蛋白质最主要的二级结构形式，多数蛋白质中同时具有 α 螺旋和 β 折叠结构。

4. β 转角和 Ω 环　在蛋白质分子中普遍存在。在球状蛋白质分子中，肽链骨架常常会出现 180° 回折（图 1 – 12），回折部分称为 β 转角（β – turn）。β 转角由 4 个连续的氨基酸残基组成，第 1 个氨基酸残基与第 4 个氨基酸残基之间形成氢键。其中第 2 个氨基酸残基常为脯氨酸，也常出现甘氨酸、天冬氨酸、天冬酰胺和色氨酸。

Ω 环是存在于球状蛋白质中的一种二级结构。这类肽段形状像希腊字母 Ω，所以称为 Ω 环。这种结构总是出现在蛋白质分子的表面，而且以亲水残基为主，在分子识别中可能起重要作用。

5. 模体（motif）　通常是由 2 个或 3 个具有二级结构的肽段在空间上相互靠近构成的具有特定空间构象和特定生物学功能的区域，属蛋白质的超二级结构。例如 DNA 结合蛋白或 RNA 结合蛋白中的"锌指"模体结构，由 1 个 α 螺旋与 1 个反平行的 β 折叠组成，多数"锌指"模体的两端分别有 2 个 Cys 残基和 2 个 His 残基，这 4 个保守的氨基酸残基在空间上形成一个洞穴，恰好容纳一个 Zn^{2+}，保持锌指结构的稳定，其结构中的 α 螺旋适合与 DNA 双螺旋的大沟结合（图 1 - 13）。有一些模体很短，只是蛋白质肽链上的几个连续的氨基酸残基。

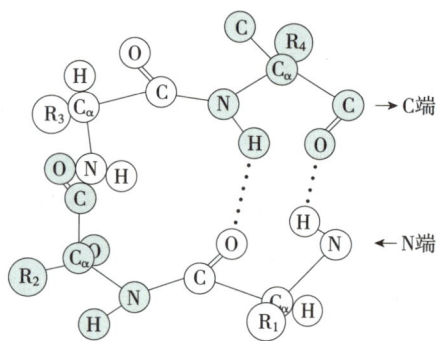

图 1 - 12　β 转角

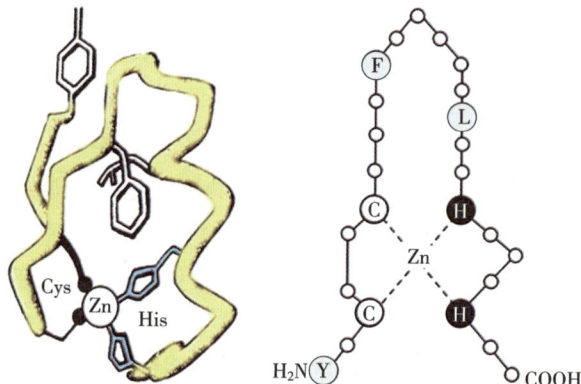

图 1 - 13　锌指模体结构

C = 半胱氨酸；**H** = 组氨酸；**Zn** = 锌离子

（二）蛋白质的三级结构

蛋白质的三级结构（tertiary structure）是指一条多肽链由于其序列上相隔较远的氨基酸残基侧链的相互作用，大范围盘曲、折叠，形成包括骨架和侧链在内的空间排布，即整条肽链中所有原子在三维空间的位置关系。

三级结构是在二级结构基础上进一步折叠形成，涉及一条肽链中全部氨基酸残基及辅基的空间位置。例如，存在于肌肉组织中的肌红蛋白（myoglobin，Mb），是由 153 个氨基酸残基构成的单肽链蛋白质，含有一个血红素辅基，能够进行可逆的氧合与脱氧。多肽链中 α 螺旋占 75%，形成 8 个螺旋区，螺旋区之间有一段柔性连接肽，脯氨酸位于拐角处。由于氨基酸残基的 R 基团相互作用，多肽链盘绕、折叠成紧密的球状结构。亲水 R 基团大多分布于球状分子的表面，疏水 R 基团位于分子内部，形成一个疏水"口袋"，血红素位于"口袋"中（图1 - 14）。

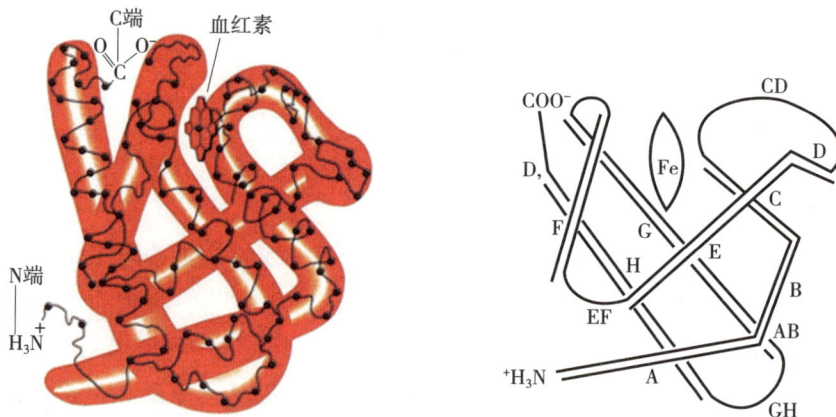

图 1 - 14　肌红蛋白的三级结构

由 1 条肽链构成的蛋白质，拥有天然的三级结构就具备正常的生物学活性；三级结构被破坏，则生物学活性丧失。

三级结构中多肽链的盘曲、折叠的形成和稳定主要靠疏水作用、盐键、氢键和范德华力等（图 1-15），这些维持蛋白质空间构象的化学键称为次级键或副键，均为非共价键。蛋白质分子中亮氨酸、异亮氨酸、苯丙氨酸、缬氨酸等氨基酸残基的 R 基团均疏水，这些基团具有一种避开水相，聚集于蛋白质分子内部的自然趋势，称为疏水作用，是维持蛋白质三级结构的最主要因素。此外，部分蛋白质的三级结构稳定因素也包括二硫键。

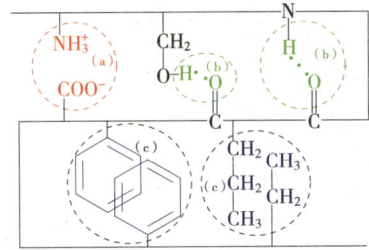

图 1-15　维持蛋白质空间构象的主要化学键
（a）离子键（盐键）；（b）氢键；（c）疏水作用

球状蛋白质通常先折叠形成超二级结构，再进一步折叠形成相对独立的三维空间构象；疏水基团在内，亲水基团在外。

结构域（structure domain）是较大的蛋白质分子整体三级结构中的局部结构，通过肽段折叠、聚集，形成多个紧密且稳定的区域，具有相对独立的三维空间构象和生物学功能，例如免疫球蛋白拥有若干结构域（图 1-16）。一般每个结构域由 100~300 个氨基酸残基组成，结构域之间以共价键相连成为一个整体，一般难以分离，这是结构域与蛋白质亚基的区别。

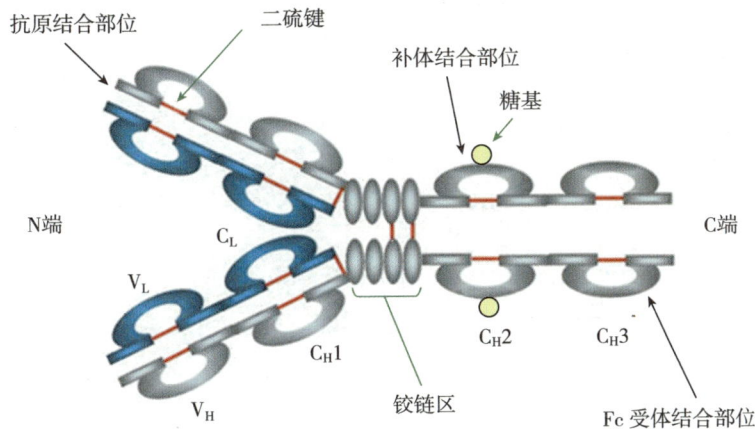

图 1-16　免疫球蛋白结构

蛋白质分子中的几个结构域有的相同，有的不同；而不同蛋白质分子中的各结构域也可以相似。如乳酸脱氢酶、3-磷酸甘油醛脱氢酶、苹果酸脱氢酶等均属以 NAD^+ 为辅酶的脱氢酶类，它们分别由 2 个不同的结构域组成，但它们与 NAD^+ 结合的结构域则基本相同。

结构域是三级结构层次上的独立功能区。例如某些酶，其不同结构域结合不同的底物，完成催化过程。

（三）蛋白质的四级结构

许多有生物活性的蛋白质由两条或两条以上肽链构成，肽链与肽链之间并不是通过共价键相连，而是由非共价键维系，每条肽链都具有完整的一级、二级和三级结构。这种蛋白质分子中具备完整三级结构的多肽链被称为亚基（subunit），蛋白质分子中亚基间的位置关系、接触部位及作用方式称蛋白质的四级结构（quaternary structure）。

亚基之间只能以氢键、盐键等非共价键相互作用。亚基可相同，也可不同；由 2 个亚基组成的蛋白质四级结构中，若亚基分子结构相同，称为同二聚体，若亚基分子结构不同，则称之为异二聚体，多个亚基以此类推。

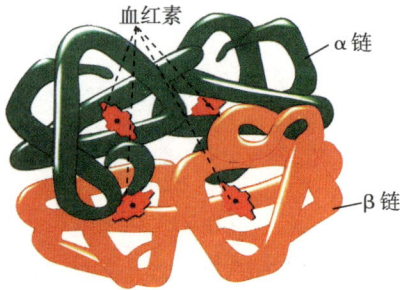

图 1-17 血红蛋白的四级结构

相对分子质量 55000 以上的蛋白质几乎都由多个亚基组成，不同蛋白质的亚基数目不等。单独的亚基一般没有正常生物学活性，只有以天然方式形成完整的四级结构才具有正常生物学活性。例如血红蛋白（hemoglobin，Hb）由两种不同的亚基组成（$\alpha_2\beta_2$），这两种亚基的三级结构颇为相似，都呈四面体形式。4 个四面体通过 8 个盐键相互结合，构成 Hb 的四级结构（图 1-17），具有运输 O_2 和 CO_2 的功能。实验证明，它的任何一个亚基单独存在时，与 O_2 亲和力都极强，在组织中不能释放 O_2，因而也就不具有正常的功能。

第三节　蛋白质结构与功能的关系

⇒ 案例引导

案例　患儿，男，1 岁。发热、咳嗽、呼吸困难、胸腹疼痛、肝大、脾大、反复出现手足肿痛、贫血、黄疸，抗风湿治疗效果欠佳。实验室检查发现红细胞呈镰刀状；有家族史。
诊断为镰状细胞贫血。

讨论　1. 镰状细胞贫血的发病机制是什么？
2. 什么是"分子病"？
3. 对镰状细胞贫血的临床护理及健康指导应注意哪些内容？

一、蛋白质一级结构与功能的关系

1. 蛋白质的一级结构是空间构象的基础　20 世纪 50～60 年代，C. B. Anfinsen 以牛胰核糖核酸酶 A（RNaseA）为对象，研究了二硫键的还原和重新氧化。RNaseA 是由 124 个氨基酸残基组成的一条肽链，分子中 8 个半胱氨酸构成 4 对二硫键（Cys26 和 Cys84，Cys40 和 Cys95，Cys58 和 Cys110，Cys65 和 Cys72），对该酶空间构象的形成具有至关重要的作用（图 1-18）。

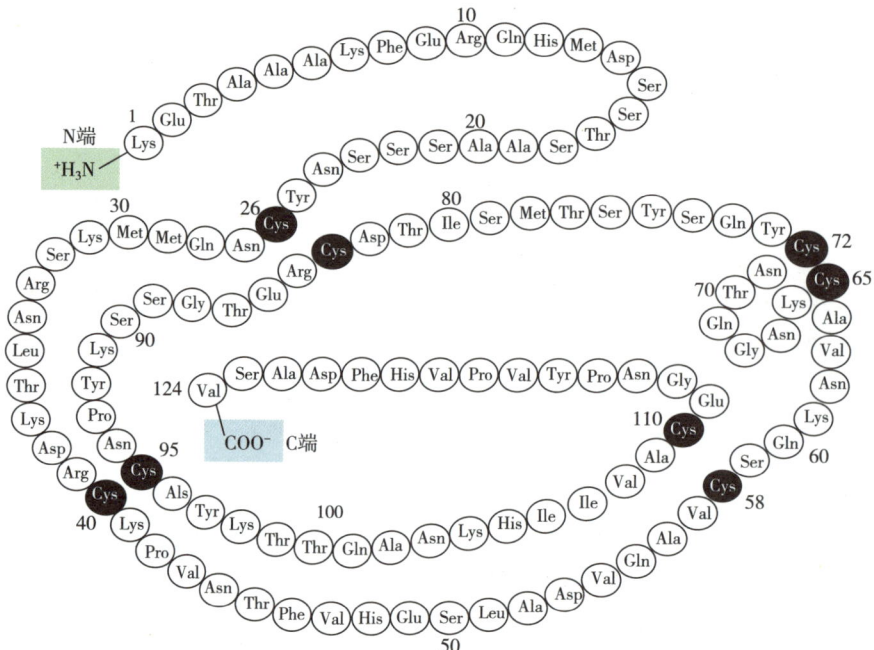

图 1-18　牛胰核糖核酸酶 A 结构

在天然 RNaseA 溶液中加入适量 β - 巯基乙醇拆开二硫键，用尿素等破坏氢键，此时酶的空间构象完全松散，酶变性失活。但分子中的肽键不受影响，一级结构完整。再将尿素和 β - 巯基乙醇经透析除去，酶活性及其他一系列性质可恢复到与天然酶一致。除去 β - 巯基乙醇及尿素后，8 个半胱氨酸若随机形成 4 对二硫键，本应有 105 种组合；但事实是并未随机组合，而是按照其氨基酸序列的引导，正确形成 4 对二硫键，恢复其天然空间构象和原有活性（图 1 - 19）。这说明一级结构（氨基酸序列）是空间构象形成的重要基础。

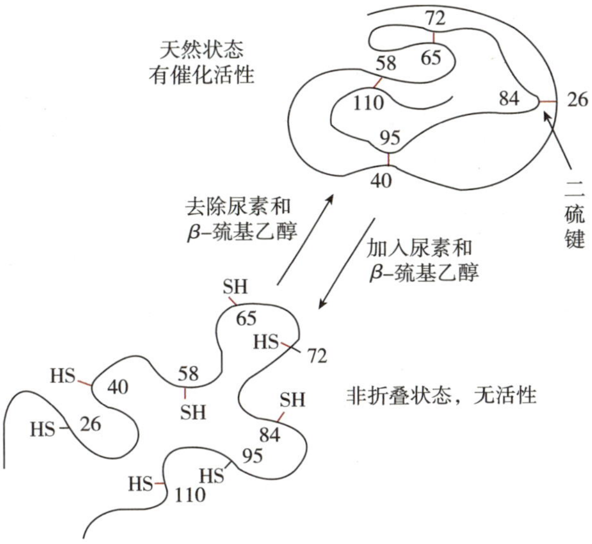

2. 一级结构相似的蛋白质具有相似的高级结构与功能 不同哺乳类动物一些重要蛋白质的结构与功能研究表明，一级结构相似的蛋白质，其空间构象及生物学功能也相似。

图 1 - 19 核糖核酸酶 A 二硫键的拆分与缔合

来源于不同哺乳类动物的胰岛素都由 A、B 两条链组成，且连接方式相似；X 射线衍射证明，空间构象也很相似。仔细比较分析不同种属来源的胰岛素一级结构后，发现它们在氨基酸组成上有些差异。但是，在 51 个氨基酸残基中，有 22 个残基为不同来源的胰岛素所共有。通过分析空间构象，发现这 22 个保守残基对于保证不同种属来源的胰岛素具有高度相似的空间构象起着非常重要的作用，例如，3 个二硫键的连接位置未变（图 1 - 7），因此都具有调节糖代谢的功能。

3. 蛋白质分子中重要的氨基酸改变可引起疾病 镰状细胞贫血机制的研究表明，患者血红蛋白（HbS）与正常血红蛋白（HbA）在 β 链第 6 位有一个氨基酸之差，HbA 的 β 链第 6 位为谷氨酸，而 HbS 的 β 链第 6 位为缬氨酸（图 1 - 20）。HbS 的带氧能力降低，分子间容易"黏合"形成线状巨大分子而沉淀；红细胞从正常的双凹盘状被扭曲成镰刀状，容易产生溶血性贫血症。1949 年，美国化学家 L·Pauling 首先发现它是由基因突变引起，并称之为"分子病"。现知几乎所有遗传病都与蛋白质分子结构改变有关，即都是分子病。说明蛋白质中即使仅仅 1 个重要氨基酸缺失或被替代，该蛋白质的空间构象及生理功能都会发生重大变化，导致疾病的发生。

N-Val·His·Leu·Thr·Pro·Glu·Glu···C（146）

HbA β 肽链

N-Val·His·Leu·Thr·Pro·Val·Glu···C（146）

HbS β 肽链

图 1 - 20 镰状细胞贫血发病机制

二、蛋白质空间构象与功能的关系

1. 血红蛋白亚基与肌红蛋白结构相似 血红蛋白（Hb）与肌红蛋白（Mb）均以血红素为辅基，血红素中心的铁离子直接与 O_2 结合（图 1 - 21）。Mb 是只有三级结构的单肽链蛋白质（图 1 - 14）；Hb 是拥有四级结构的寡聚蛋白质（$\alpha_2\beta_2$），每个亚基的三级结构与 Mb 空间构象相似（图 1 - 17）。两种蛋白质均可与 O_2 可逆结合，但因结构不同，作用机制有很大差异。

2. 血红蛋白亚基构象变化可影响亚基与氧结合 血红蛋白（Hb）的 4 个亚基之间有许多氢键与盐

键，使 4 个亚基紧密结合在一起形成亲水的球状蛋白质，球状 Hb 中间形成一个"中心空穴"。未结合 O_2 时，Hb 的 α_1/β_1 和 α_2/β_2 呈对角排列，处于一种紧凑状态，称为紧张态（tense state，T 态），T 态的 Hb 与 O_2 的亲和力小。伴随着 O_2 的结合，亚基的构象变化，进而导致亚基之间的位置变化，即 Hb 的四级结构改变，一对 α_2/β_2 相对于另一对 α_1/β_1 之间的长轴夹角为 $15°$，使束缚紧密的 T 态改变为易与 O_2 结合的松弛态（relaxed state，R 态）（图 1-22）。

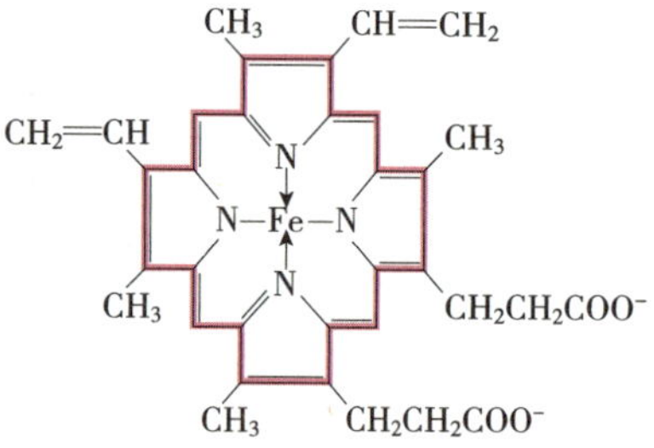

图 1-21 血红素的结构

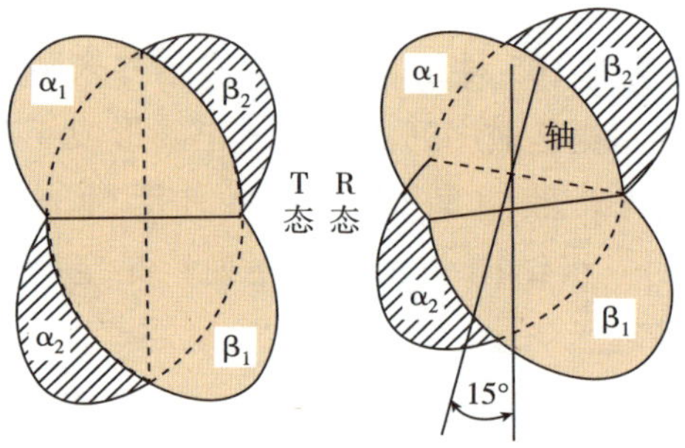

图 1-22 血红蛋白 T 态与 R 态的互变

当第一个 O_2 与 Hb 结合成氧合血红蛋白（HbO_2）后，发生构象改变犹如松开了整个 Hb 分子构象的扳机，导致第二、第三和第四个 O_2 很快地结合（图 1-23）。血红蛋白（Hb）在与 O_2 相互作用的过程当中，表现出亚基之间结合松紧程度的变化，从而产生了与 O_2 亲和力强弱的变化，以适应各种环境条件变化和不同的需氧量。肌红蛋白（Mb）则不具备发生此精细变化的结构基础。

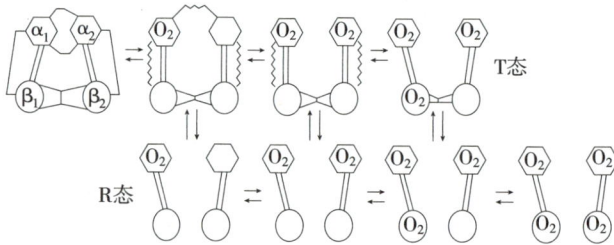

图 1-23 血红蛋白与 O_2 结合过程的构象变化

Hb 中携带氧的亚基调节不携带氧亚基与氧的亲和力的现象，称为协同效应（cooperative effect）。O_2 与 Hb 结合后引起 Hb 的三、四级结构变化，导致亲和力明显改变。这种蛋白质空间构象变化导致生物学功能变化的现象，称为变构效应或别构效应（allosteric effect）。引起该效应的小分子（如 O_2）称为效应剂，此类蛋白质称为变构蛋白或别构蛋白（allosteric protein）。具有四级结构的蛋白质才有别构效应。

⊕ 知识链接

朊病毒病

朊病毒病是一种蛋白质构象病。正常朊病毒（Prp^c）是表达于脊椎动物细胞表面的一种糖蛋白，可能与神经系统功能、淋巴细胞信号转导及核酸代谢等有关。致病性朊病毒（Prp^{sc}）是 Prp^c 的构象异构体，两者之间没有共价键差异，Prp^{sc} 可引起一系列致死性神经变性疾病。

Prp^c 对蛋白酶敏感，在非变性去垢剂中可溶；而 Prp^{sc} 具有部分抗蛋白酶特性，在非变性去垢剂中不溶，热稳定，紫外线、电离辐射或羟胺均不能使其完全丧失侵染能力。已经证实，Prp^c 呈 α 螺旋的部分肽链在 Prp^{sc} 的类似区域中为 β 折叠，应是折叠错误导致空间构象改变。朊病毒本身不能繁殖，Prp^{sc} 可能是通过胁迫 Prp^c 畸变进行自我复制的。

人类朊病毒病主要包括脑软化病、新型克－雅病及致死性家族性失眠症等，共同症状是痴呆、丧失协调性以及神经系统障碍，具有遗传性、传染性和偶发性。对朊病毒致病机制的研究将使这类致命的神经功能退化症的治疗成为可能。

第四节　蛋白质的理化性质

PPT

蛋白质由氨基酸组成，具有与氨基酸相同或相似的理化性质，如两性解离、紫外吸收、呈色反应等性质；蛋白质又是生物大分子物质，也必定表现出氨基酸所不具备的性质，如高相对分子质量、胶体性质、沉淀、变性和凝固等。认识蛋白质在溶液中的理化性质，对于蛋白质的分离、纯化以及结构与功能的研究等都极为重要。

一、蛋白质的两性解离

蛋白质肽链末端氨基酸的 α － 羧基、α － 氨基可电离；蛋白质分子中有些氨基酸残基的 R 基团也有可电离的基团：赖氨酸的 ε － 氨基、精氨酸的胍基、组氨酸的咪唑基、谷氨酸的 γ － 羧基和天冬氨酸的 β － 羧基等；这些基团在溶液一定 pH 条件下可以结合或释放 H^+，这就是蛋白质两性解离的基础。

在酸性溶液中，蛋白质电离成阳离子；在碱性溶液中，蛋白质电离成阴离子。在某一 pH 溶液中，蛋白质电离成阳离子和阴离子的趋势和程度相等，即成兼性离子，蛋白质所带净电荷为零（图 1－24），此时溶液的 pH 称为蛋白质的等电点（pI）。

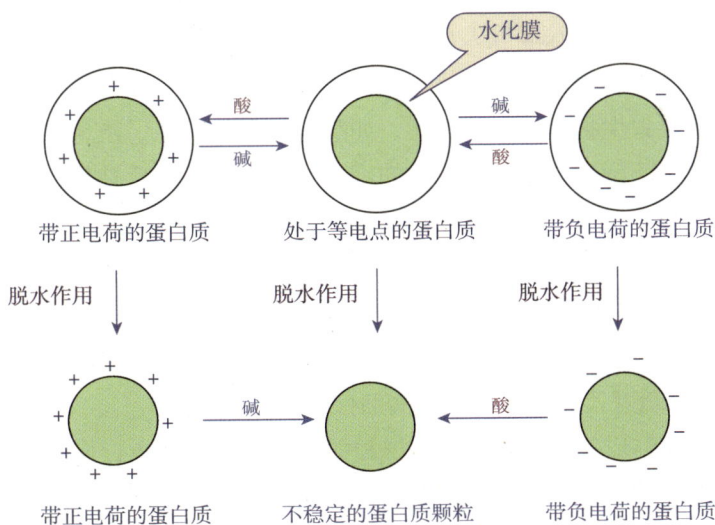

图 1－24　蛋白质两性解离及水化膜变化

溶液的 pH 小于蛋白质的等电点时，该蛋白质带正电荷；反之，则带负电荷。溶液的 pH 与某蛋白质的 pI 差距愈大，该蛋白质所带净电荷量愈大。

体内各种蛋白质的等电点不同，但大多数接近 pH 5.0。所以在生理条件下，大多数蛋白质解离成阴离子。少数蛋白质含碱性氨基酸较多，等电点偏碱性，称为碱性蛋白质，如鱼精蛋白和细胞色素 C 等；也有少数蛋白质含酸性氨基酸较多，等电点偏酸性，称为酸性蛋白质，如丝蛋白和胃蛋白酶等。

二、蛋白质的胶体性质

蛋白质的相对分子质量通常为 $10^4 \sim 10^6$，分子的直径 $1 \sim 100nm$，属于胶粒，但在水溶液中通常可稳定存在。主要原因有二：①蛋白质分子表面众多的亲水基团结合水分子，一般 $1g$ 蛋白质可结合 $0.3 \sim 0.5g$ 水，蛋白质分子表面可形成较厚的水化膜，隔离蛋白质颗粒，防止其聚集沉淀；②蛋白质颗粒解离所带净电荷形成的静电排斥力阻止颗粒聚集。

若采用适当的方法，去掉水化膜及表面电荷，蛋白质极易沉淀（图 1-24）。

处在等电点环境中的蛋白质为兼性离子，净电荷为零，不稳定而易于沉淀。利用蛋白质在其 pI 附近溶解度最小的特点，沉淀分离提取蛋白质，称为等电点沉淀法。例如，从猪胰腺中提取胰岛素（pI 5.30 ~ 5.35）时，可先调节组织匀浆的 pH 呈碱性，使碱性杂蛋白沉淀析出；再调节 pH 至酸性，使酸性杂蛋白沉淀；然后再调节含有胰岛素的上清液 pH 至 5.3，得到的蛋白质沉淀即胰岛素的粗制品。

三、蛋白质的变性

蛋白质的结构决定了它的性质和功能，在某些物理或化学因素作用下，蛋白质的空间构象被破坏，导致蛋白质的理化性质改变、生物学活性丧失，称为蛋白质的变性（denaturation）。蛋白质变性是由于二硫键和非共价键被破坏，导致空间构象松散乃至破坏；但肽键稳定，一级结构不改变。

导致蛋白质变性的因素很多，如高温、高压、X 射线照射、超声波、剧烈震荡与搅拌等物理因素；强酸、强碱、重金属盐、有机溶剂、浓尿素、生物碱和十二烷基硫酸钠（sodium dodecyl sulfate，SDS）等化学因素。

球状蛋白质变性后的明显改变是溶解度降低，因为变性蛋白质空间构象被破坏，疏水基团暴露于外，导致肽链相互聚集、缠绕而容易沉淀。蛋白质变性后，多种理化性质改变，如结晶性消失、黏度增加、呈色性增强和易被蛋白水解酶水解等，与蛋白质的空间构象被破坏后，发生结构松散、分子不对称性增加以及氨基酸残基侧链外露等密切相关。

空间构象的破坏必然导致生物学功能的丧失，如酶失去催化活性、激素丧失调节功能、抗体不能与抗原结合等。但应注意的是，蛋白质生物学活性的丧失并不一定都是变性导致的后果；其他因素，如蛋白质肽链水解断裂、去除辅基（如 Hb 失去血红素）或抑制剂的存在，均可导致蛋白质生物学活性的丧失。

大多数蛋白质变性时其空间构象破坏严重，不能恢复，称为不可逆变性。但有些蛋白质在变性后，除去变性因素仍可恢复其活性，称为可逆变性。例如，核糖核酸酶 A 经尿素和 β - 巯基乙醇作用变性后，再通过透析去除尿素和 β - 巯基乙醇，可恢复其酶活性（图 1-19）。

蛋白质被强酸或强碱变性后，因所带净电荷增加而排斥力增大，蛋白质颗粒难以聚集沉淀，仍能溶解。若将此强酸或强碱溶液的 pH 调至 pI，则变性蛋白质立即结成絮状的不溶解物，该絮状物仍能再溶于强酸或强碱中。但如果再加热，则絮状物变为比较坚固的凝块，不易再溶于强酸或强碱中。这种现象称为蛋白质的凝固作用。

了解蛋白质变性理论有重要的实际意义：一方面注意低温保存生物活性蛋白质，避免其变性失活；另一方面可利用变性因素进行消毒灭菌。

四、蛋白质的紫外吸收

绝大多数蛋白质含有色氨酸、酪氨酸残基，对 280nm 波长的紫外线有特征性强吸收，利用蛋白质溶液在 280nm 波长处的吸光度与蛋白质浓度成正比，可以进行蛋白质的快速定量。

五、蛋白质的呈色反应

蛋白质的特征性呈色反应之一是双缩脲反应。蛋白质及多肽结构中含连续的肽键，在稀碱溶液中与硫酸铜共热，生成紫色或红色化合物，称为双缩脲反应。由于紫色或红色的深浅与蛋白质的含量基本成正比，可用比色法进行蛋白质定性、定量分析。

因氨基酸无此反应，可用双缩脲试剂检测蛋白质的降解程度。

第五节　蛋白质的分离纯化

PPT

人体中有 10 万余种蛋白质，要分析某种蛋白质的结构与功能，首先要分离纯化出单一蛋白质样品。根据蛋白质的理化性质，选择恰当方法进行分离、纯化。常用透析、超滤、沉淀、电泳、色谱及超速离心等方法。

一、透析与超滤

1. 透析（dialysis）　是利用半透膜把大分子蛋白质与小分子物质分开的方法。半透膜，如各种生物膜及人工制造的玻璃纸、纤维素薄膜等只允许小分子通过，大分子物质不能通过。蛋白质胶体的颗粒很大，不能透过半透膜。用人工半透膜制成透析袋，将含有小分子杂质的蛋白质溶液放于袋内，将袋置于流动的水或缓冲液中，小分子杂质从袋中扩散出来，大分子蛋白质留于袋内，使蛋白质得以纯化（图 1-25）。

透析法常用于除去以盐析法纯化蛋白质时而带有的大量无机盐，以及密度梯度离心法纯化蛋白质时混入的氯化铯、蔗糖等小分子物质。

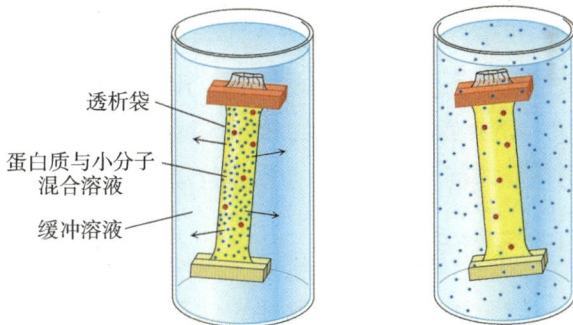

透析袋
蛋白质与小分子混合溶液
缓冲溶液

图 1-25　透析工作原理

2. 超滤　是应用压力或离心力使蛋白质溶液透过超滤膜，大分子蛋白质滞留，而小分子物质和溶剂滤过的方法，可极大提高脱盐、浓缩效果。也可选择不同孔径的超滤膜，以截留不同相对分子质量的蛋白质。此法的优点是在选择的相对分子质量范围内进行分离，没有相态变化，有利于防止蛋白质变性，并且能在短时间内进行大体积稀溶液的浓缩。由于制膜技术和超滤装置的不断发展和改善，此技术逐渐向简便、快速、大容量和多用途方向发展，可应用于各种高分子溶液的脱盐、浓缩、分离和纯化等。

二、沉淀

蛋白质从溶液中析出的现象称为沉淀（precipitation）。利用不同蛋白质溶解度等性质的差异，可将不同的蛋白质沉淀分离。盐析和有机溶剂沉淀是常用的蛋白质纯化、浓缩方法。

1. 盐析　在蛋白质溶液中加大量硫酸铵、硫酸钠或氯化钠等盐类，蛋白质胶粒的水化膜被剥离，表面电荷被中和，蛋白质胶粒因失去这两种稳定因素而沉淀，称为盐析（salting out）。各种蛋白质分子的颗粒大小、亲水程度不同，故盐析所需的条件也不一样；通过调节盐浓度和 pH，可将某一种液体所含的几种蛋白质分别沉淀出来，称为分段盐析。在 pH 7.0 条件下，人血清中加入硫酸铵达到半饱和，球蛋白（globulins）即可沉淀；继续加硫酸铵达到饱和，清蛋白（albumin）才可沉淀。

处于等电点的蛋白质，因为净电荷为零，没有静电排斥力，溶解度小；只需去掉水化膜，即可沉淀，盐析效果最好。可通过调整溶液 pH，对不同蛋白质进行选择性盐析。

因为盐析作用通常只作用于蛋白质颗粒的表面，基本不使蛋白质变性，故常用于天然蛋白质的分离；缺点是沉淀的蛋白质中混有大量无机盐，必须用透析等方法除去。

2. 有机溶剂沉淀　可与水混合的有机溶剂，如乙醇、甲醇、丙酮等与水有高度的亲和力，能剥离蛋白质表面的水化膜，使蛋白质沉淀析出。在常温下，有机溶剂沉淀蛋白质往往引起变性；在低温、低浓度及短时间作用等条件下并辅助以适当的 pH 和离子强度，则蛋白质不可逆变性可降至最低限度，可用于提取生物材料中的蛋白质。沉淀后有机溶剂必须尽快分离。

例如，使用丙酮沉淀，必须在 $0 \sim 4℃$ 下进行，丙酮用量一般 10 倍于蛋白质溶液体积；蛋白质被丙酮沉淀后，应立即分离。

3. 重金属盐、生物碱试剂及某些酸沉淀　重金属离子如 Ag^+、Hg^{2+}、Cu^{2+}、Pb^{2+} 等可与蛋白质负离子结合，形成不溶性蛋白质盐沉淀。沉淀的条件为溶液 pH 略大于蛋白质的 pI。临床上利用此特性抢救重金属盐中毒的患者时，给患者口服大量酪蛋白、清蛋白等，然后再用催吐剂将结合的重金属盐呕出以解毒。

生物碱试剂如苦味酸、鞣酸、钨酸等以及三氯醋酸、硝酸等可与蛋白质阳离子结合成不溶性的蛋白质盐沉淀。沉淀的条件为溶液 pH 小于蛋白质的 pI。血液生化分析时常利用此原理除去血液中的蛋白质，制备无蛋白质血滤液，也可用于检测尿中蛋白质。

4. 免疫沉淀　将某一纯化蛋白质免疫动物，获得抗该蛋白质的特异性抗体。利用特异性抗体可识别相应的抗原蛋白质，并形成抗原－抗体复合物的性质，可从蛋白质混合溶液中分离获得抗原蛋白质。

三、电泳

带电颗粒在直流电场中定向移动的现象称为电泳（electrophoresis）。在同一电场强度下，带电颗粒在电场中迁移的方向、速度主要取决于所带电荷的性质、数目、颗粒的大小和形状等因素。当溶液 pH 大于蛋白质 pI 时，蛋白质带负电，在电场中向正极方向泳动；当溶液 pH 小于蛋白质 pI 时，蛋白质带正电，在电场中向负极方向泳动。蛋白质在电场中的移动速度取决于蛋白质相对分子质量、带电荷数量及形状，净电荷量大、相对分子质量小及形状规则的迁移快，净电荷量小、相对分子质量大及不规则的迁移慢。通过电泳可将各种蛋白质分离。

将蛋白质混合液点加在固体支持物上进行电泳，不同的组分形成几个区带，称为区带电泳，常用支持物有醋酸纤维素薄膜、聚丙烯酰胺凝胶和琼脂糖凝胶等。不同的支持物，其电泳分辨率不同，如醋酸纤维素薄膜电泳可将正常人血清蛋白分为清蛋白、α_1 - 球蛋白、α_2 - 球蛋白、β - 球蛋白和 γ - 球蛋白 5 条区带；而用聚丙烯酰胺凝胶电泳（poly acrylamide gel electrophoresis，PAGE）则可分出 30 多条区带。

1. SDS - 聚丙烯酰胺凝胶电泳（SDS - PAGE）　是一种分辨率较高的电泳方法。SDS 是一种阴离子表面活性剂，能破坏维持蛋白质空间构象的次级键，使蛋白质呈线状展开。SDS 与蛋白质形成复合物后，可使各种蛋白质都带上相同密度的负电荷，其总量大大超过各蛋白质分子原有的电荷，掩盖了各种蛋白质的原有电离状况。此时 SDS - 蛋白质复合物在电场中的迁移速度只与其相对分子质量有关，而不再受蛋白质原有带电状况及形状的影响。聚丙烯酰胺凝胶具有良好的分子筛性能，相对分子质量小的蛋白质在凝胶中迁移快，相对分子质量大的蛋白质迁移慢。大多数 SDS - 蛋白质的迁移率和它们相对分子质量的对数呈线性关系，若以已知相对分子质量的一组蛋白质制作工作曲线，通过 SDS - PAGE 就可推算出未知蛋白质的相对分子质量（图 1 - 26）。

2. 等电聚焦电泳（isoelectric focusing electrophoresis，IFE）　处于等电点条件下的蛋白质在电场中

既不移向阴极，也不移向阳极。等电聚焦电泳利用不同蛋白质的等电点不同进行分离。首先制备一个连续 pH 梯度的聚丙烯酰胺凝胶系统，混合蛋白质在此介质中电泳，当各种蛋白质在凝胶中分别迁移至各自等电点位置时，因其净电荷为零而不再移动，聚集形成狭窄区带，从而将各种蛋白质分离。由于电场作用可抵消区带扩散，等电聚焦电泳的分辨率很高。

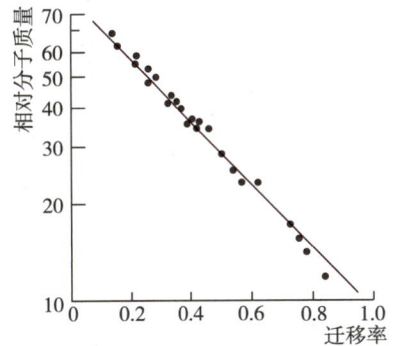

图 1 - 26　SDS - PAGE 测定蛋白质
相对分子质量工作曲线

四、色谱

色谱（chromatography）是分离、纯化蛋白质的另一重要方法。色谱系统由固定相和流动相组成，固定相可以是固体物质，也可以是固定在固体物质上的成分；流动相由可流动的物质组成，如水和各种溶剂。蛋白质溶液随流动相经过固定相时，不同蛋白质因其带电荷性质、分子大小及生物亲和特征不同，所以与固定相相互作用（吸附或结合）的程度不同，最终因洗脱速度不同而被分离。

1. 离子交换色谱（ion exchange chromatography）　是利用蛋白质两性解离特性和等电点作为分离依据的一种方法，此方法以离子交换剂作为固定相。常用的阳离子交换剂有弱酸型羧甲基纤维素（CM 纤维素），在 pH 7.0 时带有稳定的负电荷，可与带正电荷的蛋白质结合；常用的阴离子交换剂有弱碱型二乙氨基乙基纤维素（DEAE 纤维素），在 pH 7.0 时带有稳定的正电荷，可与带负电荷的蛋白质结合。当被分离的蛋白质溶液流经离子交换剂柱时，带有相反电荷的蛋白质可因离子交换而吸附于柱上，随后被带同样性质电荷的离子所置换而被洗脱。由于蛋白质的等电点不同，在某一 pH 时所带电荷的性质及数目不同，所以与离子交换剂结合的紧密程度不同，用一系列 pH 递增或递减的缓冲液洗脱或者提高洗脱液的离子强度，可以降低蛋白质与离子交换剂的亲和力，将不同的蛋白质分别从色谱柱上洗脱下来（图 1 - 27）。

2. 凝胶过滤（gel filtration）　又称分子筛色谱，固定相为多孔凝胶颗粒，流动相为不易导致蛋白质等生物分子变性的基本缓冲溶液。相对分子质量大小不等的蛋白质在多孔凝胶颗粒内滞留状况不同，小分子蛋白质可进入凝胶孔内，滞留时间长；大分子蛋白质不能进入凝胶孔内，直接被洗脱；最终按照分子从大到小，不同蛋白质被依次从凝胶柱中洗脱，达到分离、纯化的目的（图 1 - 28）。此法不使用有机溶剂及较多化学品，尤其适用于生物活性大分子的分离、纯化及制备。

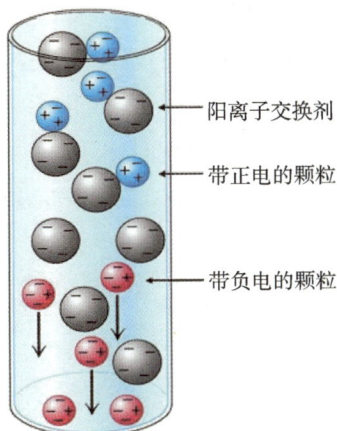

图 1 - 27　离子交换色谱工作原理

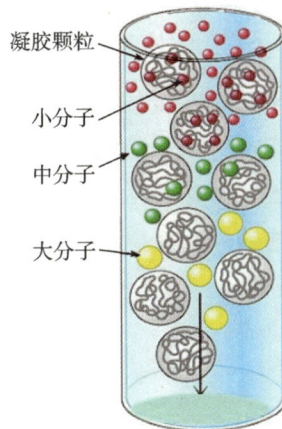

图 1 - 28　凝胶过滤工作原理

五、超速离心

颗粒在离心力场中的沉降速度与其所受到的离心力成正比，也受到颗粒的性质、介质黏度及密度的影响。颗粒在离心时所受离心力与所受重力之比，称为相对离心力（relative centrifugal force，RCF）。RCF 是一个与被沉降颗粒无关的数值，是描述离心机运行状态的一个重要参数，以重力加速度 g 的倍数表示，如 100000g（或 100000×g）。

超速离心机的最高转速为 85000r/min 以上，RCF 可达 600000g，常用于分离细胞器、病毒粒子、DNA、RNA 和蛋白质。相对离心力高于 600000g 的离心条件称为超速离心，此离心力超过蛋白质分子在溶液中的扩散能力，蛋白质在此力场中发生沉降。当离心力、介质性质等离心条件固定时，颗粒的沉降速度只与颗粒的分子大小、浮力密度及形状等有关。

蛋白质等生物大分子颗粒在离心力场中的沉降行为主要用沉降系数（S）表示，S 与蛋白质的分子大小、浮力密度及形状有关。在同一离心条件下，不同颗粒的沉降系数由颗粒本身的性质决定。S 的单位应是秒，但该单位太大，为纪念超速离心技术的创立者、瑞典物理化学家 T·Svedberg，将 10^{-13} 秒定义为一个单位，称 Svedberg 单位。通常蛋白质、核酸、多糖的沉降系数在 1～200S 之间。

超速离心法不仅用于蛋白质的分离、纯化，还可用于蛋白质相对分子质量的测定。一般用一个已知相对分子质量的标准蛋白质作为参照，利用沉降系数 S 与相对分子质量（Mr）大体成正比进行计算：

$$S_{未知}/S_{标准} = Mr_{未知}/Mr_{标准}$$

该算式适用于大多数球状蛋白质；而大多数纤维状蛋白质由于其分子高度不对称，不适用此公式。

目标检测

答案解析

一、选择题

1. 下列氨基酸中不参与蛋白质合成的是（　）

　　A. 甘氨酸　　　　　B. 瓜氨酸　　　　　C. 天冬酰胺　　　　　D. 组氨酸　　　　　E. 丝氨酸

2. 测得某一蛋白质样品中的含氮量为 10g，则该样品蛋白质含量为（　）

　　A. 16g　　　　　B. 160g　　　　　C. 6.25g　　　　　D. 62.5g　　　　　E. 625g

3. 构成蛋白质的氨基酸是（　）

　　A. 除甘氨酸外均为 D 型 α - 氨基酸　　　　　B. 均有极性侧链

　　C. 均为 L - 构型　　　　　D. 除甘氨酸外均为 L 型 α - 氨基酸

　　E. 只含有 α - 氨基和 α - 羧基

4. 氨基酸在等电点时具有的特点是（　）

　　A. 带正电荷　　　　　B. 带负电荷

　　C. 带的正负电荷相等　　　　　D. 溶解度最大

　　E. 在电场中泳动

5. 肽链的书写方向是（　）

　　A. N 端 →C 端　　　　　B. C 端 →N 端

　　C. 5′端→3′端　　　　　D. 3′端→5′端

　　E. 羧基末端→氨基末端

6. 盐析法沉淀蛋白质的原理是（　　）

　　A. 改变蛋白质的一级结构　　　　　　　　　B. 使蛋白质变性，破坏空间结构

　　C. 使蛋白质的等电点发生变化　　　　　　　D. 中和蛋白质表面电荷并破坏水化膜

　　E. 以上都不对

7. 蛋白质二级结构不包括（　　）

　　A. α螺旋　　　　B. 双螺旋　　　　C. β转角　　　　D. β折叠　　　　E. Ω环

8. 蛋白质变性后的主要表现是（　　）

　　A. 分子量变小　　　　　　　　　　　　　　B. 黏度降低

　　C. 溶解度降低　　　　　　　　　　　　　　D. 不易被蛋白酶水解

　　E. 完全水解

9. 280nm 波长处有特征性吸收峰的氨基酸为（　　）

　　A. 谷氨酸　　　　B. 色氨酸　　　　C. 丙氨酸　　　　D. 苏氨酸　　　　E. 精氨酸

10. 维持蛋白质一级结构最主要的化学键是（　　）

　　A. 肽键　　　　B. 氢键　　　　C. 疏水键　　　　D. 离子键　　　　E. 二硫键

二、问答题

1. 组成蛋白质的氨基酸只有20种，为什么蛋白质的种类却极其繁多？

2. 何谓蛋白质的两性解离？利用此性质分离纯化蛋白质的常用方法有哪些？

3. 什么是蛋白质变性？举例说明蛋白质变性在临床工作中的应用。

4. 举例说明蛋白质一级结构、空间结构与功能之间的关系。

（龙石银）

书网融合……

本章小结　　　　微课　　　　题库

第二章　核酸的结构与功能

学习目标

知识要求

1. 掌握　核苷酸的基本结构和连接方式；DNA 和 RNA 分子组成的异同及功能；DNA 双螺旋结构模型的要点；真核生物 mRNA、tRNA 和 rRNA 的结构与功能。

2. 熟悉　核酸一级结构；磷酸二酯键的概念；Chargaff 规则；核小体的结构；RNA 的分类；核酸的紫外吸收性质；核酸变性与复性的概念；增色效应与减色效应；T_m 的概念及影响 T_m 的因素。

3. 了解　核苷酸的命名及缩写；多核苷酸链的形成及书写。

技能要求

学会应用本章所学知识分析相关急危重症的发病机制，并制定合理有效的护理措施。

素质要求

通过学习相关中国科学家的杰出成就，厚植爱国主义情怀和民族自豪感。

核酸是生物体内一类重要的生物大分子。1868 年，瑞士外科医生米歇尔（F. Miescher）从脓细胞中分离出核酸；随后，科学家们发现所有生物体都含有核酸。目前认为各种生物的生长、繁殖、遗传变异及体现生命的代谢模式等特征都由核酸决定。核酸与蛋白质都是生命活动中的生物信息大分子，具有复杂的结构和重要的功能。核酸包括两大类，一类为脱氧核糖核酸（deoxyribonucleic acid，DNA），另一类为核糖核酸（ribonucleic acid，RNA）。DNA 存在于细胞核和线粒体内，携带遗传信息，决定细胞和个体的基因型。RNA 主要存在于细胞质和细胞核内，参与基因的表达与调控，某些病毒的 RNA 也可以作为遗传信息的载体。

案例引导

案例　患者，男，34 岁。近期食欲不振、乏力、低热、多汗、不明原因的消瘦。血常规检查：白细胞 $168.4 \times 10^9/L$，血红蛋白 110g/L，血小板 $261 \times 10^9/L$。B 超提示肝脏稍大，脾大。外周血涂片：外周血白细胞总数极度增高，出现各阶段粒细胞以中幼粒细胞及以下的各期中性粒细胞多见，原始粒细胞 <10%，嗜酸性粒细胞、嗜碱性粒细胞易见。骨髓细胞遗传学检查发现 Ph 染色体，PCR 检测骨髓显示 BCR-ABL 融合基因阳性。

讨论　1. 患者的诊断是什么？如何进行治疗？

2. 该病的发病机制是什么？

3. 患者护理时，应注意哪些事项？

PPT

第一节　核酸的化学组成及一级结构

核酸由 C、H、O、N 和 P 元素组成。其中磷含量为 9%～10%，因核酸分子的磷含量比较恒定，通过测定生物样品中含磷量可推算出核酸的含量。核酸是一种多聚核苷酸，它的基本组成单位是核苷酸。

一、核酸的基本组成单位——核苷酸

（一）核苷酸的组成

核酸是一种多核苷酸，它的基本组成单位是核苷酸。核苷酸水解生成核苷和磷酸，核苷进一步水解生成含氮碱基（嘌呤碱与嘧啶碱）和戊糖。所以核酸由核苷酸组成，而核苷酸由碱基、戊糖和磷酸组成。

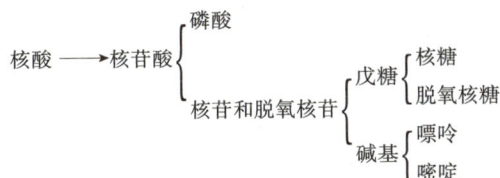

$$
\text{核酸} \longrightarrow \text{核苷酸}
\begin{cases}
\text{磷酸} \\
\text{核苷和脱氧核苷}
\begin{cases}
\text{戊糖}
\begin{cases}
\text{核糖} \\
\text{脱氧核糖}
\end{cases} \\
\text{碱基}
\begin{cases}
\text{嘌呤} \\
\text{嘧啶}
\end{cases}
\end{cases}
\end{cases}
$$

1. 碱基　核酸成分中的含氮碱基包括嘌呤碱和嘧啶碱两类。嘌呤碱分为腺嘌呤（adenine，A）与鸟嘌呤（guanine，G）；嘧啶碱分为尿嘧啶（uracil，U）、胞嘧啶（cytosine，C）和胸腺嘧啶（thymine，T）。含氮碱基的结构及碳、氮原子的编号见图 2-1。另外，核酸中还有一些含量甚少的其他碱基，称为稀有碱基，如 1-甲基腺嘌呤、1-甲基鸟嘌呤、次黄嘌呤和二氢尿嘧啶等。

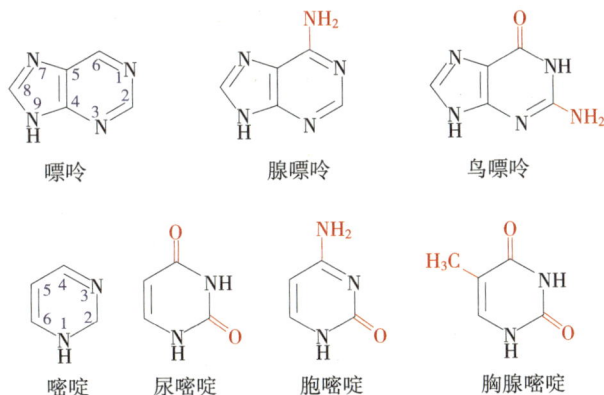

嘌呤　　　　腺嘌呤　　　　鸟嘌呤

嘧啶　　　尿嘧啶　　　胞嘧啶　　　胸腺嘧啶

图 2-1　核酸中主要含氮碱基的结构

2. 戊糖　核酸分子中所含的糖是五碳糖，即戊糖，因构成核酸又称为核糖。RNA 中含 $\beta-D-$核糖；DNA 中含 $\beta-D-2-$脱氧核糖。RNA 和 DNA 因含戊糖不同而分类的。为了与碱基上各原子的编号区别，戊糖基的碳原子编号加撇（如 1′或 2′…5′）。其结构见图 2-2。

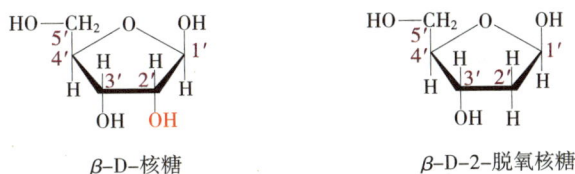

β-D-核糖　　　　　　β-D-2-脱氧核糖

图 2-2　核酸中核糖的结构

3. 核苷　戊糖和碱基通过 C—N 糖苷键缩合而成的糖苷称为核苷。一般都是戊糖的第 1 位碳原子（C-1′）与嘧啶碱的第 1 位氮原子（N_1）或嘌呤碱的第 9 位氮原子（N_9）相连，以 C—N 糖苷键形式结合。核苷分为核糖核苷和脱氧核糖核苷两类。核苷命名时，先冠以碱基的名称，例如腺嘌呤核苷（简称腺苷)、胞嘧啶脱氧核苷（简称脱氧胞苷）等，其他核苷的命名依此类推。构成 RNA 的核糖核苷有 4 种（腺苷、鸟苷、胞苷、尿苷），英文缩写为 AR、GR、CR、UR；构成 DNA 的脱氧核糖核苷也有 4 种（脱氧腺苷、脱氧鸟苷、脱氧胞苷、脱氧胸苷），英文缩写为 dAR、dGR、dCR、dTR（图 2-3）。

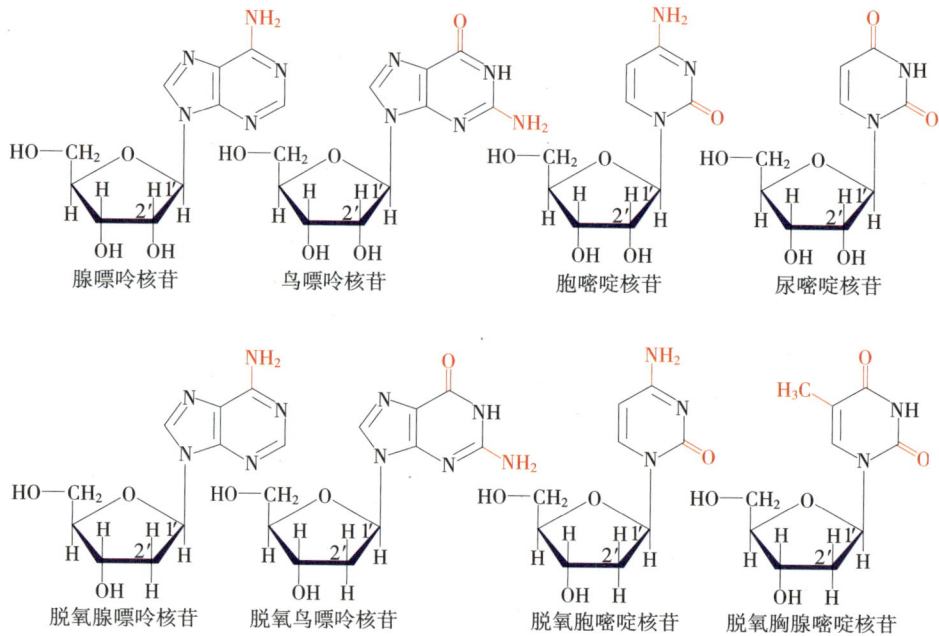

图 2-3　常见核苷的结构

4. 核苷酸　核苷（脱氧核苷）中戊糖的自由羟基与磷酸通过脱水缩合，以磷酸酯键相连而生成核苷酸（脱氧核苷酸），是构成核酸分子的基本单位。核苷酸可分为两大类，即核糖核苷酸和脱氧核糖核苷酸。生物体内游离存在的多是 5′-核苷酸，简称核苷酸，其磷酸基团位于核糖的第 5 位碳原子 C-5′上，常见的核苷酸及其缩写符号见表 2-1。

表 2-1　常见的核苷酸及其缩写符号

核糖核苷酸（NMP）		脱氧核糖核苷酸（dNMP）	
缩写	名称	缩写	名称
AMP	腺苷酸（腺苷一磷酸）	dAMP	脱氧腺苷酸（脱氧腺苷一磷酸）
GMP	鸟苷酸（鸟苷一磷酸）	dGMP	脱氧鸟苷酸（脱氧鸟苷一磷酸）
CMP	胞苷酸（胞苷一磷酸）	dCMP	脱氧胞苷酸（脱氧胞苷一磷酸）
UMP	尿苷酸（尿苷一磷酸）	dTMP	脱氧胸苷酸（脱氧胸苷一磷酸）

表 2-1 可以看出，RNA 的基本组成单位核糖核苷酸（NMP）有 4 种：AMP、GMP、CMP 和 UMP。DNA 的基本组成单位脱氧核糖核苷酸（dNMP）也有 4 种：dAMP、dGMP、dCMP 和 dTMP，各种核苷酸的结构通式见图 2-4。

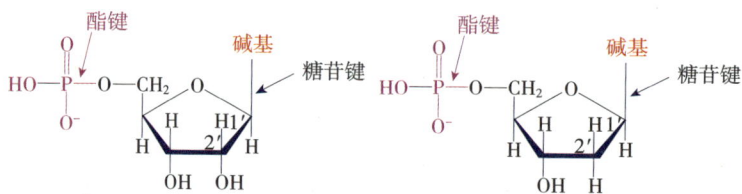

图 2-4　核苷酸和脱氧核苷酸的结构式

（二）体内重要的游离核苷酸

细胞内还有一些游离存在的多磷酸核苷酸，它们都具有重要的生理功能。NMP 和 dNMP 的磷酸基团进一步磷酸化可生成核苷二磷酸（NDP 或 dNDP）或者核苷三磷酸（NTP 或 dNTP）。例如腺嘌呤核苷二磷酸（ADP）、腺嘌呤核苷三磷酸（ATP）等（图 2-5）。NTP 和 dNTP 都是高能磷酸化合物，是合成DNA 和 RNA 的原料。另外，核苷三磷酸在多种物质的合成中起活化或供能作用，如 ATP。

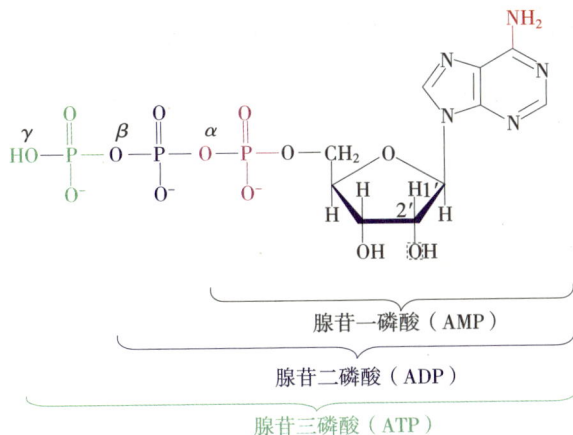

图 2-5 多磷酸核苷酸

体内还有一类自由存在的环化核苷酸，如 3′,5′-环腺苷酸（cAMP）和 3′,5′-环鸟苷酸（cGMP）（图 2-6）。它们含量极微，作为第二信使在细胞信号转导中起着重要生理作用。

3′,5′-环腺苷酸   3′,5′-环鸟苷酸

图 2-6 环化核苷酸

二、核苷酸的连接方式

一个核苷酸 C-3′ 上的羟基与另一个核苷酸 C-5′ 上的磷酸脱水缩合生成的酯键称为 3′,5′-磷酸二酯键。

DNA 由许多脱氧核糖核苷酸分子连接而成。每个 DNA 分子的脱氧核苷酸数目、比例都不一样。但DNA 分子中的各个脱氧核糖核苷酸之间的连接方式完全一样，通过前一个脱氧核苷酸的 3′-羟基与后一个脱氧核苷酸 5′ 上的磷酸脱水缩合形成 3′,5′-磷酸二酯键而彼此相连，形成核酸分子的基本结构骨架。RNA 的各个核苷酸之间也是通过 3′,5′-磷酸二酯键连接的。

三、核酸的一级结构

1. DNA 的一级结构   DNA 的基本结构单位是 4 种脱氧核糖核苷酸：dAMP、dGMP、dCMP 和 dTMP。这些核苷酸按照一定排列顺序通过 3′,5′-磷酸二酯键互相连接，形成长的不分支的多核苷酸链，即

DNA 的一级结构。由于核酸中核苷酸之间的差别在于碱基部分，故核酸的一级结构即指核酸分子中碱基的排列顺序。

习惯上将 5′端作为多核苷酸链的"头"，写在左边；将 3′端作为"尾"，写在右边，即按 5′→3′方向书写。图 2－7（b）是简写形式，竖线表示糖的碳链，A、G、C、T 表示 4 种碱基，P 和斜线代表 3′,5′－磷酸二酯键。图 2－7（c）为字母式缩写，其中 P 表示磷酸基团，P 写在碱基符号左边，表示 P 在 C_5′上。有时多核苷酸中表示磷酸二酯键的 P 也被省略，如写成 .... pA—G—T—G... 或 pAGTG。各种简化式的阅读方向是从左到右，表示碱基序列从 5′到 3′。这几种缩写形式对 RNA 也适用。

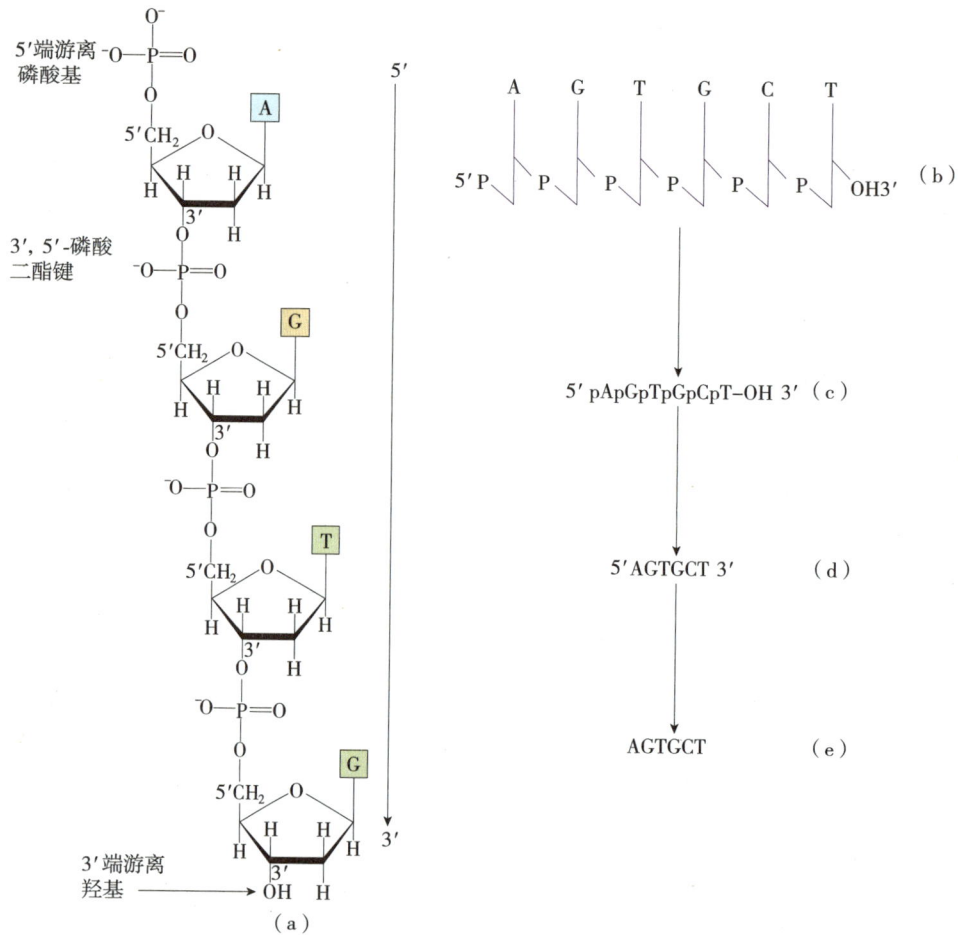

图 2－7 DNA 分子中核苷酸链的连接方式及缩写

（a）结构式；（b）（c）（d）（e）字母式缩写

不同 DNA 的脱氧核苷酸数目和排列顺序不同，生物的遗传信息储存于 DNA 的脱氧核苷酸序列中。DNA 是生物信息大分子，碱基顺序就是信息所包含的内容，碱基顺序略有改变，就可能引起遗传信息的巨大变化。因此，各种生物 DNA 一级结构的分析研究对阐明 DNA 结构和功能具有重要意义。

2. RNA 的一级结构 RNA 在生命活动中具有十分重要的作用，它参与基因的表达与调控。RNA 分子由数十个至数千个核苷酸组成，其种类众多，分子大小、结构各异，功能也各不相同。RNA 的一级结构是指 RNA 分子中核糖核苷酸的排列顺序。除 AMP、GMP、CMP、UMP 之外，在有些 RNA 分子中还含有少量稀有核苷酸。

3. DNA 和 RNA 的比较 见表 2－2。

表 2 - 2　DNA 和 RNA 的比较

	脱氧核糖核酸（DNA）	核糖核酸（RNA）
分布	98% 细胞核，2% 线粒体	90% 细胞质，10% 核内核仁
分类	核 DNA、线粒体环状 DNA	信使 RNA（mRNA） 转运 RNA（tRNA） 核糖体 RNA（rRNA）
基本组成单位	dAMP、dGMP、dCMP、dTMP	AMP、GMP、CMP、UMP
功能	携带遗传信息	参与基因的表达与调控

第二节　DNA 的空间结构与功能

PPT

一、DNA 的二级结构

20 世纪 50 年代，Erwin Chargaff 等人采用薄层色谱和紫外吸收分析等技术，研究了 DNA 分子的碱基成分。他们发现 DNA 分子的组成中：①不同生物种属的 DNA 碱基组成不同（有种族特异性）；②同一个体的不同器官、不同组织的 DNA 具有相同的碱基组成（无组织器官特异性）；③对于一个特定组织的 DNA，其碱基组分不随其年龄、营养状态和环境而变化；④某一特定生物，其 DNA 碱基组成恒定，而且嘌呤碱与嘧啶碱的摩尔总数是相等的，即 A + G = T + C 且 A = T，G = C，这就是 Chargaff 规则。1952 年 R. Franklin 和 M. Wilkins 获得了高质量的 DNA 的 X 射线衍射照片，1953 年 Watson 和 Crick 两位青年科学家在总结前人研究的基础上，提出了著名的 DNA 双螺旋模型，确立了 DNA 的二级结构。

DNA 的二级结构是指两条 DNA 单链形成的双螺旋结构。这一模型的提出为生物体内 DNA 功能的研究奠定了科学基础，它揭示了遗传信息是如何储存在 DNA 分子中，又是如何得以传递和表达的，推动了生命科学与现代分子生物学的发展，可以认为是生物学发展的里程碑，它开创了分子生物学的新时代。为此 Watson 和 Crick 获得 1962 年诺贝尔化学奖。

除某些小分子噬菌体的 DNA 是单链结构外，大多数生物的 DNA 分子都是双链，具有双螺旋结构（图 2 - 8），其特点如下。

（1）DNA 是由两条反向平行右手螺旋的多聚脱氧核苷酸链组成。DNA 一条链的走向是 5′→3′，另一条链的走向是 3′→5′，多聚脱氧核苷酸链沿同一

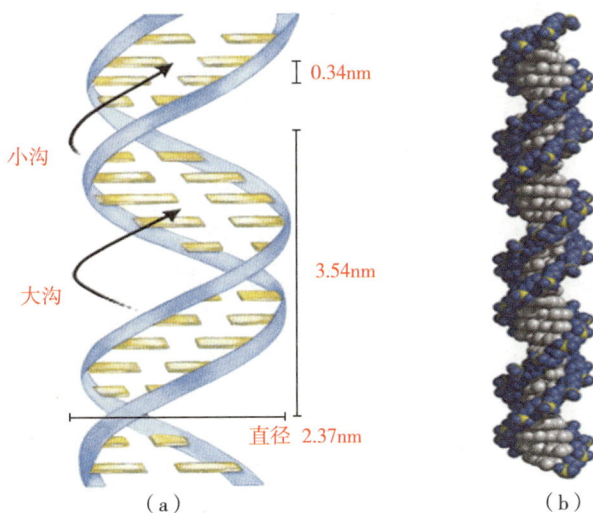

图 2 - 8　DNA 右手双螺旋结构示意图

中心轴盘绕而成的右手双螺旋结构。DNA 的双螺旋结构的直径为 2.37nm，螺距为 3.54nm。

（2）两条多聚脱氧核苷酸链的磷酸与脱氧核糖亲水性骨架位于外侧，碱基位于螺旋的内侧。螺旋表面形成大沟与小沟，这些沟状结构与蛋白质、DNA 之间的相互识别有关。

（3）DNA 双链之间形成了互补的碱基对。碱基平面与螺旋的纵轴垂直，两条链的碱基通过氢键形成固定的配对方式。即 A 和 T 配对形成两个氢键，G 和 C 配对形成三个氢键。这种碱基之间的互相配对称为碱基互补，DNA 的两条链则称为互补链。每个螺距内包含 10.5 个碱基对，碱基平面之间的垂直距

离为 0. 34nm。

（4）DNA 双螺旋结构的稳定主要由疏水性碱基堆积力和氢键共同维持。

相邻的碱基对平面在旋进过程中彼此重叠，由此产生疏水性的碱基堆积力。碱基堆积力与氢键共同维持 DNA 双螺旋结构的稳定性，而碱基堆积力的作用更为重要。

Watson 和 Crick 提出的 DNA 右手双螺旋结构称为 B 型 - DNA。在自然界原核生物和真核生物基因组，还存在左手双螺旋 DNA，这些都说明 DNA 双螺旋结构具有多样性。这些结构可能与基因表达调控相适应。

二、DNA 的高级结构

DNA 的三级结构是 DNA 的双螺旋进一步折叠、盘旋形成更加复杂的结构，即 DNA 超螺旋结构。超螺旋的盘绕方向与 DNA 双螺旋方向相反，称为负超螺旋，反之称为正超螺旋。绝大部分原核生物的 DNA 是环状双螺旋分子，这种环状双螺旋结构再螺旋化形成超螺旋（supercoil）。以负超螺旋的形式存在，平均每 200 个碱基就有一个超螺旋形成。

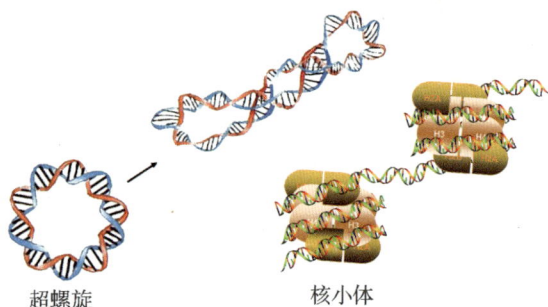

超螺旋　　　　核小体

图 2 - 9　DNA 的超螺旋结构及核小体结构

一般来讲，进化程度越高的生物体，其 DNA 的分子结构越大、越复杂。在真核生物体内的 DNA 以非常致密的形式存在于细胞核内，在细胞生活周期的大部分时间里，以染色质的形式出现。核小体（nucleosome）是染色体的基本组成单位。核小体是染色体的基本组成单位，是 DNA 超螺旋结构的形式。核小体是 DNA 双链进一步盘绕在以组蛋白（H_2A、H_2B、H_3、H_4 各两分子）为核心的结构表面所构成的，许多核小体连成串珠状，再经过反复盘旋折叠，最后形成染色单体（图 2 - 9）。

三、DNA 的主要功能

DNA 双螺旋结构揭示了 DNA 作为遗传信息载体的物质本质。DNA 分子是遗传信息的贮存和携带者，而基因是编码 RNA 或多肽链的 DNA 片段，控制生物的遗传性状。DNA 为基因复制和转录提供了模板。DNA 通过复制将遗传信息传递给下一代，也可以通过转录和翻译得以表达，使 DNA 分子上所携带的遗传信息（脱氧核苷酸排列顺序）"翻译"成为蛋白质分子中氨基酸的顺序。

第三节　RNA 的结构与功能 　微课

PPT

RNA 分子一般比 DNA 分子小得多，主要以单链结构形式存在，但在局部区域可形成双链。双链部位的碱基一般也能形成氢键而相互配对，即 A 和 U 间形成两个氢键，G 和 C 间形成三个氢键。双链区有些不配对的碱基被排斥在双链外侧，形成环状凸起。真核细胞 RNA 种类繁多、功能各异（表 2 - 3）。

表 2 - 3　真核细胞内主要 RNA 的种类和功能

RNA 种类	简称	分布	功能
不均一核 RNA	hnRNA	细胞核	成熟 mRNA 的前体
信使 RNA	mRNA	细胞核和细胞质	合成蛋白质的模板
转运 RNA	tRNA	细胞核和细胞质	转运氨基酸

续表

RNA 种类	简称	分布	功能
核糖体 RNA	rRNA	细胞核和细胞质	核糖体的组成部分
核内小 RNA	snRNA	细胞核	参与 hnRNA 的剪接和转运
核仁小 RNA	snoRNA	细胞核	rRNA 的加工和修饰
胞质小 RNA	scRNA	细胞质	蛋白质内质网定位合成的信号识别体的组成部分
小干扰 RNA	siRNA	细胞质	靶向识别和降解目标 mRNA
微小 RNA	miRNA	细胞质	翻译抑制
催化型小 RNA（核酶）	ribozyme	细胞核和细胞质	具有催化功能，参与 RNA 合成后的剪接修饰

一、信使 RNA 的结构与功能

信使 RNA（messenger RNA，mRNA）是指导蛋白质生物合成的直接模板。mRNA 占细胞内 RNA 总量的 2% ~ 5%，种类繁多，其分子大小差别非常大。

细胞核内初合成的是不均一核 RNA（heterogeneous nuclear RNA，hnRNA），其相对分子质量比成熟的 mRNA 大，是 mRNA 的前体。hnRNA 经剪接加工转变为成熟的 mRNA，并移位到细胞质。真核生物成熟的 mRNA 具备以下结构特点（图 2 – 10）。

图 2 – 10　真核生物 mRNA 结构示意图

（1）相对分子质量大小不一，由几百甚至几千个核苷酸构成。

（2）真核细胞 mRNA 的 5′端有一特殊结构：7 – 甲基鸟嘌呤核苷三磷酸（m^7GpppN），称为帽结构，与 mRNA 稳定性和蛋白质的生物合成的起始有关。

（3）绝大多数真核细胞 mRNA 在 3′端有一段由 80 ~ 250 个腺苷酸组成的腺苷酸片段，称为多腺苷酸尾［poly（A）］。poly（A）的结构与 mRNA 从细胞核转移至胞质的过程有关，也与 mRNA 分子的半衰期有关。

（4）在 hnRNA 分子中，含有真核基因组中对应的许多外显子（exon）和内含子（intron）。hnRNA 在细胞核中经过一系列加工过程，转变为成熟的 mRNA，进入细胞质。

（5）从 mRNA 分子 5′端第一个 AUG 开始，每 3 个相邻的核苷酸为一组，叫密码子（codon）或三联体密码（triplet code），每一个密码子编码一个氨基酸或代表其他信息。

AUG 被称为起始密码子，决定肽链合成终止的密码子叫终止密码子，位于起始密码子和终止密码子之间的核苷酸序列称为开放阅读框（open reading frame，ORF），决定多肽链的氨基酸序列（图 2 – 10）。

二、转运 RNA 的结构与功能

转运 RNA（transfer RNA，tRNA）是相对分子质量最小的 RNA，占细胞总 RNA 的 15% 左右。主要功能是活化、转运氨基酸至核糖体上，参与蛋白质的合成。

细胞内 tRNA 的种类很多，在蛋白质合成过程中作为各种氨基酸的载体，每一种氨基酸有一种或几种相应的 tRNA 携带而转运至核糖体上，大部分 tRNA 都具有以下共同特征。

1. tRNA 一级结构的特点

（1）tRNA 是单链小分子，由 74~95 个核苷酸组成。

（2）tRNA 分子中含有较多稀有碱基或修饰碱基，占 tRNA 总核苷酸数的 10%~20%，是在转录后经酶促修饰形成的。多数稀有碱基是 A、G、C、U 的甲基衍生物，以及二氢尿嘧啶（DHU）、次黄嘌呤（I）、假尿嘧啶（Ψ）等。

（3）所有 tRNA 的 3′端都是 CCA—OH 序列，这一序列是 tRNA 结合和转运氨基酸而生成氨酰 tRNA 时所必需的，活化的氨基酸连接于 3′端的羟基上。

2. tRNA 二级结构的特点　tRNA 分子中约半数碱基通过链内碱基配对相结合，形成局部双链；链内碱基不配对的部分产生突环，从而构成形状类似三叶草的 tRNA 的二级结构 [图 2-11（a）]。位于左、右两侧的环状结构根据其含有的稀有碱基，分别称 DHU 环和 TΨC 环，位于下方（中间）的环叫作反密码子环，反密码子环由 7 个核苷酸（碱基）组成，中间的 3 个碱基构成反密码子，不同 tRNA 的反密码子不同。次黄嘌呤核苷酸常出现在反密码子中，携带不同氨基酸的 tRNA 有其特异的反密码子，与 mRNA 上相应的密码子互补。

3. tRNA 三级结构的特点　所有 tRNA 分子都有相似的三级结构，均呈"倒 L"形 [图 2-11（b）]，其中 3′端 CCA—OH 是结合氨基酸的部位，为氨基酸臂，另一端为反密码子环。"L 形"结构的拐角处是 DHU 环和 TΨC 环。各环的核苷酸序列差别较大，这是各种 tRNA 的特异性所在。

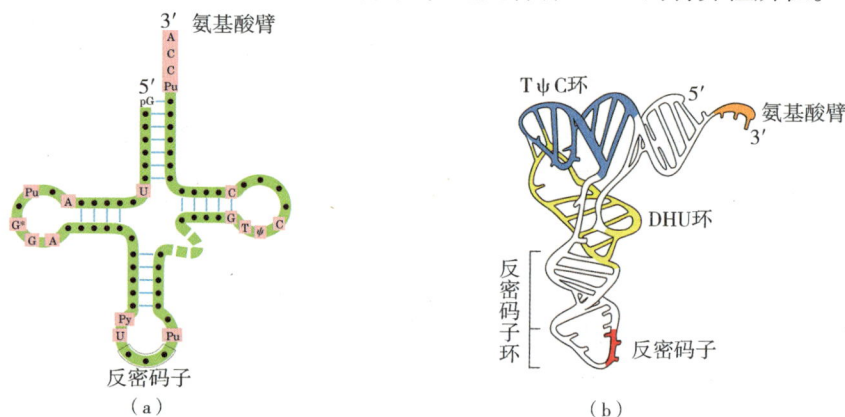

图 2-11　tRNA 的二级结构和三级结构

（a）二级结构；（b）三级结构

⊕ **知识链接**

中国科学家首次人工合成酵母丙氨酸 tRNA

继 1965 年我国在世界上首次人工合成蛋白质——结晶牛胰岛素后，1968 年我国又启动了人工合成核酸工作。历经无数次试验，我国科学家王德宝等利用化学和酶促相结合的方法，于 1981 年 11 月在世界上首次人工合成了 76 个核苷酸的完整分子——酵母丙氨酸 tRNA。其化学结构与天然分子完全相同，并具有生物活性，既能接受丙氨酸，又能将所携带的丙氨酸掺入蛋白质的合成体系中，因此在蛋白质生物合成中起重要作用。这一工作在生命起源研究领域具有重大意义。这标志着中国在该领域进入了世界先进行列。1983 年 5 月，《中国科学》B 辑全文刊出人工合成酵母丙氨酸 tRNA 的工作，多国在报刊或科学杂志上纷纷予以报道，并给予高度评价。

三、核糖体 RNA 的结构与功能

核糖体 RNA（ribosomal RNA，rRNA）是细胞内含量最丰富的 RNA，约占细胞总 RNA 的 80% 以上。rRNA 是一类代谢稳定、相对分子质量最大的 RNA。各种 rRNA 必须与蛋白质（核糖体蛋白）结合成核糖体才能发挥作用。核糖体是细胞内蛋白质合成的场所。

原核生物和真核生物的核糖体均由易于解聚的大亚基和小亚基组成。核糖体蛋白有数十种，大多是相对分子质量不大的多肽类。核糖体蛋白和 rRNA 一般都用沉降系数 S 表示大小（表 2-4）。

表 2-4　核糖体的组成

核糖体	原核生物（以大肠埃希菌为例）		真核生物（以小鼠肝细胞为例）	
小亚基	30S		40S	
rRNA	16S	1542 个核苷酸	18S	1874 个核苷酸
蛋白质	21 种	占总重量的 40%	33 种	占总重量的 50%
大亚基	50S		60S	
rRNA	23S	2940 个核苷酸	28S	4718 个核苷酸
	5S	120 个核苷酸	5.8S	160 个核苷酸
			5S	120 个核苷酸
蛋白质	31 种	占总重量的 30%	49 种	占总重量的 35%

四、非编码 RNA 的结构与功能

非编码 RNA（non-coding RNA，ncRNA）是一类内源性的不具有蛋白质编码功能的 RNA 分子，主要参与转录后加工、基因表达调控等过程。在细胞的生长增殖、发育、核内运输，甚至在肿瘤的发生中发挥着重要的作用。

表 2-3 所列的非编码 RNA 分子如 rRNA、tRNA、snRNA、snoRNA 和 miRNA 等，这些 RNA 的共同特点是都能从基因组上转录而来，但是不翻译成蛋白质，在 RNA 水平上发挥各自的生物学功能。

第四节　核酸的理化性质

PPT

一、核酸的一般性质

DNA 和 RNA 都是线性生物大分子，均为极性化合物，微溶于水，在溶液中有一定黏度。不溶于乙醇、乙醚、三氯甲烷等有机溶剂。它们又是两性电解质，通常表现出较强的酸性。

二、核酸的紫外吸收性质

核酸分子中的碱基含有共轭双键，因此都有吸收紫外光的性质，在 260nm 有最大吸收峰，这一特性常用于核酸的定量分析。

三、核酸的变性、复性与分子杂交

1. DNA 变性（DNA denaturation）　是指在理化因素作用下，DNA 分子中的氢键断裂，双螺旋结构解体，双链分开形成单链的过程。DNA 变性的本质是双链间氢键断裂，并不涉及核苷酸间磷酸二酯键的断裂，因此，并不引起 DNA 一级结构的改变。

导致 DNA 变性的因素很多，如加热、强酸、强碱、尿素、酰胺、乙醇、丙酮等。因温度升高而引起的 DNA 变性称为热变性；因酸碱度改变而引起的 DNA 变性称为酸碱变性。

DNA 的变性可引起一系列物理、化学性质的变化，如黏度下降，尤其是 260nm 处的紫外吸收值增高，生物活性改变。

DNA 的热变性是将 DNA 的稀盐溶液加热到 80～100℃，是实验室 DNA 变性的常用方法。加热时，DNA 双链发生解离，在 260nm 处紫外光的吸收值增高，此种现象称为增色效应（hyperchromic effect）。因此，监测 DNA 变性最常用的指标就是在 260nm 处吸光度值的变化。

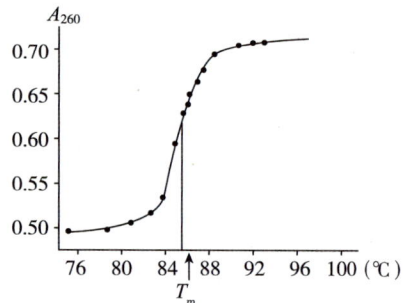

图 2-12　DNA 的解链曲线

DNA 的热变性是"突变性"的，即在一个很狭窄的临界温度范围内"爆发式"发生并迅速完成。若以 A_{260} 对温度作图，所得的曲线称为解链曲线（melting curve）（图 2-12）。在解链过程中，紫外吸收达到最大变化值一半时溶液的温度称为解链温度或融解温度（melting temperature，T_m）。因此，当温度达到解链温度时，DNA 分子内 50% 的双螺旋结构被破坏。不同的 DNA 有不同的解链温度（T_m），G-C 含量越高，T_m 越大。

2. DNA 复性　在适当条件下，变性 DNA 的两条互补链可恢复天然的双螺旋构象，这一现象称为复性（renaturation）。热变性的 DNA 经缓慢冷却后即可复性，这一过程称为退火（annealing）（图 2-13）。

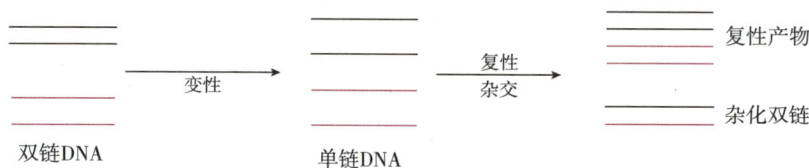

图 2-13　DNA 变性、复性与杂交过程

3. 核酸分子杂交　在 DNA 变性后的复性过程中，如果将不同种类的 DNA 单链分子或 RNA 分子放在同一溶液中，只要两种单链分子之间存在着一定程度的碱基配对关系，在适宜的条件（温度及离子强度）下，就可以在不同的分子间形成杂化双链。这种杂化双链可以在不同的 DNA 与 DNA 之间形成，也可以在 DNA 和 RNA 分子间或者 RNA 与 RNA 分子间形成。这种现象称为核酸分子杂交（hybridization）。

目标检测

答案解析

一、选择题

1. 核酸中核苷酸之间的连接方式是（　　）

    A. 2',3'-磷酸二酯键　　　　　　B. 3',5'-磷酸二酯键　　　　　　C. 2',5'-磷酸二酯键

    D. 糖苷键　　　　　　　　　　　E. 氢键

2. 下列关于 DNA 双螺旋结构模型的叙述错误的是（　　）

    A. 两条链方向相反

    B. 两股链通过碱基之间的氢键相连维持稳定

    C. 为右手螺旋，每个螺旋为 10 个碱基对

    D. 嘌呤碱和嘧啶碱位于螺旋的内侧

    E. 嘌呤和嘌呤配对，嘧啶和嘧啶配对

3. 下列关于 mRNA 的叙述正确的是（ ）

    A. 染色体 DNA 的一部分

    B. 核糖体小亚基的一部分

    C. 具有肽酰转移酶活性的核糖体亚基的一部分

    D. 携带反密码子，能将遗传密码翻译为相应的氨基酸顺序

    E. 与基因某段碱基顺序互补，并编码相应的多肽链

4. 含有稀有碱基比例较多的核酸分子是（ ）

    A. 细胞核 DNA   B. 线粒体 DNA   C. tRNA

    D. mRNA   E. rRNA

5. 核酸溶液的紫外吸收峰在（ ）

    A. 260nm   B. 280nm   C. 230nm   D. 240nm   E. 220nm

6. 腺苷脱氨酶（ADA）基因缺陷是一种常染色体隐性遗传病，由于基因缺陷造成酶活性下降或消失，常导致 AMP、dAMP 和 dATP 蓄积。dATP 是核糖核苷酸还原酶的别构抑制剂，阻碍 DNA 合成，导致严重联合免疫缺陷症（SCID），下列叙述错误的是（ ）

    A. dATP 作为别构抑制剂结合于核糖核苷酸还原酶的活性中心

    B. dATP 与核糖核苷酸还原酶以非共价键结合

    C. dATP 在体内堆积，能抑制 dGDP 与 dCDP 的合成

    D. dATP 对核糖核苷酸还原酶的抑制属于一种快速调节

    E. 核糖核苷酸还原酶是一种别构酶

二、问答题

1. 简述 DNA 与 RNA 的区别。
2. 简述 DNA 双螺旋结构模型的特点及其生物学意义。
3. 简述真核生物成熟 mRNA 的结构特点及其生物学功能。
4. 简述 tRNA 二级结构的特点及其生物学功能。

（伊淑莹）

书网融合……

本章小结   微课   题库

第三章　维生素与微量元素

学习目标

知识要求

1. 掌握　维生素的分类；脂溶性维生素的主要功能及其对应的缺乏症；水溶性维生素与辅酶之间的关系。

2. 熟悉　维生素缺乏症的病因；水溶性维生素的主要功能和缺乏症；钙磷与骨代谢的关系。

3. 了解　微量元素铁、锌、铜、碘、锰、硒等微量元素。

技能要求

1. 培养学生通过对维生素的认识，科学辨别和选择维生素的能力。
2. 提升人文关怀和运用科学知识回报社会的职业素质和技能。

素质要求

培养学生批判思维、科学思考，理解现代中国特色社会主义制度给我们生活带来的优越性，提高幸福感和自豪感。

第一节　概　述 🅴微课

PPT

⊕ 知识链接

孙思邈发现夜盲症的治疗方法

唐代著名的医药学家孙思邈，用毕生精力研究医药学，所著的《千金方》记载了 800 多种药物和 3000 余个药方，被称为"药王""医神"。

在他 7 岁时，父亲得了雀目病（夜盲症），母亲患粗脖子病。孙思邈因此立志要当一名医生给父母治病。12 岁起，他开始研究《黄帝内经》。之后，拜陈元为师，并学到了治粗脖子病的方法，可是如何治雀目病却仍然毫无头绪。于是他翻遍大量医书，终于找到"肝开窍于目"的解释，便给父母吃猪、牛、羊肝（肝脏中富含维生素 A、铁、维生素 B_{12} 等人体必需的营养素）。不久，父母的雀目病和粗脖子病都痊愈了。后来孙思邈在他的医书中也提出用猪肝治疗这种病。

一、维生素的概念与分类

维生素（vitamin）是维持机体正常生命活动所必需的，在体内不能合成或合成量甚微，不能满足机体需求，必须由食物供给的一类小分子有机化合物。维生素是个庞大的家族，现阶段所知的维生素就有几十种，其分子结构、化学性质及生理功能各异。按溶解度不同可分为水溶性维生素（water soluble vitamin）和脂溶性维生素（lipid soluble vitamin）。维生素对于机体具有极其重要的作用，如在调节人体物质代谢和维持正常生理功能等方面都发挥作用，是人体的必需营养素。

除此之外，有些化合物的活性与维生素极为相似，被称为"类维生素"，如生物类黄酮、肉碱、辅酶 Q、乳清酸和牛磺酸等。其中肉碱和牛磺酸因对婴幼儿生长发育有重要作用而受到特别重视。肉碱在长链脂肪酸的 β 氧化中起关键作用，可调节能量代谢；牛磺酸可保护视网膜、心肌，促进中枢神经系统发育和增强免疫力。新生儿特别是早产儿的配方食品中需要强化补充肉碱与牛磺酸。

二、维生素的命名

维生素按发现顺序、生理功能、化学结构、来源与分布等多种方式命名。按其生理功能命名的有抗坏血酸、抗脚气病维生素、抗眼干燥症维生素、抗不育维生素、抗佝偻病维生素等；按其化学结构命名的有视黄醇、硫胺素、核黄素、钴胺素等；按其来源或分布命名的有叶酸、泛酸等；常用发现顺序英文大写字母命名，例如维生素 A、维生素 B、维生素 C、维生素 D、维生素 E、维生素 K 等，而 B 族维生素又分为维生素 B_1、维生素 B_2、维生素 B_6、维生素 B_{12}、维生素 PP 等。

三、维生素的特点

各种维生素的共同特点：①不是人体组织细胞的结构成分；②不是人体的能源物质；③体内不能合成或合成量不能满足人体需要；④主要生理功能是参与体内物质代谢和调节；⑤必须由食物供给且每日需要量较少；⑥所有维生素均为小分子有机化合物。除以上共同特点外，水溶性及脂溶性维生素的性质、代谢特点、功能等具有显著的差别。

四、维生素缺乏症的病因

1. 摄入不足　因灾害或战争等社会因素引起的食物摄入不足；不良偏食习惯造成食物单一或需求升高；食物因加工烹调不合理如食用精白米面、丢弃米汤、蔬菜先切后洗、叶酸受热损失等使维生素遭到破坏；不良生活习惯、昏迷、精神失常或神经性厌食等疾病引起维生素摄入不足。

2. 吸收不良　消化系统疾病或摄入脂肪量过少从而广泛地影响脂溶性维生素的吸收；手术切除使小肠功能受损，引起维生素吸收不良。

3. 利用减少　疾病使组织器官对维生素的利用率或储备能力下降，如肝硬化会使维生素 A、维生素 B_6、维生素 B_{12}、叶酸的储存减少而出现缺乏；尿毒症时肾不能将 25 - 羟维生素 D_3 转变为活性 1,25 - 二羟维生素 D_3，导致肠道吸收钙发生障碍。

先天遗传性缺陷引起的利用不足，如由于酶蛋白异常影响与辅酶的结合，表现出婴儿惊厥、贫血、高同型半胱氨酸血症等维生素 B_6 反应性疾病。

4. 损耗增加　长期的慢性失血、发热、癌症、组织器官病变及代谢消耗性疾病如糖尿病、结核病等会增加机体维生素的消耗，应该及时治疗以防止维生素缺乏症的发生。

5. 需要增加　特殊人群如青少年、孕妇、乳母及在特殊环境工作人群的生理代谢过程中，维生素需要量明显增加，要注意维生素缺乏病的防治。

常见的维生素临床缺乏症可见表 3 - 1。

表 3 - 1　常见维生素缺乏症

名称	日需要量	缺乏症
维生素 A	80μg	夜盲症、眼干燥症、皮肤干燥
维生素 D	5 ~ 10μg	佝偻病（儿童），软骨病（成人）
维生素 E	8 ~ 10mg	人类未见缺乏症，临床用于治疗习惯性流产
维生素 K	60 ~ 80μg	偶见于新生儿及胆管阻塞患者

续表

名称	日需要量	缺乏症
维生素 B_1	1.2 ~ 1.5mg	脚气病、末梢神经炎
维生素 B_2	1.2 ~ 1.5mg	口角炎、舌炎、唇炎、阴囊炎
维生素 PP	15 ~ 20mg	癞皮病
叶酸	200 ~ 400μg	巨幼红细胞贫血
维生素 B_{12}	2 ~ 3μg	巨幼红细胞贫血
维生素 C	60mg	坏血病

第二节　脂溶性维生素

PPT

脂溶性维生素包括维生素 A、维生素 D、维生素 E、维生素 K 四种，它们不溶于水，只溶于脂肪或脂肪溶剂中。脂溶性维生素在食物中与脂类共存，共吸收。吸收后的脂溶性维生素与脂蛋白或某些特异蛋白结合而运输。脂溶性维生素可在体内储存，排泄缓慢，故不需每日供给。脂类吸收障碍和食物中摄取此类维生素过少可引起相应的缺乏症；反之，如果脂溶性维生素摄入过多，可引起蓄积中毒表现。

⇒ 案例引导

案例　患儿，女，4 岁半。数月来不明原因常眨眼，主诉眼痒不适，常用手揉眼，眼泪少，多种眼药水无效。患儿母乳喂养 6 个月后只添加牛奶、稀饭、面条辅食。2 岁后饮食偏素，不喜荤，常患"腹泻、感冒"等。查体：体温 36.6℃、呼吸 25 次/分、脉搏 103 次/分、消瘦、体重 14kg。全身皮肤干燥，双下肢触之有粗糙感。眼部检查：在球结膜处可见 Bitots 斑，角膜干燥，视力正常，暗适应时间延长。初步诊断为夜盲症。

讨论　1. 夜盲症的发病机制是什么？
　　　　2. 结合护理诊断，患儿护理措施有哪些？

一、维生素 A

（一）维生素 A 的来源和理化性质

维生素 A（vitamin A）是具有 β - 白芷酮环的不饱和一元醇。由于侧链含有 4 个共轭双键，故可形成多种顺反异构体。维生素 A 包括维生素 A_1 和维生素 A_2。维生素 A_1 又称视黄醇（retinol），天然维生素 A 常指维生素 A_1，存在于哺乳动物和咸水鱼的肝中；维生素 A_2 即 3 - 脱氢视黄醇，存在于淡水鱼的肝中。

许多植物如胡萝卜、番茄、绿叶蔬菜、玉米中不存在维生素 A，但含多种胡萝卜素，其中 β - 胡萝卜素可在小肠黏膜由 β - 胡萝卜素加氧酶作用，加氧分解，生成 2 分子视黄醇。所以胡萝卜素又称维生素 A 原。

食物中视黄醇通常与脂肪酸形成酯，在小肠水解酯键，吸收入小肠黏膜细胞内重新酯化，掺入乳糜微粒，运至肝储存。一部分视黄醇与视黄醇结合蛋白（retinol binding protein，RBP）相结合并分泌入血。在血液中，约95% 的 RBP 与甲状腺素视黄质运载蛋白（transthyretin，TTR）相结合。在细胞内，视黄醇与细胞视黄醇结合蛋白（cellular retinal binding protein，CRBP）结合。肝细胞内过多的视黄醇则转移到肝内星状细胞，以游离视黄醇形式储存。

在靶细胞内，视黄醇可氧化为视黄醛（retinal），这是可逆反应；部分视黄醛进一步氧化为视黄酸

（retinoic acid），此为不可逆反应。视黄酸经肝生物转化形成葡糖醛酸结合物排出。几种维生素 A 的基本结构式见图 3 - 1。

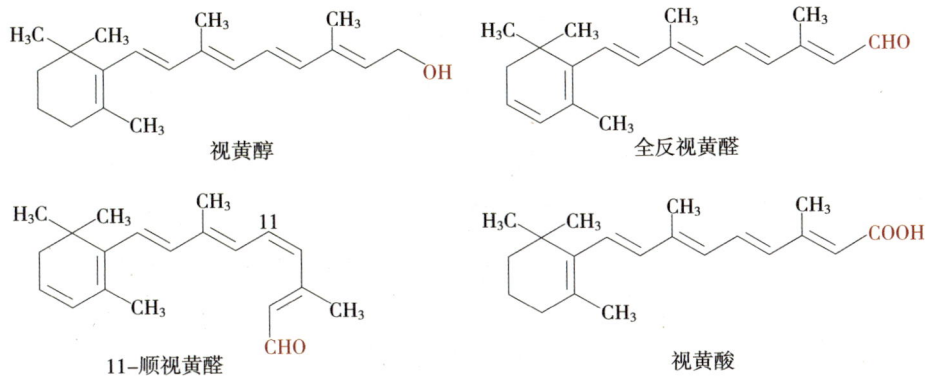

视黄醇　　　全反视黄醛

11-顺视黄醛　　　视黄酸

图 3 - 1　维生素 A 的结构

维生素 A₁ 是一种脂溶性淡黄色片状结晶，熔点 64℃，维生素 A₂ 熔点 17℃ ~ 19℃，通常为金黄色油状物。由于维生素 A 分子中有不饱和键，化学性质活泼，在空气中易被氧化，或受紫外线照射而破坏，失去生理作用，故维生素 A 的制剂应装在棕色瓶内避光保存。不论是维生素 A₁ 或维生素 A₂，都能与三氯化锑作用，呈现深蓝色，这种性质可作为定量测定维生素 A 的依据。

（二）维生素 A 的功能及缺乏症

视黄醇、视黄醛、视黄酸是维生素 A 的活性形式。

1. 构成视觉细胞内视紫红质成分，维持视觉　在人的视网膜的视觉细胞内由 11 - 顺视黄醛与不同的视蛋白（opsin）组成多种视色素。在感受强光的锥状细胞内有视红质、视青质及视蓝质，杆状细胞内有感受暗光的视紫红质（rhodopsin）。在暗处受弱光刺激，视紫红质中的 11 - 顺视黄醛发生光异构，转变成全反式视黄醛并脱离视蛋白。这一光解变化引起杆状细胞膜上 Ca^{2+}、Na^+ 通道的开放，引起神经冲动，使大脑接受光感引发视觉。光解作用生成的全反视黄醛在视网膜内有少部分经异构酶催化变回 11 - 顺视黄醛，再被还原成全反式视黄醇，运输到肝，由肝异构酶催化成 11 - 顺视黄醇，回到视网膜氧化成 11 - 顺视黄醛，合成视紫红质（图 3 - 2）。视紫红质的光解与再生的循环称为视觉循环。

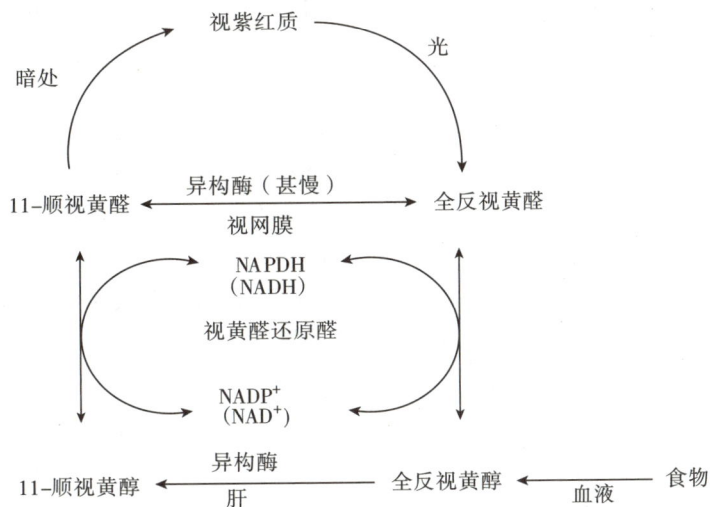

图 3 - 2　维生素 A 参与视觉循环

如果缺乏视觉循环的关键物质 11 - 顺视黄醛，视紫红质合成减少，对弱光敏感性下降，从明处到暗处看清物质所需的时间即暗适应时间就会延长，严重时会发生"夜盲症"（nyctalopia）。

2. 视黄醇和视黄酸具有类固醇激素的作用　在细胞内，维生素 A 的衍生物全反式视黄酸和顺视黄酸所形成的复合物可进入细胞核与 DNA 特定的反应元件结合，调节某些基因的转录与表达，产生诱导蛋白，调节代谢。维生素 A 还能增加 3β - 羟脱氢酶活性，加速孕烯醇酮（3β - 羟类固醇）转变成孕酮（3β - 酮类固醇）。孕酮是合成肾上腺皮质激素和某些性激素的早期前体。维生素 A 能促进生长发育及维持健康，如维生素 A 缺乏，相关类固醇激素合成减少，最终会引起生长发育迟缓，影响生殖能力。

3. 参与糖蛋白的合成　视黄醇磷酸是寡糖穿越膜脂双层的载体，这一作用与视紫红质的分解极其相似，也是通过顺反异构作用来完成。近来发现，视黄醇磷酸甘露糖可作为甘露糖供体直接参与 O - 糖苷键的合成。维生素 A 维持上皮细胞的发育和分化，可使银屑病角化过度的表皮正常化，因而用于银屑病的治疗。维生素 A 缺乏可引起严重的上皮角化，眼结膜黏液分泌细胞的丢失与角化以及糖蛋白分泌的减少均可引起角膜干燥，出现眼干燥症（xerophthalmia）。因此，维生素 A 又称抗眼干燥症维生素。泪腺分泌减少，甚至角膜软化，其机制可能与维生素 A 促进糖蛋白合成有关。实际上，黏膜细胞分泌糖蛋白和黏蛋白减少，还影响呼吸道、消化道、泌尿及生殖系统上皮细胞的功能。

4. 抗癌和抗氧化作用　维生素 A 及其衍生物有延缓或阻止癌前病变、拮抗化学致癌剂的作用。维生素 A 及其衍生物全反式维甲酸（ATRA）具有诱导肿瘤细胞分化和凋亡、增加癌细胞对化疗药物的敏感性的作用。动物实验表明，摄入维生素 A 及其衍生物 ATRA 可诱导肿瘤细胞的分化和减轻致癌物质的作用。

维生素 A 和胡萝卜素是机体一种有效的抗氧化剂，在氧分压较低条件下，能直接清除自由基，故能防止自由基蓄积所导致的癌变和许多疾病。

缺乏维生素 A 和胡萝卜素的动物抗氧化、抗感染、抗癌等能力均下降，整体免疫系统的功能也被削弱。一般而言，平衡膳食中维生素 A 并不缺乏，肝又能储存一定量，故而在非贫困地区，维生素 A 缺乏症并不多见。若过量摄取维生素 A（成人连续几个月每天摄取 50000IU 以上、幼儿如果在一天内摄取超过 18500IU 或一次服用 200mg 视黄醇或视黄醛，或每日服用 40mg 维生素 A 多日）可出现中毒表现，如头痛、恶心、腹泻、肝大、脾大、共济失调等中枢神经系统表现，孕妇摄入过多，易发生胎儿畸形。

⇒ **案例引导**

　　案例　患儿，男，13 个月。夜惊、哭闹、多汗数月而来诊。数月以来，入睡后极易惊醒、烦躁、哭闹、多汗，枕巾、枕头常被汗弄湿。患儿户外活动少，至今尚未出牙，不能独站。体格检查发现患儿方顶，前囟 1.8cm × 1.8cm，平坦，头发稀少。胸部可见明显的肋骨串珠和肋膈沟。实验室检查：血钙偏低，血磷低，碱性磷酸酶活性明显升高。初步诊断为维生素 D 缺乏性佝偻病。

　　讨论　1. 维生素 D 与佝偻病有什么关系？

　　　　　2. 诊断患儿患"维生素 D 缺乏性佝偻病"的依据是什么？

　　　　　3. 患儿血液碱性磷酸酶活性为何明显升高？

二、维生素 D

（一）维生素 D 的来源和理化性质

维生素 D（vitamin D）是类固醇衍生物，具有抗佝偻病作用，故称为抗佝偻病维生素。天然维生素 D 有两种：维生素 D_2（麦角钙化醇，ergocalciferol）及维生素 D_3（胆钙化醇，cholecalciferol），两者结构相似，维生素 D_2 仅在侧链上多一个甲基和一个双键。

体内的维生素 D 来自胆固醇的代谢转化。胆固醇首先氧化为 7-脱氢胆固醇，储存在皮下，在紫外线作用下转变为维生素 D_3，因而称 7-脱氢胆固醇为维生素 D_3 原。在酵母和植物油中有不能被人体吸收的麦角固醇，在紫外线照射下可转变为能够被人体吸收的维生素 D_2，故称麦角固醇为维生素 D_2 原。

食物中的维生素 D 进入机体后，首先以乳糜微粒的形式经淋巴入血，在血液中与维生素 D 结合蛋白（vitamin D binding protein，DBP）结合后被运至肝，在 25-羟化酶的催化下，维生素 D 的第 25 位碳原子加氧生成 25-羟维生素 D_3，然后在肾经 1α-羟化酶的催化下，转变成有生物活性的 1,25-二羟维生素 D_3。维生素 D 的活性形式是 1,25-二羟维生素 D_3，它作为激素，经血液运输至靶细胞发挥其对钙、磷代谢等的调节作用。

维生素 D 性质稳定、耐热、耐氧化，对酸、碱不敏感。动物肝、乳制品、蛋黄及鱼肝油中维生素 D_3 含量丰富。

（二）维生素 D 的功能及缺乏症

1. 调节血钙水平 1,25-二羟维生素 D_3 具有类固醇激素样作用，在靶细胞内与特异的核受体结合后进入细胞核，调节相关基因（如钙结合蛋白基因、骨钙蛋白基因等）的表达。1,25-二羟维生素 D_3 还可通过信号转导系统使钙通道开放，发挥其对钙、磷代谢的快速调节作用。1,25-二羟维生素 D_3 促进小肠对钙、磷的吸收，利于新骨的生成、钙化，加强肾小管对钙、磷的重吸收。维生素 D 缺乏时，血中钙、磷浓度低下，骨骼钙化不良。

儿童维生素 D 推荐量为 400IU/d，缺乏维生素 D 时，钙和磷的吸收不足，导致骨骼钙化不全，骨骼变软，软骨层增加、膨大，两腿因受体重的影响而形成弯曲或畸形，称为佝偻病。成人缺乏维生素 D 可引起软骨病。

2. 增强单核细胞及巨噬细胞功能 近年来认为维生素 D 可能是一种免疫调节激素，免疫细胞中存在 1,25-二羟维生素 D_3 受体，1,25-二羟维生素 D_3 可能通过其特异受体进入免疫细胞，调节免疫系统的功能。

3. 其他功能 维生素 D 还可保护神经，抑制炎症，参与表皮细胞的生长与分化。对干癣病、湿疹、疥疮、斑秃和皮肤结核等皮肤病有一定的预防和治疗作用。

长期每天摄入维生素 D 超过 125μg 可引起中毒，对维生素 D 较敏感的人如果长期每天摄入维生素 D 超过 25μg 即会引起中毒，其主要症状有皮肤瘙痒、异常口渴、厌食、呕吐、腹泻、嗜睡、尿频以及高钙尿症、高钙血症、高血压、软组织钙化等。由于皮肤储存 7-脱氢胆固醇有限，多晒太阳并不会引起维生素 D 中毒。

三、维生素 E

（一）维生素 E 的来源和理化性质

维生素 E（vitamin E）主要有生育酚（tocopherol）和三烯生育酚（tocotrienol）两大类，其化学本

质为6-羟基苯骈二氢吡喃的衍生物（图3-3）。由于环上甲基的数目和位置不同，每一大类又可分为
α、β、γ和δ 4种。天然维生素E主要存在于植物油、油性种子、肝、鱼类和麦芽等中，其中α-生育
酚在自然界分布最广、活性最高。

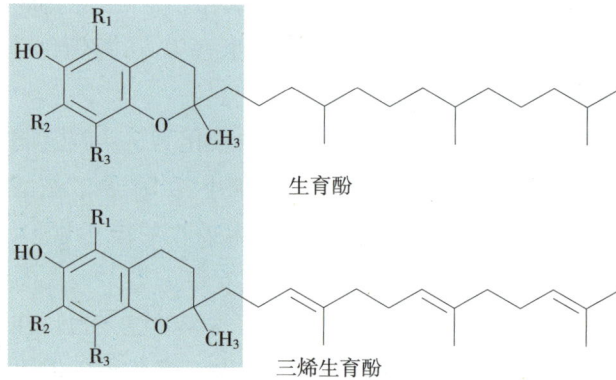

图3-3 维生素E的结构

维生素E是淡黄色油状物，对酸、碱和热都较稳定；在无氧条件下很耐热，温度高至200℃也不被
破坏。对氧较为敏感，易被氧化，因而能保护其他易被氧化的物质，可作为抗氧化剂；值得注意的是，
冷冻储存食物时，生育酚会大量丢失。

（二）维生素E的功能及缺乏症

1. 抗氧化作用　维生素E是体内最重要的抗氧化剂，能消除自由基对生物膜磷脂中多不饱和脂肪
酸的过氧化损伤，避免脂质过氧化物的产生，保护生物膜的结构与功能。维生素E先由α-生育酚捕捉
自由基，使生育酚形成反应性较低且相对稳定的生育酚自由基。生育酚自由基再进一步与另一自由基反
应生成非自由基产物——生育醌。维生素E与谷胱甘肽、硒、维生素C等其他抗氧化剂协同作用可更加
有效地清除自由基。

早产的新生儿由于组织维生素E的储备较少和小肠吸收能力较差，可因维生素E缺乏引起轻度溶血
性贫血。

2. 增强动物生殖功能　动物实验证明，缺乏维生素E时，雄性动物睾丸萎缩，不产生精子，雌性
动物因胚胎和胎盘萎缩而引起流产，这可能与维生素E影响前列腺素（prostaglandin，PG）类化合物的
合成有关。但人类尚未见因维生素E缺乏引起不育的报道。临床上常用维生素E防治先兆流产和习惯性
流产。

3. 促进血红素代谢　维生素E能提高血红素合成过程中的关键酶δ-氨基-γ-酮戊酸（ALA）合
酶及ALA脱水酶的活性，促进血红素的合成。维生素E一般不易缺乏，在消化道疾病、脂类吸收障碍
时会出现维生素E缺乏，表现为红细胞膜脆性增加、贫血，偶可引起神经障碍。新生儿缺乏维生素E可
引起贫血。

4. 其他功能　维生素E在临床上应用范围较广泛，并发现对某些病变有一定防治作用，如贫血、
动脉粥样硬化、肌营养不良症、脑水肿、男性或女性不育或不孕症、先兆流产等，也可用维生素E预防
衰老。

四、维生素K

（一）维生素K的来源和理化性质

维生素K（vitamin K）又称凝血维生素，是一系列2-甲基-1,4-萘醌衍生物的统称。维生素K

有来自植物的维生素 K_1、来自微生物的维生素 K_2 以及人工合成的维生素 K_3 和维生素 K_4 几种主要形式（图 3-4）。维生素 K_1 是黄色油状物，维生素 K_2 是淡黄色结晶，均有耐热性，在碱性环境中不稳定，易被光照所破坏。天然维生素 K_1、维生素 K_2 为脂溶性，需伴随脂类物质一同吸收，经淋巴入血，随脂蛋白转运至肝储存。人工合成的水溶性甲萘醌，可口服及注射。维生素 K 可由肠道内细菌合成，也可从食物中获取。菠菜、卷心菜等绿叶蔬菜中含量丰富；动物内脏、肉类与奶类含量居中；水果及谷物中含量很少。

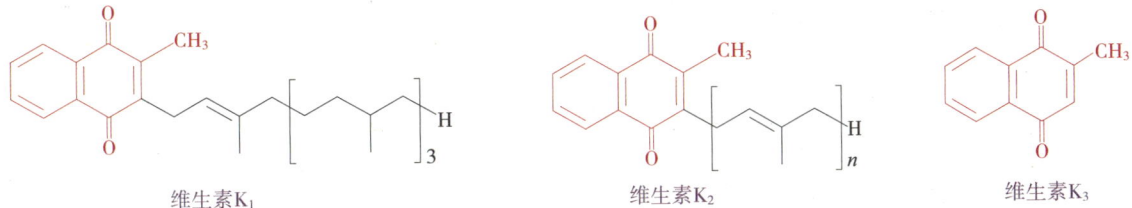

维生素 K_1　　　　　　　　　　维生素 K_2　　　　　　　　　维生素 K_3

图 3-4　维生素 K 的结构

　　维生素 K 主要在小肠被吸收，随乳糜微粒而代谢。体内维生素 K 的储存量有限，脂类吸收障碍可引发维生素 K 缺乏症。

（二）维生素 K 的功能及缺乏症

　　1. 是凝血因子合成所必需的辅酶　在肝细胞中，凝血因子 Ⅱ、凝血因子 Ⅶ、凝血因子 Ⅸ、凝血因子 Ⅹ 及抗凝血因子蛋白 C 和蛋白 S 先合成其前体，在维生素 K 依赖的 γ-羧化酶催化下，凝血因子前体中 4~6 个谷氨酸残基需羧化成 γ-羧基谷氨酸（Gla）残基即转变为活性形式。因此，凝血因子的合成必须有维生素 K 的参与。

　　2. 对骨代谢具有重要作用　骨中骨钙蛋白（osteocalcin）和骨基质 Gla 蛋白均是维生素 K 依赖蛋白，可与钙螯合，调节钙盐沉积。

　　因维生素 K 广泛分布于动、植物中，人体肠道中的细菌也能合成，所以人类原发性维生素 K 缺乏较为罕见。消化道疾病、脂肪吸收障碍者会造成维生素 K 的吸收不足；抗生素抑制消化道菌群的生长，影响肠道维生素 K 的合成与摄入。由于维生素 K 不能通过胎盘，新生儿出生后又无肠道细菌，有可能出现维生素 K 的缺乏。维生素 K 缺乏的主要症状是易出血。因此在临床上维生素 K 缺乏常见于胆道梗阻、脂肪泻、长期服用广谱抗生素以及新生儿，使用维生素 K 可予以纠正。

第三节　水溶性维生素

PPT

　　水溶性维生素包括 B 族维生素（维生素 B_1、维生素 B_2、维生素 PP、维生素 B_6、维生素 B_{12}、生物素、泛酸和叶酸）、维生素 C 和硫辛酸。水溶性维生素的主要特点：①易溶于水；②除维生素 B_{12} 的吸收需要胃内因子的参与外，其他水溶性维生素能自由地迅速吸收；③除了维生素 B_{12} 和大部分叶酸与蛋白质结合转运外，其余水溶性维生素均可在体液中自由转运；④多数储存量不多，需要经常补充；⑤体内过剩的水溶性维生素可随尿排出，不易发生蓄积中毒；⑥B 族维生素在体内主要以辅因子形式参与物质代谢，直接影响某些酶的活性。

一、维生素 B₁

（一）维生素 B₁ 的来源和理化性质

维生素 B₁ 又名硫胺素（thiamine）、抗脚气病因子和抗神经炎因子。维生素 B₁ 耐热但不耐碱，易被氧化成脱氢硫胺素。维生素 B₁ 广泛分布于各类食物中，动物的内脏（肝、肾、心）、瘦肉、酵母、全谷类、豆类和坚果等是其主要来源。

被吸收的维生素 B₁ 在肝及脑组织中经硫胺素焦磷酸激酶作用生成焦磷酸硫胺素（thiamine pyrophosphate，TPP），为维生素 B₁ 的活性形式（图 3-5）。

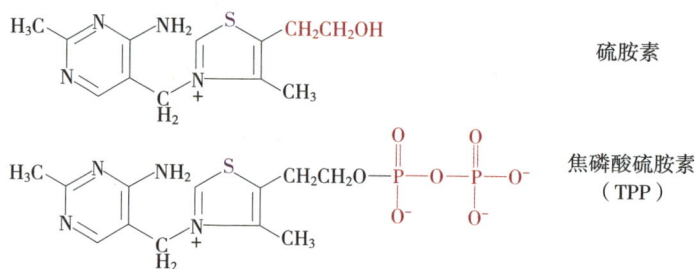

图 3-5 维生素 B₁ 的结构

（二）维生素 B₁ 的功能及缺乏症

TPP 噻唑环上硫和氮原子之间的碳原子十分活泼，易释放 H^+ 形成负碳离子。

1. 作为 α - 酮酸氧化脱羧酶的辅酶　参与线粒体内丙酮酸、α - 酮戊二酸和支链氨基酸的 α - 酮酸的氧化脱羧反应。

2. 作为胞质磷酸戊糖途径中转酮醇酶的辅酶　参与糖的代谢，间接影响核酸的代谢。

3. 参与神经传导　乙酰胆碱是神经递质，它由乙酰辅酶 A 与胆碱合成，经胆碱酯酶催化水解。TPP 一方面是丙酮酸脱氢酶和 α - 酮戊二酸脱氢酶的辅因子，有助于乙酰辅酶 A 的生成；另一方面，作为胆碱酯酶的抑制剂，减少乙酰胆碱的分解，维持了神经传导。

维生素 B₁ 缺乏时，会使丙酮酸氧化脱羧反应发生障碍，糖的分解代谢受阻，导致主要依靠糖有氧氧化供能的神经组织能量不足，同时磷酸戊糖途径代谢障碍，使核酸合成及神经细胞膜髓磷脂合成受影响，导致慢性末梢神经炎和其他神经肌肉的变性病变。其典型症状是外周多发性神经炎，四肢肌肉麻木萎缩，严重时可累及心脏。当硫胺素缺乏时，对胆碱酯酶的抑制减弱，胆碱酯酶活性升高，乙酰胆碱被分解破坏，神经传导受到影响，消化道则出现胃肠蠕动缓慢、消化液分泌减少、消化不良、食欲不振等症状，是脚气病（beriberi）的主要表现。及时补充维生素 B₁ 能改善症状，治愈疾病，因此维生素 B₁ 被称为抗脚气病维生素。临床常用酵母片治疗小儿腹泻就是基于此理论。

二、维生素 B₂

（一）维生素 B₂ 的来源和理化性质

维生素 B₂ 又称核黄素（riboflavin），其化学本质是 D - 核醇和 6,7 - 二甲基异咯嗪（又称黄素）的缩合物。核黄素在酸性和中性溶液中相对稳定，耐热，在碱性及光照环境易被破坏。维生素 B₂ 普遍存在于动、植物食品中，动物肝、心、肾、乳、蛋、豆类及酵母中含量尤为丰富，人体肠道细菌也可少量合成。

维生素 B_2 异咯嗪环上的第 1 和第 10 位 2 个氮原子可逆地加氢和脱氢，因而具有氧化还原性。吸收的维生素 B_2 在小肠黏膜黄素激酶的作用下转变成黄素单核苷酸（flavin mononucleotide，FMN），在体细胞内进一步由焦磷酸化酶催化生成黄素腺嘌呤二核苷酸（flavin adenine dinucleotide，FAD）。FMN 及 FAD 是维生素 B_2 的活性形式（图 3-6）。

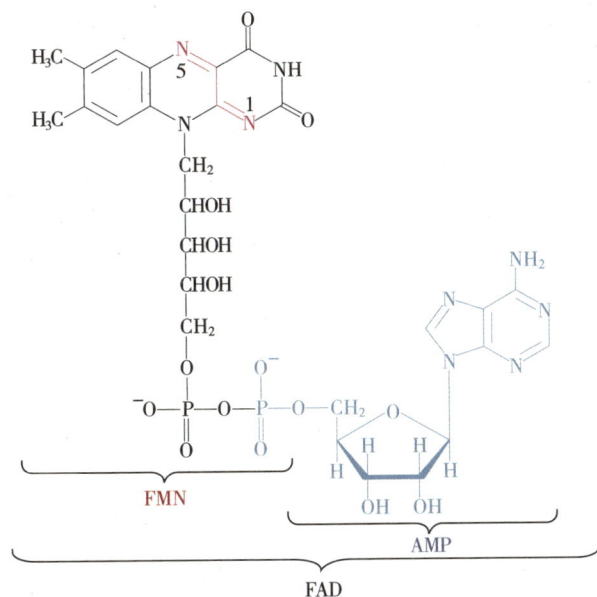

图 3-6 维生素 B_2 的结构

（二）维生素 B_2 的功能及缺乏症

FMN 和 FAD 是体内氧化还原酶的辅基。FMN 及 FAD 的异咯嗪环上的两个氮原子，具有可逆的氧化还原性，起递氢体作用，是体内多种氧化还原酶的辅基，如 $NADH + H^+$ 脱氢酶、琥珀酸脱氢酶、脂酰辅酶 A 脱氢酶、氨基酸氧化酶、黄嘌呤氧化酶等。它们参与呼吸链组成、脂肪酸和氨基酸的氧化以及柠檬酸循环等过程。

膳食中长期缺乏维生素 B_2 会导致细胞代谢异常，临床上主要表现为阴囊炎、唇炎、舌炎、口角炎、眼睑炎、脂溢性皮炎等。

三、维生素 PP

（一）维生素 PP 的来源和理化性质

维生素 PP 又称抗癞皮病因子，为吡啶衍生物，包括烟酸（nicotinic acid）和烟酰胺（nicotinamide），曾分别称尼克烟酸和尼克酰胺。维生素 PP 在自然界广泛存在，在瘦肉、全谷物、动物内脏、啤酒酵母、坚果及绿叶蔬菜中含量丰富。食物中的维生素 PP 均以烟酰胺腺嘌呤二核苷酸（NAD^+）或烟酰胺腺嘌呤二核苷酸磷酸（$NADP^+$）的形式存在，它们在小肠内被水解生成游离的维生素 PP，并被吸收。在组织细胞内，经酶促反应再生成 NAD^+ 或 $NADP^+$（图 3-7）。因此，NAD^+ 和 $NADP^+$ 是体内维生素 PP 的活性形式。肝能将色氨酸转变成维生素 PP，但效率低下，且色氨酸是必需氨基酸，所以维生素 PP 仍需由食物供给。

维生素 PP 溶于水，对热、光、酸、碱不敏感，在空气中也不易分解，是维生素中最稳定的一种。

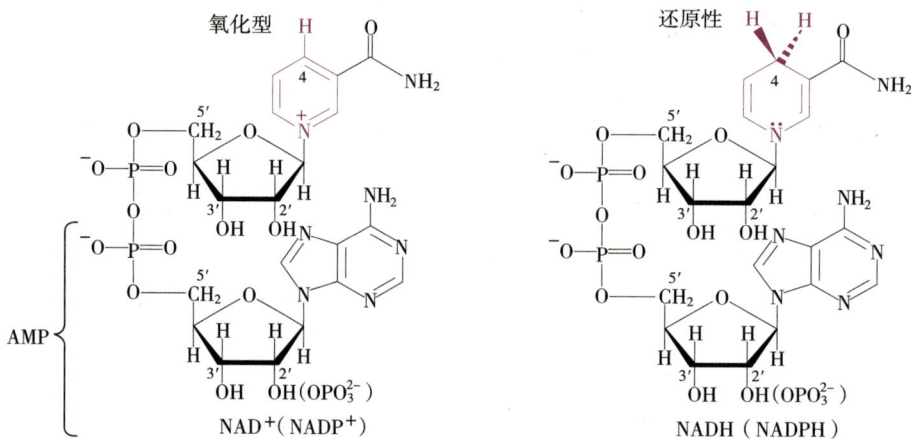

图 3 - 7   维生素 PP 的结构

（二）维生素 PP 的功能及缺乏症

NAD^+ 和 $NADP^+$ 是多种不需氧脱氢酶的辅酶。糖酵解和三羧酸循环中的一些脱氢酶以 NAD^+ 和 $NADP^+$ 为辅酶，它们是生物氧化过程中不可缺少的递氢体，催化细胞代谢过程中的氧化还原反应。

人体每日需要维生素 PP 的量与热能需要量成正比，是人体需要量最多的 B 族维生素。人类缺乏维生素 PP 引起癞皮病（pellagra），主要表现为暴露于阳光的皮肤出现对称性皮炎、腹泻和痴呆，故维生素 PP 又称为抗癞皮病维生素。抗结核药物异烟肼与维生素 PP 结构类似，有竞争性拮抗作用，因而若需长期服用异烟肼，应注意补充维生素 PP。

四、维生素 B_6

（一）维生素 B_6 的来源和理化性质

维生素 B_6 为吡啶衍生物，包括吡哆醇（pyridoxine）、吡哆醛（pyridoxal）和吡哆胺（pyridoxamine），体内活性形式是磷酸酯的化合物，即磷酸吡哆醛和磷酸吡哆胺，两者可相互转变（图 3 - 8）。

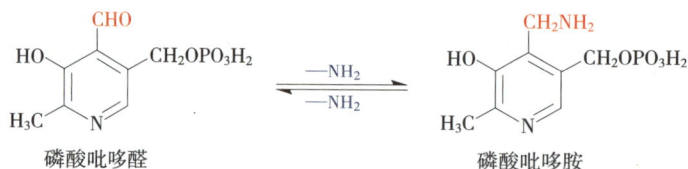

图 3 - 8   维生素 B_6 的结构

维生素 B_6 为无色晶体，易溶于水和乙醇，稍溶于脂溶剂；对光、热和碱均敏感，易破坏损失。维生素 B_6 广泛分布于动、植物食品中，多存在于酵母、谷物、肝、蛋类、乳制品，也可由肠道菌群合成。

（二）维生素 B_6 的功能及缺乏症

磷酸吡哆醛是体内多种酶的辅酶（氨基酸脱羧基与转氨基作用、鸟氨酸循环、血红素的合成和糖原分解等），参与氨基酸、糖、脂肪及核酸代谢等过程，在代谢中发挥着重要作用。

1. 维生素 B_6 是氨基酸代谢中氨基转移酶和脱羧酶的辅酶   个别氨基酸脱羧生成重要的神经递质，如 γ - 氨基丁酸、多巴胺等。维生素 B_6 促进这些神经递质的生成，利于神经兴奋与抑制的调节。临床上常用维生素 B_6 治疗神经官能症、小儿惊厥、妊娠呕吐和精神焦虑等。

2. 磷酸吡哆醛是调节血红素合成的关键酶   磷酸吡哆醛是 δ - 氨基 - γ - 酮戊酸（δ - aminolevulinic acid，ALA）合酶的辅酶。维生素 B$_6$ 缺乏时血红素的合成受阻，造成低血色素小细胞性贫血和血清铁增高。

食物富含维生素 B$_6$，肠道细菌可以合成维生素 B$_6$，故人类很少发生维生素 B$_6$ 缺乏症。但抗结核药物异烟肼可以与吡哆醛缩合为腙衍生物，减少磷酸吡哆醛的生成，故使用异烟肼药物时，应适当补充维生素 B$_6$。

五、泛酸

（一）泛酸的来源和理化性质

泛酸（pantothenic acid）又名遍多酸，是由 β -丙氨酸通过肽键与二甲基羟丁酸缩合而成的一种酸性物质，因广泛存在于动、植物组织中而得名。泛酸的活性形式是 4 - 磷酸泛酰巯基乙胺，是辅酶 A（coenzyme A，HSCoA）及酰基载体蛋白（acyl carrier protein，ACP）的辅基（图 3 -9）。

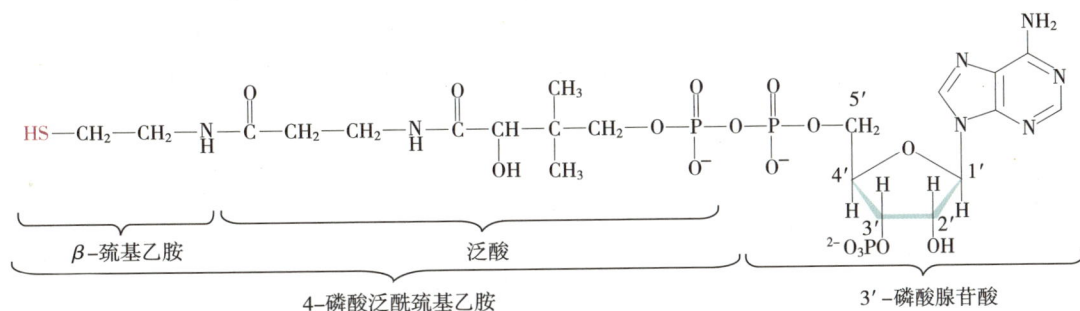

图 3 - 9　辅酶 A 的结构

（二）泛酸的功能及缺乏症

辅酶 A 和酰基载体蛋白是泛酸在体内的活性形式，构成酰基转移酶的辅酶，参与酰基转移反应，在三大营养物质代谢及肝的生物转化中发挥重要作用。此外，体内有 70 多种酶，需辅酶 A 及 ACP。

由于泛酸在自然界分布广泛，肠道细菌也能合成，故人类很少发现其缺乏症。泛酸缺乏可引起胃肠功能障碍等疾病。

六、生物素

（一）生物素的来源和理化性质

生物素（biotin）又称维生素 H、维生素 B$_7$，是由噻吩环和尿素结合而成的骈环，并带有一个戊酸侧链的化合物。生物素为无色针状结晶体，耐酸而不耐碱，氧化剂及高温可使其失活。生物素有 α 和 β 两种异构体，通过其分子侧链中戊酸的羧基与酶蛋白分子中赖氨酸残基上的 ε - 氨基以酰胺键牢固结合，生成羧基生物素 - 酶复合物，又称生物胞素（图 3 -10）。

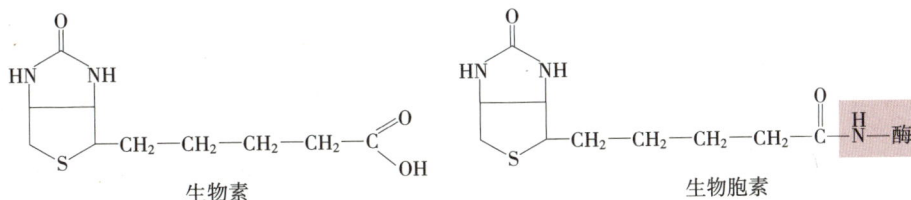

图 3 - 10　生物素与生物胞素的结构

（二）生物素的功能及缺乏症

生物素是体内多种羧化酶的辅基，如乙酰辅酶 A 羧化酶、丙酮酸羧化酶、丙酰辅酶 A 羧化酶等，参与 CO_2 固定过程，为脂肪与糖类代谢所必需。

生物素广泛分布于酵母、肝、蛋类、花生、牛奶和鱼类等食品中，肠道细菌也能合成，一般不易发生生物素缺乏症。但因在蛋清中含有碱性抗生物素蛋白，会与生物素结合成为一种非常稳定，但无活性、难吸收的化合物，蛋清加热后这种蛋白质因遭破坏而失去作用。此外，长期食用生蛋清可妨碍生物素吸收，也可导致生物素的缺乏，主要症状是疲乏、恶心、呕吐、食欲不振、皮炎及脱屑性红皮病。

七、叶酸

（一）叶酸的来源和理化性质

叶酸（folic acid，FA）因绿叶中含量十分丰富而得名，又名蝶酰谷氨酸。食物中的叶酸一般含有 2~7 个谷氨酸残基，谷氨酸之间以 γ - 肽键相连形成多肽。蝶酰多谷氨酸能在小肠被水解，生成蝶酰单谷氨酸，进而在小肠、肝或其他组织中被二氢叶酸还原酶作用生成叶酸的活性形式 5,6,7,8 - 四氢叶酸（tetrahydrofolic acid，FH_4），是叶酸在血液循环中的主要形式（图 3 -11）。

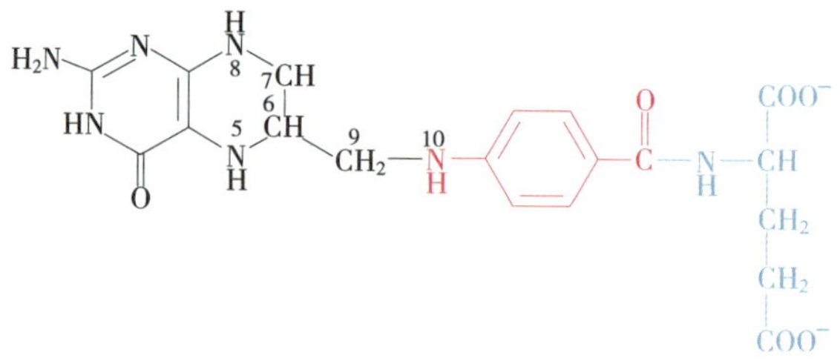

图 3 - 11　5,6,7,8 - 四氢叶酸的结构

叶酸对热、光、酸性溶液均不稳定，在中性及碱性溶液中对热稳定，烹调中损失可达 50%~90%。酵母、肝、水果和绿叶蔬菜是叶酸的丰富来源，肠道菌群也有合成叶酸的能力。叶酸在动物体内不能合成，必须由食物供给。

（二）叶酸的功能及缺乏症

四氢叶酸是一碳单位的载体，其分子内部 N^5、N^{10} 两个氮原子能与各种形式的一碳单位结合。一碳单位在体内参加嘌呤、胸腺嘧啶核苷酸等多种物质的合成。

食物中叶酸含量丰富，肠道细菌也能合成，故一般不易出现缺乏症。当生理需要量增加（如妊娠、哺乳），应适量补充叶酸，叶酸的应用可以降低胎儿脊柱裂和神经管缺乏的危险性。如果长期服用肠道抑菌药及能干扰叶酸吸收和代谢的抗惊厥药、口服避孕药等，应适量补充叶酸。

若叶酸缺乏，DNA 合成原料减少，骨髓幼红细胞 DNA 合成受阻，细胞分裂速度降低，细胞体积增大，易发生巨幼红细胞贫血。

八、维生素 B_{12}

（一）维生素 B_{12} 的来源和理化性质

维生素 B_{12} 又称钴胺素（cobalamin），是唯一含有金属元素的维生素。维生素 B_{12} 在体内的主要存在形式有氰钴胺素、羟钴胺素、甲钴胺素和 5′ - 脱氧腺苷钴胺素（图 3 - 12）。后两者是维生素 B_{12} 的活性形式。在强酸、强碱或光照下，维生素 B_{12} 的活性可被重金属及氧化还原剂破坏。

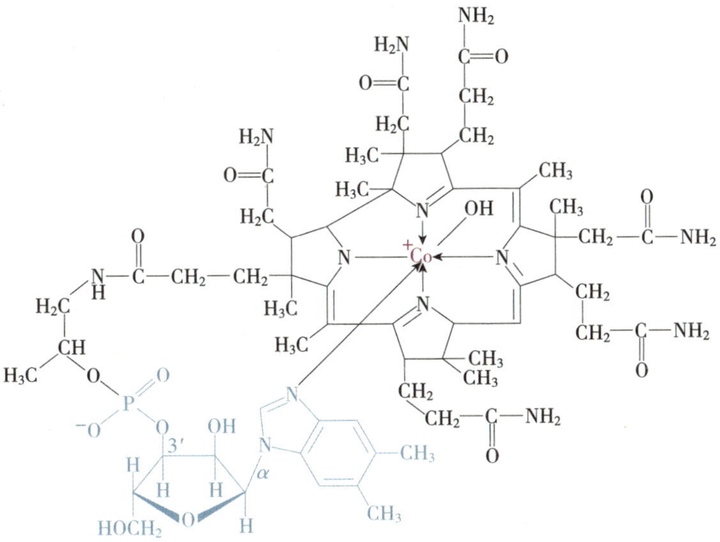

图 3-12　维生素 B_{12} 的结构

食物中的维生素 B_{12} 常与蛋白质结合，在胃肠经胃酸或酶的水解分离，然后由胃黏膜细胞分泌的内因子（intrinsic factor，IF）携带至回肠被吸收。进入血液的维生素 B_{12} 与肝合成的转钴胺素 II（transcobalamin II，TC II）结合，被细胞表面受体识别，摄入细胞。肝内还有转钴胺素 I（transcobalamin I，TC I），维生素 B_{12} 与 TC I 结合储存于肝。

（二）维生素 B_{12} 的功能及缺乏症

维生素 B_{12} 通常以两种不同的辅酶形式分别参与两类反应。

1. 影响一碳单位的代谢　维生素 B_{12} 以甲钴胺素的活性形式作为甲基转移酶的辅酶，介导甲基从 N^5—CH_3FH_4 转至同型半胱氨酸上。这一反应具有双重意义，一是利于甲硫氨酸的再生；二是释出游离 FH_4，使两者得以周转。

自然界中只有微生物能合成维生素 B_{12}，植物性食品中维生素 B_{12} 含量甚少。维生素 B_{12} 广泛存在于动物食品中，正常膳食者很难发生缺乏症，但偶见于有严重吸收障碍的患者及长期素食者。如果维生素 B_{12} 缺乏，N^5—CH_3FH_4 将堆积，继而游离 FH_4 含量减少，不能用于转运其他一碳单位，影响嘌呤、嘧啶合成，最终导致 DNA 合成障碍。因维生素 B_{12} 与叶酸之间的密切关系，缺乏维生素 B_{12} 的个体也常常因核酸合成障碍阻止细胞分裂而出现巨幼红细胞贫血，即恶性贫血。此外，维生素 B_{12} 的缺乏可导致同型半胱氨酸堆积，可引起高同型半胱氨酸血症，增加动脉硬化、血栓生成和高血压的危险性。

2. 影响脂肪酸的合成　维生素 B_{12} 以 5'-脱氧腺苷钴胺素的活性形式作为 L-甲基丙二酰辅酶 A 变位酶的辅酶，催化琥珀酰辅酶 A 的生成。如维生素 B_{12} 缺乏，L-甲基丙二酰辅酶 A 大量堆积，因 L-甲基丙二酰辅酶 A 与脂肪酸合成的中间产物丙二酰辅酶 A 结构相似，可干扰脂肪酸合成。脂肪酸合成异常，引起髓鞘变性退化，出现进行性脱髓鞘等神经组织病，因此维生素 B_{12} 具有营养神经的作用。

九、维生素 C

（一）维生素 C 的来源和理化性质

维生素 C 是一种含 6 个碳原子的酸性不饱和多羟化合物，以内酯形式存在。其分子中 C_2、C_3 位两个相邻的烯醇式羟基极易解离释出 H^+，具有酸性，能防治坏血病，又称 L-抗坏血酸（ascorbic acid）。L-抗坏血酸因易于脱氢而具其还原性，本身氧化成脱氢抗坏血酸（dehydroascorbic acid），此反应可逆。

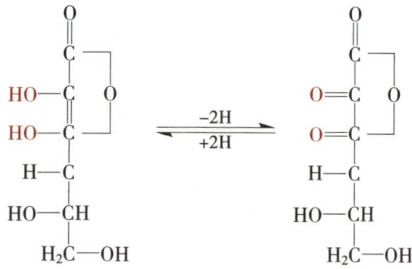

图 3 – 13　维生素 C 的结构

动物体内不能合成维生素 C，必须由食物供给。维生素 C 广泛存在于新鲜蔬菜和水果中，植物中的抗坏血酸氧化酶能将维生素 C 氧化灭活为二酮古洛糖酸，所以久存的水果和蔬菜中维生素 C 含量会减少很多。干种子中虽然不含维生素 C，但其幼芽可以合成，所以豆芽等是维生素 C 的丰富来源。维生素 C 对碱和热不稳定，而在酸性环境中稳定，在中性和碱性溶液中及加热时易被破坏，因此烹饪不当可使其大量丧失。

（二）维生素 C 的功能及缺乏症

1. 作为多种羟化酶的辅因子，参与体内多种羟化反应

（1）胶原的合成　胶原是体内结缔组织、骨及毛细血管的重要构成成分，胶原蛋白合成需要形成羟脯氨酸及羟赖氨酸，维生素 C 是脯氨酸羟化酶及赖氨酸羟化酶的辅因子。在创伤愈合时，结缔组织的生成、胶原蛋白的合成是其前提。所以维生素 C 对创伤愈合是不可缺少的。缺乏时，会导致胶原蛋白合成障碍，毛细血管壁通透性和脆性增加易破裂出血，称为坏血病，维生素 C 对其有很好的治疗作用，故称为抗坏血病维生素。

（2）参与某些神经递质和激素的生物合成　某些神经递质和激素的生物合成需要羟化反应，而维生素 C 是羟化酶的辅酶，如苯丙氨酸羟化成酪氨酸，酪氨酸羟化成多巴，多巴胺羟化成去甲肾上腺素，进而生成肾上腺素；色氨酸经羟化脱羧反应生成 5 – 羟色胺以及酪氨酸代谢过程中对羟苯丙酮酸转变为尿黑酸等都需要维生素 C。

（3）有利于胆汁酸的生成　正常情况下，体内的胆固醇约有 40% 转变为胆汁酸，维生素 C 能增强 7α – 羟化酶活性，促进胆汁酸的生成。

（4）参与脂肪酸的 β 氧化　体内肉碱合成过程需要以维生素 C 为辅酶的羟化酶催化。

2. 参与体内的氧化还原反应

（1）保护巯基　维生素 C 作为供氢体能使许多巯基酶分子上的巯基保持在还原状态，发挥其催化作用。维生素 C 还可在谷胱甘肽还原酶催化下，使氧化型谷胱甘肽还原为还原型谷胱甘肽（glutathion，GSH）。GSH 可参与清除细胞内产生的脂质过氧化物，从而保持各种生物膜的正常功能。还原型谷胱甘肽可与重金属离子结合，阻断重金属离子对巯基酶的破坏，故维生素 C 具有解毒功能。

（2）Fe^{3+} 还原为 Fe^{2+}　维生素 C 能使肠道难以吸收的三价铁（Fe^{3+}）还原成易于吸收的二价铁（Fe^{2+}），并且使红细胞中的高铁血红蛋白（MHB）还原为血红蛋白（Hb），恢复其运氧能力。

（3）保护作用　维生素 C 能保护维生素 A、维生素 E、维生素 B_1、维生素 B_{12}、生物素等免遭氧化并促使叶酸还原，转变成有活性的四氢叶酸。

（4）防癌作用　亚硝胺是致癌物质，体内的亚硝胺由食入的亚硝酸盐在胃酸作用下合成亚硝胺。维生素 C 阻止亚硝胺的合成并促进其分解。

此外，维生素 C 还能促进免疫球蛋白的合成与稳定，增强机体免疫力，临床用于病毒性疾病、心血管疾病等的支持性治疗。

我国建议成人每日维生素 C 的需要量为 60mg。若每日摄取超过 100mg，体内维生素 C 便可达到饱和。过量摄入的维生素 C 则随尿排出体外。维生素 C 严重缺乏时易患坏血病，因为胶原蛋白合成障碍，使微血管通透性增加，柔韧性降低，血管易于破裂，出现皮下出血、牙龈腐烂、牙齿松动、骨折以及创伤不易愈合等。

水溶性维生素与药物配伍禁忌

　　注射用水溶性维生素作为一种静脉补充的水溶性维生素复方制剂，适用于多种疾病状态下水溶性维生素摄入不足的患者，并作为临床辅助和支持治疗，现将临床常见的水溶性维生素与药物配伍禁忌汇总如下：①水溶性维生素注射液＋KCl；②地塞米松＋维生素 B_6；③维生素 C ＋维生素 K；④胰岛素＋维生素 C；⑤维生素 K_1 ＋KCl；⑥维生素 C ＋肌苷；⑦奥美拉唑＋维生素 C。

第四节　微量元素

PPT

　　矿物质（mineral）又称无机盐，是人体内无机物的总称。人体中含有的各种元素，除了碳、氧、氢、氮等主要以有机物的形式存在以外，其余的 60 多种元素统称为矿物质。按人体每日需要量可分为微量元素（trace element）和常量元素（macroelement）。常量元素主要有钠、钾、氯、钙、磷、镁、硫；微量元素指人体每日需要量在 100mg 以下的化学元素，主要包括铁、碘、铜、锌、锰、硒、氟、钼、钴、铬等。

一、铁

（一）铁的来源与吸收

1. 来源　南瓜子、杏仁、腰果、葡萄干、胡桃、猪肉、煮熟晾干的豆、芝麻、山核桃等含铁量较高。

2. 影响铁吸收的因素

　　（1）促进铁吸收的因素　维生素 C。

　　（2）抑制铁吸收的因素　维生素 E、钙（但不能摄入过多）、叶酸、磷、胃酸、草酸盐（菠菜）、单宁酸（茶）、植酸盐（麦麸）、磷酸盐（苏打软饮料和食品添加剂）、抗酸剂、过多的锌均可抑制铁的吸收。

（二）铁的功能及缺乏症

1. 功能　铁是血红蛋白、肌红蛋白、过氧化物酶、铁硫蛋白、细胞色素系统及过氧化氢酶等的重要组成部分，在气体运输、生物氧化和酶促反应中均发挥重要作用。体内铁大多数（约75%）存在于铁卟啉化合物中，少部分（25%）存在于其他含铁化合物（如含铁的黄素蛋白、铁硫蛋白、运铁蛋白等）中。

2. 缺乏症　铁摄入不足可出现低血色素（小细胞）性贫血，患者常出现面色苍白、舌痛、疲劳、无精打采、缺乏食欲、恶心及对寒冷敏感等症状。

二、锌

（一）锌的来源与吸收

1. 来源　牡蛎、羔羊肉、山核桃、小虾、青豆、豌豆、蛋黄、全麦谷物、燕麦、花生、杏仁。

2. 影响锌吸收的因素

　　（1）促进锌吸收的因素　胃酸、维生素 A、维生素 E 和维生素 B_6、镁、钙、磷。

（2）抑制锌吸收的因素　植酸盐（小麦）、草酸盐（菠菜）、钙摄入量过多，铜、蛋白质摄入不足，食糖摄入过多，压力、乙醇。

（二）锌的功能及缺乏症

1. 功能　锌是体内 200 多种酶的组成成分，是生长发育的必需物质，有助于骨骼和牙齿的形成、头发的生长以及保持能量的恒定；可促进伤口愈合；调节来源于睾丸和卵巢等器官的激素的分泌；有效缓解压力；可促进神经系统和大脑的健康，尤其是对于处于发育的胎儿。

2. 缺乏症　缺锌可导致味觉和嗅觉不灵敏，至少有两个手指甲出现白斑点，易感染，皮肤伸张纹，痤疮或皮肤分泌油脂多，生育能力低，肤色苍白，抑郁倾向，缺乏食欲。

三、铜

（一）铜的来源与吸收

1. 体内含量及其分布　成人体内铜的含量为 100～150mg，所有组织器官中都含铜，而以脑、心、肾和肝中含量最多，肝是铜的"仓库"，骨骼和肌肉中也有相当数量。

2. 吸收和代谢　国际上推荐成人每日每千克体重需 0.5～2.0mg 铜，婴儿和儿童每日每千克体重需 0.5～1mg 铜，孕妇和成长期的青少年可略有增加。铜主要在十二指肠吸收，吸收后的铜 95% 与蛋白质结合成铜蓝蛋白，其余 5% 与清蛋白结合，在血液中转运。血浆中铜的含量为 1～2mg/L。大部分的铜经胆道排泄，少量由尿及汗排出。

（二）铜的功能及缺乏或过多症状

1. 功能　铜是体内多种酶的辅基，如细胞色素氧化酶等，在电子传递过程中不可缺少。此外，单胺氧化酶、超氧化物歧化酶也含铜。

2. 缺乏或过多症状　铜缺乏时会影响一些酶的活性，如细胞色素氧化酶活性下降，导致能量代谢障碍，出现一些神经症状。铜与铁的吸收和转运有关，铜缺乏时，小肠吸收铁减少，血红蛋白的合成减少，导致低血色素小细胞性贫血；但铜摄入过多也会引起中毒现象。

四、碘

（一）碘的来源与吸收

1. 体内含量及其分布　碘在甲状腺中富集，成人体内含碘 30～50mg，其中约 30% 集中在甲状腺内，用于合成甲状腺激素。60%～80% 以非激素的形式分散于甲状腺外。

2. 吸收和代谢　成人每日需碘（iodine）100～300mg。碘的吸收部位主要在小肠。碘主要随尿排出，尿碘约占总排泄量的 85%，其他由汗腺排出。

（二）碘的功能及缺乏或过多症状

1. 功能　碘的生理功能是通过甲状腺激素实现的。甲状腺激素的生理功能十分广泛，最突出的是维持机体的正常代谢，促进生长发育。它能促进三羧酸循环中的生物氧化过程，释放出能量，一部分贮存于 ATP 中，其余则以热能形式维持体温或散发到体外。

2. 缺乏或过多症状　饮食中长期碘供应不足或生理需要增加，可引起碘的缺乏，可致甲状腺激素分泌不足，造成甲状腺功能减退。缺碘地区可流行地方性甲状腺肿大（大脖子病或瘿病）。严重缺碘可患矮小症即克汀病（cretinism）。高碘性甲状腺肿是因饮食中含碘过量引起的，表现为甲状腺功能亢进及一些中毒症状。

五、锰

（一）锰的来源与吸收

1. 来源 菠菜、生菜、葡萄、草莓、燕麦、芹菜。

2. 影响锰吸收的因素

（1）促进锰吸收的因素 锌、维生素 E、维生素 B_1、维生素 C 和维生素 K。

（2）抑制锰吸收的因素 抗生素、乙醇、精制食品、钙和磷。

（二）锰的功能及缺乏症

1. 功能 锰是丙酮酸脱羧酶的组成成分，也是许多酶系统的重要活化剂。参与蛋白质和核酸的合成，维持糖、脂肪的正常代谢，促进生长发育，参与骨骼形成和造血过程。

2. 缺乏症 锰摄入不足可出现肌肉抽搐、儿童生长期疼痛、眩晕或平衡感差、痉挛、惊厥、膝盖疼痛及关节痛等症状。锰缺乏可引起精神分裂症、帕金森病和癫痫。

六、硒

（一）硒的来源与吸收

1. 来源 牡蛎、蜂蜜、蘑菇、鲱鱼、金枪鱼、卷心菜、牛肝、小黄瓜、鳕鱼、鸡。

2. 影响硒吸收的因素

（1）促进硒吸收的因素 维生素 E 和维生素 C。

（2）抑制硒吸收的因素 精制的食品和现代技术种植的果蔬含硒量很小，不利于人体吸收。

（二）硒的功能及缺乏症

1. 功能 硒是谷胱甘肽过氧化物酶的重要组成成分，是维护健康、防治某些疾病所必需的。硒是强氧化剂，对细胞膜有保护作用。它能调节维生素 A、维生素 C、维生素 E、维生素 K 的吸收与消耗；参与辅酶 A 和辅酶 Q 的合成，在机体代谢、电子传递链中起重要作用；对某些化学致癌物质有拮抗作用。

2. 缺乏症 硒摄入不足可致未老先衰、白内障、高血压、反复感染等。

七、其他微量元素

铬是平衡血糖浓度的葡萄糖耐量因子的构建物质，能协助胰岛素发挥生理作用等；钼有助于机体对蛋白质分解产物（如尿酸）的排出，增强牙齿健康，并可减小龋齿的风险；磷是骨骼和牙齿的构成物质，是乳汁分泌、肌肉组织构成的必需物质，也是 DNA、RNA 的组成成分，有助于保持机体酸碱平衡，协助新陈代谢以及能量产生。

目标检测

答案解析

一、选择题

1. 参与构成视觉细胞内感光物质的维生素是（   ）

　　A. 维生素 D　　　B. 维生素 A　　　C. 维生素 B_2　　　D. 维生素 B　　　E. 维生素 C

2. 维生素 D 的活性形式是 （　　）

  A. 维生素 D_3 B. $25-(OH)-VitD_3$

  C. $1,25-(OH)_2-VitD_3$ D. $1,24,25-(OH)_3-VitD_3$

  E. $24,25-(OH)_2-VitD_3$

3. 与凝血酶原生成有关的维生素是 （　　）

  A. 维生素 C   B. 维生素 K   C. 维生素 E   D. 维生素 B_{12} E. 硫辛酸

4. 某人患有脚气病，可能是由于缺乏 （　　）

  A. 维生素 A   B. 核黄素   C. 叶酸   D. 维生素 D   E. 维生素 B_1

5. 乳酸脱氢酶的辅酶含 （　　）

  A. 亚铁血红蛋白   B. 维生素 PP

  C. 磷酸吡哆醛   D. 黄素腺嘌呤

  E. 辅酶 A

6. 羧化酶（如乙酰 CoA 羧化酶、丙酮酸羧化酶等）的辅酶为 （　　）

  A. 维生素 B_2 B. 维生素 B_1 C. 生物素   D. 维生素 PP   E. 叶酸

7. 影响血红素合成的关键维生素是 （　　）

  A. 维生素 A   B. 维生素 E   C. 维生素 C   D. 维生素 B_6 E. 维生素 B_{12}

8. 唯一含有金属元素的维生素是 （　　）

  A. 维生素 H   B. 维生素 B_1 C. 维生素 B_2 D. 维生素 B_{12} E. 维生素 B_6

二、问答题

1. 缺乏维生素 A 为什么能发生夜盲症？

2. 维生素 C 在体内的生理功能有哪些？

（孙　洁）

书网融合……

   本章小结   微课   题库

第四章　酶

📖 **学习目标**

知识要求

1. 掌握　酶、单纯酶、结合酶、酶的活性中心、酶原激活、同工酶的概念；酶促反应的特点；酶的调节方式；酶促反应的影响因素。

2. 熟悉　酶的命名与分类；酶促反应的机制。

3. 了解　酶与医学的关系。

技能要求

1. 熟练掌握酶的概念。

2. 通过对酶的认识，学会用科学知识解释酶异常和疾病的关系。

素质要求

培养学生科学思考和观察的习惯，以及对临床上酶异常现象迅速判断的能力，为人类健康服务。

生命活动离不开酶的催化作用。生物体每时每刻都进行着许多化学反应。这些化学反应之所以能在体内如此温和的条件下（常压、37℃、近中性 pH）顺利和迅速地进行，其主要原因就是生物体内含有多种酶。酶（enzyme）是由活细胞产生的对特异底物具有高效催化作用的蛋白质。生物正常的新陈代谢、生长发育、繁殖、遗传、运动、神经传导等生命活动都与酶的催化作用紧密相关。可以说没有酶的参与，生命活动一刻也不能进行。

从 1926 年美国生物学家 Janmes B. Sumner 第一次从刀豆中提取出脲酶，并证明脲酶的蛋白质本质，到目前人们已分离纯化出 2000 多种酶，经过分析证明酶的化学本质是蛋白质。直到 1982 年，Thomas Cech 从四膜虫 rRNA 前体的加工研究中，发现了具有催化活性的 rRNA，并称之为核酶。1955 年，Jack W. Szostak 研究发现 DNA 具有酶活性。因此，酶的化学本质除有催化活性的蛋白质之外，还应包括有催化活性的核酸及脱氧核酸。在已知的酶中，无论是种类还是分布，以蛋白质为核心的酶占绝对优势。因此，本章重点介绍蛋白类酶的特性、结构与功能及催化反应的动力学特性等内容。

酶催化的反应称为酶促反应，被酶作用的物质称为底物（substrate），生成的物质称为产物（product）。酶的催化活性有高低之分，在某一代谢途径中，少数酶的活性较低，限制整个途径的反应速率称为关键酶（key enzyme）。对关键酶的调节影响或控制代谢速度。

根据酶蛋白分子结构与功能的不同，可将酶分为单体酶、寡聚酶、多酶复合体及多功能酶。单体酶是由一条肽链组成；寡聚酶是由两个或两个以上亚基组成的酶，这些亚基可以相同，也可以不同；多酶复合体是由几种酶靠非共价键彼此嵌合而成；多功能酶是指一条肽链上具有多种不同的催化功能。

我国科学家在酶领域的突破

传统意义上，酶被认为具有严格的底物及反应特异性。然而，近年来研究发现，许多酶却能催化不同于其"天然"的底物或反应，即杂泛性。中国医学科学院药物所和中国科学院生物物理所合作研究，从一株海洋红树林来源的土曲霉基因组中，首次发掘到一个新颖的 aPTase 基因——*AtaPT*，重组 *AtaPT* 显示了前所未有的底物与反应杂泛性。此外，我国科学家雷鸣团队，首次完整地提出了真核生物 RNase P 催化底物 tRNA 前体切割成熟的分子机制，成为核酶及 RNA 结构生物学领域的重大突破；我国科学家冯钰团队解读真核生物第四个 RNA 聚合酶结构，揭示了双 RNA 聚合酶复合物的独特构造和协同工作机制，提出了转录蛋白质机器的新型工作模式。以上重要研究成果已发表于国际权威学术期刊《科学》。

PPT

第一节 酶分子的结构与功能

大多数蛋白质类的酶与普通蛋白质一样，有相应的一级、二级、三级、四级结构。但因其有特殊的催化功能，在结构上与普通蛋白质有明显的不同之处。

一、酶的分子组成

根据酶的分子组成，酶可分为单纯酶（simple enzyme）和结合酶（conjugated enzyme）两大类。单纯酶仅由多肽链组成，如淀粉酶、脲酶、核糖核酸酶等。结合酶由蛋白质部分和非蛋白质部分组成，其催化作用依赖于两部分的共同参与，如氨基转移酶、碳酸酐酶、乳酸脱氢酶等。生物体内大多数酶都是结合酶类，其蛋白质部分称为酶蛋白（apoenzyme），非蛋白质部分称为辅因子（cofactor），辅因子包括无机金属离子或小分子有机化合物。酶蛋白与辅因子结合形成的复合物称为全酶（holoenzyme）。

金属离子是最常见的辅因子，已发现约 2/3 的酶需要金属离子，包括 K^+、Na^+、Ca^{2+}、Mg^{2+}、Cu^{2+}（Cu^+）、Zn^{2+}、Fe^{2+}（Fe^{3+}）等。金属离子在酶促反应中的作用是与酶蛋白结合，稳定其构象，促进其与酶蛋白、底物三者结合，催化加速反应；一些金属离子还起传递电子的作用。

小分子有机化合物主要是维生素（主要是 B 族维生素）的衍生物，其主要作用是在不同酶之间或者同一酶分子内部传递电子、质子或一些基团（表 4-1）。

表 4-1 维生素作为辅因子的辅酶

被转移基团	辅酶或辅基	所含维生素
质子、电子	NAD$^+$（烟酰胺腺嘌呤二核苷酸）	维生素 PP
	NADP$^+$（烟酰胺腺嘌呤二核苷酸磷酸）	维生素 PP
氢原子	FMN（黄素单核苷酸）	维生素 B_2
	FAD（黄素腺嘌呤二核苷酸）	维生素 B_2
醛基	TPP（焦磷酸硫胺素）	维生素 B_1
酰基	辅酶 A	泛酸
烷基	钴胺素辅酶类	维生素 B_{12}
二氧化碳	生物素	生物素
氨基	磷酸吡哆醛	维生素 B_6
一碳单位	四氢叶酸	叶酸

　　酶的辅因子按照其与酶蛋白结合的紧密程度及作用特点不同，可以分为辅酶（coenzyme）和辅基（prosthetic group）。通常将与酶蛋白结合疏松，可用透析、超滤方法除去的称为辅酶；将与酶蛋白结合紧密，不能用透析、超滤方法除去，在反应中与酶蛋白不能分开的称为辅基。金属离子多为酶的辅基，小分子有机化合物有的属于辅酶（如 NAD^+、$NADP^+$），有的属于辅基（如 FAD、FMN、生物素等）。

　　生物体内酶的种类很多，而辅酶（或辅基）的种类却较少；通常一种酶蛋白只能结合一种辅因子而形成结合酶（全酶），而一种辅因子常常可与多种不同的酶蛋白结合，形成不同专一性的全酶催化不同的反应。

　　在酶促反应中，酶蛋白决定反应的专一性，辅因子主要参与酶的催化过程，在反应中传递电子、原子或某些化学基团，决定反应的种类与性质。酶蛋白与辅因子单独存在时均无催化活性，只有两者结合成完整的全酶分子才具有催化活性。

二、酶的活性中心　🅔微课

　　大部分酶是相对分子质量较大的蛋白质，而被酶催化的底物大多是小分子有机化合物。因此，在酶促反应中，酶与底物结合形成不稳定中间产物时，往往只有酶分子中局部的区域直接与底物结合进而将底物转变成产物，这个局部的空间结构区域即为酶的活性中心（active center）或活性部位（active site）（图 4-1）。

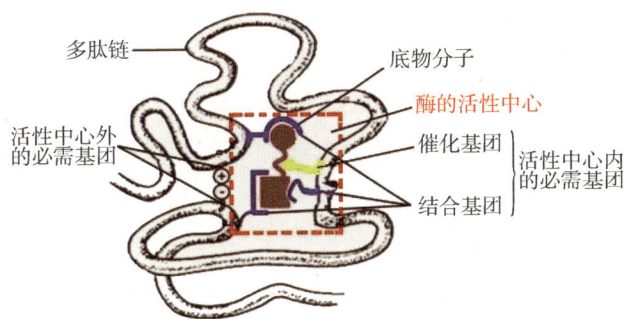

图 4-1　酶的活性中心

　　酶分子氨基酸侧链中具有不同的化学基团，其中一些基团与酶活性密切相关称为必需基团，如氨基、羧基、羟基、巯基、咪唑基等。在有的必需基团位于活性中心内，有结合和催化两种功能，负责与底物结合的，称为结合基团；负责催化底物发生化学反应的，称为催化基团。有的必需基团位于活性中心外。活性中心外的必需基团虽然不参加酶活性中心的组成，但为维持酶活性中心的空间结构所必需。

　　酶的活性中心是一个局部的空间区域，通常在酶蛋白中形成一个裂隙或袋状，为凹穴结构，容纳并结合底物起催化作用。而上述酶活性中心的必需基团在一级结构上可能相距较远，甚至不在同一条多肽链上，但由于多肽链的折叠、盘曲形成高级结构后，它们彼此靠近，组成具有特定空间结构的区域，从而形成一个具有一定空间结构的活性中心。如果活性中心的空间结构遭到破坏，酶也就失去了活性。可以说没有酶的空间结构，就没有酶的活性中心。

三、酶原与酶原激活

　　酶原是细胞内合成或初分泌时处于无活性状态的酶的前体，酶原在一定条件下可转化成有活性的酶，此过程称为酶原的激活。酶原激活是酶活性中心形成或暴露的过程。例如胰液中胰蛋白酶原分泌进入小肠后，在肠激酶的作用下，自 N 端水解掉一个六肽后，酶蛋白多肽链重新折叠形成酶的活性中心，变为有活性的胰蛋白酶（图 4-2）。激活的胰蛋白酶还可激活更多的胰蛋白酶原转变成有活性的胰蛋白酶。除消化道的蛋白酶外，血液中有关凝血和纤维蛋白溶解的酶类，生理条件下均以酶原的形式存在。

　　酶原激活具有重要的生理意义。首先，酶原形式是物种进化过程中出现的一种自我保护的现象，例如由胰腺分泌的几种蛋白酶原，正常情况下以酶原形式合成和分泌，可以避免胰腺组织细胞本身受蛋白酶的水解破坏，当分泌入肠道后再被激活而发挥水解蛋白质的作用。如果胰蛋白酶在胰腺组织中被异常

图 4 - 2　胰蛋白酶原激活过程

激活，就会产生对胰腺组织的破坏作用，这就是急性胰腺炎发生的重要原因。其次，酶原相当于酶的储存形式。如凝血和纤维蛋白溶解酶类以酶原形式在血液循环中运行，保证生理血流的通畅；一旦血管破损，在伤口附近大量凝血酶原被激活成凝血酶，促进血液凝固，堵塞伤口，以防止大量失血。

四、同工酶

1959 年，Market 首次用电泳分离法发现了动物乳酸脱氢酶（LDH）具有多种分子形式，并提出了同工酶的概念。同工酶（isozyme）是指催化同一化学反应，但其分子结构、理化性质乃至免疫学性质不同的一组酶。同工酶分布在同一生物的不同组织器官中，或同一生物细胞的不同亚细胞结构中。现已发现数百种同工酶，包括乳酸脱氢酶、己糖激酶、丙酮酸激酶、肌酸激酶、碱性磷酸酶等，其中对乳酸脱氢酶的研究最早也最清楚。

乳酸脱氢酶（LDH）是一种四聚体酶，由 H、M 两种亚基以不同比例组成 5 种同工酶：H_4（LDH_1）、H_3M（LDH_2）、H_2M_2（LDH_3）、HM_3（LDH_4）、M_4（LDH_5）（图 4 - 3）。5 种同工酶都可催化乳酸与丙酮酸之间的可逆反应（图 4 - 4）。LDH 在不同组织器官中的分布不同，心脏中以 LDH_1 为主；而骨骼肌中以 LDH_5 为主（表 4 - 2）。

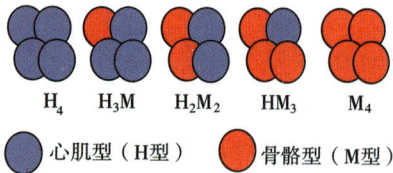

图 4 - 3　乳酸脱氢酶（LDH）同工酶

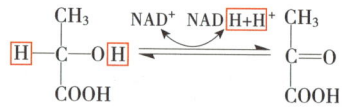

图 4 - 4　乳酸脱氢酶（LDH）催化的反应

表 4 - 2　人体器官中 LDH 同工酶的分布

组织器官	LDH_1	LDH_2	LDH_3	LDH_4	LDH_5
心脏	67	29	4	<1	<1
肺	10	20	30	25	15
肝	2	4	11	27	56
脑	21	26	26	20	8
骨骼肌	4	7	21	27	41

当组织细胞病变时，该组织细胞特异的同工酶会释放入血。因此，临床上检测血清中同工酶谱的变

化可对疾病进行辅助诊断和预后判定。临床上如当急性心肌梗死或心肌细胞损伤时，细胞内的 LDH_1 释放入血，血清中 H_4（LDH_1）增高；急性肝炎患者血清中 M_4（LDH_5）含量明显增高，肺炎患者血清 H_2M_2（LDH_3）含量明显增高。

⊕ 知识链接

碱性磷酸酶同工酶

国际酶学委员会按碱性磷酸酶同工酶在电泳上的迁移率，从阳极至阴极依次命名为 ALP1、ALP2、ALP3 及 ALP4 等，但一般习惯还是按同工酶的器官来源而命名，分别称为肝、骨、小肠、胎盘和胆汁等 5 种同工酶。正常人血清碱性磷酸酶同工酶测定正常值：成人血清只出现 ALP2 及 ALP3，ALP2 > ALP3；儿童 ALP3 > ALP2。

根据血清碱性磷酸酶同工酶的变化可进行相应疾病的诊断：①ALP1（来源于肝）阳性，见于肝外阻塞性黄疸、转移性肝癌、肝脓肿、肝充血和胆总管结石等；②ALP2 增高，见于肝内胆汁淤滞、急性肝炎、原发性肝癌等；③ALP3 增高，见于骨骼疾病，如骨肿瘤和肿瘤骨转移、Paget 病、佝偻病和骨软化症、肾性营养不良、甲状腺功能亢进等；④ALP4（来源于胎盘）阳性，妊娠期；⑤ALP5（来源于肠）阳性，肝硬化、乙醇中毒等；⑥ALP6 阳性，溃疡性结肠炎。

第二节 酶的命名与分类

PPT

一、酶的命名

在发现和确认酶的过程中，发现者通常按照自己的喜好为酶命名，因此形成了许多习惯名称。1961年，国际酶学委员会（enzyme commission，EC）提出酶的命名原则，规定每一种酶应有一个习惯名称和一个系统名称。

习惯命名法主要依据两个原则：①根据酶所催化的底物命名，如水解淀粉的酶叫淀粉酶，水解蛋白质的酶叫蛋白酶。有时加上来源以区别来源不同的同一类酶，如胃蛋白酶、胰蛋白酶。②根据酶催化反应的性质及类型命名，如转移氨基的酶称为氨基转移酶，也叫转氨酶；催化底物氧化脱氢的酶称为脱氢酶等。有些酶结合上述两方面来命名，如乳酸脱氢酶、谷氨酸氨基转移酶等。总之，习惯命名法比较简单，应用历史较长，尽管缺乏系统性，但至今仍在被人们所使用。

国际系统命名法原则规定，每种酶的名称应明确标明酶的底物及催化反应的性质。如果一种酶催化两个底物，应在它的系统名称中包括两种底物的名称，并以冒号将它们隔开；若底物之一是水时，可将水略去不写（表4-3）。

表4-3 酶的命名举例

编号	习惯名称	系统名称	催化的反应
EC 1.1.1.1	乙醇脱氢酶	乙醇：NAD^+ 氧化还原酶	乙醇 + NAD^+ ⟶ 乙醛 + NADH
EC 2.6.1.2	丙氨酸氨基转移酶	Glu：丙氨酸氨基转移酶	Glu + 丙酮酸 ⟶ Ala + α - 丙酮酸
EC 3.1.1.7	乙酰胆碱酯酶	乙酰胆碱水解酶	乙酰胆碱 + H_2O ⟶ 胆碱 + 乙酸
EC 4.2.1.2	延胡索酸酶	延胡索酸水化酶	延胡索酸 + H_2O ⟶ 琥珀酸
EC 6.3.1.1	天冬氨酸合成酶	天冬氨酸：NH_3：ATP 合成酶	Asp + ATP + NH_3 ⟶ Asn + ADP + Pi

为了避免系统名称过长所带来的不便，国际酶学委员会（EC）又从每种酶的原有习惯名称中选定一个简便实用的推荐名称。

二、酶的分类

国际酶学委员会（EC）按照酶促反应类型将酶分为六大类。

1. 氧化还原酶类（oxidoreductases）　催化底物发生氧化还原反应的酶类。通常把脱氢、加氧称为氧化，加氢、脱氧视为还原。此类酶中包括脱氢酶、加氧酶、氧化酶、还原酶、过氧化物酶等，如琥珀酸脱氢酶、3－磷酸甘油醛脱氢酶、细胞色素氧化酶等。

2. 转移酶类（transferases）　催化底物分子间基团转移或交换的酶类，如丙氨酸氨基转移酶、己糖激酶、磷酸化酶等。

3. 水解酶类（hydrolases）　催化底物发生水解反应的酶类，如蛋白酶、淀粉酶、脂肪酶等。

4. 裂解酶类或裂合酶类（lyases）　催化从底物分子中移去一个基团并形成双键的非水解性反应及其逆反应的酶类，如醛缩酶、水化酶、脱羧酶等。

5. 异构酶类（isomerases）　催化各种同分异构体之间相互转化，即分子内基团转移反应的酶类，如磷酸丙糖异构酶、磷酸甘油酸变位酶等。

6. 连接酶类（ligases）　催化两种底物合成为一分子化合物，多数同时偶联有腺苷三磷酸（ATP）的磷酸键断裂释能的酶类，如丙酮酸羧化酶、天冬酰胺合成酶等。

国际系统分类法除按上述依次编号外，还根据酶所催化的化学键的特点和参加反应的化学基团不同，将每一大类又进一步分类。每种酶的分类编号均由四个数字组成，数字前冠以 EC（enzyme commission），编号第一个数字表示属于六大类中的哪一类；第二个数字表示属于哪一亚类；第三个数字表示亚－亚类；第四个数字表示在亚－亚类中的排序（表4－3）。

第三节　酶促反应的特点与机制

PPT

一、酶促反应的特点

酶具有常规化学催化剂的基本特点，在化学反应前后其质和量都不改变。酶只能催化热力学上允许进行的反应；极少量的酶就可大大加速化学反应的进行；酶对化学反应的正、逆两个方向的催化作用是相同的，它可以缩短反应到达平衡的时间而不改变反应的平衡常数。但酶是由活细胞所合成的蛋白质，具有一般催化剂所不具备的特点。

（一）酶促反应具有极高的效率

酶的催化效率比非催化反应快 $10^8 \sim 10^{20}$ 倍，比一般催化剂高 $10^7 \sim 10^{13}$ 倍，因此，机体能够在 37℃ 近中性的条件下每分钟发生几百万次化学反应。酶之所以是一类高效的生物催化剂，是因为酶在催化反应中比一般催化剂能极大降低反应的活化能（activation energy）（图4－5）。活化能是底物分子从初态转变到活化态所需的能量。活化能越低，活化分子越多，反应速度就越快。酶通过其特有的机制，比一般催化剂更有效地降低反应的活化能，从而增加活化分子数，加快反应速度。

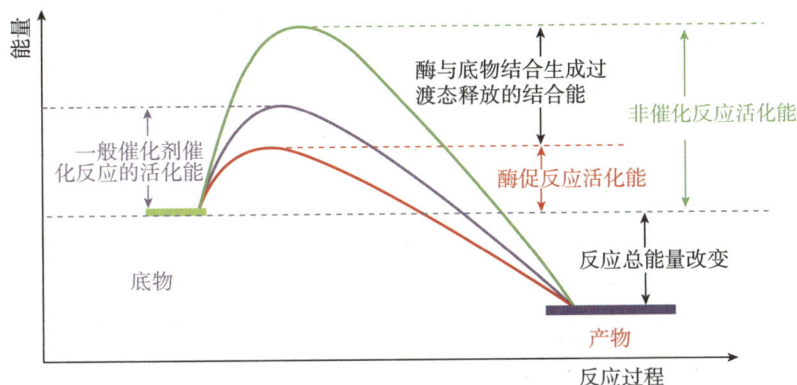

图 4 - 5　酶促反应活化能的改变

（二）酶促反应具有高度的专一性

与一般催化剂不同，酶对其所催化底物具有较严格的选择性。根据酶对底物选择的严格程度不同，酶的专一性可大致分为两种类型。

1. 绝对专一性　一种酶只作用于一种底物，称为酶的绝对专一性。如脲酶仅能催化尿素水解生成 CO_2 和 NH_3，而对与尿素非常相似的物质如甲基尿素则无催化作用。

有些具有绝对特异性的酶只能催化底物的一种立体异构体进行反应，而对另一种立体异构体没有催化作用，如 L - 谷氨酸脱氢酶只能催化 L - 谷氨酸脱氢，而对 D - 谷氨酸无催化作用。

2. 相对专一性　一种酶只作用于一类具有相似结构或同一种化学键的底物，称为酶的相对专一性。如脂肪酶可催化由不同长链脂肪酸生成的甘油三酯的水解。

（三）酶具有高度不稳定性

由于酶的化学本质是蛋白质，凡是能使蛋白质变性的因素，如高温、强酸、强碱、重金属等均能使酶丧失催化活性；同时，酶也常因温度、pH 等轻微的改变或抑制剂的存在而改变活性。

（四）酶活性的可调控性

酶催化特定化学反应的能力称为酶活性。酶活性受机体内多方面因素的调节控制，有的可提高酶的活性，有的抑制酶的活性。这种调控作用使有机体的生命活动表现出它内部化学反应历程的有序性以及对环境变化的适应性。

二、酶促反应的机制

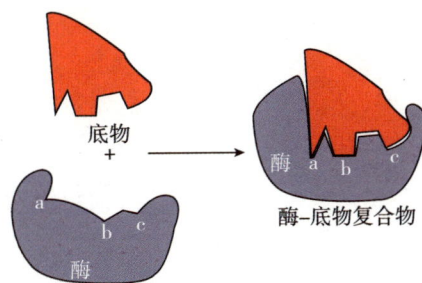

图 4 - 6　酶与底物的诱导契合

酶在发挥催化作用之前，必须先与底物结合。酶 - 底物相互结合的机制有两种学说：一种是 E. Fischer 在 1890 年提出的钥匙 - 锁（lock-key）模型，认为底物和酶分子的关系就像钥匙和锁相配一样，一把锁只能被一把钥匙打开，或是被在构象上相近的钥匙打开。但它不能解释反应的可逆性——为什么不同的钥匙能开同一把锁。另一种是 D. E. Koshland 在 1958 年提出的诱导 - 契合模型（induced fit model），认为酶分子的构型与底物原来并不吻合，当底物分子与酶接近时，酶蛋白受底物分子诱导，其构象发生相应的变化，使酶与底物契合而成中间复合物，引起底物发生反应（图 4 - 6）。

目前更倾向于酶的诱导 - 契合假说，X 射线晶体结构分析有力地支持了该学说，证明酶与底物结合时确有显著的构象变化。

另外，一种酶的催化反应常常是多种催化机制的综合作用，包括邻近效应与定向排列、多元催化、表面效应等，这是酶促反应高效率的重要原因。

第四节　酶促反应动力学

酶促反应动力学是研究酶促反应的速度及其影响因素。酶促反应速度受很多因素的影响，包括酶浓度、底物浓度、pH、温度、抑制剂和激活剂等。酶促反应动力学研究反映酶的本质特性，是酶学研究的最基本工作，具有重要的理论和实践意义。

一、底物浓度的影响

在简单的酶促反应中，当其他条件恒定时，酶促反应速度（v）与底物浓度［S］的关系符合动力学方程。

$$v = \frac{V_{\max}［S］}{K_m + ［S］}$$

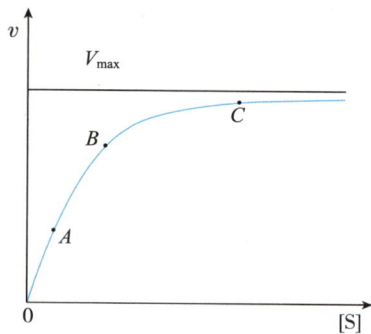

图4-7　底物浓度［S］对酶促反应速度（v）的影响

此方程是 1913 年由 Michaelis 和 Menten 提出的，简称为 Michaelis-Menten 方程（米氏方程）。其中［S］为底物浓度，v 是不同［S］对应的酶促反应速度，$v_{\max}$ 为最大反应速度，K_m 为米氏常数。对应的曲线为一矩形双曲线（图4-7）。根据中间复合物［ES］学说，反应速度 v 与反应体系中的［ES］成正比。当［S］很低时，E 未被 S 饱和，反应体系中的［ES］与［S］成正比，E + S ⇌ ES → E + P，此时 v 与［S］成正比，相当于图中 0 - A 阶段；随着［S］的进一步增高，反应体系中剩余的［E］已很少，虽有更多的 ES 生成，v 也随之增加，但增加的幅度逐渐减小，相当于图中 A - B 阶段；当［S］增大到一定限度时，所有的 E 都已被饱和，如图4-7中 C 点以后阶段，此时继续增加底物浓度，

［ES］的生成量不再增加，v 不再升高，这时的反应速度已达最大值（$V_{\max}$）并且趋于恒定。

$$V = \frac{1}{2} V_{\max}$$

$$\frac{V_{\max}}{2} = \frac{V_{\max}［S］}{K_m + ［S］}$$

$$［S］ = K_m$$

其中，K_m 值是酶的特征性常数之一，等于酶促反应速率为最大反应速率一半时的底物浓度，取决于酶和底物的结构，与酶的浓度无关；K_m 反映酶与底物亲和力的大小，即 K_m 值越小，则酶与底物的亲和力越大；反之，K_m 值越大，则酶与底物的亲和力越小。

二、酶浓度的影响

当酶促反应体系处在最适条件时，在底物浓度［S］远远大于酶浓度［E］的情况下，酶促反应速度与酶浓度［E］成直线关系（图4-8）。即酶的浓度越大，反应速度越快。在细胞内，通过改变酶浓度来调节酶促反应速度，是细胞调节代谢速度的一种方式。

三、温度的影响

酶是生物催化剂，温度对酶促反应具有双重影响：①在一定范围内（0～40℃）随着温度升高，反

应速度加快（一般温度每增加10℃，酶反应速率增加1～2倍）（图4-9）；②酶是蛋白质，随着温度的升高，酶逐步变性失活。绝大多数酶在60℃以上即开始变性，随着温度的继续升高，有活性的酶量减少而降低反应速度。

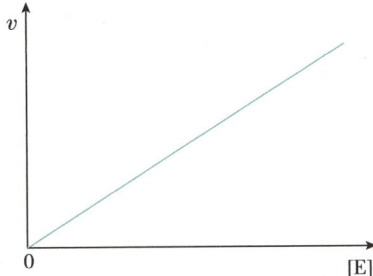

图4-8　酶浓度［E］对酶反应
速度（v）的影响

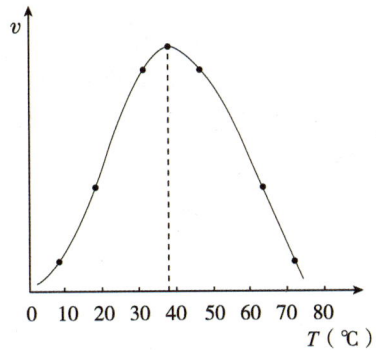

图4-9　温度（T）对酶促反应
速度（v）的影响

酶活性最高时对应的温度称为酶的最适温度。各种酶的最适温度不同，人体内大多数酶的最适温度为35～40℃；植物细胞中酶的最适温度稍高，通常在40～50℃之间；微生物中的酶最适温度差别较大，如 Taq DNA 聚合酶最适温度可高达70℃。许多酶60℃已开始变性，80℃时多数酶的变性不可逆。

在研究和应用酶时都需要在最适温度下进行，所以测定酶的最适温度是有实用意义的。

低温可降低酶的活性，但一般不会使酶变性破坏；温度回升后，酶的活性又恢复。临床上低温麻醉就是利用酶的这一性质以减慢细胞代谢速度，提高机体对氧和营养物质缺乏的耐受性，有利于手术治疗及帮助患者度过危险期。低温保存菌种和生物制剂也是基于这一原理。

四、pH 的影响

酶促反应速度还受环境酸碱度的影响。一般在某一 pH 范围内酶活性最高，此时环境的 pH 称为该酶的最适 pH，高于或低于最适 pH 时，酶活性都会下降。以 pH 为横坐标，以 v 为纵坐标，可得到一典型"钟罩形"曲线（图4-10）。

人体内大多数酶的最适 pH 都接近体液的近中性环境。但也有些酶的最适 pH 偏酸或偏碱。如胃蛋白酶的最适 pH 为1.9，肝中的精氨酸酶的最适 pH 为9.7，胰蛋白酶的最适 pH 为8.1。

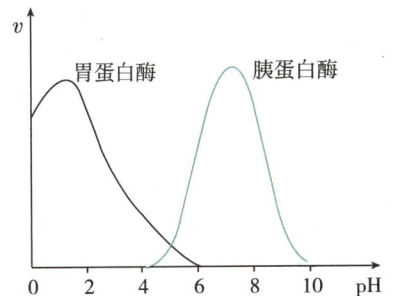

图4-10　pH 对酶促反应
速度（v）的影响

五、激活剂的影响

凡能使酶由无活性变为有活性或使酶活性增加的物质均称为酶的激活剂（activator）。激活机制可能是激活剂与酶及底物结合成复合物而起促进作用，也可能参与酶的活性中心的构成等。激活剂大多数为金属离子，如 K^+、Na^+、Ca^{2+}、Mg^{2+}、Zn^{2+}、Fe^{2+} 等；少数为阴离子，如 Cl^-、Br^-、PO_4^{3-} 等；也有许多有机化合物，如胆汁酸盐等。

六、抑制剂的影响

凡能使酶的催化活性下降而不引起酶蛋白变性的物质统称为酶的抑制剂（inhibitor）。抑制剂对酶促反应所起的作用称为抑制作用。有的将抑制剂除去，酶的活性可恢复。很多药物是通过抑制某些酶的活性而发挥作用，因此抑制作用的研究不仅有重要的理论意义，而且有重要的临床意义。

　　根据抑制剂与酶的作用方式及抑制作用是否可逆，可把抑制作用分为不可逆抑制和可逆抑制两大类。

（一）不可逆抑制作用

　　抑制剂与酶的必需基团以共价键结合，从而抑制酶的活性。由于是共价结合，因此不能用透析、超滤等物理方法去除抑制剂，这种抑制作用称为不可逆抑制，例如 Pb^{2+}、Hg^{2+} 等重金属离子可以与巯基酶（E—SH）活性中心内的巯基结合而使酶失活（图 4-11）。含有游离巯基的二巯基丁二酸钠、二巯基丙醇等药物可以置换出巯基酶上的金属离子，使酶恢复活性。

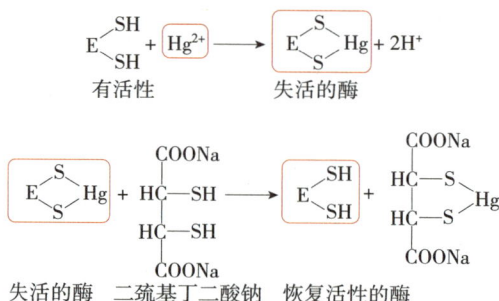

图 4-11　重金属对酶的抑制作用

　　再如，有机磷杀虫剂能特异性作用于胆碱酯酶活性中心的丝氨酸羟基（—OH），不可逆地抑制酶的活性，使乙酰胆碱不能及时分解，导致胆碱能神经过度兴奋，出现恶心、呕吐、多汗、惊厥、瞳孔缩小等症状。解磷定等药物可与有机磷杀虫剂结合，使酶和有机磷杀虫剂分离而复活（图 4-12）。

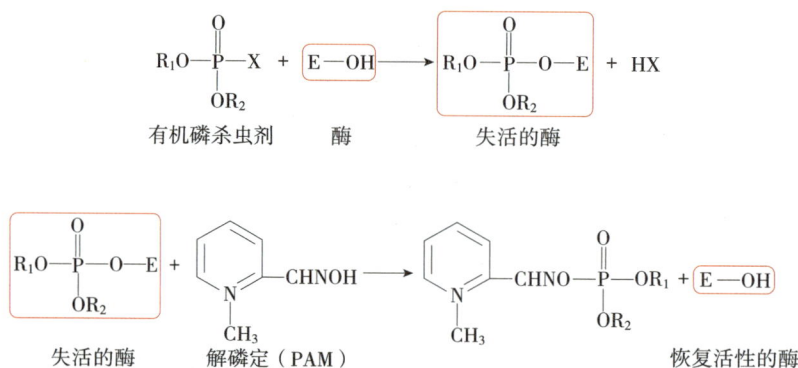

图 4-12　有机磷杀虫剂对酶的抑制作用

　　不可逆抑制作用随着抑制剂浓度的增大而逐渐增强。当抑制剂的量大到足以和所有的酶分子结合时，酶的活性被完全抑制。

（二）可逆抑制作用

　　抑制剂与酶以非共价键形式结合使酶活性降低甚至消失，采用透析或超滤等方法可去除抑制剂，使酶恢复活性，这种抑制作用称为可逆抑制作用。可逆抑制作用又可分为竞争性抑制、非竞争性抑制作用两种类型。

　　1. 竞争性抑制作用　抑制剂与底物的结构相似，与底物竞争结合酶的活性中心，造成酶活性下降，此类抑制作用称为竞争性抑制（competitive inhibition）。如图 4-13 所示，酶分子结合底物（S）就不能结合抑制剂（I），结合 I 就不能结合 S，而且酶和抑制剂结合形成的复合物 EI 不能转化为产物，从而使酶活性下降。竞争性抑制程度取决于抑制剂与酶的相对亲和力及与底物浓度的相对比例。通过增加底物浓度，可降低或解除抑制作用。

竞争性抑制作用的原理可用来阐明某些药物的作用机制和指导探索合成新药。磺胺类药物抑菌是典型的例子。人体能直接利用食物中的叶酸，而某些细菌需利用对氨基苯甲酸来合成其生长所必需的二氢叶酸。磺胺类药物和对氨基苯甲酸的结构相似，作为二氢蝶酸合酶的竞争性抑制剂，影响二氢叶酸的合成，使细菌代谢紊乱，细菌繁殖受到抑制，达到抑菌的效果。许多属于抗代谢物的抗癌药物，如甲氨蝶呤、5 - 氟尿嘧啶、6 - 巯基嘌呤等，也通过竞争性抑制发挥其抗肿瘤作用。

2. 非竞争性抑制作用　此类抑制剂（I）的结构和底物（S）并不相似，两者之间没有竞争性，酶与底物结合后，还可与抑制剂结合，或酶和抑制剂结合后，也可与底物结合，形成底物 - 酶 - 抑制剂的三元复合物（ESI）（图 4 - 14）。由于酶与抑制剂结合后，酶的催化能力下降，因此反应速度减慢，产物（P）生成减少。由于在这类抑制作用中底物与抑制剂之间没有竞争性关系，所以不能用增加底物浓度来减轻或解除抑制剂的影响。

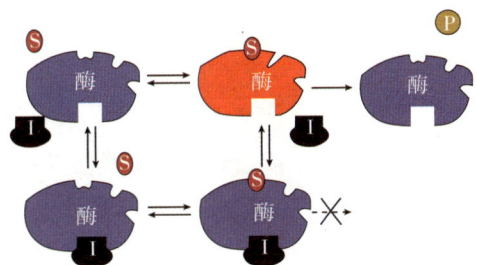

图 4 - 13　竞争性抑制作用　　　　　图 4 - 14　非竞争性抑制作用

第五节　酶的调节

改变酶的活性与酶的含量是生物体内对酶调节的主要方式。

一、酶活性的调节

1. 共价修饰调节　酶的共价修饰是对生物体内酶快速调节的一种方式。酶蛋白肽链上的一些基团，在其他酶的催化下，可与某种化学基团共价结合，同时又可在另一种酶的催化下，去掉已结合的化学基团，从而改变酶的活性，这一过程称为酶的共价修饰（covalent modification）或化学修饰（chemical modification）。一般受共价调节的酶都存在无活性（或低活性）和有活性（或高活性）两种形式，两种形式之间互变的反应由不同的酶催化。磷酸化与去磷酸化是共价修饰中最常见的类型，另外还有乙酰化与去乙酰化、甲基化与去甲基化、腺苷化与去腺苷化以及—SH 与—S—S—的互变等。

2. 别构调节　与蛋白质的别构效应相似，生物体内许多酶也有此种调节方式。有些酶分子至少有一个催化部位和一个调节部位。调节部位与某些化合物结合后引起构象改变，进而改变酶活性状态，这种调节方式称为酶的别构调节（allosteric regulation），这种酶称为别构酶（allosteric enzyme），导致别构效应的化合物称为别构效应剂（allosteric effector）。酶的别构调节是体内酶快速调节的另一种方式。

二、酶含量的调节

除通过调节细胞内原有酶的活性外，生物体还可通过改变酶的合成或降解速度以调节酶的含量。这是体内酶慢速调节的方式，可调节酶蛋白合成的诱导和阻遏过程，也可以调节酶蛋白降解的速度。有关调节酶蛋白合成的诱导和阻遏，将在第十五章蛋白质的生物合成中介绍。

第六节　酶与医学的关系

PPT

⇒ 案例引导

案例　患者，男，78岁。主诉：劳累后心前区压榨性疼痛5个多小时，伴胸闷、恶心、呕吐，呕吐物为胃内容物。自服硝酸甘油不能缓解。查体：脉搏88次/分，呼吸25次/分，血压134/73mmHg，心率规整，各瓣膜区未闻及病理性杂音。血清学检查：CK 1278U/L。心电图检查示：Ⅱ、Ⅲ、AVF导联ST段弓背向上抬高。

讨论　1. 该患者的临床诊断是什么？诊断依据有哪些？
　　　　2. 该患者的护理要点有哪些？

一、酶与疾病的发生

一些酶的先天性异常会导致疾病的发生（表4-4）。

表4-4　酶的先天性异常与疾病的发生

疾病	相应酶的缺少或异常
白化病	酪氨酸酶
苯丙酮酸尿症	苯丙氨酸羟化酶
蚕豆病	葡糖-6-磷酸酶
范科尼综合征	细胞色素c氧化酶

一些酶的后天性活性异常，也可导致疾病，例如维生素K缺乏可造成患者血液凝固障碍。许多激素异常引起的疾病也多是因为激素对酶的调节异常所致，如长期肝病、肝功能衰竭患者易出血，是因为肝不能正常合成凝血酶，导致凝血功能障碍。重金属中毒是由于抑制了巯基酶活性，有机磷农药中毒是由于抑制了体内的羟基酶，氰化物中毒则是因为抑制了细胞色素氧化酶活性。

二、酶与疾病的诊断

体液中酶的含量相对恒定，酶活性有一定的范围。若出现某些疾病，则体液中某种或某些酶的量或活性有相应变化。所以临床上常通过测定体液中某些酶的量或活性的变化来诊断某些疾病。例如急性胰腺炎时，血和尿中淀粉酶活性升高；肝炎时血中丙氨酸氨基转移酶活性升高；心肌梗死时，血中天冬氨酸氨基转移酶明显升高；前列腺癌时，血中酸性磷酸酶活性升高；胆管阻塞时，肝细胞合成的碱性磷酸酶通过胆道排出受阻，使血液中该酶活性升高；恶性肿瘤广泛转移时，血清中的乳酸脱氢酶活性增高等。

同工酶的发现，尤其是一些同工酶在各器官组织分布具有特异性的酶谱分析，更有利于疾病的鉴别诊断。例如乳酸脱氢酶（LDH）同工酶谱改变可以协助诊断肝或心肌的疾病；发生心肌梗死时，血清中心肌型磷酸肌酸激酶（MB）同工酶活性升高，是心肌梗死早期诊断的首选实验室指标；醛缩酶、丙酮酸激酶、碱性磷酸酶等多种胚胎型同工酶的出现或活力升高，有助于肿瘤的早期诊断。

三、酶与疾病的治疗

酶制剂已经广泛应用于临床各种疾病的治疗中。例如链激酶、尿激酶可溶解血栓，用于治疗心、脑血管栓塞；糜蛋白酶、透明质酸酶等用于化脓性感染性疾病，如化脓性甲沟炎、化脓性汗腺炎、皮脂腺囊肿化脓性感染、肛周脓肿、乳腺脓肿等；溶菌酶含服可治疗口腔黏膜溃疡等。随着科学技术的不断发展，将会有更多的酶应用于疾病的治疗。

⊕ **知识链接**

糖原合成激酶 3

糖原合成激酶 3（GSK3）是糖原合成过程中的重要调节酶，是一种丝/苏氨酸蛋白激酶，广泛存在于哺乳细胞中，有 GSK-3α、GSK-3β 两种亚型，是胰岛素信号通路的重要调节因子，GSK3 的含量与肌体对胰岛素敏感程度呈负相关。研究表明，糖尿病患者 GSK3 的表达及活性都升高。GSK3 的抑制剂在细胞水平上有胰岛素样的作用，促进肝糖原合成，抑制糖异生，促进葡萄糖转运。目前，一些 GSK3 抑制剂已经应用于 2 型糖尿病的治疗并取得一定疗效。

目标检测

答案解析

一、选择题

1. 核酶的化学本质是（　　）
   - A. 蛋白质
   - B. 多肽
   - C. DNA
   - D. RNA
   - E. 小分子有机化合物

2. 酶能加速酶促反应的速度是因为（　　）
   - A. 向反应体系提供能量
   - B. 降低反应的自由能变化
   - C. 降低反应的活化能
   - D. 降低底物的能量水平
   - E. 提高产物的能量水平

3. 有机磷农药中毒时，被抑制活性的酶是（　　）
   - A. 酪氨酸酶
   - B. 苯丙氨酸羟化酶
   - C. 胆碱酯酶
   - D. 巯基酶
   - E. 二氢叶酸还原酶

4. 下列关于同工酶概念的叙述正确的是（　　）
   - A. 是结构相同，而存在部位不同的一组酶
   - B. 是催化相同化学反应，而酶的分子结构不同、理化性质可各异的一组酶
   - C. 是催化的反应和酶的性质都相似，而分布不同的一组酶
   - D. 是催化相同反应的所有酶
   - E. 以上都不正确

5. 下列关于酶活性中心的叙述正确的是（　　）

A. 所有酶的活性中心都含有辅酶
B. 所有酶的活性中心都含有金属离子
C. 酶的必需基团都位于活性中心内
D. 所有的抑制剂都作用于酶的活性中心
E. 所有的酶都有活性中心

6. 酶促反应中决定酶特异性的是（ ）

A. 作用物的类别
B. 酶蛋白
C. 辅基或辅酶
D. 催化基团
E. 金属离子

7. 下述物质中参与体内一碳基团转移的是（ ）

A. 硫辛酸
B. 吡哆醇
C. CoA
D. FH_4
E. 尼克酰胺

二、问答题

1. 简述酶促反应的特点。

2. 何谓酶原激活？酶原激活过程的实质和生理意义是什么？

3. 影响酶促反应速度的主要因素有哪些？试说明。

4. 举例说明临床上测定同工酶对疾病的诊断意义。

（齐素华）

书网融合……

本章小结　　　微课　　　题库

第五章　糖代谢

学习目标

知识要求

1. 掌握　糖无氧氧化和有氧氧化的概念、部位、主要过程、关键酶、ATP 的生成及生理意义；三羧酸循环的反应特点及生理意义；磷酸戊糖途径的关键酶及生理意义；糖原合成与分解的关键酶；糖异生的概念、反应部位、关键酶及生理意义。

2. 熟悉　血糖的来源与去路；糖原合成与分解的过程及意义；激素对血糖浓度的调节机制。

3. 了解　糖的主要生理功能；糖的消化吸收；糖代谢与其他物质代谢的相互关系及糖代谢紊乱。

技能要求

1. 学会应用本章所学知识解释糖尿病"三多一少"原因；为患者做出正确的用药护理及饮食建议。

2. 理解糖代谢与人类健康的关系，掌握糖代谢紊乱相关疾病的日常护理。

素质要求

1. 将基础与临床相结合，培养学生分析问题、综合解决问题的能力，树立健康的生活观念。

2. 通过对糖代谢知识的梳理培养学生归纳总结的能力。

第一节　概　述

PPT

一、糖的概念与分类

1. 糖的概念　糖是自然界中分布广泛的一大类有机化合物，其化学本质是多羟基醛或多羟基酮及其多聚物或衍生物。

2. 糖的分类　糖的化学结构是（CH_2O）$_n$，故又称为碳水化合物。根据其能否水解以及水解产物情况分为单糖（monosaccharide）、寡糖（oligosaccharide）和多糖（polysaccharide）三大类。

（1）单糖　不能被水解的糖属于单糖。根据所含功能基团的不同分为醛糖（aldose）和酮糖（ketose）。按分子中所含碳原子数的不同可分为丙糖、丁糖、戊糖、己糖等。例如，葡萄糖（glucose）是六碳醛糖，果糖是六碳酮糖。最简单的三碳糖是丙醛糖和丙酮糖。戊糖和己糖是自然界中存在最丰富的单糖。

（2）寡糖　水解生成 2~10 个单糖的属于寡糖（又称低聚糖）。寡糖的单糖之间以糖苷键连接。自然界以游离状态存在的寡糖主要有二糖，包括麦芽糖、蔗糖和乳糖。

（3）多糖　水解时能生成 10 个以上单糖的属于多糖。多糖是由多个单糖分子或其衍生物缩合而成的高分子聚合物，一般分为同多糖和杂多糖两类。由一种单糖缩合形成的多糖称为同多糖，如淀粉（starch）、纤维素等。由两种或以上单糖或其衍生物缩合形成的多糖称为杂多糖，如透明质酸、硫酸软骨素、肝素等。根据多糖分子中有无支链，又可分为直链多糖和支链多糖。按其功能不同可分为结构多糖（复合糖）、贮存多糖、抗原多糖等。按其分布部位又可分为胞外多糖、胞内多糖等。

糖类还可与其他非糖物质结合形成结合多糖，如蛋白聚糖、糖脂、糖蛋白等，它们是生物体中重要的结构和功能物质。

糖类广泛分布于几乎所有的生物体内，其中以植物中含量最为丰富，占85%~95%。食物中的糖主要来自植物，其中能被利用的主要是淀粉。纤维素、杂多糖等由于缺乏相应的水解酶而不能被人体利用。淀粉被消化水解成基本组成单位葡萄糖后吸收进入血液。其多聚体——糖原（glycogen）是动物体内糖的主要储存形式。

二、糖的生理功能

糖类是人类食物的主要成分，约占食物总量的50%以上。糖在体内的主要生理功能归纳为以下几个方面。

1. 供能物质　糖是生命活动的主要供能物质。正常生理条件下，人体所需要总能量的50%~70%来自糖。1mol葡萄糖在体内完全氧化生成二氧化碳和水可释放2840kJ（679kcal）的能量。其中约34%转化为ATP，供机体生理活动所需要的能量。

2. 合成原料　糖代谢的中间产物可以为其他物质的合成提供碳源，如氨基酸、脂肪酸、胆固醇、核苷酸、辅因子（辅酶A、FAD和NAD^+）等。

3. 结构成分　糖是构成人体组织结构的重要成分。糖和蛋白质结合成糖蛋白可构成结缔组织、软骨和骨基质；糖与脂类构成糖脂是神经组织和其他组织细胞膜的结构成分。

4. 代谢调节　一些糖蛋白作为激素、细胞因子、生长因子或受体在细胞识别、细胞通讯及信息传递中发挥重要作用。

另外，血浆蛋白、抗体、某些酶中也含有糖，具有转运、防御和稳定蛋白质构象等功能。

三、糖的消化吸收与转运　🅔微课

食物中的糖类主要是植物淀粉和动物糖原，并有少量蔗糖、麦芽糖、乳糖、葡萄糖、果糖等。除单糖外，其余的糖都必须经消化道内水解酶的分解，转变为相应的单糖后才可被吸收利用。

1. 糖的消化　食物淀粉的消化始于口腔，完成于小肠。唾液中含有α-淀粉酶（α-amylase），催化水解淀粉中的α-1,4-糖苷键生成麦芽糖和糊精（dextrins）等。但由于食物在口腔中停留时间很短，只有小部分淀粉消化。食糜与酶一同进入胃内与胃酸混合，唾液α-淀粉酶变性失活，所以淀粉在胃中几乎不被消化。

小肠是消化淀粉最主要的器官。在小肠中，由胰腺分泌的胰α-淀粉酶水解淀粉分子中的α-1,4-糖苷键，将淀粉及糊精水解成麦芽糖、麦芽三糖、异麦芽糖、α-极限糊精和少量葡萄糖。小肠黏膜细胞刷状缘上含有丰富的α-糖苷酶（包括麦芽糖酶）和α-极限糊精酶（包括异麦芽糖酶）。α-糖苷酶（包括麦芽糖酶）水解麦芽糖和麦芽三糖生成葡萄糖。α-极限糊精酶（包括异麦芽糖酶）可以水解α-1,6-糖苷键和α-1,4-糖苷键，使α-极限糊精和异麦芽糖彻底水解成葡萄糖（图5-1）。此外，小肠黏膜上的蔗糖酶能水解蔗糖为葡萄糖和果糖，乳糖酶能水解乳糖为葡萄糖和半乳糖。有些人由于缺乏乳糖酶，在进食牛奶后会出现乳糖消化吸收障碍，引起腹痛、腹胀、腹泻等症状，称为乳糖不耐受。

另外，食物中还含有大量纤维素，其分子中含有丰富的β-1,4-糖苷键，由于人体消化系统内不能分泌β-糖苷酶，无法消化利用食物中的纤维素。但纤维素有促进机体胃肠蠕动、防止便秘等作用，也是维持健康所必需的糖类。

图 5 - 1　糖的消化

2. 糖的吸收与转运　食物中的糖类经消化成单糖后主要被小肠黏膜细胞吸收，进入小肠毛细血管经门静脉进入血液循环，转运到全身供各组织利用。吸收部位主要在小肠上段，吸收过程以耗能的、有载体蛋白参与的、逆浓度梯度进行的主动吸收方式为主。该吸收方式中由于有载体蛋白的参与，所以吸收率较高，见图 5 - 2。

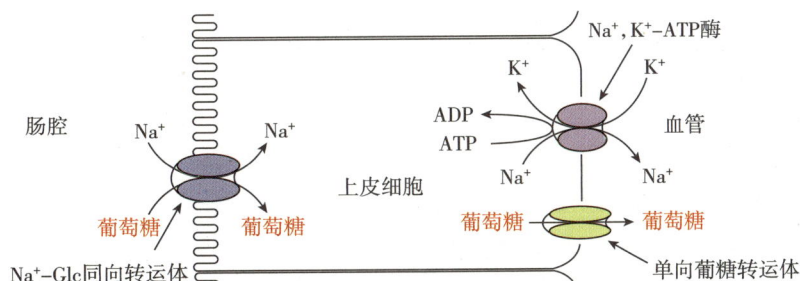

图 5 - 2　小肠主动吸收葡萄糖机制

在小肠上皮细胞刷状缘上存在与膜结合的载体蛋白称为 Na^+ - 依赖型葡糖转运蛋白（sodium - dependent glucose transporter，SGLT），也称为同向转运体，葡萄糖与载体蛋白结合时，需伴有 Na^+ 一起转运进入细胞，导致胞内 Na^+ 浓度升高。为保持细胞内外 Na^+、K^+ 浓度的平衡，由膜上的钠 - 钾泵（Na^+，K^+ - ATP 酶）将 Na^+ 泵出细胞，该过程需要 ATP 供能。进入小肠细胞的葡萄糖通过另一侧膜上的单向葡糖转运体转运出细胞进入血液。组织细胞膜上存在葡糖转运蛋白（glucose transporter，GLUT）来完成组织细胞对血液中葡萄糖的摄取。

⊕ **知识链接**

葡糖转运蛋白

葡糖转运蛋白（glucose transporter，GLUT）是一类调控细胞外葡萄糖进入细胞内的跨膜蛋白家族，以易化扩散的方式顺浓度梯度转运葡萄糖，参与糖代谢等过程。某些特定 GLUT 的膜转运或功能受损是导致机体葡萄糖水平紊乱、高血糖和糖尿病等产生的重要原因。人体现已发现 14 种 GLUT，分布于不同的组织，有着不同的生物功能，使得各组织对葡萄糖的利用率不同。目前对于 GLUT1 ~ GLUT5 的功能较为明确。2014 年，清华大学医学院颜宁教授研究组首次解析了人源葡糖转运蛋白 GLUT1 的晶体结构，初步揭示了其工作机制及相关疾病的致病机制。该转运体几乎存在于人体每一个细胞中，是大脑、神经系统、肌肉等组织器官中最重要的葡糖转运蛋白。该研究成果被国际学术界誉为"具有里程碑意义"的重大科学成就。

四、糖的代谢概况

糖代谢主要是指葡萄糖在体内进行一系列复杂的化学反应，包括糖的分解代谢与合成代谢。

1. 糖的分解代谢　人体各组织细胞都能有效地进行糖代谢，糖在体内主要分解代谢途径有 3 条：①糖的无氧氧化；②糖的有氧氧化；③磷酸戊糖途径。有氧氧化是糖氧化供能的最主要途径，绝大多数组织细胞中的糖都能进行有氧氧化，但也有少数细胞（如成熟红细胞、骨髓细胞等）即便在有氧情况下仍然依靠糖无氧氧化提供能量。磷酸戊糖途径的意义是生成重要的代谢物质磷酸核糖和 NADPH。上述三条糖的分解代谢途径各有其反应过程，可通过代谢中间产物相互联系、相互转化，以适应生物体内物质转化和整体调节的需要。

2. 糖的合成代谢　包括糖原合成与糖异生。葡萄糖可经合成代谢生成糖原并储存在肝或肌肉组织中，以便在短期饥饿时补充血糖或分解利用。长期饥饿时，一些非糖物质（如乳酸、甘油、生糖氨基酸等）经糖异生途径转变成葡萄糖或糖原。

本章重点介绍葡萄糖在体内的代谢过程。其他单糖（如果糖、半乳糖、甘露糖等）所占比例很小，且能够转变为葡萄糖的中间产物进入葡萄糖代谢途径。

第二节　糖的无氧氧化

PPT

在缺氧或无氧情况下，葡萄糖或糖原分解生成乳酸和少量 ATP 的过程，称为糖的无氧氧化（anaerobic oxidation）。因这个反应过程与酵母菌生醇发酵的过程基本相同，因而将葡萄糖分解为丙酮酸的过程，称为糖酵解（glycolysis），丙酮酸进一步还原生成乳酸的过程称为乳酸发酵或糖的无氧氧化。无氧氧化的全部反应都在细胞质中进行。葡萄糖无论进行无氧氧化还是有氧氧化，都需要先进行糖酵解生成丙酮酸。

一、糖无氧氧化的反应过程

糖无氧氧化反应的起始物可以是游离的葡萄糖，也可以是糖原分子分解生成的葡萄糖单位。从葡萄糖开始进行糖无氧氧化需经过 11 步连续反应；若从糖原开始分解，需经 13 步反应。糖无氧氧化整个反应过程可以分为两个阶段：第一个阶段是葡萄糖或糖原分解生成丙酮酸的糖酵解过程，第二个阶段是丙酮酸还原生成乳酸。

（一）葡萄糖或糖原分解生成丙酮酸

1. 葡萄糖或糖原生成葡糖 - 6 - 磷酸　在己糖激酶（hexokinase）或肝中葡糖激酶（glucokinase）催化下，葡萄糖第 6 位碳上进行磷酸化反应，将 ATP 的磷酸基团转移到葡萄糖，生成葡糖 - 6 - 磷酸（glucose - 6 - phosphate，G - 6 - P）。该过程不可逆，需要 Mg^{2+}，是糖酵解的第一个限速步骤。这一过程不仅活化了葡萄糖，有利于它进一步参与合成与分解代谢，同时还限制进入细胞的葡萄糖逸出细胞。哺乳动物体内有 4 种己糖激酶同工酶（Ⅰ～Ⅳ），葡糖激酶是其Ⅳ型同工酶，存在于肝细胞中，对葡萄糖的亲和力很低。

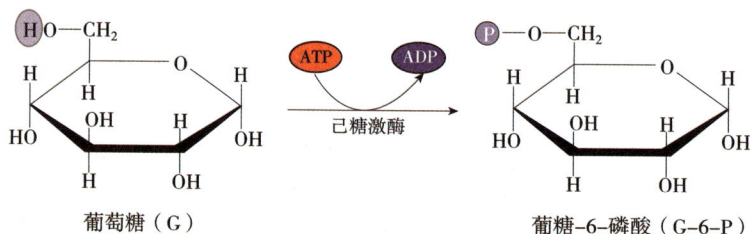

葡萄糖（G）　　　　　　　　　　　　　　葡糖-6-磷酸（G-6-P）

若从糖原开始糖酵解，糖原在磷酸化酶的作用下先生成葡糖 – 1 – 磷酸（glucose – 1 – phosphate，G – 1 – P），然后在磷酸葡糖变位酶催化下转变为葡糖 – 6 – 磷酸（见糖原分解），此过程不消耗 ATP。

2. 葡糖 – 6 – 磷酸转变为果糖 – 6 – 磷酸　在磷酸己糖异构酶（phosphohexose isomerase）催化下，葡糖 – 6 – 磷酸发生异构反应，生成果糖 – 6 – 磷酸（fructose – 6 – phosphate，F – 6 – P），该反应是需要 Mg^{2+} 的可逆反应。

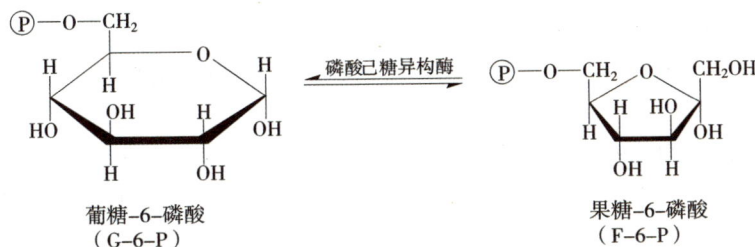

葡糖–6–磷酸（G–6–P）　　　磷酸己糖异构酶　　　果糖–6–磷酸（F–6–P）

3. 果糖 – 6 – 磷酸生成果糖 – 1,6 – 二磷酸　在磷酸果糖激酶 – 1（phosphofructokinase – 1，PFK1）催化下，果糖 – 6 – 磷酸再磷酸化生成果糖 – 1,6 – 二磷酸（fructose – 1,6 – bisphosphate，F – 1,6 – BP）。这是第二个磷酸化反应，需 ATP 和 Mg^{2+}，反应不可逆，是糖酵解过程的第二个限速步骤。

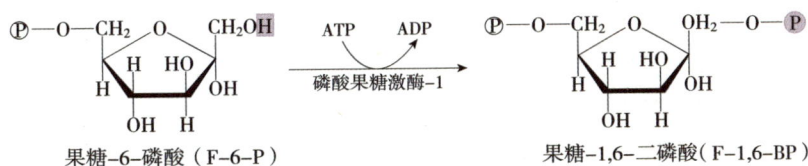

果糖–6–磷酸（F–6–P）　　　磷酸果糖激酶–1　　　果糖–1,6–二磷酸（F–1,6–BP）

4. 果糖 – 1,6 – 二磷酸裂解成 2 分子磷酸丙糖　在醛缩酶（aldolase）催化下，果糖 – 1,6 – 二磷酸裂解生成磷酸二羟丙酮和 3 – 磷酸甘油醛。此步反应可逆，其逆反应是一个醛缩反应，故催化反应的酶称醛缩酶。

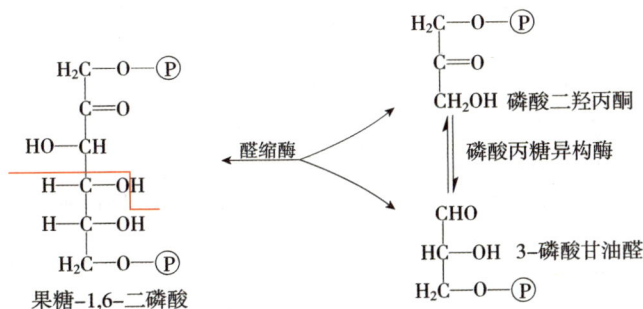

果糖–1,6–二磷酸　　醛缩酶　　磷酸二羟丙酮　　磷酸丙糖异构酶　　3–磷酸甘油醛

5. 磷酸二羟丙酮和 3 – 磷酸甘油醛的异构互变　磷酸二羟丙酮和 3 – 磷酸甘油醛互为同分异构体，在磷酸丙糖异构酶（triose phosphate isomerase）催化下相互转变。在糖酵解中，3 – 磷酸甘油醛不断地进入下一步反应继续代谢，使磷酸二羟丙酮迅速异构成 3 – 磷酸甘油醛，以利于糖酵解继续进行。这样，1 分子果糖 – 1,6 – 二磷酸相当于生成 2 分子 3 – 磷酸甘油醛。

6. 3 – 磷酸甘油醛氧化为 1,3 – 二磷酸甘油酸　在 NAD^+ 和无机磷酸存在下，由 3 – 磷酸甘油醛脱氢酶（3 – phosphate glyceraldehyde dehydrogenase）催化，3 – 磷酸甘油醛的醛基脱氢氧化为羧基以及羧基进一步磷酸化，生成含 1 个高能磷酸键的 1,3 – 二磷酸甘油酸，反应脱下的 2H 由 NAD^+ 接受，生成 $NADH + H^+$。

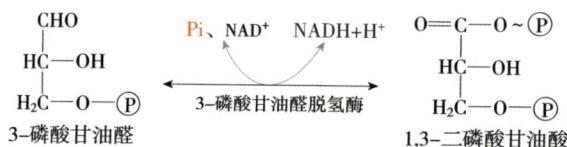

7. 1,3 – 二磷酸甘油酸转变为 3 – 磷酸甘油酸　在磷酸甘油酸激酶（phosphoglycerate kinase）催化下，含有高能磷酸基团的 1,3 – 二磷酸甘油酸将其分子内高能磷酸基团转移给 ADP 生成 ATP，同时生成 3 – 磷酸甘油酸。

此步反应是糖酵解过程中第一次产生 ATP 的反应，这种底物在氧化过程中产生的能量直接将 ADP（或其他核苷二磷酸）磷酸化生成 ATP 的过程，称为底物水平磷酸化（substrate level phosphorylation）。

8. 3 – 磷酸甘油酸转变为 2 – 磷酸甘油酸　在磷酸甘油酸变位酶（phosphoglycerate mutase）催化下，磷酸基团从 3 – 磷酸甘油酸的 C_3 位上转移到 C_2 位上，生成 2 – 磷酸甘油酸。此步反应是可逆的，需要 Mg^{2+} 参加。

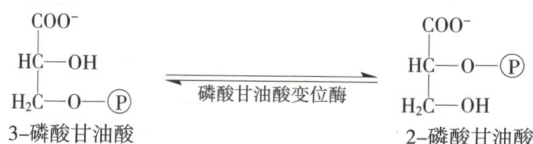

9. 2 – 磷酸甘油酸脱水生成磷酸烯醇式丙酮酸　反应由烯醇化酶（enolase）催化，2 – 磷酸甘油酸脱水的同时使能量在分子内重新分布，生成含 1 个高能磷酸基团的磷酸烯醇式丙酮酸（phosphoenolpyruvate，PEP）。

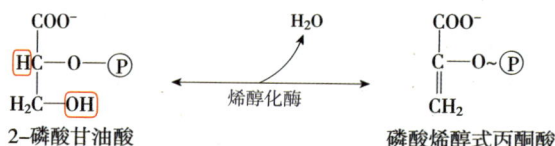

10. 磷酸烯醇式丙酮酸生成丙酮酸　在丙酮酸激酶（pyruvate kinase）催化下，磷酸烯醇式丙酮酸上的高能磷酸基团转移给 ADP 生成 ATP 和烯醇式丙酮酸，烯醇式丙酮酸不稳定，可自发转变为稳定的丙酮酸。该反应不可逆，是糖酵解的第三个限速步骤，也是第二次底物水平磷酸化。

在上述反应中，前5步反应为糖酵解的耗能阶段，1分子葡萄糖经两次磷酸化，生成2分子3–磷酸甘油醛，消耗了2分子ATP。后5步反应为糖酵解的产能阶段，在此阶段中进行了两次底物水平磷酸化，2分子3–磷酸甘油醛生成2分子丙酮酸，总共生成4分子ATP。

（二）丙酮酸还原生成乳酸

在供氧不足时，丙酮酸在乳酸脱氢酶（lactate dehydrogenase，LDH）催化下，接受第6步3–磷酸甘油醛脱氢反应生成 $NADH + H^+$ 中的2H，还原生成乳酸。$NADH + H^+$ 脱氢后生成的 NAD^+，再作为3–磷酸甘油醛脱氢酶的辅酶，使糖酵解得以持续进行。

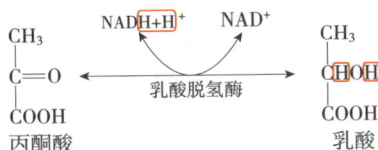

$$\begin{array}{ccc} CH_3 & & CH_3 \\ | & \xrightarrow[\text{乳酸脱氢酶}]{NADH+H^+ \quad NAD^+} & | \\ C{=}O & & CHOH \\ | & & | \\ COOH & & COOH \\ \text{丙酮酸} & & \text{乳酸} \end{array}$$

丙酮酸还原生成乳酸的反应是可逆的。在供氧充足时，乳酸可以脱氢生成丙酮酸和 $NADH + H^+$，$NADH + H^+$ 可通过 α–磷酸甘油穿梭或苹果酸–天冬氨酸穿梭进入线粒体，其携带的氢经呼吸链传递给氧，生成水和ATP（详见第七章）。

从葡萄糖开始的糖无氧氧化全过程见图5–3。

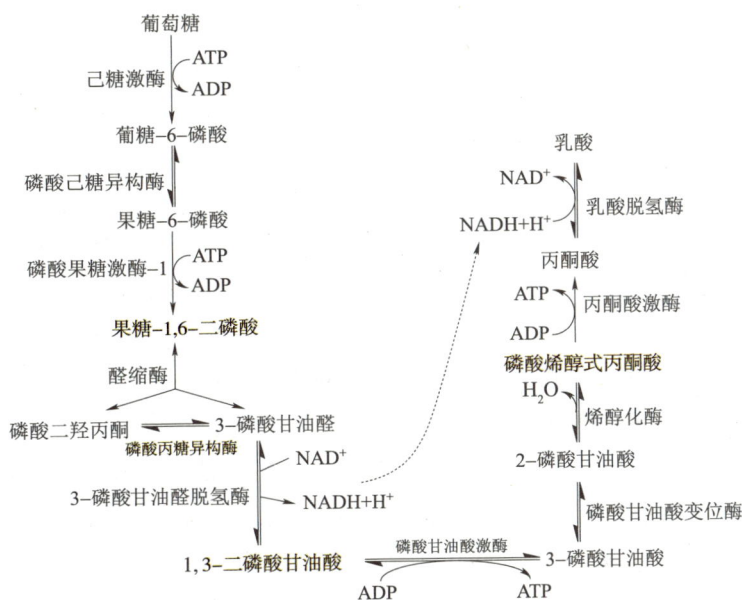

图5–3　糖无氧氧化反应过程

二、糖无氧氧化的反应特点

（1）糖无氧氧化整个反应在细胞质中进行，起始物是葡萄糖或糖原，终产物是乳酸。

（2）糖无氧氧化整个过程无氧参加，第6步反应中3–磷酸甘油醛脱氢是氧化反应，但生成的 $NADH + H^+$ 用于丙酮酸还原为乳酸，故糖无氧氧化是不需氧的过程。

（3）糖无氧氧化通过底物水平磷酸化产生能量，1分子葡萄糖经无氧氧化净生成2分子ATP。若从糖原开始进行可净生成3分子ATP。

（4）糖酵解过程中的己糖激酶（葡糖激酶）、磷酸果糖激酶–1和丙酮酸激酶分别催化了3步不可逆的单向反应，是糖酵解过程的关键酶。其中磷酸果糖激酶－1的催化活性最低，是最重要的关键酶，对糖分解的速度起决定性作用。

三、糖无氧氧化的生理意义

在正常生理情况下，葡萄糖主要通过有氧氧化提供能量。糖无氧氧化供能虽少，但在某些情况下具有独特的生理意义。

1. 机体相对缺氧时快速提供能量　糖无氧氧化可为机体快速提供能量，这对肌肉组织尤为重要。机体在进行剧烈运动时需要大量供能，但肌肉内ATP含量很低，仅为$5 \sim 7\mu mol/g$新鲜组织，肌肉收缩可在几秒钟即被耗尽。此时即便不缺氧，但因葡萄糖进行有氧氧化的过程比糖无氧氧化要长得多，不能及时满足生理需要，而通过糖无氧氧化可迅速得到ATP。当人从平原地带初到高原时，细胞也会通过糖无氧氧化来适应高原缺氧。

2. 某些组织在生理情况下的供能途径　某些组织细胞即使在有氧时仍通过糖无氧氧化供能。例如，成熟红细胞不含线粒体，其生命活动所需的能量完全依靠糖无氧氧化；少数组织如皮肤、睾丸、视网膜等，即使在氧气供应充足时也主要依靠糖无氧氧化供能。此外，大脑、骨髓、白细胞等组织代谢极为活跃，即使不缺氧也常通过糖无氧氧化提供部分能量。

在某些病理情况下（如严重贫血、大量失血、呼吸障碍和循环障碍等），组织细胞处于缺血、缺氧状态，此时也需通过糖无氧氧化获取能量。倘若糖无氧氧化加快甚至过度，可因体内乳酸过多发生堆积而导致代谢性酸中毒。此外，肿瘤细胞也以糖无氧氧化作为主要的供能途径，并表现出糖无氧氧化抑制有氧氧化的现象。

四、糖无氧氧化的调节

在糖酵解反应过程中，大多数反应是可逆的，这些可逆反应的方向和速率是由底物和产物的浓度所控制，催化这些可逆反应的酶活性的变化不能决定反应的方向。糖酵解过程中有3个反应是不可逆的，分别由己糖激酶（葡糖激酶）、磷酸果糖激酶－1和丙酮酸激酶催化，它们的反应速率最慢，是控制糖酵解速度的关键酶，其活性分别受到别构效应剂和激素的调节。

1. 磷酸果糖激酶－1　是糖酵解中起最关键调节的酶。该酶分子是一个四聚体，活性受多种别构效应剂的调节。ATP和柠檬酸是此酶的别构抑制剂，AMP、ADP和果糖－2,6－二磷酸及果糖－1,6－二磷酸是别构激活剂。磷酸果糖激酶－1可以被高浓度的ATP抑制，但AMP可抵消ATP的抑制作用，这就使得糖酵解对细胞的能量需求很敏感。当ATP不足或AMP较多时，糖酵解速度加快产生大量的ATP；而当ATP充足时，糖酵解速度减慢。柠檬酸是线粒体内三羧酸循环第一步反应的产物，若细胞质中存在高浓度的柠檬酸，就意味着三羧酸循环中间产物过剩，即能量过剩，柠檬酸抑制磷酸果糖激酶－1的活性，使糖酵解受到抑制。果糖－2,6－二磷酸是磷酸果糖激酶－1最强的别构激活剂，它是由磷酸果糖激酶－2催化果糖－6－磷酸磷酸化生成的，能强烈地激活磷酸果糖激酶－1，促进糖酵解的进行。果糖－1,6－二磷酸是磷酸果糖激酶－1的反应产物，这是一种少见的产物正反馈调节，有利于糖的分解。

2. 丙酮酸激酶　其催化的是糖酵解的第三个不可逆反应，果糖－1,6－二磷酸是该酶的别构激活剂，而ATP和丙氨酸是其别构抑制剂。丙酮酸激酶还可受到共价修饰调节。依赖cAMP的蛋白激酶A和依赖Ca^{2+}－钙调蛋白的蛋白激酶均可使其磷酸化而失活。胰高血糖素可通过激活蛋白激酶A抑制丙酮酸激酶的活性。

3. 己糖激酶或葡糖激酶　两者在不同组织中催化葡萄糖的磷酸化反应。己糖激酶主要受其反应产物葡糖 – 6 – 磷酸的反馈抑制。而葡糖激酶由于分子内没有葡糖 – 6 – 磷酸的别构部位，故不受葡糖 – 6 – 磷酸的影响。长链脂酰辅酶 A 对其有别构抑制作用，这对饥饿时减少肝和其他组织分解葡萄糖具有一定意义。胰岛素可诱导葡糖激酶基因的表达，促进该酶的合成。

第三节　糖的有氧氧化

在氧供应充足的情况下，葡萄糖或糖原彻底氧化分解生成 CO_2 和 H_2O，释放大量能量的过程称为糖的有氧氧化（aerobic oxidation）。有氧氧化是糖分解代谢的主要方式，机体大多数组织都能通过糖的有氧氧化获取能量。

一、糖有氧氧化的反应过程

糖的有氧氧化可分为三个阶段进行：①葡萄糖或糖原在细胞质经糖酵解生成丙酮酸；②丙酮酸进入线粒体，被氧化脱羧生成乙酰辅酶 A；③乙酰辅酶 A 进入三羧酸循环，通过氧化脱羧生成 CO_2、$NADH + H^+$ 和 $FADH_2$ 等，$NADH + H^+$ 和 $FADH_2$ 中的氢经过呼吸链（respiratory chain）传递与氧结合生成 H_2O，释放能量偶联磷酸化产生 ATP。

（一）第一阶段：葡萄糖氧化分解生成丙酮酸

同糖无氧氧化的第一阶段。在糖无氧氧化时，丙酮酸在细胞质被 3 – 磷酸甘油醛脱下的 2H 还原成乳酸；而在有氧氧化时，丙酮酸要进入线粒体进一步氧化脱羧生成乙酰辅酶 A，继而进入三羧酸循环彻底氧化。3 – 磷酸甘油醛脱下的 2H 也要通过一定机制从细胞质中转运到线粒体，经呼吸链氧化成 H_2O，并释放能量生成 ATP。

（二）第二阶段：丙酮酸氧化脱羧生成乙酰辅酶 A

细胞质中的丙酮酸进入线粒体后，由丙酮酸脱氢酶复合体（pyruvate dehydrogenase complex）催化，经氧化脱羧生成含有高能硫酯键的乙酰辅酶 A。这是一个关键性的不可逆反应，是连接糖酵解和三羧酸循环的重要环节。

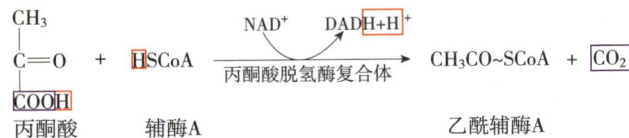

$$\begin{array}{l} CH_3 \\ | \\ C{=}O \\ | \\ COOH \end{array} \quad + \quad HSCoA \quad \xrightarrow[\text{丙酮酸脱氢酶复合体}]{NAD^+ \quad NADH+H^+} \quad CH_3CO{\sim}SCoA \quad + \quad CO_2$$

丙酮酸　　　　辅酶A　　　　　　　　　　　　　　乙酰辅酶A

丙酮酸脱氢酶复合体是糖有氧氧化过程的关键酶，在真核细胞中该酶存在于线粒体内，由三种酶和五种辅因子组成（表 5 – 1）。酶复合体的各组分紧密相连，通过 5 步反应完成对丙酮酸的氧化脱羧过程，在整个反应过程中，中间产物不离开酶复合体，使得各步反应得以迅速完成，大大提高催化效率（图 5 – 4）。

表 5 – 1　丙酮酸脱氢酶复合体的组成

酶	辅因子	维生素
丙酮酸脱氢酶（E_1）	TPP	维生素 B_1
二氢硫辛酰胺转乙酰酶（E_2）	硫辛酸、辅酶 A	硫辛酸、泛酸
二氢硫辛酰胺脱氢酶（E_3）	FAD、NAD^+	维生素 B_2、维生素 PP

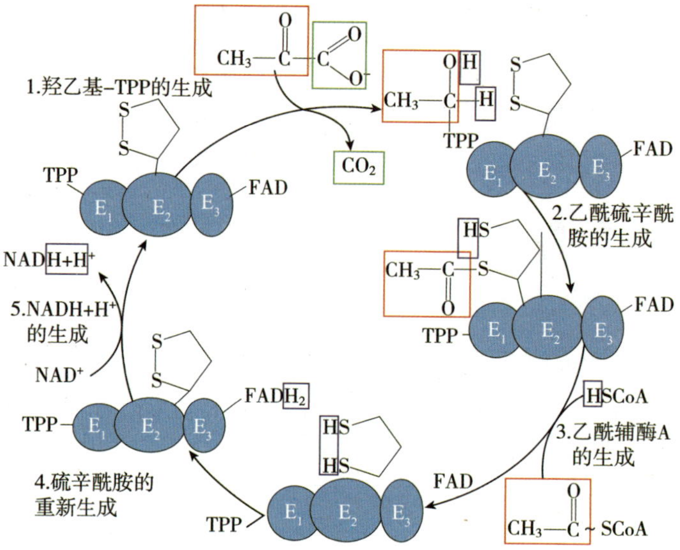

图 5 - 4　丙酮酸氧化脱羧过程

（三）第三阶段：三羧酸循环

在线粒体内，乙酰辅酶 A 与草酰乙酸（oxaloacetate）缩合生成柠檬酸（citrate），柠檬酸在经过一系列酶促反应之后又生成草酰乙酸，形成一个循环，因该循环生成的第一个产物是含有三个羧基的柠檬酸，故称之为三羧酸循环（tricarboxylic acid cycle，TAC）或柠檬酸循环（citric acid cycle）。由于该循环由 Krebs 于 1937 年正式提出，又称为 Krebs 循环。

1. 三羧酸循环的反应过程　三羧酸循环由 8 步反应组成，从乙酰辅酶 A 与草酰乙酸缩合生成柠檬酸开始，每循环一周，经过 4 次脱氢（$3 \times 2H$ 由 NAD^+ 接受，$1 \times 2H$ 由 FAD 接受）、2 次脱羧，生成 2 分子 CO_2、1 次底物水平磷酸化，最后重新生成草酰乙酸再进入下一轮循环。

（1）乙酰辅酶 A 与草酰乙酸缩合成柠檬酸　在柠檬酸合酶（citrate synthase）催化下，乙酰辅酶 A 与草酰乙酸缩合生成柠檬酸，反应所需能量来自乙酰辅酶 A 高能硫酯键的水解，由于硫酯键水解释放能量较多，该反应为单向不可逆反应，柠檬酸合酶是三羧酸循环中第一个关键酶。

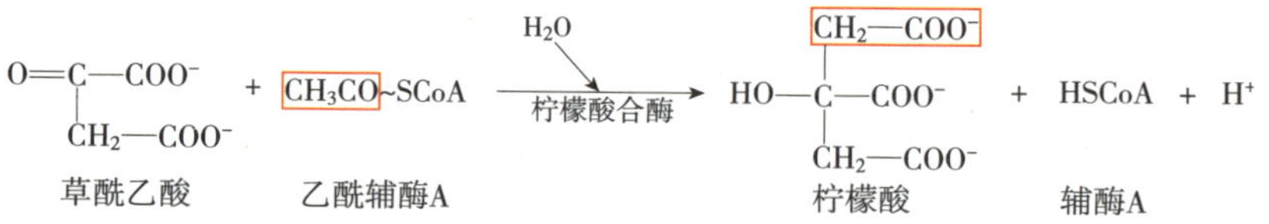

（2）柠檬酸异构成异柠檬酸　在顺乌头酸酶（aconitase）的催化下，柠檬酸先脱水生成顺乌头酸，再加水生成异柠檬酸（isocitrate）。反应结果使羟基由 C_3 转移到 C_2 上。

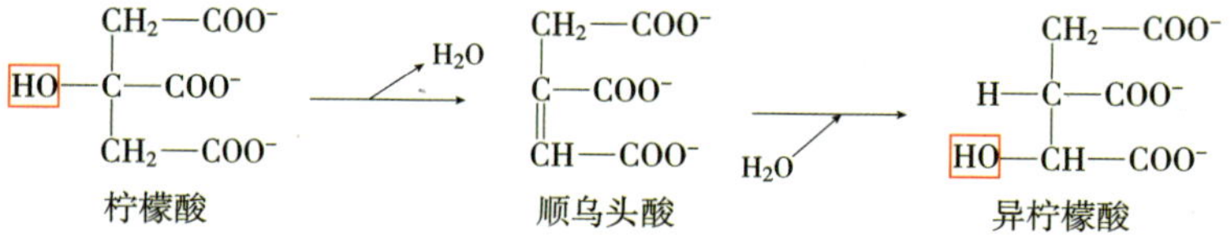

（3）异柠檬酸氧化脱羧生成 α - 酮戊二酸　在异柠檬酸脱氢酶（isocitrate dehydrogenase）的催化下，异柠檬酸氧化脱羧生成 CO_2，脱下的氢由 NAD^+ 接受生成 $NADH + H^+$，其余碳链部分转变为 α - 酮戊二酸（α - ketoglutarate）。这是三羧酸循环中第一次氧化脱羧反应，也是三羧酸循环的第二个限速步骤，反应是不可逆的，产生的 CO_2 可以视为乙酰辅酶 A 的一个碳原子氧化产物。

$$\text{异柠檬酸} \xrightarrow[\text{异柠檬酸脱氢酶}]{NAD^+ \quad NADH+H^+} \alpha\text{-酮戊二酸} + CO_2$$

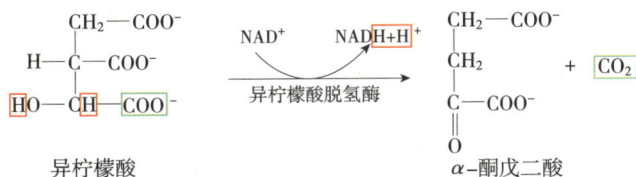

（4）α-酮戊二酸氧化脱羧生成琥珀酰辅酶A　在 α-酮戊二酸脱氢酶复合体（α-ketoglutarate dehydrogenase complex）的催化下，α-酮戊二酸发生氧化脱羧生成琥珀酰辅酶A（succinyl-CoA），这是三羧酸循环的第二次氧化脱羧，反应脱下的氢由 NAD^+ 接受生成 $NADH+H^+$，产生的 CO_2 被视为乙酰辅酶A的第二个碳原子的氧化产物。催化该反应的 α-酮戊二酸脱氢酶复合体也是由三个酶（α-酮戊二酸脱氢酶、二氢硫辛酰胺转琥珀酰酶和二氢硫辛酰胺脱氢酶）和五种辅因子（TPP、硫辛酸、辅酶A、FAD、NAD^+）组成，其催化机制与丙酮酸脱氢酶复合体催化的氧化脱羧相类似，也是不可逆反应，是三羧酸循环的第三个限速步骤。

$$\alpha\text{-酮戊二酸} + HSCoA \xrightarrow[\text{脱氢酶复合体}]{NAD^+ \quad NADH+H^+} \text{琥珀酰辅酶A} + CO_2$$

（5）琥珀酰辅酶A生成琥珀酸　该反应由琥珀酰辅酶A合成酶（succinyl CoA synthetase）催化，是三羧酸循环中唯一的一步以底物水平磷酸化生成ATP的反应，琥珀酰辅酶A的高能硫酯键水解释放的能量与GDP、ADP的磷酸化偶联生成GTP、ATP。生成的GTP在核苷二磷酸激酶催化下，将GTP中的高能磷酸基团转移给ADP，生成ATP。

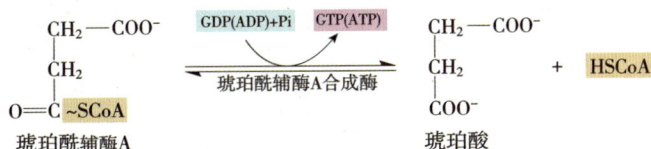

$$\text{琥珀酰辅酶A} \xrightarrow[\text{琥珀酰辅酶A合成酶}]{GDP(ADP)+Pi \quad GTP(ATP)} \text{琥珀酸} + HSCoA$$

（6）琥珀酸脱氢生成延胡索酸　琥珀酸脱氢酶（succinate dehydrogenase）催化琥珀酸氧化生成延胡索酸，该酶在线粒体内膜上，FAD是其辅基，接受琥珀酸脱下来的氢生成 $FADH_2$。

$$\text{琥珀酸} \xrightleftharpoons[\text{琥珀酸脱氢酶}]{FAD \quad FADH_2} \text{延胡索酸}$$

（7）延胡索酸加水生成苹果酸　延胡索酸酶（fumarate hydratase）催化延胡索酸水化生成苹果酸。

$$\text{延胡索酸} + H_2O \xrightleftharpoons[\text{延胡索酸酶}]{} \text{苹果酸}$$

（8）苹果酸脱氢生成草酰乙酸　由苹果酸脱氢酶（malate dehydrogenase）催化，苹果酸脱氢生成草酰乙酸，脱下的氢由 NAD^+ 接受，生成 $NADH+H^+$。细胞中再生的草酰乙酸可继续与乙酰辅酶A缩合生成柠檬酸，进入下一轮的三羧酸循环。

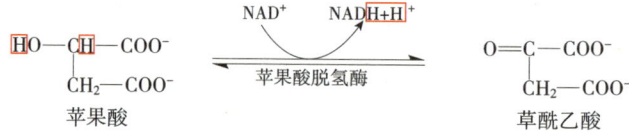

苹果酸　　　　苹果酸脱氢酶　　　　草酰乙酸

三羧酸循环全过程见图 5 - 5。

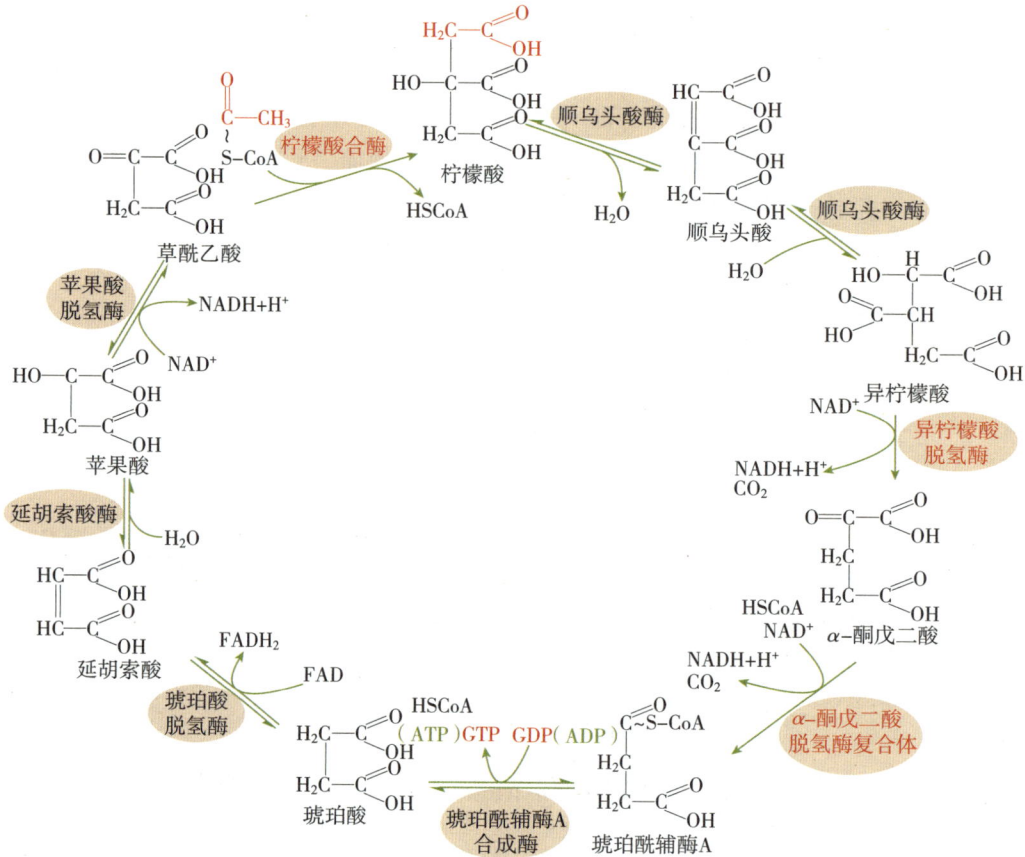

图 5 - 5　三羧酸循环

2. 三羧酸循环的反应特点　三羧酸循环是在线粒体内进行的一系列连续酶促反应。从乙酰辅酶 A 与草酰乙酸缩合为柠檬酸开始,到再生成草酰乙酸,构成一个循环。

(1) 该循环中有 3 个不可逆反应,由柠檬酸合酶、异柠檬酸脱氢酶、α - 酮戊二酸脱氢酶复合体 3 个关键酶催化,使整个三羧酸循环过程不可逆。

(2) 每循环一周氧化了 1 分子乙酰辅酶 A,通过 2 次脱羧生成 2 分子 CO_2,4 次脱氢生成 4 对氢 (4 ×2H),其中 3×2H 以 NAD^+ 为受氢体生成 3 分子 $NADH + H^+$,1 ×2H 以 FAD 为受氢体生成 1 分子 $FADH_2$。1 分子 $NADH + H^+$ 经 NADH 氧化呼吸链的氧化磷酸化生成 2.5 分子 ATP,而 1 分子 $FADH_2$ 经琥珀酸氧化呼吸链氧化磷酸化可产生 1.5 分子 ATP (详见第七章)。再加上三羧酸循环有一次底物水平磷酸化生成 1 分子 ATP (GTP),因此,1 分子乙酰辅酶 A 进入三羧酸循环氧化分解共产生 10 分子 ATP。

(3) 三羧酸循环的中间产物包括草酰乙酸在内只是催化剂的作用,本身并无量的变化。不能通过三羧酸循环从乙酰辅酶 A 合成草酰乙酸或三羧酸循环中的其他中间产物;同样,这些中间产物也不能直接在三羧酸循环中被氧化成 CO_2 和 H_2O。三羧酸循环中的中间产物草酰乙酸主要来自丙酮酸的羧化或苹果酸脱氢。

3. 三羧酸循环的生理意义

（1）三羧酸循环是糖、脂肪、氨基酸分解代谢的共同途径。葡萄糖分解生成丙酮酸后进一步氧化成乙酰辅酶 A 进入三羧酸循环；脂肪动员产生的甘油可转化成磷酸二羟丙酮，再氧化成乙酰辅酶 A 进入三羧酸循环，脂肪酸经 β 氧化分解成乙酰辅酶 A 进入三羧酸循环（见第六章）；氨基酸经脱氨基后生成 α - 酮酸，进一步生成乙酰辅酶 A，进入三羧酸循环（见第八章）。总之，糖、脂肪、氨基酸都是能源物质，它们在体内分解代谢最终都将产生乙酰辅酶 A，然后进入三羧酸循环彻底氧化供能。因此，三羧酸循环不仅是三大营养物质分解代谢的共同途径，也是它们彻底氧化供能的共同通路。

（2）三羧酸循环是糖、脂肪、氨基酸代谢相互联系的枢纽。葡萄糖分解生成的丙酮酸进入线粒体氧化脱羧生成乙酰辅酶 A，乙酰辅酶 A 通过三羧酸循环合成柠檬酸转运到细胞质，用于合成脂肪酸并进一步合成脂肪；糖和甘油经过代谢生成草酰乙酸等三羧酸循环的中间产物，可用于合成非必需氨基酸；氨基酸分解生成草酰乙酸等三羧酸循环的中间产物，可转变为葡萄糖。因此，通过三羧酸循环三大营养物质在一定程度上可相互转变。

（3）三羧酸循环为某些物质的生物合成提供前体。由葡萄糖提供的丙酮酸转变成草酰乙酸及三羧酸循环中的其他二羧酸，可用于合成一些非必需氨基酸如天冬氨酸、谷氨酸等；琥珀酰辅酶 A 可用于合成血红素；乙酰辅酶 A 也是合成脂肪酸和胆固醇的原料。

（4）三羧酸循环为氧化磷酸化反应提供 $NADH + H^+$ 和 $FADH_2$。

二、糖有氧氧化的生理意义

有氧氧化是机体产生能量的主要途径。在有氧条件下，1 分子葡萄糖经过酶催化的连续反应彻底氧化生成 CO_2 和 H_2O，所释放的自由能通过 6 次底物水平磷酸化反应合成 6 个 ATP，经脱氢反应生成 10 分子 $NADH + H^+$ 和 2 分子 $FADH_2$，通过呼吸链传递给 O_2 生成 H_2O，氧化磷酸化生成 26 或 28 个 ATP。因此，1 分子葡萄糖通过有氧氧化过程推动合成 32 个或 34 个 ATP，因在有氧氧化的第一阶段需消耗 2 个 ATP，所以净生成 30 或 32 分子 ATP（表 5 - 2），是糖无氧氧化（只生成 2 分子 ATP）的 15 或 16 倍。

表 5 - 2 1 分子葡萄糖有氧氧化生成的 ATP

阶段	反应过程	递氢体	生成 ATP 数目
第一阶段	葡萄糖→葡糖 - 6 - 磷酸		-1
	葡糖 - 6 - 磷酸→果糖 - 1,6 - 二磷酸		-1
	2×3 - 磷酸甘油醛→2×1,3 - 二磷酸甘油酸	$2NADH + H^+$	2×1.5* （或 2×2.5*）
	2×1,3 - 二磷酸甘油酸→2×3 - 磷酸甘油醛		2×1
	2×磷酸烯醇式丙酮酸→2×丙酮酸		2×1
第二阶段	2×丙酮酸→2×乙酰辅酶 A	$2NADH + H^+$	2×2.5
第三阶段	2×异柠檬酸→2×α - 酮戊二酸	$2NADH + H^+$	2×2.5
	2×α - 酮戊二酸→2×琥珀酰辅酶 A	$2NADH + H^+$	2×2.5
	2×琥珀酰辅酶 A→2×琥珀酸		2×1
	2×琥珀酸→2×延胡索酸	$2FADH_2$	2×1.5
	2×苹果酸→2×草酰乙酸	$2NADH + H^+$	2×2.5
净生成 ATP 数			30（或 32）

注：*细胞质中 $NADH + H^+$ 的还原当量可通过 α - 磷酸甘油穿梭或苹果酸 - 天冬氨酸穿梭机制进入线粒体氧化，因此生成 ATP 的数目不同（见第七章）。

三、糖有氧氧化的调节

糖有氧氧化是机体获取能量的主要途径。机体对能量的需求变动很大，因此对有氧氧化的调节非常重要。在有氧氧化过程中，磷酸果糖激酶－1、丙酮酸激酶、丙酮酸脱氢酶复合体、柠檬酸合酶、异柠檬酸脱氢酶和 α－酮戊二酸脱氢酶复合体等关键酶是调控的关键点。糖酵解的调节前已叙述，下面主要讲丙酮酸脱氢酶复合体和三羧酸循环关键酶的调节。

1. 丙酮酸脱氢酶复合体的调节　该酶复合体的活性受别构调节和化学修饰的快速调节。AMP、辅酶 A、NAD^+ 是其别构激活剂，ATP、乙酰辅酶 A、$NADH + H^+$ 和脂肪酸是该酶的别构抑制剂。当饥饿或脂肪动员加强时，脂肪酸氧化生成的乙酰辅酶 A 反馈抑制糖的有氧氧化，大多数组织器官利用脂肪酸作为能量来源，以确保大脑等组织对葡萄糖的需要。丙酮酸脱氢酶复合体可被丙酮酸脱氢酶激酶磷酸化而失活，丙酮酸脱氢酶磷酸酶使其去磷酸化而活性恢复。乙酰辅酶 A 和 $NADH + H^+$ 可通过增强丙酮酸脱氢酶激酶的活性而使丙酮酸脱氢酶复合体失活。

2. 三羧酸循环中关键酶的调节　对三羧酸循环中 3 个关键酶的调节主要是通过产物的反馈抑制来实现。柠檬酸合酶的活性可被柠檬酸、ATP、琥珀酰辅酶 A 和 NADH 抑制，以控制乙酰辅酶 A 进入三羧酸循环的速率。但柠檬酸可以向细胞质转运乙酰辅酶 A 用于合成脂肪酸，所以柠檬酸合酶活性升高不一定导致三羧酸循环加快。目前认为异柠檬酸脱氢酶是三羧酸循环的主要调节酶，该酶活性受 ADP 别构激活，受 ATP 别构抑制。α－酮戊二酸脱氢酶复合体的调节机制与丙酮酸脱氢酶复合体一致，受琥珀酰辅酶 A 和 NADH 的反馈抑制。另外，$NADH/NAD^+$、ATP/ADP 比值及 AMP 水平也会影响三羧酸循环的速度。$NADH/NAD^+$、ATP/ADP 比值升高时，上述三种酶活性被反馈抑制，使三羧酸循环减慢。

有氧氧化和无氧氧化之间具有相互调节的作用。缺氧时，糖酵解生成的丙酮酸不能进入三羧酸循环，在细胞质中消耗 $NADH + H^+$ 生成乳酸；有氧时 $NADH + H^+$ 进入线粒体氧化，丙酮酸不被还原而进行有氧氧化。因此，有氧氧化抑制了无氧氧化的进行，这种现象是法国科学家巴斯德（Pasteur）在研究酵母菌生醇发酵时发现的，因此称为巴斯德效应（Pasteur effect）。同时，在缺氧时线粒体中的氧化磷酸化受阻，ATP 合成减少，ADP/ATP 比值增高，磷酸果糖激酶－1 和丙酮酸激酶被激活，糖酵解加强。

第四节　磷酸戊糖途径

PPT

⇒ 案例引导

案例　患儿，男，2 岁。2 天前食用新鲜蚕豆后，出现发热、恶心、呕吐，面色苍白并伴有血尿。实验室检查：红细胞 $1.84 \times 10^{12}/L$，血红蛋白 54g/L，血清总胆红素 85.5μmol/L，直接胆红素 6.8μmol/L，间接胆红素 78.7μmol/L，肾功能正常，尿蛋白（＋＋），尿潜血（＋），尿胆红素（－），尿胆素原（＋＋＋）。

讨论　1. 患儿初步诊断为哪种疾病？依据是什么？
　　　　2. 该病的发病机制如何，应如何预防？

体内糖通过无氧氧化和有氧氧化可生成机体所需的能量，也是糖分解代谢的主要方式。此外，糖在机体内还有不产能的分解代谢途径——磷酸戊糖途径。磷酸戊糖途径（pentose phosphate pathway）是葡萄糖在磷酸化生成葡糖－6－磷酸之后开始形成旁路，通过脱氢、脱羧和基团转移等反应生成磷酸戊糖和 NADPH，然后进一步生成果糖－6－磷酸和 3－磷酸甘油醛，从而返回到糖酵解途径，因此又称为磷酸戊糖旁路（pentose phosphate shunt）。该途径位于肝、脂肪组织、肾上腺皮质、睾丸、红细胞等组织中，其主要特点是能生成 NADPH 和磷酸核糖等重要物质，但不能直接产生 ATP。

一、磷酸戊糖途径的反应过程

磷酸戊糖途径的反应过程全部在细胞质中进行，其过程分为两个阶段：氧化反应阶段和非氧化反应阶段（基团转移反应）。

（1）葡萄糖磷酸化生成葡糖 - 6 - 磷酸是磷酸戊糖途径的第一步反应，与糖酵解相同。

（2）在葡糖 - 6 - 磷酸脱氢酶（glucose - 6 - phosphate dehydrogenase，G6PD）的催化下，葡糖 - 6 - 磷酸脱氢生成 6 - 磷酸葡糖酸 - δ - 内酯，反应以 $NADP^+$ 为受氢体，生成 $NADPH + H^+$，该反应由 Mg^{2+} 参与，在细胞内基本不可逆。

（3）在内酯酶（lactonase）的催化下，6 - 磷酸葡糖酸 - δ - 内酯水解，生成 6 - 磷酸葡糖酸。

（4）在 6 - 磷酸葡糖酸脱氢酶的催化下，反应以 $NADP^+$ 为受氢体，6 - 磷酸葡糖酸氧化脱羧生成核酮糖 - 5 - 磷酸、$NADPH + H^+$ 和 CO_2。

以上是氧化反应阶段，1 分子葡糖 - 6 - 磷酸生成 1 分子核酮糖 - 5 - 磷酸、2 分子 NADPH 和 1 分子 CO_2。接着核酮糖 - 5 - 磷酸进行一系列的基团转移反应，最终生成 3 - 磷酸甘油醛和果糖 - 6 - 磷酸，为非氧化阶段。

（5）核酮糖 - 5 - 磷酸由异构酶催化，转变成核糖 - 5 - 磷酸。

（6）核酮糖 - 5 - 磷酸也可在转酮醇酶及转醛醇酶催化下，经过一系列化学反应进行基团转移，生成 3 - 磷酸甘油醛和果糖 - 6 - 磷酸。

（7）3 - 磷酸甘油醛和果糖 - 6 - 磷酸可以进入糖酵解继续进行分解代谢，也可以通过糖异生途径重新生成葡糖 - 6 - 磷酸，继续进入磷酸戊糖途径（图 5 - 6）。

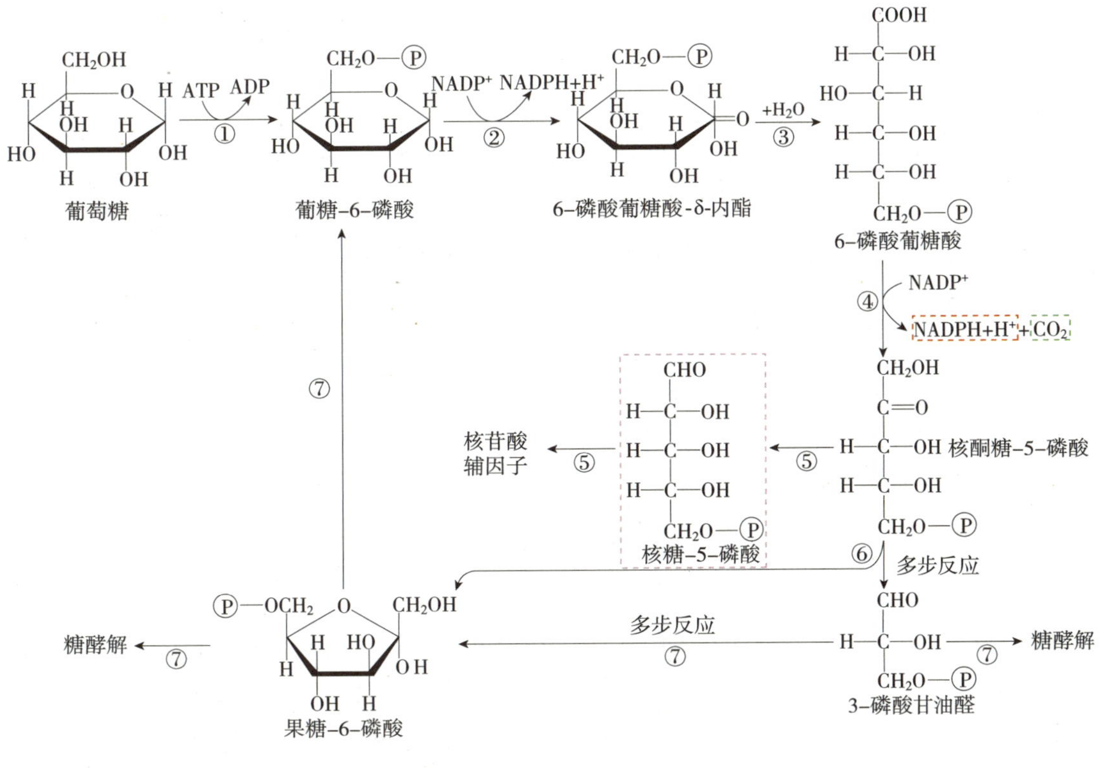

图 5 - 6 磷酸戊糖途径

葡糖 - 6 - 磷酸脱氢酶是磷酸戊糖途径的关键酶，也是调节磷酸戊糖途径的重要调节点。该酶的活

性可决定葡糖 – 6 – 磷酸进入磷酸戊糖途径的流量，其活性主要受到 NADPH/NADP$^+$ 比值的影响。比值升高时磷酸戊糖途径受到抑制；比值降低时被激活。另外，NADPH 对该酶有强烈抑制作用。

二、磷酸戊糖途径的生理意义

磷酸戊糖途径的主要生理意义是产生核糖 – 5 – 磷酸和 NADPH。

1. 核糖磷酸是体内核酸合成的原料　磷酸戊糖途径是体内利用葡萄糖生成核糖 – 5 – 磷酸的唯一途径。核糖 – 5 – 磷酸是核苷酸的合成原料，核苷酸是核酸的合成原料，核酸参与蛋白质生物合成，所以磷酸戊糖途径对核酸和蛋白质代谢都非常重要。

此外，核糖 – 5 – 磷酸还用于合成 NAD$^+$、FAD、辅酶 A 等辅因子。

2. NADPH 作为供氢体参与多种代谢　磷酸戊糖途径的另一重要意义是提供细胞代谢所需的 NAD-PH。与 NADH + H$^+$ 不同，NADPH + H$^+$ 携带的氢不能通过呼吸链氧化产生能量，而是作为供氢体参与体内多种代谢，发挥不同的功能。

（1）作为供氢体为体内多种重要生理活性物质的合成提供氢。例如，脂肪酸、胆固醇、类固醇类激素等物质合成均需要 NADPH 供氢，所以磷酸戊糖途径在脂质合成旺盛的组织中（肝、肾上腺、脂肪组织、性腺等）很活跃。

（2）NADPH 作为谷胱甘肽还原酶的辅酶，可维持谷胱甘肽（GSH）处于还原状态。GSH 具有抗氧化作用，能保护一些含有巯基的蛋白质或酶免受氧化剂的损害，所以维持细胞内 GSH 的正常含量对保护蛋白质和酶的活性非常重要。特别是在红细胞内，GSH 还可以保护红细胞膜的完整性。

（3）NADPH 参与体内多种羟化反应。如胆固醇合成胆汁酸和类固醇激素时，需要 NADPH 参与的羟化反应；多种药物及毒物在肝进行生物转化时，需要以 NADPH 为供氢体的羟化反应。

⊕ 知识链接

蚕豆病

谷胱甘肽（GSH）是体内重要的抗氧化剂，它在谷胱甘肽过氧化物酶的催化下，清除体内的脂质过氧化物和 H$_2$O$_2$，对维持细胞特别是红细胞的完整性具有重要作用。遗传性葡糖 – 6 – 磷酸脱氢酶缺乏者，由于磷酸戊糖途径不能正常进行，使得红细胞内 NADPH 缺乏或不足，难以使谷胱甘肽保持还原状态，当某些具有氧化作用的外源物质（如蚕豆、抗疟药、磺胺药等）进入机体后，机体产生大量的 H$_2$O$_2$ 不能及时清除，造成红细胞膜被破坏而发生溶血，出现急性溶血性贫血。由于许多患者常在食用新鲜蚕豆（强氧化剂）后发病，故称为蚕豆病。

第五节　糖原的合成与分解

PPT

糖原是由若干个葡萄糖单位组成的、具有多分支结构的大分子化合物。糖原分子中的葡萄糖单位以 α – 1,4 – 糖苷键连接，分支处为 α – 1,6 – 糖苷键。糖原分支呈树枝状，每个糖原分子只有一个末端葡萄糖残基保留有半缩醛羟基而具有还原性，称为还原性末端；其他的末端葡萄糖残基都没有半缩醛羟基，不具有还原性，故称为非还原性末端。糖原的合成与分解均发生在非还原端。因此，分支越多，非还原端越多，糖原的溶解度越大，代谢速度越快。

糖原是动物体内糖的储存形式。肝和肌肉是贮存糖原的主要组织器官，分别称为肝糖原和肌糖原。

当葡萄糖供应充足时，组织细胞摄取葡萄糖合成糖原；当血糖水平降低及细胞需要葡萄糖时，糖原被分解利用。但肝糖原和肌糖原的生理意义有很大的不同，肝糖原分解生成葡萄糖释放入血，维持血糖水平并供给组织利用。肌糖原主要是为肌肉收缩提供急需的能量。因此，糖原合成和分解对糖代谢和维持血糖浓度的相对稳定非常重要。

一、糖原的合成代谢

由单糖（主要是葡萄糖）合成糖原的过程称为糖原合成（glycogenesis）。反应在肝和肌肉组织的细胞质中进行，糖原合酶（glycogen synthase）是糖原合成过程的关键酶，需要消耗 ATP 和 UTP。葡萄糖合成糖原的过程如下。

1. 葡糖－6－磷酸的生成　进入肝或肌肉的葡萄糖首先在葡糖激酶或己糖激酶的作用下，磷酸化生成葡糖－6－磷酸（G－6－P），该步反应与糖酵解的第一步反应相同，反应不可逆。

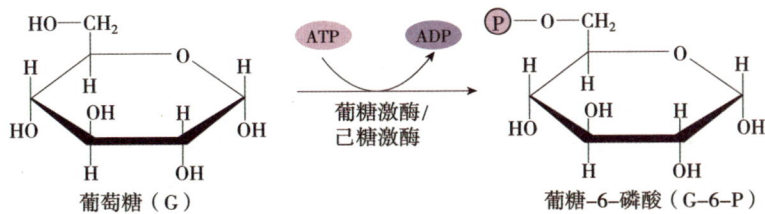

2. 葡糖－1－磷酸的生成　在磷酸葡糖变位酶的催化下，G－6－P 的磷酸基团从 6 位移至 1 位，转变为葡糖－1－磷酸（G－1－P），反应是可逆的。

3. 尿苷二磷酸葡萄糖（UDPG）的生成　在 UDPG 焦磷酸化酶（UDPG pyrophosphorylase）催化下，G－1－P 与 UTP 反应生成尿苷二磷酸葡萄糖（UDPG）和焦磷酸（PPi），焦磷酸在焦磷酸酶作用下迅速被水解为 2 分子无机磷酸，反应向糖原合成方向进行，以促进 UDPG 的生成。UDPG 可看作"活性葡萄糖"，在体内充当葡萄糖供体。

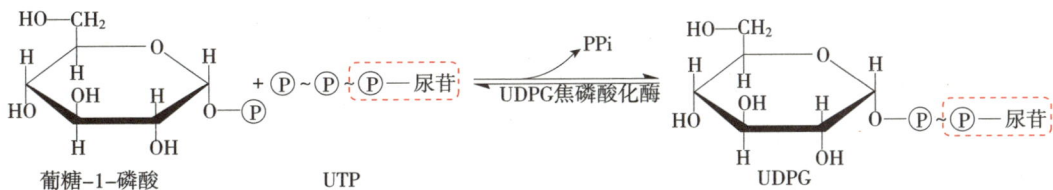

4. 糖原的合成　在糖原合酶催化下，UDPG 中的葡萄糖基以 $\alpha-1,4-$ 糖苷键连接于糖原的非还原端。该反应需要细胞内已存在的较小的糖原分子作引物，即糖原合酶不能从零开始将两个葡萄糖分子连接合成新的糖原分子，只能把 UDPG 中的活性葡萄糖基连接到已有的糖原分子上。上述反应重复进行，使葡萄糖链不断延长。

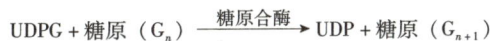

$$UDPG + 糖原（G_n）\xrightarrow{\text{糖原合酶}} UDP + 糖原（G_{n+1}）$$

5. 糖原分支的形成　糖原合酶的作用只能使葡萄糖链不断延长，但不能形成新的分支。当糖链长度达到 12 ~ 18 个葡萄糖单位时，由分支酶（branching enzyme）催化，将 6 ~ 7 个葡萄糖残基的一段糖链移至邻近的糖链上，以 $\alpha-1,6-$ 糖苷键连接形成新的糖原分支（图 5 - 7）。分支点的不断形成不仅提高糖原的水溶性，更重要的是可增加非还原端的数目，有利于糖原分解的。

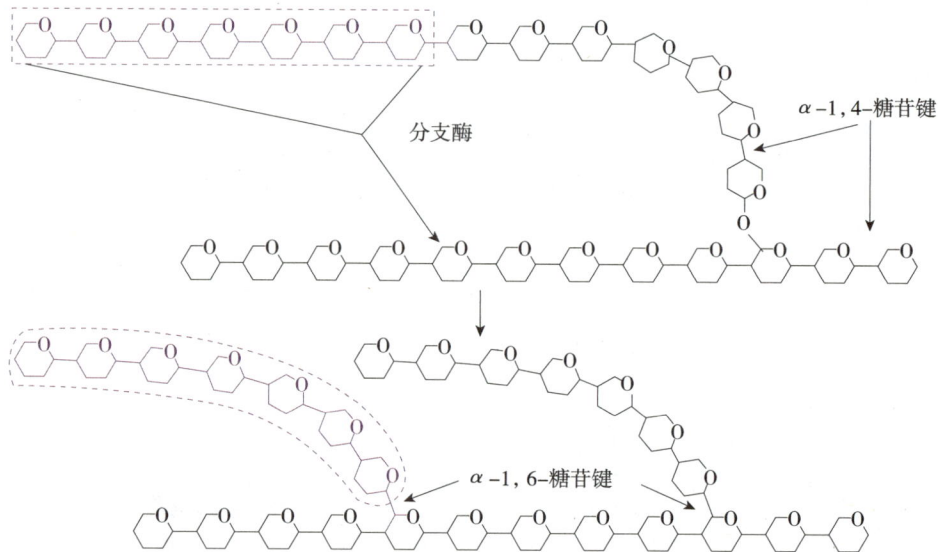

图 5 - 7 分支酶的作用

糖原合成是消耗能量的过程。葡萄糖磷酸化生成 G - 6 - P 时消耗 1 分子 ATP，G - 1 - P 合成 UDPG 并进一步合成糖原时消耗 1 分子 UTP。在细胞内，UDP 可由 ATP 提供高能磷酸基团重新生成 UTP，这个过程无高能磷酸键的损失。因此，糖原分子上每增加 1 个葡萄糖基需要消耗 2 个 ATP。

二、糖原的分解代谢

糖原分解（glycogenolysis）是指糖原分解为葡糖 - 1 - 磷酸被机体利用的过程，反应在细胞质中进行，它不是糖原合成的逆过程。肝糖原和肌糖原分解的起始阶段一样，释出主要产物葡糖 - 1 - 磷酸后，再转变为葡糖 - 6 - 磷酸，葡糖 - 6 - 磷酸在肝可继续分解为葡萄糖，但在肌肉组织则不能。

1. 葡糖 - 1 - 磷酸的生成 糖原分解是从糖原的非还原端开始，由糖原磷酸化酶（glycogen phosphorylase）催化，水解一个葡萄糖基，生成 G - 1 - P 和少了 1 个葡萄糖基的糖原分子，此反应不可逆，糖原磷酸化酶作用于 $\alpha-1,4-$ 糖苷键，是糖原分解过程中的关键酶。

2. 葡糖 - 6 - 磷酸的生成 在磷酸葡糖变位酶催化下，G - 1 - P 异构生成 G - 6 - P。

3. 葡糖 - 6 - 磷酸水解为葡萄糖 在葡糖 - 6 - 磷酸酶催化下，葡糖 - 6 - 磷酸水解生成葡萄糖，该反应不可逆。葡糖 - 6 - 磷酸酶只存在于肝细胞内，肌肉中缺乏此酶。所以，在肝糖原可直接分解生成葡萄糖，以补充血糖；而在骨骼肌糖原却不能直接转变为葡萄糖。

4. 糖原的脱支反应 当糖原磷酸化酶水解 $\alpha-1,4-$ 糖苷键到离 $\alpha-1,6$ 分支点约 4 个葡萄糖基时，由于位阻效应，糖原磷酸化酶不再发挥作用，这时需要脱支酶（debranching enzyme）催化。脱支酶具有两种活性，即葡聚糖转移酶和 $\alpha-1,6-$ 葡糖苷酶活性。葡聚糖转移酶活性将 3 个葡萄糖基转移到邻近糖链末端，以 $\alpha-1,4-$ 糖苷键连接于相邻分支的非还原端；$\alpha-1,6-$ 葡糖苷酶活性水解分支点剩下的 $\alpha-1,6-$ 糖苷键，生成游离葡萄糖。除去分支的寡糖链可由糖原磷酸化酶继续发挥作用。在糖原磷酸化酶和脱支酶的共同作用下，糖原迅速分解，最终生成约 90% 的葡糖 - 1 - 磷酸和 10% 的游离葡萄糖（图 5 - 8）。

糖原合成与糖原分解是维持血糖正常水平的重要途径。进食时，血糖水平上升，过多的糖在肝和肌肉组织中合成糖原储存起来，以防血糖浓度过高。停止进食后，如果血糖降低，肝糖原就会分解成葡萄糖释放入血，以补充血糖。因此，肝糖原分解是补充血糖的主要来源。由于肌肉组织中缺乏葡糖 - 6 - 磷酸酶，故肌糖原不能直接分解生成葡萄糖，肌糖原分解产生的葡糖 - 6 - 磷酸可通过糖酵解氧化释出能量，用于肌肉收缩，这样就可以减少肌肉组织对血糖的摄取，同时生成的乳酸还可通过血液循环转运到肝合成葡萄糖，间接补充血糖。

三、糖原合成与分解的调节

糖原合成与分解不是简单的可逆反应，而是通过两条不同的途径进行，以便进行精细调节。糖原合酶和糖原磷酸化酶分别是糖原合成与分解代谢过程中的关键酶，两种酶的活性变化决定糖原代谢途径的方向和速率，受到共价修饰和别构调节两种方式的调节。

图 5 - 8　脱支酶的作用

1. 共价修饰调节　糖原合酶和糖原磷酸化酶都有磷酸化和去磷酸化两种形式。不同的形式使酶的活性不同，糖原磷酸化酶发生磷酸化后有活性，而糖原合酶磷酸化后则无活性。

糖原合成与分解的共价修饰调节主要受激素影响。当机体受到血糖水平下降、剧烈运动、应激等某些因素影响时，肾上腺素、胰高血糖素分泌增加，它们与细胞膜上的特异受体结合，激活腺苷酸环化酶，使 ATP 生成 cAMP，激活依赖 cAMP 的蛋白激酶 A，使糖原合酶和糖原磷酸化酶发生磷酸化反应。结果原来有活性的糖原合酶磷酸化变成无活性状态，而无活性的糖原磷酸化酶则磷酸化变成有活性状态，最终使糖原合成减慢，糖原分解加强，血糖升高。

2. 别构调节　糖原合酶和糖原磷酸化酶也可受别构剂的别构调节。ATP、葡萄糖是糖原磷酸化酶的别构抑制剂，AMP 则是别构激活剂；葡糖 - 6 - 磷酸是糖原合酶的别构激活剂，是糖原磷酸化酶的别构抑制剂。当血糖浓度增高时，可促进糖原合成，抑制糖原分解。

⊕ 知识链接

糖原累积症

糖原累积症（glycogen storage diseases，GSD）是由于体内糖原合成与分解的酶先天性缺陷而引起的常染色体隐性遗传性疾病。根据缺陷的酶不同，糖原累积症可分为多种不同类型。最常见的是Ⅰ型（又称 von Gierke disease），患者由于缺乏葡糖 - 6 - 磷酸酶，导致肝糖原分解障碍而在体内大量堆积。主要表现为肝大、发育停滞、严重低血糖、酮症、高尿酸血症、高脂血症。受累器官主要为肝和肾。

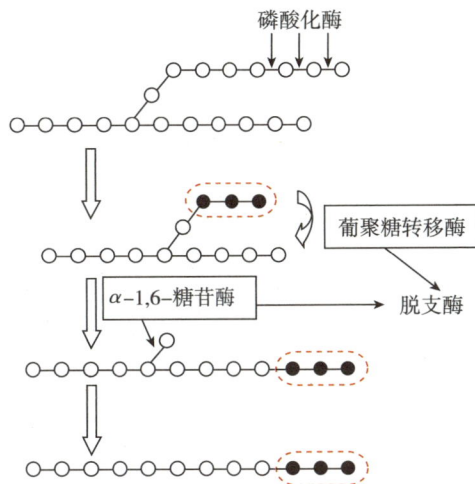

第六节　糖异生

由非糖物质合成葡萄糖或糖原的过程称为糖异生（gluconeogenesis）。能够生成糖的非糖物质主要有生糖氨基酸、甘油和有机酸（乳酸、丙酮酸和三羧酸循环中间产物）。在正常条件下，肝是糖异生的主要器官，肾糖异生能力只有肝的 1/10，但长期饥饿或酸中毒时，肾糖异生能力将大大加强。

一、糖异生途径

从丙酮酸生成葡萄糖的过程称为糖异生途径。糖异生途径基本上是糖酵解途径的逆过程，但在糖酵解中有3个反应是不可逆的，因此在糖异生途径中必须由另外的酶催化其逆行反应，这些酶正是糖异生过程中的关键酶。

1. 丙酮酸经丙酮酸羧化支路转变成磷酸烯醇式丙酮酸 在糖酵解中，丙酮酸激酶催化磷酸烯醇式丙酮酸转变成丙酮酸。而在糖异生途径中，其逆过程由两步反应完成。

第一步反应：丙酮酸由细胞质进入线粒体，由丙酮酸羧化酶（pyruvate carboxylase）催化，以生物素为辅基，生物素结合CO_2，然后将活化的CO_2转移给丙酮酸生成草酰乙酸。此反应需消耗ATP。

第二步反应：由磷酸烯醇式丙酮酸羧激酶催化，草酸乙酸脱羧转变成磷酸烯醇式丙酮酸，逸出线粒体。反应由GTP供能。

以上两步联合称为丙酮酸羧化支路，通过消耗两个高能化合物（ATP和GTP），绕过了糖酵解的第三个单向不可逆反应，是乳酸、丙酮酸及三羧酸循环中间产物异生成葡萄糖的必经之路（图5-9）。

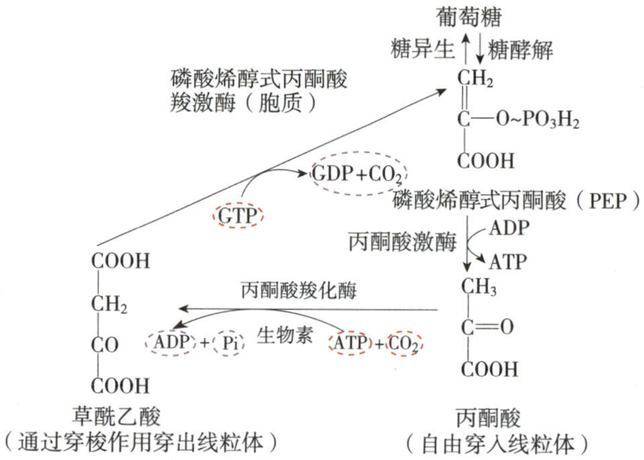

图5-9 丙酮酸羧化支路

丙酮酸羧化酶仅存在于线粒体内，细胞质中的丙酮酸必须先进入线粒体，才能羧化生成草酰乙酸。而磷酸烯醇式丙酮酸羧激酶在线粒体和细胞质中都存在，草酰乙酸可先在线粒体中直接转变成磷酸烯醇式丙酮酸，再进入细胞质；也可先转至细胞质，由胞质中磷酸烯醇式丙酮酸羧激酶催化生成磷酸烯醇式丙酮酸。线粒体内的草酰乙酸不能自由通过线粒体内膜，可通过以下方式转运：①由苹果酸脱氢酶催化，草酰乙酸还原成苹果酸，从线粒体进入细胞质，再由苹果酸脱氢酶催化氧化为草酰乙酸；②由线粒体内天冬氨酸氨基转移酶（谷草转氨酶）催化，草酰乙酸转变成天冬氨酸后转运出线粒体，再由细胞质中天冬氨酸氨基转移酶催化重新生成草酰乙酸。

在糖异生过程中，由1,3-二磷酸甘油酸还原生成3-磷酸甘油醛时，需要NADH+H^+提供氢。当以乳酸为原料进行糖异生时，乳酸在细胞质脱氢生成丙酮酸时产生的NADH+H^+用于1,3-二磷酸甘油酸的还原；当以丙酮酸和生糖氨基酸为原料进行糖异生时，NADH+H^+则必须由线粒体内脂肪酸β氧化或三羧酸循环来提供。线粒体内NADH+H^+以苹果酸形式运出线粒体，在细胞质中转变为草酰乙酸，同时释放出NADH+H^+以供利用。

2. 果糖-1,6-二磷酸水解生成果糖-6-磷酸 此反应由果糖-1,6-二磷酸酶催化，果糖-1,6-二磷酸水解脱去C_1位上的磷酸，生成果糖-6-磷酸和无机磷酸。

3. 葡糖-6-磷酸水解生成葡萄糖 在葡糖-6-磷酸酶的催化下，葡糖-6-磷酸水解脱去磷酸生成葡萄糖和无机磷酸。

综上，糖异生中有丙酮酸羧化酶、磷酸烯醇式丙酮酸羧激酶、果糖-1,6-二磷酸酶和葡糖-6-磷酸酶4个关键酶，它们与糖酵解中的3个关键酶催化的反应和方向正好相反。乳酸可通过乳酸脱氢酶催化脱氢生成丙酮酸，丙酮酸通过丙酮酸羧化支路生成磷酸烯醇式丙酮酸，沿糖酵解的逆过程进一步反应生成果糖-1,6-二磷酸，在果糖-1,6-二磷酸酶的催化下生成果糖-6-磷酸，经异构酶作用转化为

葡糖 - 6 - 磷酸，再由葡糖 - 6 - 磷酸酶催化生成葡萄糖。甘油可生成 3 - 磷酸甘油，进一步生成磷酸二羟丙酮进入糖异生途径。许多生糖氨基酸也可通过脱氨基作用转变为相应的 α - 酮酸进入糖异生途径异生成葡萄糖。糖异生过程概括为如图 5 - 10 所示。

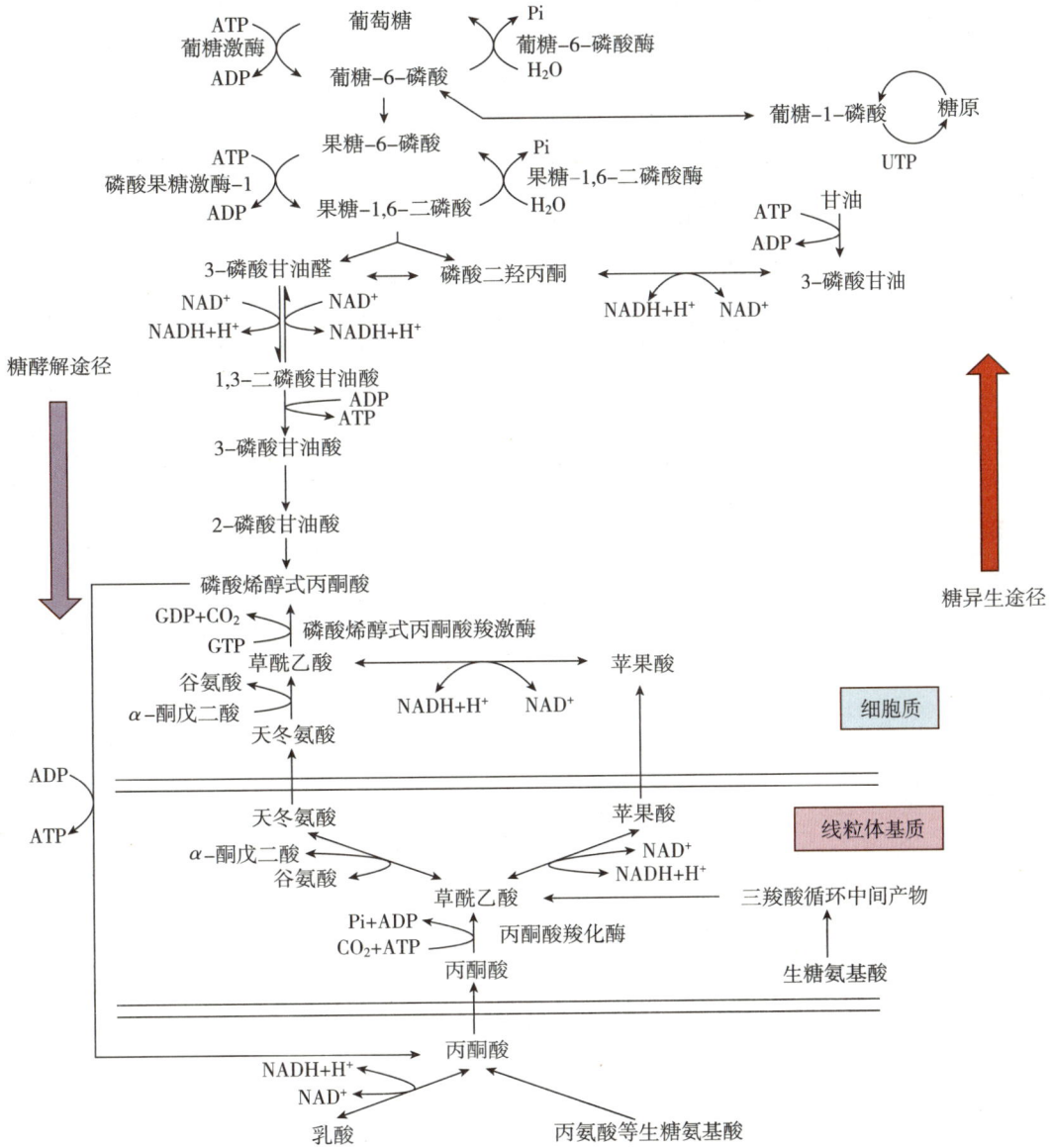

图 5 - 10 糖异生

二、糖异生的生理意义

1. 维持血糖浓度的恒定 糖异生最重要的意义是在空腹或饥饿情况下维持血糖浓度的相对恒定，这对主要利用葡萄糖作为能源的脑组织和红细胞等具有重要意义。

2. 补充或恢复糖原储备 糖异生是肝补充或恢复糖原储备的重要途径，尤其是在饥饿后进食更为重要。实验证明：当血糖浓度升高到 12mmol/L 以上时，肝细胞才能摄取葡萄糖，而血糖正常时肝只释放葡萄糖，这就说明了肝摄取葡萄糖的能力很低。当机体摄入大量葡萄糖时，一部分葡萄糖先分解为丙酮酸、乳酸等三碳化合物，然后异生成糖原。如果摄入一些可异生成糖的甘油、氨基酸、丙酮酸和乳酸时，则肝糖原迅速增加。这就解释了肝虽然摄取葡萄糖的能力低但仍可合成糖原，而且在进食 2～3 小时内，肝仍能保持较高的糖异生活性。

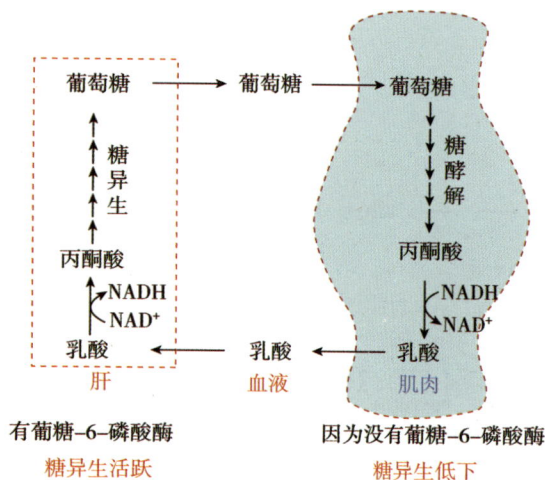

图 5-11　乳酸循环

3. 促进乳酸的再利用　在某些生理和病理情况下（如剧烈运动、循环或呼吸功能障碍等），肌糖原大量分解和糖无氧氧化生成大量乳酸，乳酸经血液循环进入肝，在肝通过糖异生合成葡萄糖或糖原。葡萄糖再释放入血液被肌肉组织摄取利用，由此构成一个循环，称为乳酸循环或 Cori 循环（图 5-11）。乳酸循环的形成是由于肝和肌组织中酶的特点所致。肝中糖异生活跃，并含有葡糖-6-磷酸酶，可将葡糖-6-磷酸水解生成葡萄糖而进行糖异生；而肌肉中糖异生活性低又缺乏葡糖-6-磷酸酶，因此肌肉中生成的乳酸不能异生成葡萄糖。乳酸循环的生理意义在于：使糖无氧氧化产生的乳酸得以回收利用，避免营养物质浪费；防止乳酸堆积引发代谢性酸中毒；促进肝糖原的不断更新。乳酸循环是一个耗能过程，2 分子乳酸异生成 1 分子葡萄糖需消耗 6 分子 ATP。

4. 调节酸碱平衡　长期饥饿时，肾糖异生作用增强，有利于维持机体的酸碱平衡。长期禁食后肾的糖异生能力增强，其原因可能是饥饿引起代谢性酸中毒，体液 pH 降低，促进肾小管中磷酸烯醇式丙酮酸羧激酶的合成，使肾糖异生作用增强。另外，肾糖异生能力增强使 α-酮戊二酸因异生成糖而被大量消耗，促进谷氨酰胺脱氨生成谷氨酸和谷氨酸进一步脱氨基。肾小管细胞将脱下的 NH_3 分泌入管腔中，与原尿中 H^+ 结合，降低了原尿中 H^+ 的浓度，有利于排氢保钠作用的进行，对防止酸中毒有重要作用。

⊕ **知识链接**

乙醇性低血糖

　　饮酒，尤其是营养不良的人或剧烈运动后饮酒，常会出现低血糖。这是由于乙醇对糖异生的抑制所致。乙醇在肝代谢时产生大量还原当量（NADH），过量的 NADH 使丙酮酸还原生成乳酸，草酰乙酸还原生成苹果酸，因原料匮乏致使糖异生途径受到抑制而引发低血糖。同时，乳酸等酸性物质在血液中大量积聚，还可引起酸中毒。另外，大量饮酒后会引起神经系统严重受损，而低血糖会加重乙醇造成的这些损伤。

三、糖异生的调节

　　糖异生与糖酵解是两条方向相反的代谢途径。其中 3 个限速步骤分别由不同的酶催化完成。这种由不同酶催化的单向反应使两个底物之间互变的过程称为底物循环（substrate cycle）。通常细胞内催化两条代谢途径的关键酶活性不完全相同，使代谢朝着酶活性强的一方进行。若要进行有效的糖异生，就必须抑制糖酵解；反之亦然。因此，对糖异生关键酶起激活作用的别构效应剂，对糖酵解的关键酶起别构抑制作用；而糖异生途径关键酶的别构抑制剂，则是糖酵解关键酶的别构激活剂。例如果糖-2,6-二磷酸和 AMP 别构激活磷酸果糖激酶-1 的同时，抑制果糖-1,6-二磷酸酶的活性，使糖酵解反应发生，糖异生被抑制。ATP、柠檬酸和乙酰辅酶 A 可激活果糖-1,6-二磷酸酶或（和）丙酮酸羧化酶，抑制磷酸果糖激酶-1 或丙酮酸激酶，从而促进糖异生，抑制糖酵解。

第七节　血糖及其调节

⇒ 案例引导

案例　患者，男，58 岁。于 2 个月前无明显诱因出现消瘦，体重减少约 5kg。1 个月前开始自觉口渴、多饮，每天饮水量约 3500ml。多尿，每天尿量约 3000ml。不伴有尿急、尿痛及血尿。实验室检查：空腹血糖 9.6mmol/L；餐后 2 小时血糖 14.0mmol/L；尿糖（＋）。临床诊断为糖尿病。

讨论　1. 糖尿病的发病机制如何？

　　2. 糖尿病患者出现"三多一少"典型临床症状的机制是什么？

　　3. 举出一些常用降糖药，并解释降糖作用机制。

　　4. 临床上对于糖尿病患者应如何护理？

血液中的葡萄糖称为血糖（blood sugar）。正常人在空腹安静状态下，血糖水平相对恒定，维持在 3.9～6.0mmol/L。正常人 24 小时内血糖水平有所波动，刚进食时血糖浓度升高，但很快即可恢复正常（一般不超过 2 小时）；轻度饥饿时血糖浓度会低于正常水平的下限，但在短时间内即使不进食，血糖浓度也可恢复并维持在正常水平，这是因为血糖还有其他来源。维持血糖浓度的相对稳定对保证人体各组织器官特别是大脑利用葡萄糖供能发挥正常功能尤为重要。

一、血糖的来源和去路

血糖有多条来源和去路，且受到机体严格的调控，形成动态平衡，使血糖浓度保持恒定（图 5–12）。

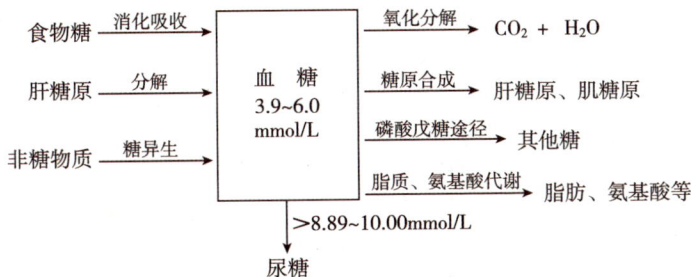

图 5–12　血糖的来源与去路

1. 血糖的来源

（1）**食物糖的消化吸收**　食物消化吸收的葡萄糖及其他单糖（果糖、半乳糖等）在肝内异构生成的葡萄糖是血糖的主要来源。

（2）**肝糖原分解**　肝糖原分解生成葡萄糖，这是空腹血糖的直接来源。

（3）**糖异生作用**　禁食超过 12 小时，许多非糖物质（甘油、乳酸和生糖氨基酸等）可以在肝、肾中通过糖异生转变成葡萄糖，补充血糖。

2. 血糖的去路

（1）**有氧氧化分解供能**　血糖进入全身组织细胞，彻底氧化分解生成 CO_2 和 H_2O，释放能量满足代谢需要，这是血糖的主要去路。

（2）**合成糖原**　餐后血糖进入肝和肌肉组织，合成肝糖原和肌糖原储备。

（3）转化成其他糖类　血糖在各组织中可以转化成核糖、脱氧核糖、唾液酸和糖醛酸等。

（4）转变为非糖物质　糖可以转化成脂肪和非必需氨基酸等非糖物质。

（5）血糖过高时以尿糖排出体外　血糖浓度在不超过 8.89～10.00mmol/L（肾糖阈值）时，肾小管细胞能将原尿中几乎所有的葡萄糖重吸收入血，故尿中糖含量极微；若血糖浓度过高，超过肾小管对糖的重吸收能力（肾糖阈）时，就会出现尿糖。

二、血糖浓度的调节

血糖浓度的相对恒定依赖于血糖来源与去路的动态平衡，这主要靠机体内高效率血糖浓度调节机制来实现。肝是调节血糖浓度的主要器官，激素及神经系统对血糖浓度亦具有重要的调节作用。

1. 肝的调节作用　肝主要通过控制糖原合成、分解及糖异生调节血糖。进食后血糖水平升高，肝糖原合成作用加强，促进血糖消耗，故不会使血糖水平过高；饥饿时血糖浓度偏低，肝可通过肝糖原分解和糖异生两个途径来补充血糖。

2. 激素的调节作用　血糖水平的平衡主要是通过激素的调节。人体中有多种激素参与对血糖浓度的调节，根据对血糖浓度最终影响的结果不同，可分为升高血糖的激素（主要有胰高血糖素、肾上腺素及糖皮质激素等）和降低血糖的激素（胰岛素）两大类。它们通过调节糖代谢中影响血糖来源和去路的各主要代谢途径，对血糖浓度进行调节，其中胰岛素是体内唯一降低血糖的激素，它的分泌受血糖水平的调控（表5-3）。

表5-3　激素对血糖浓度的影响

激素		作用机制
降低血糖的激素	胰岛素	促进肌肉、脂肪等组织摄取葡萄糖
		诱导糖酵解三个关键酶的合成，促进糖的氧化分解
		加速糖原合成，抑制糖原分解
		减少脂肪分解，促进糖转化为脂肪
		抑制糖异生
升高血糖的激素	胰高血糖素	促进肝糖原分解为葡萄糖，抑制糖原合成
		促进糖异生，抑制糖酵解
		促进脂肪动员
	肾上腺素	促进肝糖原分解，促进肌糖原无氧氧化
		促进糖异生
	糖皮质激素	抑制肝外组织对葡萄糖的摄取和利用
		促进糖异生
		促进肝外组织蛋白分解生成氨基酸

3. 神经系统的调节作用　血糖浓度的恒定还受到神经系统的整体调节，主要通过激素分泌的调节来影响酶的活性进而完成调节作用。参与血糖调节的是自主神经中的交感神经和迷走神经。交感神经兴奋可使肾上腺素分泌增加，促进肝糖原分解、肌糖原无氧氧化和糖异生作用，使血糖升高；迷走神经兴奋时胰岛素分泌增加，促进肝糖原合成，抑制糖异生，使血糖降低。总之，机体在多种因素的共同作用下，维持血糖浓度的相对恒定。

三、血糖浓度的异常

正常人体内存在一整套精细调节糖代谢的机制，当一次性摄入大量葡萄糖后，血糖水平不会持续升高，也不会出现大的波动。人体对摄入的葡萄糖具有很大耐受能力的现象，称为葡萄糖耐量（glucose tolerance）或耐糖现象。它反映机体对血糖的调节能力，临床上常用口服葡萄糖耐量试验鉴定机体利用葡萄糖的能力。临床上因糖代谢障碍可引起低血糖或高血糖。

1. 低血糖（hypoglycemia） 空腹血糖浓度低于 2.8mmol/L。引起低血糖的原因有生理和病理两方面原因。长期饥饿或持续剧烈的体力活动时，引起生理性低血糖。胰岛 B 细胞功能亢进、胰岛 A 细胞功能低下、肾上腺皮质功能减退、严重的肝疾病等均可引起病理性低血糖。

脑细胞主要依赖葡萄糖氧化供能，因此低血糖时直接影响脑的正常功能，表现为头晕、心悸、倦怠无力、出冷汗等，严重时发生脑昏迷，称为低血糖休克。如不及时补充葡萄糖，可导致死亡。

2. 高血糖（hyperglycemia） 空腹血糖浓度高于 7mmol/L。若血糖浓度高于 8.89～10.00mmol/L，超过了肾小管的重吸收能力而出现糖尿。生理性高血糖与糖尿是指在生理情况下，如情绪激动时交感神经兴奋，肾上腺素分泌增加，血糖浓度暂时性升高，出现一过性糖尿；病理性高血糖和糖尿常见于内分泌功能紊乱或肾疾病。持续性高血糖和尿糖阳性，特别是空腹血糖升高和糖耐量曲线高于正常范围，主要见于糖尿病。

3. 糖尿病（diabetes mellitus） 是由于糖代谢紊乱导致机体出现持续性高血糖和糖尿的一种常见性临床疾病。主要病因是部分或完全胰岛素缺失、胰岛素抵抗（组织细胞胰岛素受体减少或敏感性降低），导致血糖来源和去路失去正常的动态平衡，出现高血糖和糖尿为主要临床症状的综合性疾病。临床上将糖尿病分为 4 类：胰岛素依赖型（1 型）、非胰岛素依赖型（2 型）、妊娠糖尿病（3 型）和特殊类型糖尿病（4 型）。1 型糖尿病多发生于青少年，主要是胰岛 B 细胞功能缺陷，导致胰岛素分泌不足，属于自身免疫性疾病。2 型糖尿病和肥胖关系密切，可能是由于细胞膜上胰岛素受体功能缺陷所致。糖尿病常伴有多种并发症，其中糖尿病视网膜病变、糖尿病肾病、糖尿病周围神经病变，被称为"糖尿病"三大并发症，这些并发症的严重程度与血糖水平的升高程度直接相关。

目前认为血中持续性高糖可以刺激细胞生成晚期糖化终产物（advanced glycation end products，AGEs），AGEs 通过直接与体内多种蛋白质发生广泛交联，引起细胞外基质的分子结构、功能改变，从而使病变组织中血管基底膜增厚，组织硬度增加；AGEs 还可以通过与不同的受体结合激活多条信号通路，产生大量的自由基诱发组织氧化应激，使组织细胞内多种蛋白质和脂质发生过氧化反应，从而损伤组织。

目标检测

答案解析

一、选择题

1. 下列不能被人体消化的物质是（ ）

    A. 淀粉   B. 纤维素   C. 果糖   D. 蔗糖   E. 乳糖

2. 糖酵解是（ ）

    A. 其终产物是丙酮酸   B. 其酶系在线粒体中

    C. 不需要 ATP 参与   D. 所有反应均可逆

    E. 通过氧化磷酸化产生 ATP

3. 1 分子乙酰 CoA 经三羧酸循环氧化后的产物是（ ）

    A. 柠檬酸   B. 草酰乙酸

    C. $2CO_2$ +4 分子还原当量   D. CO_2 和 H_2O

    E. 草酰乙酸 + CO_2

4. 关于三羧酸循环的叙述错误的是（　　）

  A. 每次循环消耗 1 个乙酰基   B. 每次循环有 4 次脱氢、2 次脱羧

  C. 每次循环有 2 次底物水平磷酸化   D. 每次循环生成 10 分子 ATP

  E. 可提供生物合成的前体

5. 不能作为糖异生原料的是（　　）

  A. 甘油   B. 乙酰辅酶 A   C. 乳酸   D. 生糖氨基酸   E. 丙酮酸

6. 肝糖原分解能直接补充血糖是因为肝脏含有（　　）

  A. 磷酸化酶   B. 磷酸葡糖变位酶   C. 葡糖激酶

  D. 葡糖 - 6 - 磷酸酶   E. 果糖二磷酸酶

7. 与 ATP 生成有直接关系的化合物是（　　）

  A. 3 - 磷酸甘油酸   B. 2 - 磷酸甘油酸   C. 丙酮酸

  D. 3 - 磷酸甘油醛   E. 磷酸烯醇式丙酮酸

8. 血糖最主要的去路是（　　）

  A. 在体内转变为脂肪   B. 在体内转变为其他单糖

  C. 在各组织中氧化供能   D. 在体内转变为生糖氨基酸

  E. 在肝、肌肉、肾等组织中合成糖原

9. 调节血糖最主要的器官是（　　）

  A. 脑   B. 肾   C. 肝   D. 胰   E. 肾上腺

10. 肝糖原与肌糖原在代谢中的不同点是（　　）

  A. 通过 UDPG 途径合成糖原   B. 可利用葡萄糖合成糖原

  C. 糖原合酶促进糖原合成   D. 分解时可直接调节血糖

  E. 合成糖原需消耗能量

二、问答题

1. 从部位、反应条件、关键酶、底物、终产物、能量生成方式与数量和生理意义等方面比较糖无氧氧化与有氧氧化。

2. 简述三羧酸循环的特点及生理意义。

3. 何谓糖异生？糖异生过程的主要原料和关键酶有哪些？糖异生有什么重要的生理意义？

4. 归纳葡糖 - 6 - 磷酸在糖代谢中的来源与去路。

5. 简述血糖的来源和去路。调节血糖的激素有哪些？

（邓秀玲）

书网融合……

    本章小结   微课   题库

第六章　脂质代谢

第一节　概　述

PPT

⇒ 案例引导

案例　患者，女，70 岁。主诉：经常右上腹部隐痛、腹胀、嗳气、恶心和厌食油腻食物。查体发现患者右上腹肋缘下有轻度压痛。实验室检查：白细胞总数 $8 \times 10^9/L$，B 超检查可见胆囊稍有增大，呈椭圆形，胆囊壁增厚，轮廓模糊，呈双环状，其厚度大于 3mm；胆囊内容物透声性降低，出现雾状散在的回声光点；排空功能障碍。腹部 X 线平片示：阳性结石，胆囊钙化及胆囊膨胀的征象。

讨论　1. 患者为什么出现厌油腻的症状？

　　　　2. 患者可能的疾病有哪些？护理时应注意哪些事项？

一、脂质的概念与生理功能

脂质（lipids）是脂肪（fat）和类脂（lipoid）的总称，是一类难溶于水而易溶于有机溶剂（如乙醚、丙酮、三氯甲烷等）并能为机体所利用的有机化合物。其化学本质为脂肪酸和醇类缩合形成的酯及其衍生物。脂质主要由碳、氢、氧三种元素所组成，有些类脂还含有氮、磷和硫元素。

1. 脂肪　是由 3 分子长链脂肪酸和 1 分子甘油所组成的酯，因此被称为甘油三酯（triglyceride，TG），又称三脂肪酰基甘油（triacylglycerol，TAG）。甘油三酯是人体内含量最多的脂质，也是人体储存能量的主要形式。1g 脂肪在体内完全氧化时可释放出 38kJ（9.1kcal）能量，是 1g 糖或蛋白质的 2 倍多。

2. 类脂　包括磷脂（phospholipid，PL）、糖脂（glycolipid）、胆固醇（cholesterol，Ch）和胆固醇酯（cholesterol ester，CE）等。类脂在人体中的含量相对较少，但具有重要的生理功能（表 6 – 1）。

表 6 – 1　脂质的分类、含量、分布及主要生理功能

分类	含量	分布	生理功能
脂肪（甘油三酯）	95%	脂肪组织	①储能供能
			②提供必需脂肪酸并可转化成其衍生物
			③促进脂溶性维生素吸收、转运
			④保温作用
			⑤保护脏器作用
			⑥构成血浆脂蛋白
类脂	5%	生物膜	①维持生物膜的结构、功能及流动性
糖脂		神经	②胆固醇可转变成类固醇激素、维生素 D_3、胆汁酸等
胆固醇及其酯		血浆	③磷脂酰肌醇是第二信使的前体
磷脂			④构成血浆脂蛋白

脂质难溶于水，因此在血液中必须与载脂蛋白（apolipoprotein，Apo）结合形成不同的血浆脂蛋白（lipoprotein）进行转运。

二、脂质的消化与吸收

1. 脂质的消化　主要依赖于胆汁中胆汁酸的乳化和胰液中胰酶的水解作用。胆汁和胰液均进入十二指肠发挥作用，因此小肠上段是脂质消化的主要场所。

食物中的脂质主要为脂肪，此外还有少量磷脂、胆固醇酯等。脂质不溶于水，因此脂质的消化首先依赖于胆汁中的胆汁酸盐的乳化作用。胆汁酸盐是较强的乳化剂，具有较强的界面活性，能降低脂 – 水界面的表面张力，将脂质乳化成细小微滴，扩大脂质与脂肪酶的接触面积，有利于脂质的消化和吸收。

胰腺分泌的脂肪酶主要有胰脂肪酶（pancreatic lipase）、磷脂酶 A_2（phospholipase A_2）、胆固醇酯酶（cholesterol esterase）及辅脂肪酶（colipase）。胰脂肪酶特异催化甘油三酯的 1 及 3 位酯键水解，生成 2 – 甘油一酯及 2 分子脂肪酸。辅脂肪酶本身不具脂肪酶活性，但它能通过氢键与胰脂肪酶结合并通过疏水作用与脂肪结合，是胰脂肪酶发挥作用的必需辅因子。磷脂酶 A_2 催化磷脂 2 位酯键水解，生成脂肪酸与溶血磷脂；胆固醇酯酶催化胆固醇酯水解为胆固醇及脂肪酸。

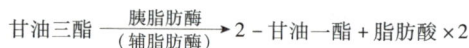

$$甘油三酯 \xrightarrow[\text{（辅脂肪酶）}]{\text{胰脂肪酶}} 2 - 甘油一酯 + 脂肪酸 \times 2$$

$$磷脂 \xrightarrow{\text{磷脂酶}A_2} 溶血磷脂 + 脂肪酸$$

$$胆固醇酯 \xrightarrow{\text{胆固醇酯酶}} 胆固醇 + 脂肪酸$$

2. 脂质的吸收　食物中的脂质经各种酶作用后，生成的甘油一酯、脂肪酸、胆固醇及溶血磷脂等产物可被胆汁酸盐乳化成更小的混合微团，易于被肠黏膜细胞吸收。

脂质的吸收主要在十二指肠下段及空肠上段。脂质消化产物中的少量中、短链脂肪酸构成的甘油三酯经胆汁酸盐乳化后可被肠黏膜细胞直接吸收，继而在胞内脂肪酶作用下，水解为脂肪酸和甘油，通过

门静脉进入血液。长链脂肪酸、2-甘油一酯、胆固醇及溶血磷脂等其他消化产物随微团吸收入小肠黏膜细胞。长链脂肪酸在胞内脂酰辅酶A合成酶催化下，首先转变成脂酰辅酶A，再在脂酰基转移酶催化下，由ATP供能，转移至2-甘油一酯、胆固醇及溶血磷脂的羟基上，重新生成甘油三酯、胆固醇酯和磷脂。这些产物再与粗面内质网上合成的载脂蛋白ApoB 48、ApoC、ApoAⅠ和ApoAⅣ等共同组装成乳糜微粒（chylomicron，CM），经淋巴入血，完成脂质的吸收。

PPT

第二节　脂肪的中间代谢

一、脂肪及脂肪酸的结构与功能

（一）脂肪的结构

脂肪即甘油三酯（triglyceride），是非极性、不溶于水的甘油脂肪酸三酯，基本结构为甘油的三个羟基分别被相同或不同的脂肪酸酯化，其脂酰链组成复杂，长度和饱和度也多种多样。

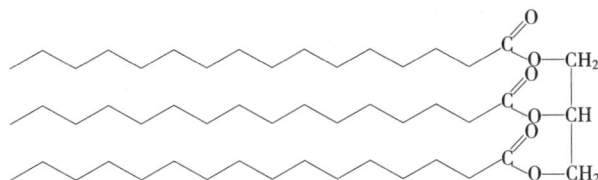

甘油三酯

（二）脂肪酸与必需脂肪酸

脂肪酸（fatty acid，FA）是由长链脂肪烃基和一个末端羧基组成的羧酸。不同脂肪酸之间的主要区别在于烃链的长度（碳原子数目）、双键的数目和位置。烃链不含双键的称为饱和脂肪酸，如软脂酸。含有双键的则为不饱和脂肪酸，如油酸、亚油酸等。

1. 不饱和脂肪酸的命名　不饱和脂肪酸根据双键个数的不同，分为单不饱和脂肪酸和多不饱和脂肪酸两类。命名时要求标示出脂肪酸的碳原子数和双键的数目及位置。有下列两套编码体系：①Δ编码体系，从脂肪酸的羧基碳起计算碳原子的顺序；②ω或n编码体系，从脂肪酸的甲基碳起计算其碳原子顺序。

2. 常见的不饱和脂肪酸　常见不饱和脂肪酸的比较见表6-2。

表6-2　常见的不饱和脂肪酸

名称	来源	碳原子及双键数目	族	双键位置	
				Δ系	ω（n）系
十六碳一烯酸（软油酸）	广泛	16:1	$\omega-7$	9	7
十八碳一烯酸（油酸）	广泛	18:1	$\omega-9$	9	9
十八碳二烯酸（亚油酸）	植物油	18:2	$\omega-6$	9，12	6，9
十八碳三烯酸（α-亚麻酸）	植物油	18:3	$\omega-3$	9，12，15	3，6，9
十八碳三烯酸（γ-亚麻酸）	植物油	18:3	$\omega-6$	6，9，12	6，9，12
二十碳四烯酸（花生四烯酸）	植物油	20:4	$\omega-6$	5，8，11，14	6，9，12，15
二十碳五烯酸（eicosapentaenoic acid，EPA）	鱼油	20:5	$\omega-3$	5，8，11，14，17	3，6，9，12，15
二十二碳五烯酸（clupanodonic acid，DPA）	鱼油，脑	22:5	$\omega-3$	7，10，13，16，19	3，6，9，12，15
二十二碳六烯酸（docosahexoenoic acid，DHA）	鱼油	22:6	$\omega-3$	4，7，10，13，16，19	

3. 必需脂肪酸　哺乳动物缺乏一些特异的去饱和酶，因此不能合成亚油酸、α - 亚麻酸和花生四烯酸等维持人类正常生理功能必不可少的多不饱和脂肪酸。这类人体需要，但自身不能合成，必须从膳食（主要是深海鱼和植物油）中获取的多不饱和脂肪酸称为必需脂肪酸（essential fatty acid）。

⊕ **知识链接**

必需脂肪酸的功能与缺乏症

多不饱和脂肪酸是生物膜的重要组成成分，保持细胞膜的相对流动性，以维持细胞的正常生理功能。它可以使胆固醇酯化，降低血中游离胆固醇含量；是合成人体内前列腺素、血栓噁烷和白三烯的前体物质；降低血液黏稠度，改善血液微循环；提高脑细胞的活性，增强记忆力和思维能力。膳食中不饱和脂肪酸不足时，易产生动脉粥样硬化，诱发心脑血管病；ω -3 不饱和脂肪酸是大脑和神经的重要营养成分，摄入不足会影响记忆力和思维能力，对婴幼儿将影响智力发育，对老年人将导致老年痴呆症。但是如果膳食中补充过多时，将干扰人体对生长因子、细胞质、脂蛋白的合成，特别是 ω -6 系列不饱和脂肪酸过多将干扰人体对 ω -3 不饱和脂肪酸的利用。

（三）不饱和脂肪酸衍生物

前列腺素（prostaglandin，PG）、血栓噁烷（thromboxane，TX）、白三烯（leukotrienes，LTs）是体内生物活性物质，由二十碳多不饱和脂肪酸（主要为花生四烯酸）代谢转化生成，因此称为不饱和脂肪酸衍生物。

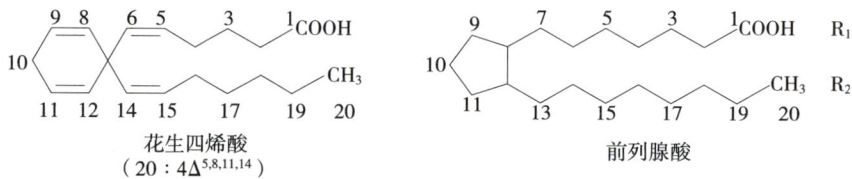

花生四烯酸
$(20 : 4\Delta^{5,8,11,14})$

前列腺酸

1. 不饱和脂肪酸衍生物的结构与命名

（1）前列腺素　以前列腺酸（prostanoic acid）为基本骨架，由一个五碳环和两条侧链（R_1 及 R_2）组成。按其五碳环上取代基团、双键位置的不同，可分为 9 型，分别命名为 PGA，PGB，PGC，PGD，PGE，PGF，PGG，PGH 及 PGI，体内 PGA，PGE 和 PGF 含量较多。PGI 因含有双环又称为前列环素。

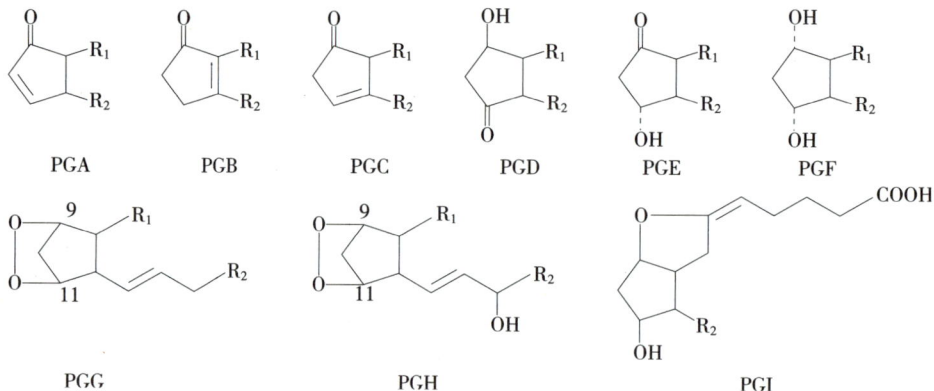

根据 R_1 和 R_2 两条侧链中双键数目的多少，PG 又分为 1、2、3 类，在字母的右下角标示。

（2）血栓噁烷　也是二十碳不饱和脂肪酸衍生物，与前列腺素不同的是五碳环被一个含氧的噁烷醚

PGF$_1\alpha$ PGF$_2\alpha$

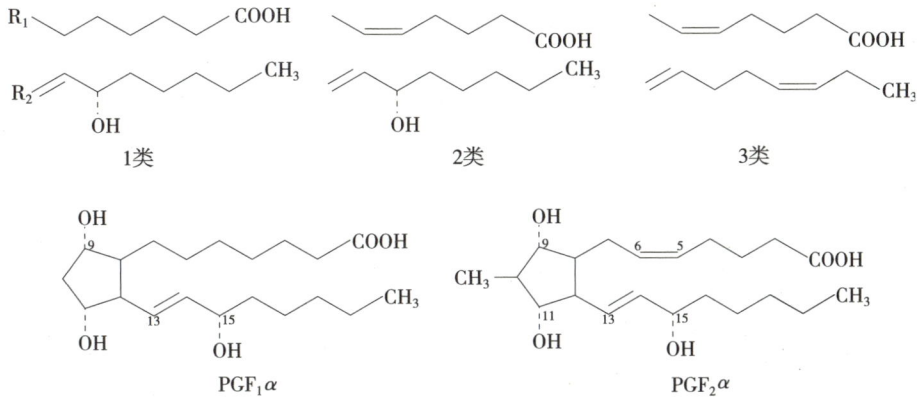

结构取代，血栓噁烷 A$_2$（thromboxane A$_2$，TXA$_2$）结构如下：

血栓噁烷A$_2$（TXA$_2$）

（3）白三烯 分子中不含前列腺酸骨架，有 4 个双键。其 LTA$_4$ 结构如下：

白三烯A$_4$（LTA$_4$）

2. 前列腺素、血栓噁烷、白三烯的生物合成 除成熟红细胞外，全身各组织均含有前列腺素合成酶体系，血小板中含有血栓噁烷合成酶系，两者合成途径密切相关。在肾上腺素、血管紧张素Ⅱ等细胞外因素刺激下，磷脂酶 A$_2$ 被激活，水解磷脂释放出花生四烯酸，然后在一系列酶的作用下合成前列腺素、血栓噁烷、白三烯。阿司匹林作为环氧化酶抑制剂可通过抑制前列腺素、血栓噁烷合成而发挥抗炎、抗血栓作用（图 6-1）。

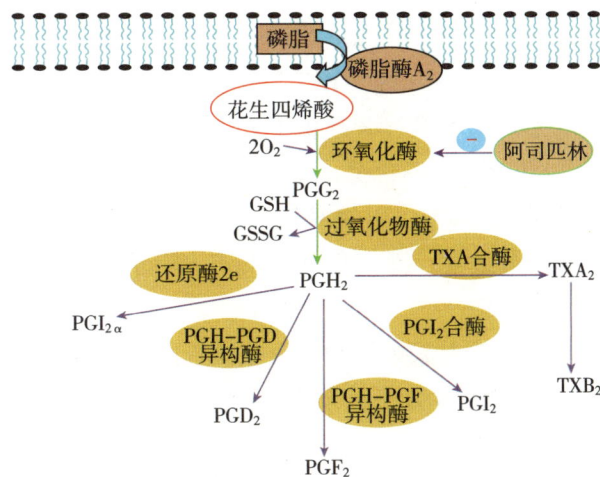

图 6-1 前列腺素、血栓噁烷、白三烯的合成

3. 前列腺素、血栓噁烷、白三烯的生理功能

（1）PG　PGE_2 是诱发炎症的主要因素之一，使局部血管扩张及毛细血管通透性增加，引起红、肿、热、痛等症状。PGE_2、PGA_2 能使动脉平滑肌舒张，从而使血压下降；PGE_2、PGI_2 能抑制胃酸分泌，促进胃肠平滑肌蠕动。PGI_2 由血管内皮细胞合成，是使血管平滑肌舒张和抑制血小板聚集最强的物质。PGF_2 能使卵巢平滑肌收缩引起排卵，加强子宫收缩，促进分娩等。

（2）TX　TXA_2 可由血小板产生，它能强烈地促进血小板聚集，并使血小板收缩，是促进凝血及血栓形成的重要因素。前述 PGI_2 有很强的舒血管及抗血小板聚集作用，因此 PGI_2 与 TXA_2 的平衡是调节小血管收缩、血小板黏聚的重要条件，它们的代谢与心脑血管病有密切的关系。

（3）LTs　是一类引发过敏反应的慢反应物质。IgE 与肥大细胞表面受体结合后，可以使肥大细胞释放多种 LT，LT 能使支气管平滑肌收缩，还能调节白细胞的功能，促进其游走及趋化作用，能激活腺苷酸环化酶，使多核白细胞脱颗粒，促进溶酶体释放水解酶类，促进炎症及过敏反应。

⇒ 案例引导

案例　患者，男，24 岁，因昏迷被送入院。家属诉说患者有 1 型糖尿病，近期相信偏方治疗，停用胰岛素治疗。查体发现患者呼吸有烂苹果味，皮肤干燥、眼球及两颊下陷，实验室检查：血糖 33.6mmol/L，血酮体 4.6mmol/L，尿酮体阳性，CO_2 结合力 27mmol/L，血清钠 122mmol/L，血清钾 5.8mmol/L，白细胞总数 $7 \times 10^9/L$。

讨论　1. 患者昏迷的原因是什么？
　　　　2. 试解释患者昏迷的机制。
　　　　3. 护理时应注意哪些事项？

二、脂肪的分解代谢

（一）脂肪动员

脂肪动员（fat mobilization）是指储存在白色脂肪细胞中的脂肪在脂肪酶的作用下，逐步水解为游离脂肪酸和甘油，并经血液转运至其他各组织氧化利用的过程。脂肪动员的第一步主要由脂肪组织中甘油三酯脂肪酶（adipose triglyceride lipase，ATGL）催化，水解甘油三酯生成甘油二酯及脂肪酸，第二步主要由激素敏感性脂肪酶（hormone sensitive lipase，HSL）催化，水解甘油二酯生成甘油一酯和脂肪酸。最后由甘油一酯脂肪酶（monoacylglycerol lipase，MGL）催化甘油一酯生成甘油和脂肪酸（图 6-2）。当禁食、饥饿或交感神经兴奋时，胰高血糖素、肾上腺素和去甲肾上腺素等激素分泌增加，作用于脂肪细胞膜上相应受体，通过 G 蛋白激活腺苷酸环化酶，将 ATP 转变为 cAMP，cAMP 能够激活 cAMP 依赖性的蛋白激酶——蛋白激酶 A（PKA），PKA 可以使 HSL 磷酸化从而活化，进而分解脂肪。这些能够激活 HSL，促进脂肪动员的激素称为脂解激素；而胰岛素和 PGE_2 等能够拮抗脂解激素的作用，称为抗脂解激素。

游离脂肪酸不溶于水，不能直接在血浆中运输。血浆清蛋白具有结合游离脂肪酸的能力（每分子清蛋白可结合 10 分子游离脂肪酸），能将脂肪酸运送至全身，主要由心、肝、骨骼肌等摄取利用。

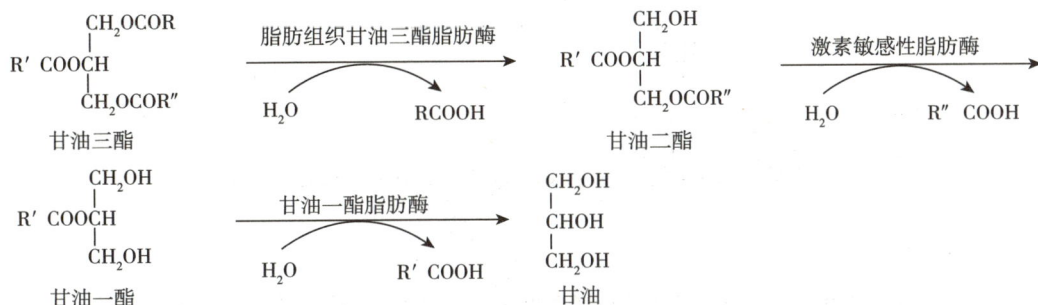

图 6-2 脂肪动员

（二）甘油的氧化分解

在脂肪细胞中，因为甘油激酶活性很低，所以不能直接利用脂肪水解所产生的甘油。脂肪动员释放的甘油通过血液循环转运至肝等组织才能被磷酸化生成磷酸甘油，再脱氢生成磷酸二羟丙酮；后者进入糖代谢途径进行分解或异生为糖。

除了肝外，肾、小肠黏膜和哺乳期的乳腺亦富含甘油激酶。但在肌肉和脂肪组织中，甘油激酶的活性很低，所以，这两种组织摄取和利用甘油极其有限。

（三）脂肪酸的 β 氧化 📱 微课 1

脂肪酸是人及哺乳类动物的主要能源物质。在氧气充足的条件下，脂肪酸可在体内分解成 CO_2 和 H_2O，并释放出大量能量，以 ATP 形式供机体利用。除脑组织外，大多数组织均能氧化利用脂肪酸，但以肝、心肌和骨骼肌最为活跃。

1904 年，F. Knoop 根据实验提出脂肪酸在体内氧化分解是从羧基端 β 碳原子开始，每次断裂 2 个碳原子，即"β 氧化学说"，这是脂肪酸进行氧化分解代谢的最主要途径。脂肪酸的氧化可以分为脂肪酸活化、脂酰基转运进入线粒体、β 氧化和三羧酸循环四个阶段，最终转变为 CO_2 和 H_2O，并释放出大量 ATP，供机体利用。

1. 脂肪酸的活化——脂酰辅酶 A 的生成　脂肪酸氧化前首先需要活化，由内质网、线粒体外膜上的脂酰辅酶 A 合成酶（acyl-CoA synthetase）催化生成脂酰辅酶 A，需 ATP、辅酶 A 及 Mg^{2+} 的参与。

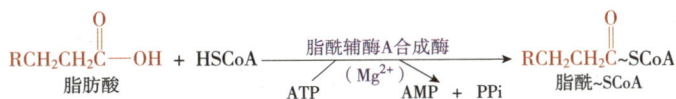

脂肪酸活化生成的脂酰辅酶 A 含高能硫酯键，此化合物不但能提高反应活性，而且增加了脂酰基的水溶性。活化反应生成的焦磷酸，立即被细胞内的焦磷酸酶水解，阻止了逆向反应的进行。活化反应虽然仅有 1 分子 ATP 参与反应，但却被转变成 AMP，因此视为消耗了 2 分子 ATP 的能量。

2. 脂酰基进入线粒体　脂肪酸的活化在胞质中进行，而催化脂肪酸氧化分解的酶系存在于线粒体基质，活化的脂酰辅酶 A 必须进入线粒体才能分解，但长链脂酰辅酶 A 不能直接透过线粒体内膜，需肉（毒）碱（carnitine）转运才能进入线粒体基质。

线粒体内膜外侧存在肉碱脂酰转移酶 I（carnitine acyl transferase I，CAT I），内侧存在肉碱脂酰转移酶 II（carnitine acyl transferase II，CAT II）。在线粒体内膜外侧 CAT I 的催化下，脂酰基从辅酶 A 上转至肉碱的羟基上生成脂酰肉碱，后者通过内膜上肉碱-脂酰肉碱移位酶（carnitine-acylcarnitine translocase）的作用转运至膜内侧，继而在 CAT II 的催化下，脂酰基从肉碱转移至基质内的辅酶 A 分子上生成脂酰辅酶 A，释放出的肉碱再经线粒体内膜上肉碱-脂酰肉碱移位酶转移至线粒体外并被重复利用（图6-3）。

图6-3　脂酰基进入线粒体

肉碱脂酰转移酶 I 是脂肪酸氧化的关键酶，因此脂酰基转运进入线粒体是脂肪酸氧化的限速步骤。当饥饿、高脂低糖膳食或糖尿病时，机体没有充足的糖供应，或糖不能得到有效利用，需脂肪酸氧化供能增多，肉碱脂酰转移酶 I 活性增加，脂肪酸氧化加强。相反，饱食后脂肪酸合成加强，丙二酸单酰辅酶A 含量增加，抑制肉碱脂酰转移酶 I 活性，进而抑制脂肪酸氧化。

3. 脂酰辅酶 A 在线粒体内的 β 氧化　脂酰基转运进入线粒体基质后，在脂肪酸 β 氧化酶系顺序催化下，从脂酰辅酶 A 的 β 碳原子开始，经过脱氢、加水、再脱氢和硫解 4 步反应完成一轮循环，因氧化主要发生在 β 碳原子上，故称为 β 氧化（β-oxidation）（图6-4）。其过程如下：

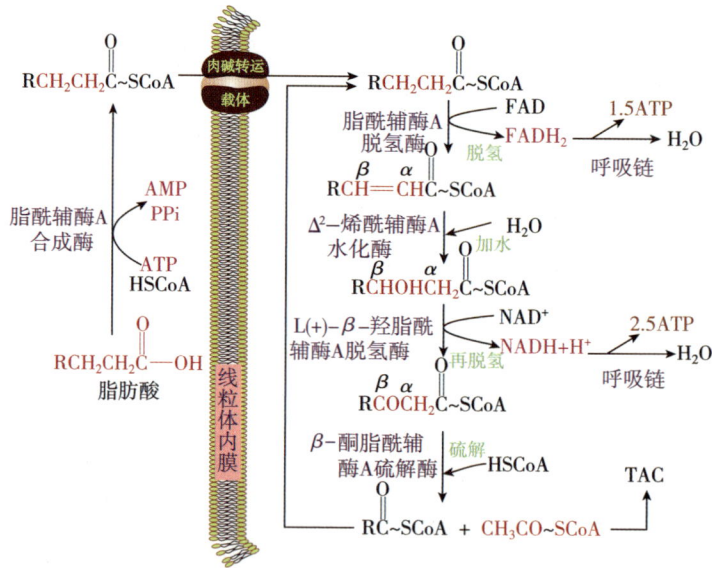

图6-4　脂肪酸的 β 氧化过程

（1）脱氢　在脂酰辅酶 A 脱氢酶的催化下，脂酰辅酶 A 的 α 碳原子和 β 碳原子上各脱下一个氢原子，生成反 Δ^2 烯脂酰辅酶 A。脱下的一对氢由 FAD 接受生成 $FADH_2$。

（2）加水　反 Δ^2 烯脂酰辅酶 A 在反 Δ^2 烯脂酰辅酶 A 水化酶的催化下，加水（双键打开）生成 L（+）-β-羟脂酰辅酶 A。

（3）再脱氢　在 β-羟脂酰辅酶 A 脱氢酶的催化下，L（+）-β-羟脂酰辅酶 A 脱去 β 碳原子以及羟基上的氢原子，生成 β-酮脂酰辅酶 A。脱下的一对氢由 NAD^+ 接受生成 $NADH + H^+$。

（4）硫解　β-酮脂酰辅酶A在β-酮脂酰辅酶A硫解酶催化下，硫解生成1分子乙酰辅酶A和1分子比原来少2个碳原子的脂酰辅酶A，此反应需消耗1分子辅酶A。

脂肪酸通过1轮β氧化，可生成$FADH_2$、$NADH+H^+$、乙酰辅酶A和少2个碳原子的脂酰辅酶A各1分子。新生成的脂酰辅酶A，可继续进入下一轮循环。如此反复进行，直至生成丁酰辅酶A，再进行一轮β氧化，生成2分子乙酰辅酶A。因此脂肪酸β氧化的产物为乙酰辅酶A。

脂肪酸β氧化产生大量乙酰辅酶A，乙酰辅酶A在肝外组织可以直接进入三羧酸循环彻底氧化，为组织提供能量（肌肉组织最活跃）；但是肝组织中脂肪酸β氧化产生的乙酰辅酶A，除了进入三羧酸循环，部分乙酰CoA转变成酮体，并通过血液转运至肝外组织氧化利用。

脂肪酸彻底氧化分解，可产生大量ATP，是机体ATP的重要来源。以16C的软脂酸为例计算，1分子软脂酸需经7轮β氧化，共产生8分子乙酰辅酶A、7分子$FADH_2$和7分子$NADH+H^+$。1分子乙酰辅酶A进入TCA循环，可产生10分子ATP。在标准条件下，1分子$NADH+H^+$和1分子$FADH_2$进入线粒体氧化呼吸链可分别生成2.5分子和1.5分子ATP，故1分子软脂酸彻底氧化可生成$7\times(2.5+1.5)+8\times10=108$分子ATP。由于脂肪酸活化生成脂酰辅酶A时，1分子ATP被利用生成1分子AMP，可视为消耗了2分子ATP的能量，因此，1分子软脂酸彻底氧化分解可净生成$108-2=106$分子ATP。

由于生物体内脂肪酸主要为偶数碳原子脂肪酸，所以含$2n$个碳原子的脂肪酸，需经$(n-1)$次β氧化，生成n分子乙酰辅酶A，故生成$(n-1)\times4+n\times10=14n-4$分子ATP，再减去活化消耗的2分子ATP，故含$2n$个碳原子的脂肪酸彻底氧化净生成$(14n-6)$分子ATP。

4. 脂肪酸的其他氧化方式　脂肪酸除了通过β氧化进行分解以外，还有少量脂肪酸可通过其他方式进行氧化。

（1）丙酰辅酶A的氧化　人体内含有少量奇数碳原子脂肪酸，经β氧化后，除了生成乙酰辅酶A外，最后还可以得到1分子丙酰辅酶A。丙酰辅酶A经丙酰辅酶A羧化酶、异构酶以及甲基丙二酸单酰辅酶A变位酶催化，转变为琥珀酰辅酶A，通过TCA循环（TCA cycle，TAC）被彻底氧化。

（2）不饱和脂肪酸的氧化　体内脂肪酸约50%以上为不饱和脂肪酸，天然不饱和脂肪酸中的双键为顺式，且多在第9位；不饱和脂肪酸与饱和脂肪酸的氧化途径基本相似，但烯脂酰辅酶A水化酶和羟脂酰辅酶A脱氢酶具有高度立体异构特异性，故不饱和脂肪酸的氧化，还需异构酶和表构酶的参加，将不饱和脂肪酸氧化产生的顺式烯脂酰辅酶A和（D-）-β羟脂酰辅酶A分别转变成反式构型和左旋异构体〔（L-）型〕，β氧化才能继续进行。

（3）过氧化酶体的脂肪酸氧化　超长链脂肪酸（>22碳）先经过氧化酶体氧化为短链脂肪酸，再转运进入线粒体氧化。此过程需要脂肪酸氧化酶催化，辅基为FAD，生成$FADH_2$，脱下的氢与O_2结合生成H_2O_2。

（4）ω氧化（ω-oxidation）　氧化从ω碳原子开始。

（5）α氧化（α-oxidation）　氧化发生在α碳原子。

（四）酮体的生成和利用 🅔 微课2

在骨骼肌、心肌等肝外组织中，线粒体内脂肪酸β氧化产生的乙酰辅酶A直接进入三羧酸循环彻底氧化生成二氧化碳和水。而在肝细胞中，脂肪酸β氧化产生的乙酰辅酶A仅有部分进入三羧酸循环，其余则在线粒体中转变成乙酰乙酸（acetoacetate），β-羟丁酸（β-hydroxybutyrate）和丙酮（acetone），三者合称为酮体（ketone bodies）。

1. 酮体的生成　肝细胞线粒体中脂肪酸经β氧化生成的大量乙酰辅酶A是酮体合成的原料，在酮体合成酶系催化下合成酮体（图6-5）。

（1）2分子乙酰辅酶A在肝线粒体乙酰乙酰辅酶A硫解酶（thiolase）的催化下，缩合生成乙酰乙

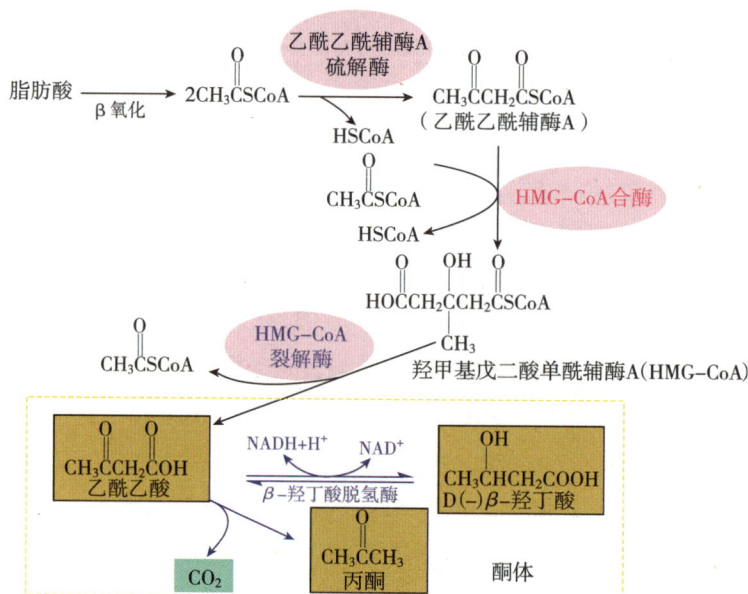

图 6-5　酮体的生物合成

酰辅酶 A，并释出 1 分子辅酶 A。

（2）乙酰乙酰辅酶 A 在羟甲基戊二酸单酰辅酶 A（3 - hydroxy - 3 - methyl glutaryl CoA，HMG - CoA）合酶的催化下，再与 1 分子乙酰辅酶 A 缩合，生成 HMG - CoA，并释放出 1 分子辅酶 A（HSCoA）。

（3）HMG - CoA 在 HMG - CoA 裂解酶的作用下，裂解生成乙酰乙酸和乙酰辅酶 A。

（4）乙酰乙酸在线粒体内膜 β - 羟丁酸脱氢酶的催化下还原生成 β - 羟丁酸。氢由 NADH + H$^+$ 提供。

（5）乙酰乙酸也可脱羧生成丙酮。

2. 酮体的利用　酮体的主要成分是 β - 羟丁酸（约占 70%），乙酰乙酸较少（约占 30%），丙酮微量，易挥发，可经肺排出。因此，酮体的利用主要是乙酰乙酸和 β - 羟丁酸的利用。

肝线粒体含有活性较强的酮体合成酶系，但肝缺乏氧化利用酮体的酶系，肝外组织线粒体中具有活性很强的利用酮体的酶系，能将酮体重新转变成乙酰辅酶 A，并进入三羧酸循环彻底氧化分解。酮体的氧化利用如图 6 - 6 所示。因此，肝合成的酮体需运输至肝外组织氧化利用。

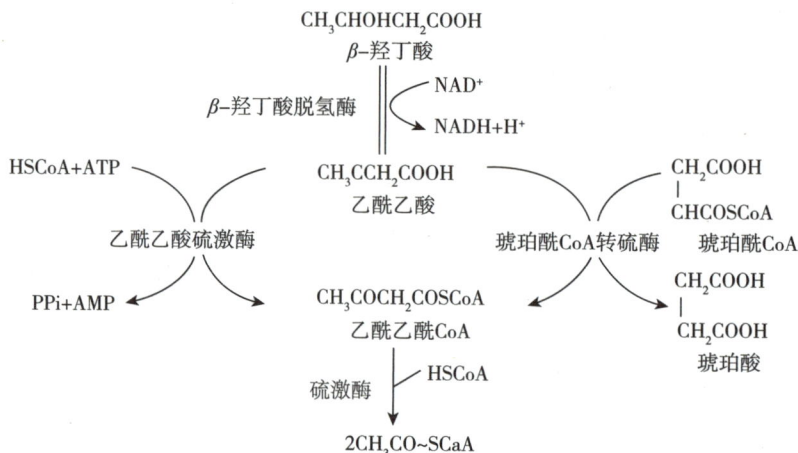

图 6-6　酮体的氧化利用

（1）在心、肾、脑及骨骼肌的线粒体，具有活性较高的琥珀酰辅酶A转硫酶，在此酶催化下，乙酰乙酸与1分子琥珀酰辅酶A反应生成乙酰乙酰辅酶A和琥珀酸。

（2）在心、肾、脑组织的线粒体，由乙酰乙酸硫激酶催化，直接由ATP供能，辅酶A活化乙酰乙酸生成乙酰乙酰辅酶A。

（3）1分子乙酰乙酰辅酶A由乙酰乙酰辅酶A硫解酶催化生成2分子乙酰辅酶A，进入三羧酸循环彻底氧化。

（4）β-羟丁酸的利用是先在β-羟丁酸脱氢酶的作用下，脱氢生成乙酰乙酸，再转变成乙酰辅酶A而被氧化。

肝内生酮肝外用是酮体代谢特点。

3. 酮体代谢的生理意义　酮体是脂肪酸在肝氧化分解过程特有的中间代谢产物，是肝向肝外组织输出能源物质的一种形式。酮体相对分子质量小、溶于水，易于在血液中运输；酮体容易通过血-脑屏障和肌肉组织毛细血管壁，是脑组织和肌肉组织的重要能源。

脂肪酸不能透过血-脑屏障，故脑组织不能直接利用脂肪酸，但却能有效利用酮体。葡萄糖供应充足时，脑组织优先利用葡萄糖氧化供能；但在葡萄糖供应不足或利用障碍时，酮体可代替葡萄糖作为脑组织的主要能源物质，确保大脑功能正常。

酮体利用增加还可减少葡萄糖的利用，有利于维持血糖水平的恒定，节省蛋白质的消耗。

正常情况下，肝合成酮体的能力低于肝外组织对酮体的利用能力，血中酮体含量很低，为0.03～0.5mmol/L（0.3～5.0mg/dl）。在严重饥饿、高脂低糖膳食或糖尿病时，由于脂肪动员加强，肝中脂肪酸氧化产生乙酰辅酶A增多，酮体生成增加，超出肝外组织利用酮体的能力，使血液中酮体浓度升高，称为酮血症（ketonemia）。血液中酮体浓度超过肾阈值，在尿液中也可有酮体出现，称为酮尿症（ketonuria）。严重糖尿病患者血液中酮体浓度可高出正常值数十倍，此时，丙酮含量也大大增加，经呼吸道排出，产生特殊的味道（烂苹果味）。

酮体的两个主要成分乙酰乙酸和β-羟丁酸都是较强的有机酸，若在体内蓄积过多，会造成血液pH下降，由此引起的代谢性酸中毒称为酮症酸中毒（ketoacidosis）。

4. 酮体代谢调节　酮体的生成受到多种因素的调节。

（1）食物供应影响　饱食状态，糖供给充分时，糖分解代谢旺盛、供能充分，此时肝内脂肪酸氧化分解减少，酮体合成量少；相反，饥饿或糖代谢障碍（如糖尿病）时，糖供能减少，脂肪动员加强，脂肪酸经β氧化生成乙酰辅酶A增加，酮体合成增多。

（2）激素调节　饱食后胰岛素分泌增加，脂解作用受抑制、脂肪动员减少，脂肪酸经β氧化生成乙酰辅酶A减少，酮体生成必然减少；而饥饿时，胰高血糖素等脂解激素分泌增多，脂肪动员加强，脂肪酸经β氧化生成乙酰辅酶A增加，酮体生成增多。

（3）糖代谢状况对酮体代谢的影响　糖代谢旺盛时，乙酰辅酶A合成柠檬酸增多，别构激活脂肪酸合成的关键酶乙酰辅酶A羧化酶，促进乙酰辅酶A活化生成丙二酸单酰辅酶A，后者抑制β氧化的关键酶肉碱脂酰转移酶Ⅰ，阻止脂酰辅酶A进入线粒体进行β氧化，减少酮体生成。

⊕ **知识链接**

生酮饮食与减肥

随着人们对健康的关注度越来越高，各种各样的饮食模式也走进了年轻人的生活。生酮饮食由于可能的减肥效果而越发受到关注。

生酮饮食通常指碳水化合物非常低，蛋白质含量适中，脂肪含量高的饮食。经典生酮饮食膳食脂肪与膳食蛋白质和碳水化合物的比例为 4：1 或 3：1，是一种用于儿童难治性癫痫等多种疾病有效的饮食疗法。近些年来，生酮饮食作为一种减肥方法而被宣传。通过生酮饮食，人体限制碳水化合物摄入，大量摄入脂肪，肝脏分解脂肪产生酮体来替代葡萄糖供能；由于缺乏葡萄糖，胰岛素分泌不足，进一步阻止脂肪合成，脂肪分解增加，合成减少，使体重下降；生酮饮食还可抑制人的食欲，使人产生饱腹感而进一步达到减肥的目的。

但是，生酮饮食是一种不平衡的饮食模式，长期生酮饮食，使得酮体生成过多，增加肝肾代谢负担，同时还会出现高脂血症、低血糖、骨质疏松、肾结石等并发症。

因此，生酮饮食不是科学、健康的饮食减肥方案。作为医学生，我们要把医学知识应用到实际生活中，对年轻人进行科学减肥的健康教育，提倡合理饮食，运动减肥的科学减肥方法，提高全民健康水平。

三、脂肪的合成代谢

脂肪是机体储存能量的重要形式。脂肪组织除可利用糖合成脂肪外，食物中摄取的外源性脂肪经消化吸收以乳糜微粒形式进入血液循环，与肝合成的脂肪共同储存于脂肪组织，以供机体禁食、饥饿时的需要。

（一）脂肪合成的部位和原料

1. 脂肪合成的部位　人体内许多组织都能合成脂肪，肝、脂肪组织和小肠黏膜细胞合成脂肪更为活跃，其中肝的合成能力最强，其次是脂肪组织。甘油三酯合成在细胞质中完成。

2. 脂肪合成的原料　脂肪酸和甘油是合成甘油三酯的基本原料。肝、脂肪组织和小肠黏膜细胞合成脂肪所需原料来源不完全一样。

3 - 磷酸甘油主要来源于糖酵解代谢中间产物——磷酸二羟丙酮，后者在 3 - 磷酸甘油脱氢酶催化下还原而成。肝、肾等组织含有甘油激酶，因而能够利用游离甘油，使之磷酸化生成 3 - 磷酸甘油。脂肪细胞缺乏甘油激酶因而不能直接利用甘油合成脂肪。

肝是机体内物质代谢的主要器官，其既能分解葡萄糖产生 3 - 磷酸甘油，也能利用葡萄糖分解代谢产生的中间产物乙酰辅酶 A 合成脂肪酸，因此，肝主要利用内源性的物质合成脂肪。肝细胞不能储存脂肪，故脂肪在肝细胞合成后，将会以极低密度脂蛋白（very low density lipoprotein，VLDL）形式经血液运输至肝外组织，供其他组织氧化供能或脂肪组织储存。营养不良、中毒或胆碱缺乏等都可能引起肝细胞合成 VLDL 障碍，导致脂肪在肝细胞蓄积，发生脂肪肝。临床上可以用卵磷脂预防和治疗脂肪肝。

脂肪组织可水解食物来源的 CM 中的脂肪和肝合成的 VLDL 中的脂肪，将释放的脂肪酸摄入脂肪细胞，用于合成甘油三酯；脂肪细胞也可利用葡萄糖分解代谢的中间产物为原料合成脂肪。脂肪组织更重要的作用是储存脂肪，当机体需要能量时，储存在脂肪组织的脂肪通过脂肪动员释放游离脂肪酸及甘油入血液，运输至全身组织，以满足骨骼肌、肝、肾等组织器官的能量需要，所以脂肪组织在脂肪代谢中具有重要作用。

小肠是消化吸收器官，故小肠黏膜细胞主要利用吸收的脂肪消化产物重新合成脂肪，并与磷脂、胆固醇、载脂蛋白共同组装成 CM，经淋巴管进入血液循环，运送至其他组织、器官利用。

（二）脂肪合成途径

不同的组织采用不同的合成途径合成脂肪，脂肪的生物合成有甘油一酯和甘油二酯两种不同的途径。

1. 甘油一酯途径　小肠黏膜细胞利用食物中脂肪的消化产物甘油一酯和脂肪酸合成甘油三酯的途径称为甘油一酯途径。由于长链脂肪酸吸收进入肠黏膜细胞后不能直接进入血液循环，所以在小肠黏膜细胞内脂肪酸首先被活化为脂酰辅酶 A，然后在脂酰辅酶 A 转移酶（acyl CoA transferase）的催化下，使甘油一酯的游离羟基依次酯化，合成甘油三酯。

$$脂肪酸 + 辅酶A + ATP \xrightarrow[\mathrm{Mg^{2+}}]{脂酰辅酶A合成酶} 脂酰辅酶A + AMP + PPi$$

$$2-甘油一酯 + 脂酰辅酶A \xrightarrow{脂酰辅酶A转移酶} 甘油二酯 + 辅酶A$$

$$1,2-甘油二酯 + 脂酰辅酶A \xrightarrow{脂酰辅酶A转移酶} 甘油三酯 + 辅酶A$$

2. 甘油二酯途径　肝和脂肪组织细胞主要以甘油二酯途径合成甘油三酯。该途径以糖酵解途径生成的 3 - 磷酸甘油为起始物，在脂酰辅酶 A 转移酶催化下，依次与 2 分子脂酰辅酶 A 反应，生成磷脂酸（phosphatidic acid）。后者在磷脂酸磷酸酶作用下，水解脱去磷酸生成甘油二酯；然后在脂酰辅酶 A 转移酶催化下，再与 1 分子脂酰辅酶 A 反应即生成甘油三酯。

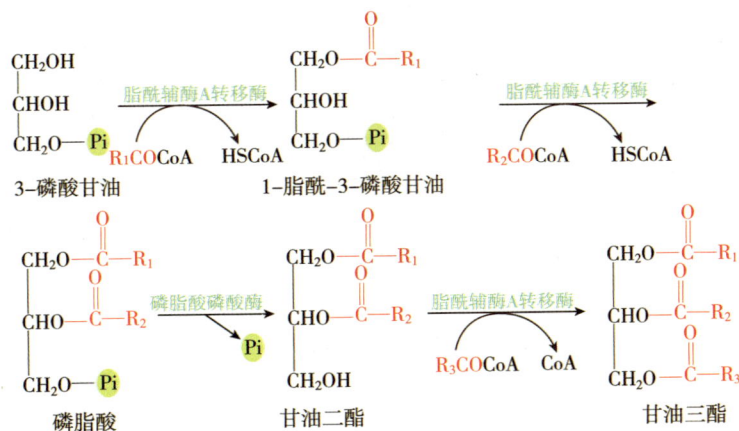

四、脂肪酸的生物合成

（一）脂肪酸生物合成的部位和原料

1. 脂肪酸合成部位　体内肝、肾、脑、肺、乳腺、脂肪等组织的细胞质中均存在脂肪酸的合成酶系，因此这些组织均能合成脂肪酸，但以肝的脂肪酸合成酶系活性最高，因此肝细胞是人体内合成脂肪酸的主要部位。

脂肪组织虽然也能以葡萄糖代谢的中间产物为原料合成脂肪酸，但其主要来源是小肠吸收的外源性脂肪酸和肝合成的内源性脂肪酸。

软脂酸的合成是在细胞质完成，但脂肪酸链延长则是在线粒体和内质网完成。

2. 脂肪酸合成原料　合成脂肪酸的原料有乙酰辅酶 A、HCO_3^-（CO_2）、NADPH 和 ATP，Mn^{2+} 可作为酶的激活剂。

乙酰辅酶 A 是体内合成脂肪酸的主要碳源，主要来自葡萄糖的分解，其次也可以来源于氨基酸代谢。乙酰辅酶 A 在线粒体内生成，不能自由透过线粒体内膜扩散到胞质，而脂肪酸合成酶系存在于胞质。乙酰辅酶 A 必须通过柠檬酸－丙酮酸循环（citrate pyruvate cycle）进入胞质，此循环中，首先在线粒体内柠檬酸合酶催化下，乙酰辅酶 A 与草酰乙酸缩合生成柠檬酸（三羧酸循环第一步反应），然后柠檬酸通过线粒体内膜柠檬酸转运载体（三羧酸转运蛋白）转运进入胞质，再被 ATP－柠檬酸裂解酶催化，裂解重新生成乙酰辅酶 A 及草酰乙酸，乙酰辅酶 A 即进入脂肪酸合成途径；进入胞质的草酰乙酸在苹果酸脱氢酶催化下，由 $NADH + H^+$ 提供氢将其还原成苹果酸；少部分苹果酸经线粒体内膜苹果酸转运载体转运至线粒体内，再重新氧化生成草酰乙酸；大部分苹果酸在胞质中苹果酸酶作用下氧化脱羧，产生 CO_2、NADPH 和丙酮酸。丙酮酸可通过线粒体内膜上丙酮酸转运载体转运入线粒体内，由丙酮酸羧化酶催化重新生成草酰乙酸，完成柠檬酸－丙酮酸循环（图6－7）。此循环不仅提供了脂肪酸合成的碳源，又提供了少量还原物质 $NADPH + H^+$。

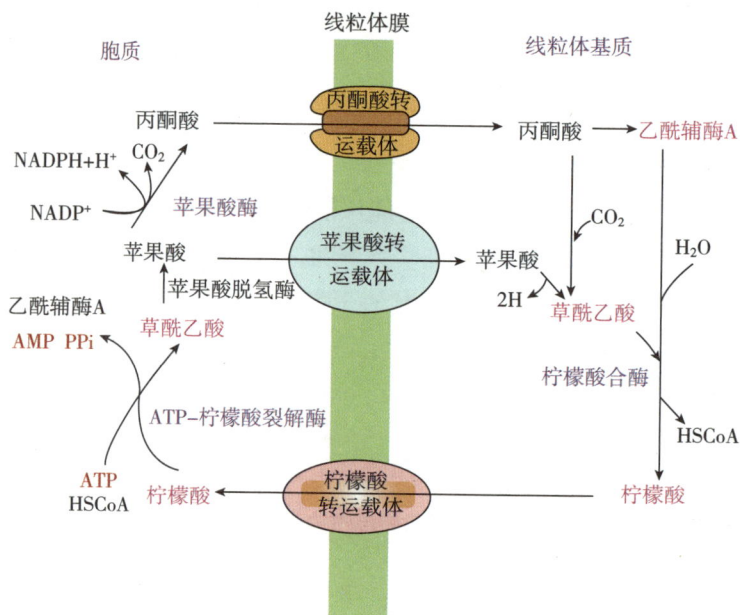

图 6－7　柠檬酸－丙酮酸循环

NADPH 是脂肪酸合成的供氢体，而 NADPH 主要来自磷酸戊糖途径；在上述乙酰辅酶 A 转运过程中，胞质中苹果酸酶催化苹果酸氧化脱羧也可提供少量 NADPH。

ATP 为脂肪酸合成提供能量，Mn^{2+} 作为激活剂发挥作用。

（二）丙二酸单酰辅酶 A 的合成

乙酰辅酶 A 羧化生成丙二酸单酰辅酶 A 是脂肪酸合成的第一步反应。此反应由乙酰辅酶 A 羧化酶（acetyl CoA carboxylase）催化，乙酰辅酶 A 羧化酶辅基是生物素，生物素在羧化反应中起固定 CO_2 和转移羧基的作用。该酶存在于胞质中，以 Mn^{2+} 为激活剂。该羧化反应为不可逆反应，过程如下：

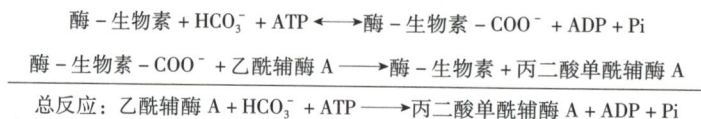

$$酶－生物素 + HCO_3^- + ATP \Longleftrightarrow 酶－生物素－COO^- + ADP + Pi$$

$$酶－生物素－COO^- + 乙酰辅酶 A \longrightarrow 酶－生物素 + 丙二酸单酰辅酶 A$$

$$总反应：乙酰辅酶 A + HCO_3^- + ATP \longrightarrow 丙二酸单酰辅酶 A + ADP + Pi$$

乙酰辅酶 A 羧化酶存在于胞质中，是脂肪酸合成途径的关键酶。乙酰辅酶 A 羧化酶有两种存在形式，即无活性单体形式和有活性多聚体形式，其活性受别构调节及化学修饰调节。柠檬酸、异柠檬酸可使单体聚合成多聚体发生别构激活；而软脂酰辅酶 A 及其他长链脂酰辅酶 A 可使多聚体解离成单体而别构抑制该酶活性。乙酰辅酶 A 羧化酶的部分特定丝氨酸残基在 AMP 激活的蛋白激酶（AMP-activated protein kinase，AMPK）催化下磷酸化而失活。胰高血糖素能激活 AMPK，抑制乙酰辅酶 A 羧化酶活性；胰岛素则通过蛋白磷酸酶使乙酰辅酶 A 羧化酶脱磷酸恢复活性。高糖膳食可促进乙酰辅酶 A 羧化酶的表达，促进乙酰辅酶 A 羧化，从而促进脂肪酸的合成。

（三）脂肪酸合成酶系

脂肪酸合成是在脂肪酸合成酶系的催化下完成的，不同生物的脂肪酸合成酶系（fatty acid synthase）的组成和结构不同。大肠埃希菌脂肪酸合成酶系由 7 种酶蛋白和 1 种蛋白载体组成，7 种酶蛋白包括乙酰基转移酶、β - 酮脂酰 - ACP 合酶（β - 酮脂酰合酶）、丙二酸单酰辅酶 A - ACP 转酰基酶（丙二酸单酰转移酶）、β - 酮脂酰 - ACP 还原酶（β - 酮脂酰还原酶）、β - 羟脂酰 - ACP 脱水酶（β - 羟脂酰脱水酶）、烯脂酰 - ACP 还原酶（烯脂酰还原酶）和长链脂酰硫酯酶，酰基载体蛋白（acyl carrier protein，ACP）通过其辅基的巯基荷载丙二酸单酰辅酶 A，构成一个多酶复合体的中心。

哺乳动物的脂肪酸合酶是由两个相同亚基的多功能酶首尾相连所组成的同二聚体。每个亚基都含有乙酰基转移酶、丙二酸单酰转移酶及 β - 酮脂酰合酶 3 个结构域。结构域 1 为底物进入、缩合结构域；结构域 2 含有 β - 酮脂酰还原酶、β - 羟脂酰脱水酶、烯脂酰还原酶，催化还原反应，该结构域还含酰基载体蛋白（ACP），还原反应在此进行；结构域 3 含有硫酯酶（thioesterase，TE），与脂肪酸的水解释放有关。

（四）软脂酸生物合成的过程

大肠埃希菌与哺乳动物的软脂酸合成过程基本相同，均在胞质中以丙二酸单酰辅酶 A 为基本原料，从乙酰辅酶 A 开始，经反复加成反应完成，每轮循环经缩合 - 加氢（还原）- 脱水 - 再加氢（再还原）4 步反应延长 2 个碳原子。16 碳软脂酸合成需 7 轮循环反应。

大肠埃希菌软脂酸合成过程如下：首先，乙酰辅酶 A 的乙酰基在乙酰转移酶催化下被转移至 β - 酮脂酰合酶的半胱氨酸的—SH 上，丙二酸单酰辅酶 A 的丙二酸单酰基在丙二酸单酰转移酶催化下被转移至 ACP 的—SH，然后进入下述循环（图 6 - 8）。

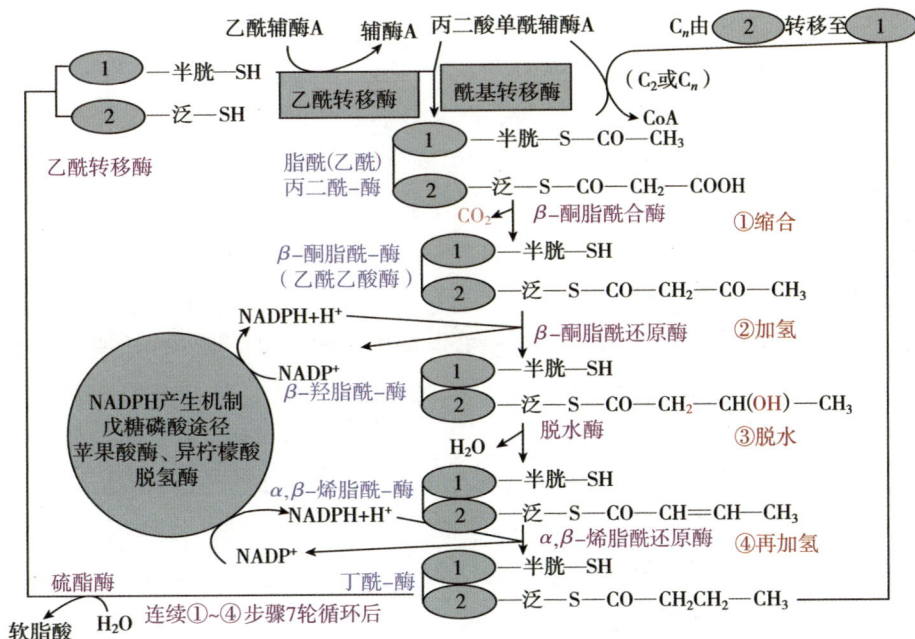

图 6 - 8　软脂酸的合成过程

1. 缩合　在 β - 酮脂酰合酶催化下，其上所连接的乙酰基（脂酰基）转移并与 ACP 上的丙二酸单酰基发生缩合反应，释出 CO_2，生成 β - 酮丁酰 ACP（β - 酮脂酰 ACP）。

2. 加氢　由 NADPH 供氢，β - 酮丁酰 ACP（β - 酮脂酰 ACP）在 β - 酮脂酰还原酶作用下被还原成 β - 羟丁酰 ACP（β - 羟脂酰 ACP）。

3. 脱水　β - 羟丁酰 ACP（β - 羟脂酰 ACP）在 β - 羟脂酰脱水酶催化下，脱水生成反 - Δ^2 - 烯丁酰（反 - Δ^2 - 烯脂酰）ACP。

4. 再加氢　反 - Δ^2 - 烯丁酰（反式 - Δ^2 - 烯脂酰）ACP 在烯脂酰还原酶作用下，由 NADPH 供氢再还原生成丁酰（脂酰）ACP。丁酰 ACP 是脂肪酸合酶复合体值化合成的第一轮产物。通过这一轮反应，产物碳原子由 2 个增加至 4 个。然后，丁酰 ACP（脂酰 ACP）的丁酰基（脂酰基）在脂酰转移酶作用下从 ACP 的—SH 上转移至 β - 酮脂酰合酶的半胱氨酸的—SH 上，ACP 的—SH 空载使另一分子丙二酸单酰基转移至 ACP 的—SH，进入下一轮循环反应。经过 7 次循环后，生成的软脂酰 ACP 在硫酯酶作用下，水解释放出软脂酸。软脂酸合成的总反应式如下：

$$CH_3CO \sim SCoA + 7HOOCCH_2CO \sim SCoA + 14NADPH + 14H^+ \longrightarrow CH_3(CH_2)_{14}COOH + 7CO_2 + 14NADP^+ + 8HSCoA + 6H_2O$$

（五）软脂酸碳链的延长

胞质中的脂肪酸合成酶系只能合成软脂酸，脂肪酸碳链的延长可由两个酶体系催化完成：一个是内质网脂肪酸碳链延长酶体系，另一个是线粒体酶体系。

1. 内质网脂肪酸碳链延长　是以丙二酸单酰辅酶 A 作为二碳单位的供体，NADPH 供氢，同样经过缩合、加氢、脱水和再加氢的循环反应从羧基末端逐次添加 2 个碳原子，反复进行可使碳链延长。延长过程与软脂酸合成相似，但脂酰基载体不是 ACP，而是辅酶 A。该酶体系既可以合成饱和脂肪酸，也可以合成不饱和脂肪酸，但以合成 18 碳硬脂酸为主，也可将脂肪酸延长至 24 碳。

2. 线粒体中脂肪酸碳链的延长　在线粒体基质中，有催化脂肪酸碳链延长的酶系，其过程与 β 氧化逆反应相似，但以 NADPH 作为辅因子（供氢体），乙酰辅酶 A 为二碳单位供体，酰基载体是辅酶 A，每次循环可以增加 2 个碳原子，产物仍以硬脂酸为最多，可延长到 24 或 26 个碳原子的饱和脂肪酸，也可是不饱和脂肪酸。

（六）不饱和脂肪酸的合成

人体内含有部分去饱和酶，可以合成软油酸、油酸等单不饱和脂肪酸。脱饱和作用主要在肝微粒体内由一种混合功能氧化酶即 Δ^9 去饱和酶催化完成。但缺乏 Δ^9 以上的去饱和酶，因此无法合成亚油酸、亚麻酸和花生四烯酸等多不饱和脂肪酸，而必须从膳食中获取。

（七）脂肪酸合成的调节

1. 代谢物的调节作用　高脂膳食或脂肪动员加强时，细胞内脂酰辅酶 A 增多，可别构抑制乙酰辅酶 A 羧化酶活性，抑制体内脂肪酸的合成。进食糖类食物后，糖代谢加强，产生脂肪酸合成原料乙酰辅酶 A、ATP 和 NADPH 增多，有利于脂肪酸的合成；同时 ATP 的增多，抑制异柠檬酸脱氢酶活性，造成异柠檬酸及柠檬酸在线粒体中的蓄积并转移至胞质，别构激活乙酰辅酶 A 羧化酶，使脂肪酸合成增加。

2. 激素的调节作用　胰岛素是调节脂肪合成的主要激素。它能诱导乙酰辅酶 A 羧化酶、脂肪酸合成酶系、ATP - 柠檬酸裂解酶等酶的合成，从而促进脂肪酸的合成。同时，胰岛素还能促进脂肪酸合成磷脂酸，从而增加脂肪的合成。胰岛素还可通过激活蛋白磷酸酶，使乙酰辅酶 A 羧化酶去磷酸化而激活，促进脂肪酸合成。此外，胰岛素还能增加脂肪组织脂蛋白脂肪酶（lipoprotein lipase）活性，增加脂肪组织对血液中游离脂肪酸的摄取，加速合成脂肪而贮存。

胰高血糖素能激活 AMPK，使乙酰辅酶 A 羧化酶磷酸化而失活，抑制脂肪酸合成。胰高血糖素也能抑制甘油三酯合成。肾上腺素、生长素也能抑制乙酰辅酶 A 羧化酶的活性，从而抑制脂肪酸的合成。

第三节　磷脂的代谢

PPT

磷脂（phospholipid）主要分为甘油磷脂（glycerophospholipid）和鞘磷脂（sphingophospholipid）两大类，甘油磷脂是以甘油为基本骨架，而鞘磷脂则是以鞘氨醇（sphingosine）为基本骨架，再加上脂肪酸、磷酸和含氮化合物等组成。它们的共同结构特点是含有与磷酸相连的取代基构成的亲水头部和脂肪酸侧链构成的疏水尾部，因而具有双亲性，主要参与生物膜系统的组成。

一、甘油磷脂的代谢

（一）甘油磷脂的结构与功能

甘油磷脂是由甘油、脂肪酸、磷酸和含氮的化合物组成，其基本结构如下：

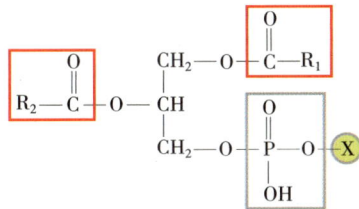

$$
\begin{array}{c}
\text{CH}_2\text{—O—C—R}_1 \\
| \quad\quad\quad\quad \| \\
R_2\text{—C—O—CH} \quad\quad O \\
\| \quad\quad\quad\quad | \\
O \quad\quad\quad\quad \text{CH}_2\text{—O—P—O—}X \\
\quad\quad\quad\quad\quad | \\
\quad\quad\quad\quad\quad \text{OH}
\end{array}
$$

甘油的 1 位和 2 位羟基分别被 1 分子脂肪酸酯化，2 位上的脂肪酸一般为多不饱和脂肪酸，常常为花生四烯酸。甘油的 3 位羟基被 1 分子磷酸酯化，而磷酸—OH 上的 H 又可被取代基 X（多为含氮基团）取代，根据取代基 X 的不同可将甘油磷脂分为六类（表 6-3）。

表 6-3　生物体内几种重要的甘油磷脂

甘油磷脂名称	HO — X	取代基
磷脂酰胆碱（卵磷脂）	胆碱	$—CH_2CH_2N^+(CH_3)_3$
磷脂酰乙醇胺（脑磷脂）	乙醇胺	$—CH_2CH_2NH_2$
磷脂酰丝氨酸	丝氨酸	$—CH_2CHNH_2COOH$
磷脂酰肌醇	肌醇	$\text{HO}\underset{\text{HO}}{\overset{\text{OH}}{\bigcirc}}\overset{\text{OH}}{\underset{\text{OH}}{}}$
二磷脂酰甘油（心磷脂）	磷脂酰甘油	$—CH_2CHOHCH_2O\overset{O}{\underset{OH}{P}}O—CH_2\begin{array}{c}CH_2OCOR_1\\CHOCOR_2\end{array}$
磷脂酰甘油	甘油	$—CH_2CHOHCH_2OH$

甘油磷脂种类繁多，即使取代基完全相同的磷脂，因所含脂酰基的碳链长度、双键数量、双键位置的不同，而形成不同的甘油磷脂。甘油磷脂在甘油的 C_3 位含有亲水的磷酸基团和取代基（称为亲水的极性头部），在 C_1 和 C_2 位上又含有长链脂酰基（称为两个疏水的非极性尾），所以磷脂是双亲性脂质。磷脂在生物体内具有重要的生理功能，例如形成双分子层的生物膜，磷脂酰丝氨酸、磷脂酰肌醇在细胞信号转导过程中发挥重要作用，心磷脂主要存在于线粒体内膜，与氧化磷酸化和 ATP 的产生密切相关。二软脂酰胆碱（C_1，C_2 位上均为饱和的软脂酰基）是肺 II 型肺泡细胞合成的甘油磷脂，是肺泡表面活性物质，能降低肺泡表面张力，早产儿由于这种磷脂的合成和分泌障碍而易患新生儿肺不张。血小板激活因子也是一种特殊的磷脂酰胆碱，具有极强的生物活性。

（二）甘油磷脂的合成代谢

1. 合成部位　全身各组织细胞内质网中均含有合成甘油磷脂的酶系，故各组织细胞均可合成甘油磷脂，肝、肾、肠等组织中磷脂合成均很活跃，尤其肝合成能力最强。

2. 合成原料　合成甘油磷脂需甘油、脂肪酸、磷酸盐、胆碱、乙醇胺、丝氨酸、肌醇等为原料。甘油和脂肪酸主要由糖代谢转化而来，甘油磷脂 2 位的多不饱和脂肪酸为必需脂肪酸，只能从食物中摄取。丝氨酸和肌醇分别是合成磷脂酰丝氨酸和磷脂酰肌醇的原料；胆碱、乙醇胺可从食物摄取，也可由丝氨酸在体内转变生成，丝氨酸通过脱羧基生成乙醇胺作为合成磷脂酰乙醇胺的原料；乙醇胺又可甲基化生成胆碱，其 3 个甲基的供体为 S – 腺苷甲硫氨酸（S – adenosyl methionine，SAM）。合成磷脂所需的能量主要由 ATP 提供，CTP 参与乙醇胺、胆碱和甘油二酯等的活化，形成 CDP – 乙醇胺、CDP – 胆碱和 CDP – 甘油二酯等活性中间产物。

3. 合成途径　不同的甘油磷脂采用不同的合成途径，甘油磷脂的合成途径有两条：甘油二酯合成途径和 CDP – 甘油二酯合成途径。

（1）甘油二酯合成途径　磷脂酰胆碱及磷脂酰乙醇胺主要通过此途径合成。此途径可利用合成的 CDP – 胆碱和 CDP – 乙醇胺与甘油二酯缩合生成卵磷脂和脑磷脂（图 6 – 9）。

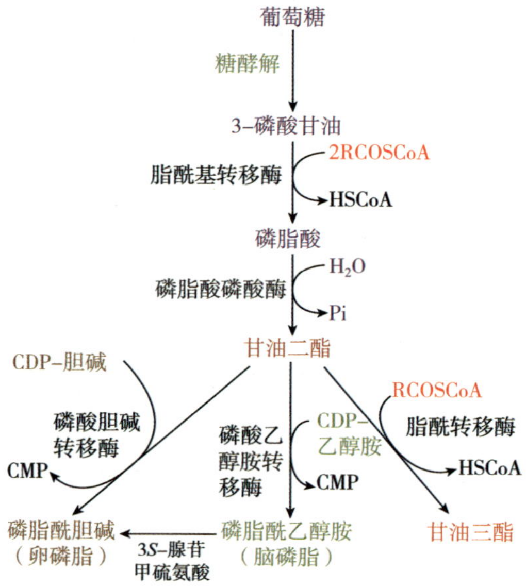

图 6 – 9　甘油二酯途径

（2）CDP – 甘油二酯途径　磷脂酰肌醇、磷脂酰丝氨酸和二磷脂酰甘油（心磷脂）由此途径合成。此途径也需要磷脂酸参与，但磷脂酸中的磷酸在此途径中不被水解，而是在磷脂酰胞苷转移酶的催化下先与 CTP 生成 CDP – 甘油二酯，后者再在合成酶催化下分别与肌醇、丝氨酸及磷脂酰甘油反应，生成相应的磷脂酰肌醇、磷脂酰丝氨酸和二磷脂酰甘油（图 6 – 10）。

（三）甘油磷脂的分解代谢

甘油磷脂的分解是在磷脂酶（phospholipase）的催化下进行的，生物体内有多种磷脂酶，根据其作用部位和先后顺序的不同，分为磷脂酶 A_1、磷脂酶 A_2、磷脂酶 B_1、磷脂酶 B_2、磷脂酶 C、磷脂酶 D。

1. 磷脂酶 A_1　主要存在于动物细胞溶酶体中，先于磷脂酶 B_2 催化甘油磷脂第 1 位酯键水解，产物为脂肪酸和溶血磷脂 2。

2. 磷脂酶 A_2　普遍存在于动物各组织细胞膜和线粒体膜，先于磷脂酶 B_1 催化甘油磷脂分子中第 2 位酯键水解，产物为多不饱和脂肪酸和溶血磷脂 1。

3. 磷脂酶 B_1　催化磷脂酶 A_2 的水解产物溶血磷脂 1 第 1 位酯键水解。

4. 磷脂酶 B_2　催化磷脂酶 A_1 的水解产物溶血磷脂 2 第 2 位酯键水解。

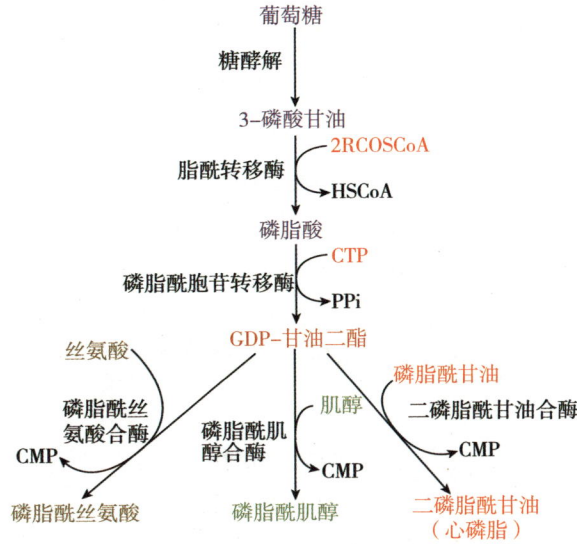

图 6–10　CDP–甘油二酯途径

5. 磷脂酶 C　存在于细胞膜及某些细菌中，催化甘油磷脂分子中第 3 位磷酸酯键水解。

6. 磷脂酶 D　催化甘油磷脂分子中磷酸与取代基团之间的酯键水解，释放出取代基团。
各种磷脂酶作用的化学键及产物见图 6–11。

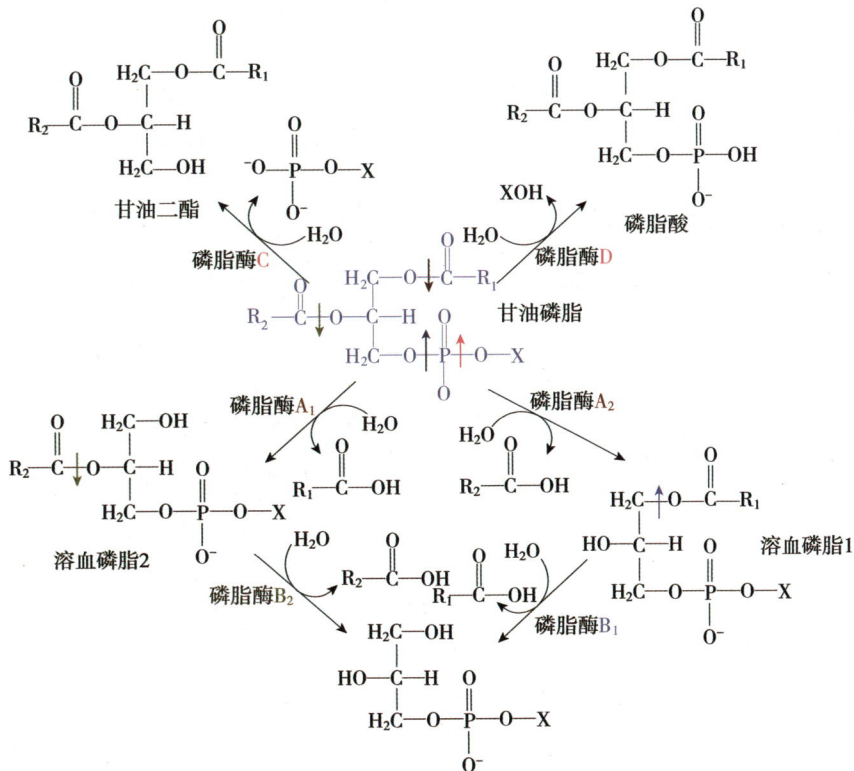

图 6–11　甘油磷脂的降解

　　甘油磷脂的一些水解产物具有较强的生物活性，如磷脂酰胆碱被磷脂酶 A_2 水解后生成的溶血磷脂酰胆碱 1 是较强的表面活性剂，能破坏生物膜结构，例如破坏红细胞膜而引起溶血或细胞坏死。溶血磷脂酰胆碱 1 经磷脂酶 B_1 催化脱去 C_1 位的脂肪酸后，转变为甘油磷酸胆碱，即失去溶解细胞膜的作用。

甘油磷脂水解产物甘油、脂肪酸、磷酸、胆碱、乙醇胺等，可分别进入其他代谢途径。

二、鞘磷脂的代谢

（一）鞘磷脂的结构与功能

鞘磷脂是含鞘氨醇或二氢鞘氨醇的磷脂，两者结构如下：

$$CH_3(CH_2)_{12}—CH\overset{反式}{=\!=}CH—CHOH$$
$$CHNH_2$$
$$CH_2OH$$

鞘氨醇

$$CH_3(CH_2)_{14}—CHOH$$
$$CHNH_2$$
$$CH_2OH$$

二氢鞘氨醇

人体内含量最多的鞘磷脂是神经鞘磷脂（sphingomyelin），由神经酰胺和磷酸胆碱组成。

鞘氨醇 C_2 位上的氨基与脂肪酸通过酰胺键结合后生成神经酰胺（ceramide），也即 N – 脂酰鞘氨醇，C_1 位羟基再与磷酸胆碱或磷酸乙醇胺结合生成鞘磷脂。

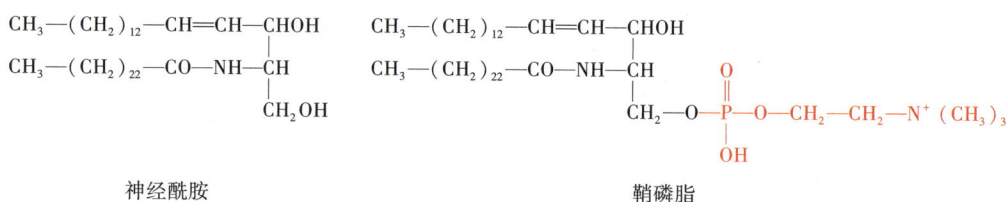

$$CH_3—(CH_2)_{12}—CH\!=\!CH—CHOH$$
$$CH_3—(CH_2)_{22}—CO—NH—CH$$
$$CH_2OH$$

神经酰胺

$$CH_3—(CH_2)_{12}—CH\!=\!CH—CHOH$$
$$CH_3—(CH_2)_{22}—CO—NH—CH$$
$$CH_2—O—\underset{OH}{\overset{O}{P}}—O—CH_2—CH_2—N^+(CH_3)_3$$

鞘磷脂

（二）鞘磷脂的合成

1. 合成部位　全身各组织细胞内质网中均含有合成鞘氨醇的酶，故各组织都能合成神经鞘磷脂，以脑组织最为活跃。

2. 合成原料　脂酰辅酶 A、丝氨酸、NADPH + H$^+$、FAD 和 CDP – 胆碱等均为合成鞘磷脂的原料。

3. 合成过程　在鞘氨醇合成酶系的催化下软脂酰辅酶 A 和丝氨酸先合成鞘氨醇，鞘氨醇再在脂酰基转移酶的催化下，其 C_2 位上的氨基与脂酰辅酶 A 缩合，生成神经酰胺，再由 CDP – 胆碱供给磷酸胆碱，合成神经鞘磷脂。

（三）鞘磷脂的分解

水解鞘磷脂的酶是鞘磷脂酶，存在于脑、肝、肾等细胞溶酶体中，属磷脂酶 C 类，它催化鞘磷脂的磷酸酯键水解，其产物为磷酸胆碱和神经酰胺。如先天缺乏鞘磷脂酶，鞘磷脂不能降解而在细胞内堆积，可引起肝大、脾大及痴呆症状。

第四节　胆固醇的代谢

PPT

一、胆固醇的结构与功能

胆固醇（cholesterol）是重要的类脂之一，其结构为环戊烷多氢菲的衍生物，分子中含有 27 个碳原子，环戊烷多氢菲 C_3 位上有 1 个 β – 羟基，C_5 位、C_6 位之间有 1 个双键，C_{17} 上含有 1 条 8 个碳原子的饱和烃链。胆固醇的烃核及侧链都是非极性疏水的，而 C_3 位上的 β – 羟基是极性的，因此胆固醇有两性分子的性质。胆固醇 C_3 位上的羟基可与 1 分子脂肪酸脱水以酯键相连形成胆固醇酯（cholesterol ester，CE），未与脂酰基结合者称为游离胆固醇（free cholesterol，FC）。其结构如下：

游离胆固醇　　　　　　　　　　　　　　胆固醇酯

胆固醇广泛分布于机体各组织，特别是大脑和神经组织含量较高，约占脑组织的2%；肾上腺、睾丸、卵巢等分泌类固醇激素的腺体含量也较高，胆固醇含量占1%～5%；肝、肾、胃肠等内脏组织及皮肤、脂肪组织等胆固醇含量占0.2%～0.5%，而肌肉组织仅为0.1%～0.2%。

胆固醇是生物体内重要的生理物质，具有重要的生物功能。例如胆固醇是生物膜的重要成分，对控制生物膜的流动性有重要作用；胆固醇也是合成胆汁酸、类固醇激素及维生素 D_3 等生理活性物质的前体。

二、胆固醇的生物合成

人体内的胆固醇，少部分来自动物性食物（约占1/3），称为外源性胆固醇；大部分是由体内各组织细胞合成的（约占2/3），称为内源性胆固醇。

（一）胆固醇合成的部位

成年哺乳动物除脑组织及成熟红细胞外，几乎全身各组织细胞的胞质及滑面内质网均含有胆固醇合成酶系，以肝、小肠最为活跃，肝合成胆固醇的能力最强，合成量占体内合成胆固醇总量的70%～80%，小肠次之，合成量占体内合成胆固醇总量的10%。

（二）胆固醇合成的原料

胆固醇合成的基本原料包括乙酰辅酶 A、ATP、NADPH + H⁺。成年动物每合成1分子胆固醇需18分子乙酰辅酶 A，36分子 ATP 及16分子 NADPH + H⁺。乙酰辅酶 A 由葡萄糖、脂肪酸及某些氨基酸在线粒体内的分解产生，因不能自由透过线粒体内膜，需经柠檬酸－丙酮酸循环进入胞质；NADPH + H⁺主要来自胞质中磷酸戊糖代谢途径。糖代谢产生的乙酰辅酶 A、ATP、NADPH 是胆固醇合成的主要原料，故高糖饮食的人也可能出现血浆胆固醇增高的现象。

（三）胆固醇合成的基本过程

胆固醇合成过程是极其复杂的酶促反应，大致分为三个阶段。

1. 甲羟戊酸的合成　2分子乙酰辅酶 A 在乙酰乙酰辅酶 A 硫解酶催化下，缩合生成乙酰乙酰辅酶 A，然后在 HMG－CoA 合酶催化下，再与1分子乙酰辅酶 A 缩合生成羟甲基戊二酸单酰辅酶 A（HMG－CoA）。HMG－CoA 再在 HMG－CoA 还原酶催化下，由 NADPH + H⁺ 供氢，还原生成甲羟戊酸（mevalonic acid，MVA），催化此反应的 HMG－CoA 还原酶是胆固醇合成的关键酶。

2. 鲨烯的生成　MVA 在 ATP 供能条件下，先经磷酸化，再脱羧、脱羟基而生成为5碳的异戊烯焦磷酸和二甲基丙烯焦磷酸。二甲基丙烯焦磷酸与异戊烯焦磷酸缩合成10碳中间物，然后再与1分子异戊烯焦磷酸缩合成15碳的中间物焦磷酸法尼酯。2分子焦磷酸法尼酯通过缩合、还原生成30碳的多烯烃鲨烯（sequalene）。

3. 胆固醇的合成　鲨烯与胞质中固醇载体蛋白（sterol carrier protein，SCP）结合进入内质网，在单加氧酶、环化酶等催化下，经多步反应，先环化成羊毛固醇，再经过一系列氧化、脱羧、还原等反应，脱去3分子 CO_2，形成27碳的胆固醇（图6-12）。

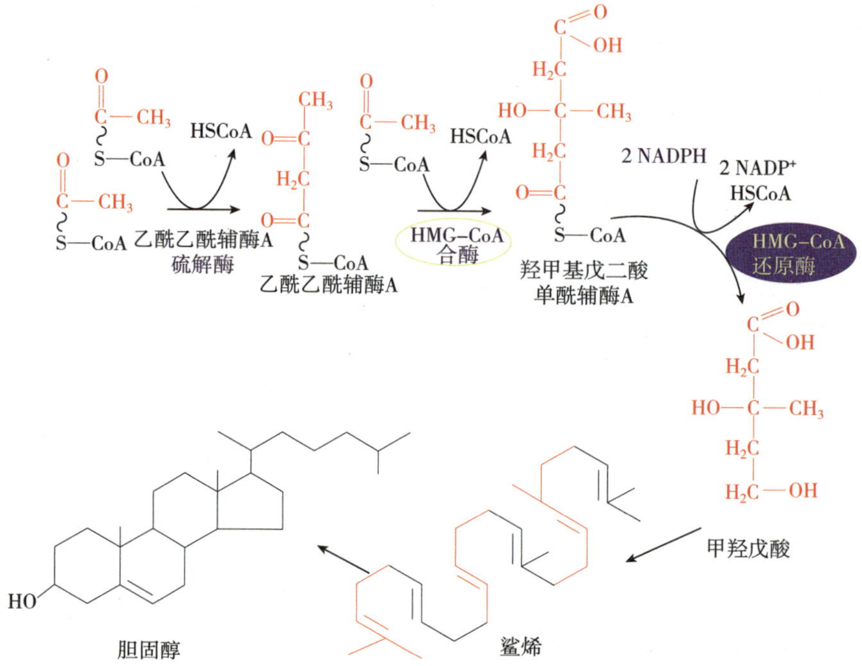

图 6 - 12　胆固醇的生物合成

4. 胆固醇的酯化　细胞内和血浆中的游离胆固醇第 3 位碳原子位上的羟基都可与脂肪酸结合，被酯化成胆固醇酯，但在不同部位催化胆固醇酯化的酶及反应过程不同。

（1）细胞内胆固醇的酯化　在胞质内脂酰辅酶 A – 胆固醇脂酰转移酶（acyl – CoA – cholesterol acyl transferase，ACAT）的催化下，胆固醇 C_3 位上的羟基接受脂酰辅酶 A 的脂酰基形成胆固醇酯。

（2）血浆内胆固醇的酯化　游离胆固醇在血浆中卵磷脂 – 胆固醇脂酰转移酶（lecithin cholesterol acyl transferase，LCAT）的催化下，卵磷脂第 2 位碳原子的脂酰基（多为不饱和脂酰基）转移至胆固醇 C_3 位的羟基上，生成胆固醇酯及溶血卵磷脂。LCAT 由肝实质细胞合成，合成后分泌入血，在血浆中发挥催化作用。

（四）胆固醇合成的调节

胆固醇合成的调节是通过调节关键酶 HMG – CoA 还原酶的活性或含量来实现的，主要是调节其活性。体内多种因素可以影响 HMG – CoA 还原酶。

1. 激素的调节　HMG – CoA 还原酶的活性受化学修饰调节，它有磷酸化和去磷酸化两种形式，前者无活性，后者有活性。胰高血糖素通过第二信使 cAMP 激活蛋白激酶 A，可使 HMG – CoA 还原酶磷酸化而失活，减少胆固醇合成；胰岛素则通过磷蛋白磷酸酶促进该酶的脱磷酸作用，恢复酶活性。胰岛素与甲状腺素能诱导 HMG – CoA 还原酶的合成，使胆固醇合成增多。但甲状腺素同时又促进胆固醇转变为胆汁酸，增加胆固醇的转化去路，后者作用强于前者，故当甲状腺功能亢进时，患者血清胆固醇含量反而下降。

2. 饥饿与饱食　饥饿与禁食可抑制 HMG – CoA 还原酶合成，使酶活性降低，同时也可导致合成胆固醇的原料乙酰辅酶 A、ATP、$NADPH + H^+$ 的不足，故可抑制胆固醇的合成。相反，摄入高糖、高饱和脂肪等饮食后，HMG – CoA 还原酶活性增加，加上乙酰辅酶 A、ATP、$NADPH + H^+$ 的充足，胆固醇合成增加。

3. 细胞胆固醇含量的调节　细胞胆固醇含量过高可反馈地阻遏 HMG – CoA 还原酶的合成，从而抑制胆固醇合成；反之，细胞胆固醇含量降低，则可解除胆固醇对此酶合成的阻遏作用，使合成增加，但胆固醇不能阻遏小肠黏膜细胞合成胆固醇。此外，胆固醇的一些衍生物能通过别构调节直接抑制 HMG – CoA 还原酶活性。

他汀类药物（包括辛伐他汀、普伐他汀、洛伐他汀等）是 HMG – CoA 还原酶的竞争性抑制剂，可有效抑制体内胆固醇的合成，因此成为临床上广泛应用的降低胆固醇的药物。

三、胆固醇的转化与排泄

胆固醇的母核在人体内不能彻底被分解为 CO_2 和 H_2O，而只能经氧化、还原转变为其他含环戊烷多氢菲母核的化合物，参与体内的代谢和调节，部分胆固醇不经变化直接被排出体外。

1. 胆固醇转变成胆汁酸 胆固醇在肝内转化为胆汁酸是体内胆固醇的主要代谢去路。在肝细胞内，胆固醇首先在 7α – 羟化酶催化下生成 7α – 羟胆固醇，然后生成初级胆汁酸。正常成人体内每天合成胆固醇 $1 \sim 1.5g$，其中 $0.4 \sim 0.6g$ 在肝内转变为胆汁酸（胆汁酸代谢详见第十一章）。

2. 胆固醇转变为类固醇激素 胆固醇是肾上腺皮质激素、雌激素、孕激素、雄激素等类固醇激素的前体。肾上腺皮质以胆固醇为原料，在一系列酶的催化下，在球状带细胞主要合成醛固酮，在束状带细胞主要合成皮质醇和少量皮质酮，网状带可合成雄激素。在睾丸间质细胞特异酶催化下，以胆固醇为原料合成睾酮。在卵巢中，可合成雌二醇及孕酮。

3. 胆固醇转变为维生素 D_3 皮肤中的胆固醇经酶促氧化生成 7 – 脱氢胆固醇，经紫外线照射，转变为维生素 D_3。维生素 D_3 经肝细胞微粒体 25 – 羟化酶催化生成 25 – 羟维生素 D_3，后者在肾内经 1 位羟化生成具有生理活性的 1,25 – 二羟维生素 D_3 $[1,25 - (OH)_2 - VitD_3]$，具有调节钙、磷代谢的作用。

4. 胆固醇的直接排泄 大部分胆固醇在肝内转变为胆汁酸，以胆汁酸盐的形式随胆汁排出，这是胆固醇排泄的主要途径。还有一部分胆固醇可与胆汁酸盐结合形成混合微团，直接随胆汁排入肠道，或随肠黏膜细胞脱落而排入肠道，进而排出体外。

第五节　血浆脂蛋白的代谢

PPT

一、血脂

（一）血脂的组成与含量

血浆中所含脂质统称血脂。血浆中的脂质主要包括甘油三酯、磷脂、胆固醇和胆固醇酯以及非酯化的游离脂肪酸。血脂含量波动范围较大，其原因是血脂水平受膳食、年龄、性别、职业及代谢等多种因素影响，通常在进食 $3 \sim 6$ 小时后，血脂水平逐渐趋于稳定，故测定血脂时，需在空腹 $12 \sim 14$ 小时后采血，才能比较可靠地反映血脂水平。血脂虽然只占全身脂质总量的一小部分，但外源性和内源性脂质物质均需经过血液转运于各组织之间，因此血脂的含量可以反映体内脂质代谢的状况。正常人血脂含量见表 6 – 4。

血脂含量受膳食、年龄、性别、职业及代谢等的影响，波动范围很大。

表6-4　正常成人空腹时血浆中脂质的主要组成和含量

脂质物质	含量	
	mmol/L	mg/dl
总脂		400～700（500）
甘油三酯	0.11～1.81（1.13）	10～160（100）
总磷脂	48.44～80.73（64.58）	150～250（200）
卵磷脂	21.1～67.1（35.2）	80～225（110）
脑磷脂	4.1～12（6.4）	10～30（20）
神经磷脂	16.1～42.0（22.6）	50～130（70）
总胆固醇	3.88～6.47（5.17）	150～250（199）
胆固醇酯	1.35～5.01（3.75）	90～200（145）
游离胆固醇	1.04～1.82（1.43）	40～70（55）
脂肪酸总量	4.30～18.95（11.72）	110～485（300）
非酯化脂肪酸	0.20～0.78	5～20

注：表中括号内的数值为均值。

（二）血脂的来源与去路

1. 血脂的来源　食物中的脂质是外源性脂质，通过消化吸收进入机体是主要的脂质来源；体内各组织具有很强的合成脂质的能力，特别是肝合成的脂质以血浆脂蛋白形式释放入血，也是血脂的重要来源；脂肪动员释放出游离脂肪酸，也是血脂来源，特别是运动时，脂肪动员加快，释放脂肪酸增多，为肌肉组织提供能量。

2. 血脂的去路　血脂中甘油三酯、游离脂肪酸可转运至肌肉等组织氧化供能，也可以转运至脂肪组织储存。磷脂可构成生物膜。胆固醇一方面可以构成生物膜，另一方面也可以转化为其他物质。

机体通过许多机制调控血脂的来源与去路，使之处于动态平衡状态，如果打破这种平衡，则影响血脂水平。血胆固醇及甘油三酯水平的升高与动脉粥样硬化等心血管病的发生有密切关系。

二、血浆脂蛋白的组成

脂质不溶于水，在血浆中需与蛋白质结合，形成亲水复合体，即以脂蛋白（lipoprotein）形式存在和运输，脂蛋白中的蛋白质部分称为载脂蛋白（apolipoprotein，Apo）。

（一）血浆脂蛋白的分类

不同脂蛋白因所含脂质及蛋白质不同，其密度、颗粒大小、表面电荷、电泳行为及免疫学性质均不相同，用电泳法及超速离心法可将其分为不同类型。

1. 超速离心法　不同脂蛋白所含的脂质及蛋白质的比例不同而导致其密度大小出现差异。血浆在不同密度的盐溶液中进行超速离心时，脂蛋白因密度大小不同而被分离，据此将血浆脂蛋白分为4类，即乳糜微粒（chylomicron，CM）；极低密度脂蛋白（very low density lipoprotein，VLDL）；低密度脂蛋白（low density lipoprotein，LDL）和高密度脂蛋白（high density lipoprotein，HDL）。4种脂蛋白的密度大小依次为 CM < VLDL < LDL < HDL。

2. 电泳法　各种脂蛋白中因所含载脂蛋白的质量比和表面电荷不同，其在电场中有不同的迁移率，可将血浆脂蛋白分为4类，即乳糜微粒，停留在点样处；β-脂蛋白（相当于LDL），出现于β-球蛋白位置；前β-脂蛋白（相当于VLDL），出现于α_2-球蛋白位置；α-脂蛋白（相当于HDL），出现于α_1-球蛋白位置，4种脂蛋白的电泳速率为 CM < β-脂蛋白 < 前β-脂蛋白 < α-脂蛋白。

以上 2 种分类方法之间的关系见图 6 – 13。

除上述 4 种脂蛋白外，血浆中还有脂蛋白 a，其组成和结构类似于 LDL，因含有载脂蛋白 A 而得名。另外，也含有密度介于 VLDL 和 LDL 之间的中间密度脂蛋白 IDL，它是 VLDL 在血浆中的中间代谢物。每一种脂蛋白根据其颗粒大小和密度不同还可分为亚型，如 VLDL$_1$、VLDL$_2$、LDL 可分为 A、B 两个亚型。HDL 可分为 HDL$_1$、HDL$_2$ 和 HDL$_3$，正常人血浆中主要含 HDL$_2$ 和 HDL$_3$。

（二）血浆脂蛋白的化学组成

血浆脂蛋白主要由载脂蛋白和脂质两部分组成，各种脂蛋白的蛋白质部分和脂质部分组成比例及含量差异很大（表 6 – 5）。CM 含甘油三酯最多，为 80% ~ 95%，蛋白质仅占约 1%。VLDL 含甘油三酯 50% ~ 70%，蛋白质含量约为 10%。LDL 含胆固醇及胆固醇酯最多，为 45% ~ 50%，蛋白质含量为 20% ~ 25%。HDL 含蛋白质最多，约占 50%。

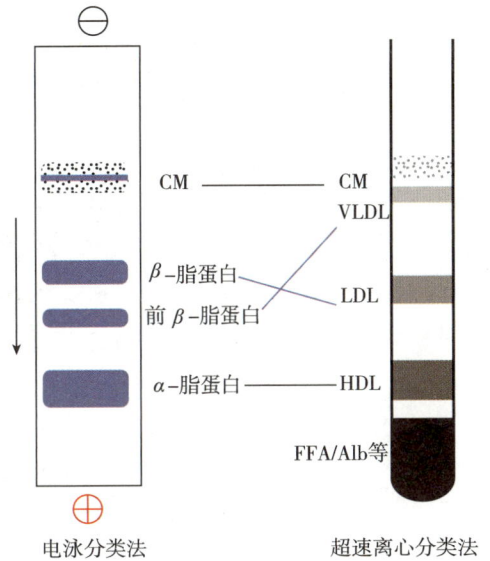

图 6 – 13　血浆脂蛋白的分类

表 6 – 5　血浆脂蛋白的分类、性质、组成及功能

分类	密度法 电泳法	乳糜微粒	极低密度脂蛋白 前 β – 脂蛋白	低密度脂蛋白 β – 脂蛋白	高密度脂蛋白 α – 脂蛋白
性质	密度	<0.95	0.95 ~ 1.006	1.006 ~ 1.063	1.063 ~ 1.210
	S$_f$ 值	>400	20 ~ 400	0 ~ 20	沉降
	电泳位置	原点	α$_2$ – 球蛋白	β – 球蛋白	α$_1$ – 球蛋白
	颗粒直径（nm）	80 ~ 500	25 ~ 80	20 ~ 25	7.5 ~ 10
组成（%）	蛋白质	0.5 ~ 2	5 ~ 10	20 ~ 25	50
	脂质	98 ~ 99	90 ~ 95	75 ~ 80	50
	甘油三酯	80 ~ 95	50 ~ 70	10	5
	磷脂	5 ~ 7	15	20	25
	总胆固醇	1 ~ 4	15	45 ~ 50	20
	游离型	1 ~ 2	5 ~ 7	8	5
	酯化型	3	10 ~ 12	40 ~ 42	15 ~ 17
主要载脂蛋白		B48，A I，C，E	B100，C，E	B100，E	A I，A II，C I
主要合成部位		小肠黏膜细胞	肝细胞	血浆	肝、肠、血浆
主要功能		转运外源性甘油三酯及其他脂质	转运内源性甘油三酯及其他脂质	转运内源性胆固醇	逆向转运胆固醇

（三）血浆脂蛋白的结构特点

血浆中各种脂蛋白均为球状颗粒，但颗粒大小不同。颗粒的内核由疏水性较强的甘油三酯、胆固醇酯组成，内核外包裹着由磷脂、游离胆固醇及载脂蛋白等双性分子组成的单层结构。外层双性分子的亲水极性基团面向外侧，其非极性的疏水基团面向内侧与内部的疏水基团结合，从而使脂蛋白颗粒能够稳定地悬浮于水溶性的液相之中（图 6 – 14）。CM 与 VLDL 主要以 TG 为内核，LDL 及 HDL 则主要以 CE 为内核。

（四）载脂蛋白的功能

人血浆中有 20 多种载脂蛋白，主要有 ApoA、ApoB、ApoC、ApoD、ApoE 5 类（表 6 – 6），其中

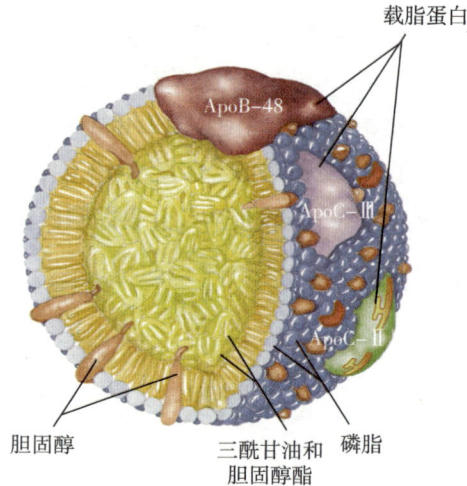

图 6-14 脂蛋白颗粒结构

ApoA 又分为 ApoA Ⅰ、ApoA Ⅱ、ApoA Ⅳ，ApoB 分为 ApoB100 和 ApoB48；ApoC 分为 ApoC Ⅰ、ApoC Ⅱ、ApoC Ⅲ。载脂蛋白是决定脂蛋白结构、功能和代谢的主要因素，其重要功能有：①参与脂蛋白的组成和转运；②稳定脂蛋白颗粒的结构；③协同调节脂蛋白代谢酶活性；④介导脂蛋白颗粒之间相互作用；⑤参与细胞膜上脂蛋白受体的识别与结合。

表 6-6 血浆主要载脂蛋白的功能

载脂蛋白	主要功能	载脂蛋白	主要功能
ApoA Ⅰ	激活 LCAT，识别 HDL 受体	ApoC Ⅱ	激活 LPL
ApoA Ⅱ	稳定 HDL 结构，激活 HL	ApoC Ⅲ	抑制 LPL，抑制肝 ApoE 受体
ApoA Ⅳ	辅助激活 LPL	ApoD	转运 CE
ApoB100	识别 LDL 受体	ApoE	识别 LDL 受体和 ApoE 受体
ApoB48	促进 CM 合成	ApoJ	结合转运脂质，激活补体
ApoC Ⅰ	激活 LCAT	Apo（a）	抑制纤维蛋白溶酶活性

三、血浆脂蛋白代谢过程及功能

（一）血浆脂蛋白代谢的关键酶

在血浆脂蛋白代谢中，有 3 种起关键作用的酶，包括脂蛋白脂肪酶（lipoprotein lipase，LPL）、肝脂肪酶（hepatic lipase，HL）、卵磷脂-胆固醇脂酰转移酶（LCAT），见表 6-7。

表 6-7 参与血浆脂蛋白代谢三种关键酶的比较

酶	LPL	LCAT	HL
合成部位	心、脂肪、骨骼肌、乳腺	肝实质细胞	肝实质细胞
作用部位	毛细血管内皮细胞表面	血浆	肝窦内皮细胞表面
肝素	激活，使之释放入血	—	激活，使之释放入血
分子结构	475 个氨基酸构成	416 个氨基酸构成	476 个氨基酸构成
相对分子质量	54000	47000	51000
功能	水解脂蛋白中的 TG 和磷脂	在血浆中催化胆固醇酯化	主要水解脂蛋白中的 TG
激活剂	ApoC Ⅱ	ApoA Ⅰ	—

（二）血浆脂蛋白代谢的过程

1. 乳糜微粒代谢 乳糜微粒是运输外源性甘油三酯和其他脂质的主要形式。食物中的脂肪在肠道被水解为甘油和脂肪酸，由小肠黏膜细胞吸收后在细胞内重新酯化，合成甘油三酯和胆固醇酯，连同合成及吸收的磷脂及胆固醇，加上肠黏膜上皮细胞合成的 ApoB48 和 ApoA，在高尔基体内组装成 CM，经淋巴循环入血。

在血浆中，新生 CM 从 HDL 获 ApoC 及 ApoE，并将部分 ApoA Ⅰ、ApoA Ⅱ、ApoA Ⅳ转移给 HDL，形成成熟的 CM。CM 中的 ApoC Ⅱ激活骨骼肌、心肌、肝及脂肪组织等毛细血管内皮细胞表面的 LPL，LPL 逐步水解 CM 中的甘油三酯和磷脂，产生甘油、脂肪酸和溶血磷脂等；同时，CM 表面的 ApoA Ⅰ、ApoA Ⅱ、ApoA Ⅳ、ApoC 等连同表面的磷脂及胆固醇离开 CM 颗粒，参与形成新生的 HDL。在 LPL 的反复作用下，CM 内核中的 TG 大部分被逐步水解，释放出的脂肪酸被心脏、肌肉、脂肪组织、肾等肝外组织所摄取和利用；同时 CM 颗粒逐渐变小，转变为富含胆固醇酯、ApoB 48 及 ApoE 的 CM 残粒（remnant）。CM 残粒与肝细胞膜 LDL 受体相关蛋白（LDL receptor related protein, LRP）结合并被肝细胞摄取清除（图 6-15）。正常人 CM 在血浆中迅速被代谢，其半寿期为 5~15 分钟，平均 10 分钟，因此正常人空腹血浆（餐后 12~14 小时）不含 CM。

CM 的主要功能是转运外源性甘油三酯和其他脂质。

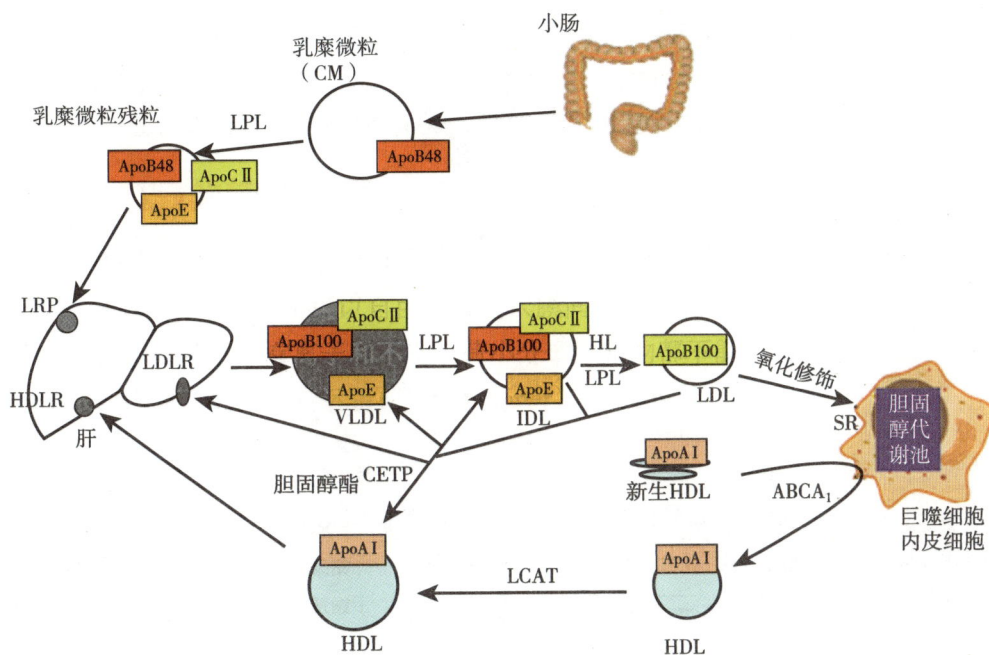

图 6-15 血浆脂蛋白的代谢

2. 极低密度脂蛋白代谢 VLDL 是体内运输内源性甘油三酯的主要形式。VLDL 大部分在肝细胞合成，小肠黏膜上皮细胞合成少量 VLDL。肝细胞可利用糖，也可利用食物及脂肪动员获得的脂肪酸合成甘油三酯，加上 ApoB 100、ApoE 及磷脂、胆固醇等形成 VLDL。

VLDL 由肝和小肠合成后分泌入血，从 HDL 获得 ApoC，其中 ApoC Ⅱ激活肝外组织毛细血管内皮细胞表面的 LPL；在 LPL 的作用下，VLDL 中的甘油三酯逐步被水解，释放出的脂肪酸被心肌、骨骼肌、脂肪组织等肝外组织所摄取和利用；同时，VLDL 表面的 ApoC、磷脂及胆固醇向 HDL 转移，ApoB100 保留在颗粒中。在胆固醇酯转运蛋白（cholesterol ester transfer protein, CETP）的催化下，HDL 中的胆固醇酯转移到 VLDL，随着水解和交换的进行，VLDL 中的甘油三酯逐渐减少，胆固醇酯、ApoB100、ApoE

的含量相对增加，VLDL 转变为 IDL。约 50% 的 IDL 被肝细胞摄取清除；另 50% 的 IDL 继续代谢，其中的甘油三酯被 LPL 和 HL 进一步水解，使甘油三酯的含量进一步下降，胆固醇及其酯所占比例升高；同时其表面的 ApoE 转移至 HDL，仅剩下 ApoB100，IDL 即转变为 LDL（图 6-15）。VLDL 在血浆中的半衰期为 6~12 小时。

VLDL 的主要功能是转运内源性甘油三酯和其他脂质。

3. 低密度脂蛋白代谢 LDL 在血浆中由 VLDL 代谢转化而来，是转运肝合成的内源性胆固醇及其酯的主要形式。多种组织器官能摄取、降解 LDL，肝是降解 LDL 的主要器官，肾上腺皮质、卵巢、睾丸等组织摄取及降解 LDL 的能力也较强。LDL 在体内代谢有两条途径，即 LDL 受体代谢途径和 LDL 非受体代谢途径。

（1）受体代谢途径 肝、动脉壁细胞及全身各组织细胞表面均广泛存在 LDL 受体（LDL receptor，LDLR），LDL 受体能特异识别与结合含 ApoE 或 ApoB100 的脂蛋白，故又称 ApoB/ApoE 受体。LDL 经 LDL 受体介导进入细胞内，与溶酶体融合，在溶酶体蛋白水解酶作用下，载脂蛋白被水解为氨基酸；胆固醇酯被胆固醇酯酶水解为游离胆固醇及脂肪酸，这一代谢过程称为 LDL 受体代谢途径（图 6-16）。

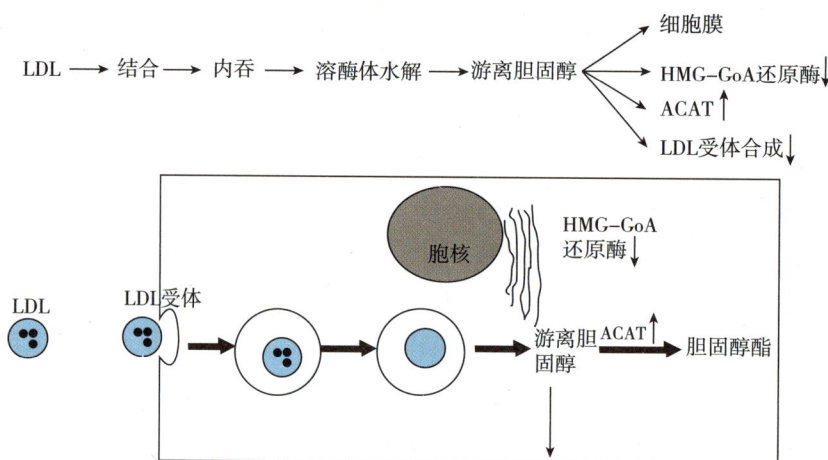

图 6-16　LDL 受体代谢途径

LDL 水解释出的游离胆固醇可调节细胞胆固醇代谢：①抑制内质网 HMG-CoA 还原酶，从而抑制细胞本身胆固醇的合成；②阻遏细胞 LDL 受体表达，因而减少细胞对 LDL 的进一步摄取；③激活内质网脂酰辅酶 A-胆固醇脂酰转移酶（ACAT），催化游离胆固醇酯化成胆固醇酯而在胞质储存。游离胆固醇重要的生理功能包括：①构成细胞膜的重要成分；②在肾上腺皮质、卵巢等组织细胞中合成类固醇激素。体内大约 2/3 的 LDL 经受体代谢途径进行代谢。

（2）非受体代谢途径 血浆中约有 1/3 的 LDL 经非受体代谢途径进行代谢。血浆中的 LDL 可以被修饰（主要为氧化修饰），被修饰的 LDL 可被单核吞噬细胞系统中的巨噬细胞或血管内皮细胞上的清道夫受体（scavenger receptor，SR）识别，进而结合被修饰的 LDL 并吞噬清除（图 6-15）。LDL 在血浆中的半衰期为 2~4 天。

LDL 的主要功能是将胆固醇从肝内转运至肝外组织。

4. 高密度脂蛋白代谢 HDL 主要在肝细胞内合成，肝细胞中磷脂、少量胆固醇及 ApoA、ApoC、ApoE 组成新生的 HDL；小肠黏膜细胞合成少量新生的 HDL；血浆中 CM 和 VLDL 中的甘油三酯水解时，其表面的 ApoAⅠ、ApoAⅡ、ApoAⅣ以及磷脂、胆固醇脱离 CM 和 VLDL 后，亦可在血浆中形成少量新生的 HDL。HDL 可按密度大小分为 HDL$_1$、HDL$_2$ 和 HDL$_3$。HDL$_1$ 仅出现于高胆固醇膳食后的血浆中，正常血浆主要含 HDL$_2$ 和 HDL$_3$。

在细胞膜上的 ATP 结合盒转运蛋白 A_1（ATP-binding cassette transporter A_1，$ABCA_1$）介导下，肝外组织细胞中的胆固醇和卵磷脂移出，转移至新生 HDL，分布于新生的 HDL 膜表面，在血浆卵磷脂－胆固醇脂酰转移酶（LCAT）催化下，新生 HDL 表面卵磷脂的 2 位脂酰基转移到胆固醇 3 位羟基生成溶血卵磷脂及胆固醇酯，此过程消耗的卵磷脂及游离胆固醇不断从外周组织的细胞膜得到补充。在 LCAT 的催化下，生成的胆固醇酯转移至 HDL 核心，在 LCAT 的反复作用下，酯化胆固醇进入 HDL 内核逐渐增多，同时其表面的 ApoC 及 ApoE 又转移到 CM 及 VLDL 上，最后新生 HDL 转变为成熟的 HDL_3。

在 LCAT 的催化下，HDL 的胆固醇酯化继续增加，同时，不断接受 CM 及 VLDL 水解过程中释放出的磷脂、ApoA I、ApoA II 等，其中 ApoA I 是 LCAT 的激活剂，促进胆固醇酯化使 HDL_3 转变为密度较小、颗粒较大的 HDL_2。

成熟的 HDL 在血浆中胆固醇酯转运蛋白（CETP）作用下可将所携带的胆固醇酯转移至 VLDL 或 LDL，最后 HDL 与肝细胞膜 HDL 受体结合，然后被肝细胞摄取降解，其中的胆固醇可用于合成胆汁酸或直接随胆汁排出体外。HDL 在血浆中的半衰期为 3～5 天。机体通过 HDL 逆向转运胆固醇的机制，将外周组织中的胆固醇运到肝代谢并排出体外，避免了胆固醇在局部组织细胞中的大量堆积。研究表明，血浆中 90% 以上的胆固醇酯来自 HDL，其中约 70% 的胆固醇酯由 HDL 转移至 VLDL 及 LDL 后被肝摄取清除，10% 则通过肝的 HDL 受体清除。

HDL 的主要功能是从肝外组织将胆固醇转运到肝代谢降解，即逆向转运胆固醇。除参与胆固醇的逆向转运外，HDL 也是 ApoC II 的储存库。新生的 CM 及 VLDL 入血液后，需从 HDL 获得 ApoC II 激活 LPL，CM 及 VLDL 中的甘油三酯才能水解，随着甘油三酯水解，CM 及 VLDL 表面磷脂与载脂蛋白脱落，ApoC II 又回到 HDL（图 6－15）。

（三）血浆脂蛋白代谢异常

血脂高于正常参考值的上限称为高脂血症（hyperlipidemia）。目前临床上常见的有高甘油三酯血症和高胆固醇血症，由于血浆脂质在血浆中以脂蛋白形式运输，血中脂蛋白代谢紊乱导致血脂异常增高，因此，高脂血症也可称为高脂蛋白血症（hyperlipoproteinemia）。传统上将脂蛋白及血脂异常的改变分为 6 种类型，参见表 6－8。

表 6－8　高脂蛋白血症分型

分型	脂蛋白变化	血脂变化
I	乳糜微粒升高	甘油三酯 ↑↑↑，胆固醇 ↑
II a	低密度脂蛋白升高	胆固醇 ↑↑
II b	低密度及极低密度脂蛋白同时升高	胆固醇 ↑↑，甘油三酯 ↑↑
III	中间密度脂蛋白升高（电泳出现宽 β 带）	胆固醇 ↑↑，甘油三酯 ↑↑
IV	极低密度脂蛋白升高	甘油三酯 ↑↑
V	极低密度脂蛋白及乳糜微粒同时升高	甘油三酯 ↑↑↑，胆固醇 ↑

目标检测

答案解析

一、选择题

1. 体内脂肪分解成脂肪酸的过程称为（　　）

A. 脂肪酸的运输

B. 酮体的合成

C. 脂肪动员   D. 脂肪酸活化

E. 脂肪酸的 β 氧化

2. 下列物质中携带脂酰辅酶 A 进入线粒体氧化的是 （　　）

A. 白蛋白　　　　B. 柠檬酸　　　　C. 丙酮酸　　　　D. 肉碱　　　　E. 清蛋白

3. 下列化合物中不参与脂肪酸氧化的是 （　　）

A. HSCoA　　　　B. FAD　　　　C. 肉碱　　　　D. NAD$^+$　　　　E. NADP$^+$

4. 胆固醇不能转化为 （　　）

A. 胆红素　　　　B. 胆汁酸　　　　C. 醛固酮　　　　D. 维生素 D_3　　　　E. 性激素

5. 1 分子硬脂酸彻底氧化净生成的 ATP 分子数目是 （　　）

A. 106　　　　B. 108　　　　C. 112　　　　D. 120　　　　E. 122

6. 下列组织中不能直接利用脂肪酸的是 （　　）

A. 心肌　　　　B. 大脑　　　　C. 骨骼肌　　　　D. 肾脏　　　　E. 肝脏

7. 酮体合成的关键酶是 （　　）

A. 乙酰辅酶 A 羧化酶　　　　　　　　B. 肉碱脂酰转移酶 I

C. HMG – CoA 合酶　　　　　　　　D. HMG – CoA 还原酶

E. 激素敏感性脂肪酶

8. 下列化合物中参与磷脂合成的是 （　　）

A. UTP　　　　B. CTP　　　　C. TTP　　　　D. GTP　　　　E. dTTP

9. 与 β – 脂蛋白相对应的脂蛋白是 （　　）

A. CM　　　　B. VLDL　　　　C. LDL　　　　D. IDL　　　　E. HDL

10. 下列脂蛋白中具有抗动脉粥样硬化作用的是 （　　）

A. CM　　　　B. VLDL　　　　C. LDL　　　　D. IDL　　　　E. HDL

二、问答题

1. 何谓脂肪动员？何谓酮体？

2. 简述胆固醇生物合成的原料、组织定位、亚细胞定位、关键酶及其在体内的代谢转变。

3. 用超速离心法可将血浆脂蛋白分为几类？各有何功能？

4. 简述他汀类药物（结构与 HMG – CoA 相似）降低高胆固醇血症的生化机制。

（龚明玉　李素婷）

书网融合……

本章小结　　　　微课1　　　　微课2　　　　题库

第七章　生物氧化

第一节　生物氧化的特点及其酶类

PPT

一、生物氧化的特点

生物氧化（biological oxidation）是糖、脂肪、蛋白质等物质在生物体内进行氧化分解、最终生成 CO_2 和 H_2O，并逐步释放大量能量满足机体生命活动需要的过程。这一过程在组织细胞中进行，消耗氧生成 CO_2，与细胞呼吸有关，因此生物氧化又称为细胞呼吸或者组织呼吸。

体内生物氧化与体外氧化的化学本质相同，都是脱氢、加氧、失电子，两者都遵循氧化还原反应的一般规律，耗氧量相同，终产物相同（CO_2 与 H_2O），释放的能量也相同，但是体内生物氧化因其反应环境和条件不同而具有以下独特的特点。

（1）生物氧化是在 37℃、近中性 pH 的水溶液中进行的，并且需要酶的催化。

（2）生物氧化过程中，CO_2 的生成是通过有机酸的脱羧反应。

（3）生物氧化过程中，H_2O 的生成是通过底物的脱氢反应，脱氢是最常见的氧化方式，代谢物脱下的氢原子，可以传递给脱氢酶的辅酶或者辅基生成还原型的辅酶或者辅基，氢原子最后通过线粒体的氧化呼吸链，最终传递给氧生成 H_2O。

（4）生物氧化过程中，能量是逐步释放的，并主要以 ATP 的形式储存。

（5）生物氧化的反应速率受体内多种因素的影响和调节。

二、生物氧化的酶类

生物氧化的过程是指底物在一系列酶的催化下进行脱氢、加氧、失电子的过程，因此生物氧化的酶有氧化酶类、脱氢酶类、加氧酶类和过氧化物酶类等。游离的电子或氢原子不能单独存在，氧化反应中脱下的电子或氢原子总由另一物质所接受。其中，失去电子或氢原子的物质称为供电子体或供氢体；接受电子或氢原子的物质称为受电子体或受氢体。加氧酶和过氧化物酶主要存在于非线粒体的氧化体系中，将在本章第三节加以介绍，这里先介绍线粒体氧化体系中的氧化酶类和脱氢酶类。

（一）氧化酶类

氧化酶（oxidases）直接作用于底物，以氧作为受氢体或受电子体，氧化酶均为结合蛋白质，辅基常含有 Cu^{2+} 或者铁卟啉，生成产物是 H_2O，如细胞色素氧化酶（cytochrome oxidase）、抗坏血酸氧化酶等。

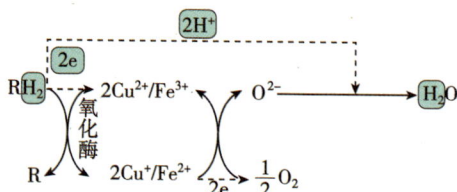

（二）脱氢酶类

1. 需氧脱氢酶（aerobic dehydrogenase）　催化底物，以氧为直接受氢体，以黄素单核苷酸（flavin mononucleotide，FMN）或黄素腺嘌呤二核苷酸（flavin adenine dinucleotide，FAD）为辅基，产物为 H_2O_2 或超氧离子（O_2^-），超氧离子可继续在超氧化物歧化酶（superoxide dismutase，SOD）催化下生成 H_2O_2 与 O_2，如黄嘌呤氧化酶（辅基 FAD）、单胺氧化酶（辅基 FAD）等。

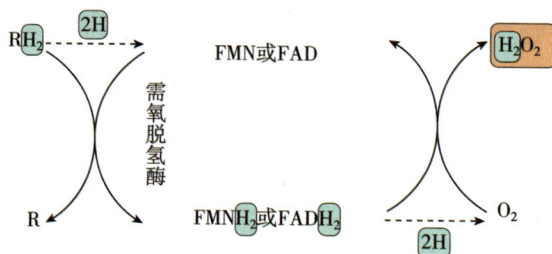

2. 不需氧脱氢酶（anaerobic dehydrogenase）　是催化代谢物氧化脱氢，但不以氧为直接受氢体，而是以某些辅酶作为直接受氢体的一类酶。这类酶数量较多。其作用一方面在偶联的氧化还原反应中将一个代谢物脱下的氢传递给另一个代谢物；另一方面作为呼吸链的一个部分，在呼吸链传递电子的过程中起作用。不需氧脱氢酶在生物氧化尤其是在能量代谢方面是最重要的酶类。

这类酶的辅酶包括烟酰胺腺嘌呤二核苷酸（nicotinamide adenine dinucleotide，NAD$^+$）、烟酰胺腺嘌呤二核苷酸磷酸（NADP$^+$），以及 FMN 和 FAD。以 NAD$^+$ 为辅酶的脱氢酶通常催化代谢物的氧化，如乳酸脱氢酶、异柠檬酸脱氢酶、苹果酸脱氢酶等；以 NADP$^+$ 为辅酶的脱氢酶主要在磷酸戊糖途径、脂肪酸及胆固醇等的生物合成过程中起催化作用；以 FAD 和 FMN 为辅基的不需氧脱氢酶有琥珀酸脱氢酶（以 FAD 为辅基），NADH 脱氢酶（以 FMN 为辅基），如脂酰辅酶 A 脱氢酶等。

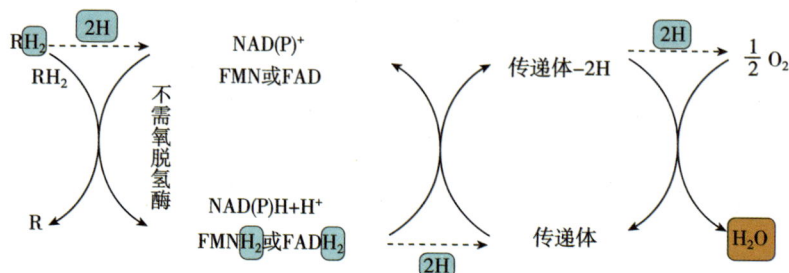

三、生物氧化中 CO_2 的生成

糖、脂肪、蛋白质等有机物转变成含羧基的有机酸，然后在酶催化下脱羧而生成 CO_2。根据所脱羧基在底物分子结构中的位置分为 α - 脱羧和 β - 脱羧，根据是否伴有氧化反应可以分为单纯脱羧和氧化脱羧，综合进行分类，有以下 4 种脱羧方式。

1. α - 单纯脱羧

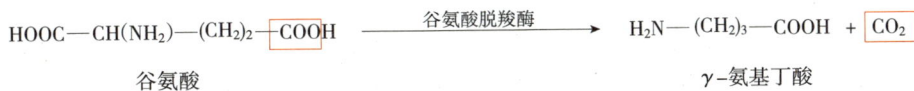

2. α - 氧化脱羧

3. β - 单纯脱羧

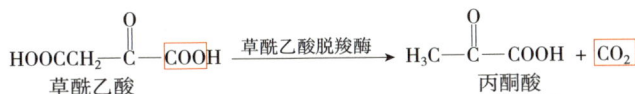

4. β - 氧化脱羧

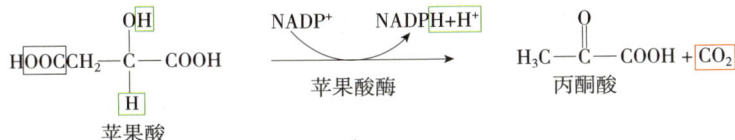

第二节　生成 ATP 的生物氧化体系

PPT

一、呼吸链　微课

呼吸链（respiratory chain）是指位于真核生物线粒体内膜或原核生物细胞膜上的一组排列有序的递氢体和递电子体。它能将代谢物脱下的成对氢原子（还原当量）通过多种递氢体和递电子体的有序传递，最终与氧结合生成水。因递氢体和递电子体都有传递电子的作用，故呼吸链又称为电子传递链（electron transfer chain）。

（一）呼吸链的成分和作用

目前发现组成呼吸链的递氢体和递电子体成分有多种，主要可分为以下 5 类。

1. 烟酰胺腺嘌呤二核苷酸（NAD⁺）　　又称辅酶 I （coenzyme I，Co I）是多种不需氧脱氢酶的辅酶，是连接代谢物与呼吸链的重要环节。它是烟酰胺在体内的活性形式，在生物氧化过程中发挥递氢作用（图 7 - 1）。脱下的氢由辅酶 NAD⁺ 接受。在生理 pH 条件下，烟酰胺中的氮为五价氮，它能可逆地接受电子而成为三价氮，与氮对位的碳也较活泼，能可逆地加氢还原，故可将 NAD⁺ 视为递氢体。反应时，NAD⁺ 中的烟酰胺部分可接受 1 个 H 及 1 个 e，尚有 1 个质子（H⁺）留在介质中。

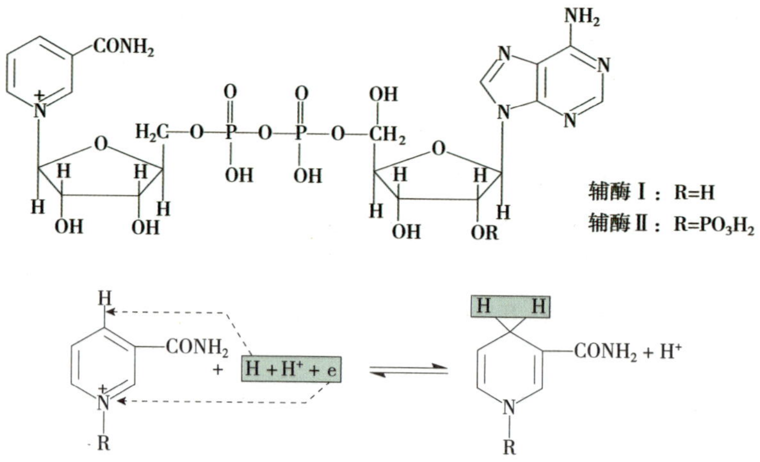

图 7－1 NAD⁺ 或 NADP⁺ 的结构及作用机制

2. 黄素蛋白（flavoproteins，FP）   种类很多，其辅基有两种，一种为黄素单核苷酸（FMN），另一种为黄素腺嘌呤二核苷酸（FAD）。两者均含核黄素，此外 FMN 尚含 1 分子磷酸，而 FAD 则比 FMN 多含 1 分子腺苷酸（AMP），其结构如图 7－2 所示。

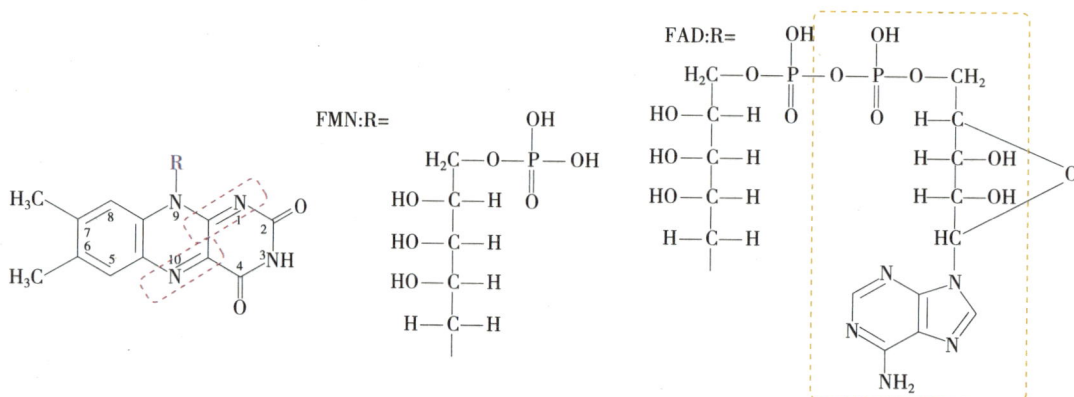

图 7－2 FAD 和 FMN 的结构

黄素蛋白是以 FMN 或 FAD 为辅基的不需氧脱氢酶，是核黄素在体内的活性形式，它们催化代谢物脱下的 2 个氢原子由辅基 FMN 或 FAD 异咯嗪环上的第 1 位和第 10 位 2 个氮原子接受，从而变成还原型的 FMNH₂ 或 FADH₂，所以在 FMN 或 FAD 分子中的异咯嗪环部分可进行可逆的脱氢加氢反应（图 7－3）。

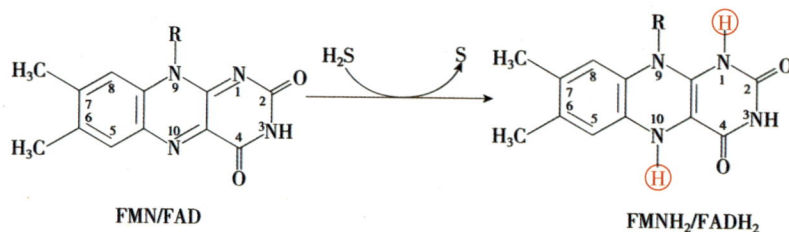

图 7－3 FAD 和 FMN 的作用机制

多数黄素蛋白参与呼吸链组成，与电子转移有关，如 NADH 脱氢酶（NADH dehydrogenase）以 FMN 为辅基，是呼吸链的组分之一，介于 NADH 与其他电子传递体之间；其他，如琥珀酸脱氢酶（succinate dehydrogenase）、线粒体内的甘油磷酸脱氢酶（glycerol phosphate dehydrogenase）的辅基为 FAD，它们可直接从底物转移氢到呼吸链。

3. 铁硫蛋白（iron‑sulfur protein, Fe‑S） 是存在于线粒体内膜上的一种与传递电子有关的蛋白质，其分子中含有等量的非血红素铁原子和对酸不稳定的硫原子。铁与铁硫蛋白中半胱氨酸残基的硫相结合。铁硫蛋白在线粒体内膜上往往和其他递氢体或递电子体（黄素蛋白或细胞色素 b）结合成复合物而存在。根据所含铁原子和硫原子的数目不同，分为 Fe_2S_2、Fe_3S_4、Fe_4S_4 三种形式（图 7‑4）。

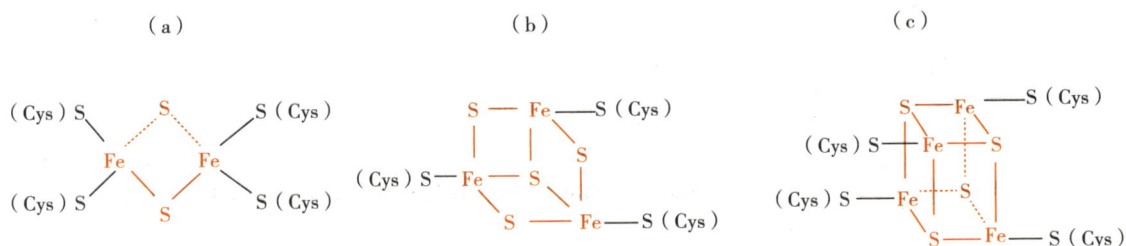

图 7‑4 线粒体中铁硫中心的结构
（a）Fe_2S_2；（b）Fe_3S_4；（c）Fe_4S_4

氧化状态的铁硫蛋白中，铁离子是三价，当铁硫蛋白还原后，其中的三价铁变成二价铁。一般认为，在两个铁原子中，只有一个被还原，因此，铁硫蛋白是一种单电子传递体。

$$蛋白质 - Fe^{2+} \rightleftharpoons 蛋白质 - Fe^{3+} + e$$

4. 泛醌（ubiquinone, UQ） 又称辅酶 Q（coenzyme, CoQ），是一种脂溶性的醌类化合物，广泛存在于生物界。因侧链的疏水作用，它能在线粒体内膜中迅速扩散。泛醌接受 1 个电子和 1 个质子还原成半醌，再接受 1 个电子和 1 个质子还原成二氢泛醌，后者又可脱去电子和质子而被氧化为泛醌，因此，它在呼吸链中是一种递氢体（图 7‑5）。泛醌有许多种，分子结构中带有一很长的侧链，是由多个异戊二烯单位构成，不同来源的泛醌其异戊二烯单位的数目不同，人体内泛醌的侧链由 10 个异戊二烯单位组成。

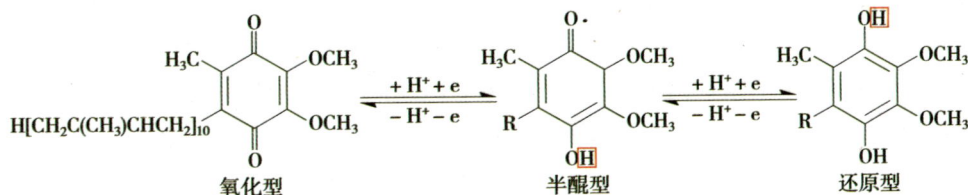

图 7‑5 泛醌的作用机制
氧化型 半醌型 还原型

⊕ **知识链接**

辅酶 Q

辅酶 Q（CoQ）为一类脂溶性醌类化合物，带有由不同数目（6~10 个）异戊二烯单位组成的侧链，其苯醌结构能可逆地加氢还原成对苯二酚化合物。哺乳动物细胞内的 CoQ 含有 10 个异戊二烯单位，故又称 Q_{10}。市场中的辅酶 Q_{10} 是一种常见的保健品，可以用于一些疾病的辅助治疗，如病毒性心肌炎、慢性心功能不全、亚急性重型肝炎以及癌症的综合治疗等，但只能是一种辅助治疗，同时孕妇是明确提到的不适宜人群。

---

5. 细胞色素类（cytochromes, Cyt） 是一类含血红素样辅基的蛋白质。这类蛋白质呈红色或褐

色，因此又称细胞色素。细胞色素参与呼吸链中将电子从泛醌传递到氧的过程，是一种单电子传递体。

细胞色素类根据它们不同的吸收光谱分为三大类，即 Cyt a、Cyt b、Cyt c。每一类中又因其最大吸收峰的微小差别再分为几种亚类，如 Cyt b_{562}、Cyt b_{566}。呼吸链中至少含 7 种不同的细胞色素，即 Cyt a、Cyt a_3、Cyt b_{560}、Cyt b_{562}、Cyt b_{566}、Cyt c、Cyt c_1。各种细胞色素的主要差别在于铁卟啉辅基的侧链以及铁卟啉与蛋白质部分的连接方式（图 7-6）。Cyt b 的卟啉环是铁原卟啉Ⅸ，与血红蛋白的血红素相同，称为血红素 b；而 Cyt a 中铁原卟啉Ⅸ环含有甲酰基，1 个乙烯基侧链被多聚异戊烯长链取代，称为血红素 a；Cyt a 和 Cyt b 中的血红素与其蛋白质通过非共价键结合，但为紧密连接。Cyt c 中卟啉环上的乙烯侧链通过共价键与蛋白质部分半胱氨酸残基的巯基相连接，称为血红素 c。

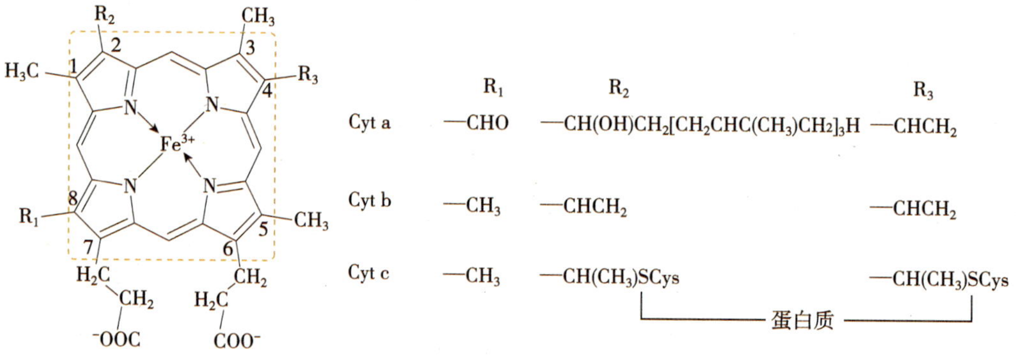

	R_1	R_2	R_3
Cyt a	—CHO	—CH(OH)CH$_2$[CH$_2$CHC(CH$_3$)CH$_2$]$_3$H	—CHCH$_2$
Cyt b	—CH$_3$	—CHCH$_2$	—CHCH$_2$
Cyt c	—CH$_3$	—CH(CH$_3$)SCys	—CH(CH$_3$)SCys

图 7-6　细胞色素结构

（1）Cyt a 和 Cyt a_3　存在于复合体Ⅳ中，并且结合紧密，通常用 Cyt aa_3 表示，它将从 Cyt c 接受的电子直接传递给 $1/2O_2$，因此又称细胞色素氧化酶（cytochrom oxidase）。Cyt aa_3 还含有两个必需的铜离子，在 Cyt a 和 Cyt a_3 间传递电子的是两个铜离子，铜离子在氧化还原反应中也发生价态变化（$Cu^+ \rightarrow Cu^{2+} + e$）。

（2）Cyt b　根据它确切的吸收峰判断，以 Cyt b_{560}、Cyt b_{562} 和 Cyt b_{566} 三种形式存在。其中复合体Ⅲ含 Cyt b_H（氧化还原电位较高，又称 Cyt b_{562}）和 Cyt b_L（氧化还原电位较低，又称 Cyt b_{566}），它们都参与电子从泛醌向 Cyt c 的传递。复合体Ⅱ含 Cyt b_{560}，它不直接参与电子传递。

（3）Cyt c　是唯一可溶性的细胞色素，它的相对分子质量很小，是当前了解最透彻的细胞色素蛋白质。Cyt c 在两方面不同于 Cyt b，一是其所含有血红素 c 与蛋白质是以共价键结合；二是通过离子键结合于线粒体内外膜外表面，因此它能在线粒体内膜上游动。

在呼吸链中，复合体Ⅲ中的 Cyt b 率先能够接受泛醌传递来的电子，并且通过 Cyt b → Cyt c_1 → Cyt c → Cyt aa_3 的顺序依次传递。最后由复合体Ⅳ中的 Cyt aa_3 将电子从 Cyt c 传递给 $1/2O_2$。

（二）呼吸链的组成

在体外将呼吸链进行拆开和重组，鉴定它们的组成与排列（表 7-1）。用胆酸、脱氧胆酸等反复处理线粒体内膜，分离得到呼吸链中的 4 种具有传递电子功能的酶复合体（complex）。

表 7-1　人粒体呼吸链复合体

复合体	酶名称	功能辅基	多肽链数
复合体Ⅰ	NADH-泛醌还原酶	FMN，Fe—S	43
复合体Ⅱ	琥珀酸-泛醌还原酶	FAD，Fe—S	4
复合体Ⅲ	泛醌-细胞色素 c 还原酶	Fe—S，Cyt b，Cyt c_1	11
复合体Ⅳ	细胞色素 c 氧化酶	Cyt aa_3，（CuA，CuB）	13

注：泛醌和 Cyt c 均不包含在上述 4 种复合体中。

1. 复合体Ⅰ　又称 NADH-泛醌还原酶，含有以 FMN 为辅基的黄素蛋白和以铁硫簇为辅基的铁硫蛋白。

整个复合体嵌在线粒体内膜上，其 NADH 结合面朝向线粒体基质，这样就能与基质内经脱氢酶催化产生的 NADH + H$^+$ 相互作用。一对氢从 NAD$^+$ 到该酶辅基 FMN 经铁硫蛋白后，再传到泛醌，与此同时伴有质子从线粒体基质转移至线粒体内膜外（膜间隙）。

2. 复合体Ⅱ　又称琥珀酸 – 泛醌还原酶，含有以 FAD 为辅基的黄素蛋白和铁硫蛋白。氢从琥珀酸传递给 FAD，然后经铁硫蛋白传递到泛醌。

3. 复合体Ⅲ　又称泛醌 – 细胞色素 c 还原酶，含有 2 种 Cyt b（Cyt b_{562} 和 Cyt b_{566}）、Cyt c_1 和铁硫蛋白。这些蛋白质不对称分布在线粒体内膜上，其中 Cyt b 横跨线粒体内膜，Cyt c_1 和铁硫蛋白位于内膜偏外侧部。这里是由双电子载体泛醌向单电子载体（细胞色素体系）传递的转换部位，即二氢泛醌被氧化成泛醌，而 Cyt c 被还原。Cyt c 呈水溶性，与线粒体内膜外表面结合不紧密，极易与线粒体内膜分离，故不包含在该复合体中。

4. 复合体Ⅳ　又称细胞色素 c 氧化酶，包括 Cyt a 及 Cyt a_3，由于两者结合紧密，很难分离，故称之为 Cyt aa_3。Cyt aa_3 中含有 2 个铁卟啉辅基和 2 个铜离子，2 个铜离子分别与 2 个铁卟啉辅基相连，铜离子可以传递电子，在 Cu^{2+} 和 Cu$^+$ 之间进行转换。电子从 Cyt c 通过复合体Ⅳ到氧，同时引起质子从线粒体基质向膜间隙移动，故复合体Ⅳ的功能是作为质子泵驱动质子的运动（图 7 – 7）。

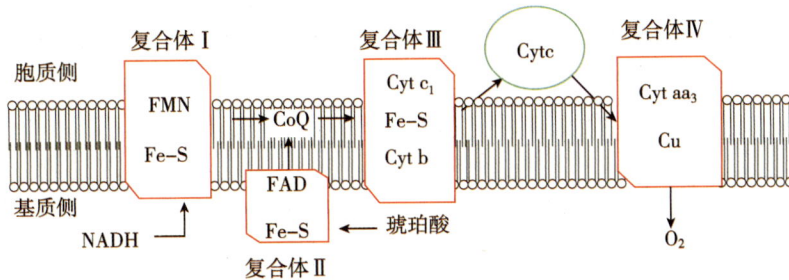

图 7 – 7　呼吸链的结构图

从代谢物脱下的电子通过上述复合体的传递顺序：从复合体Ⅰ或复合体Ⅱ开始，经泛醌到复合体Ⅲ，再经 Cyt c 到复合体Ⅳ，然后复合体Ⅳ将电子转移给氧原子。这样活化了的氧原子与质子（活化了的氢）结合成水。电子在通过复合体转移的同时伴有质子从线粒体基质流向膜间隙，从而产生质子电化学梯度储存能量，促使 ATP 的生成。

（三）呼吸链成分的排列顺序

根据以下的实验和原则确定呼吸链中各种电子传递体均是按一定的顺序排列。

1. 根据标准氧化还原电位（$E^{\ominus}{}'$）确定顺序　从 NAD$^+$ 到分子氧，每一电子传递体的氧化还原电位逐步增加（表 7 – 2）。因为电子趋向从氧化还原电位低向氧化还原电位高的方向流动，所以 $E^{\ominus}{}'$ 的数值愈低，即负值越大或正值愈小，则该物质失去电子的倾向愈大，愈易成为还原剂而处于呼吸链的前面。呼吸链中 NAD$^+$/NADH 的 $E^{\ominus}{}'$ 最小，而 O$_2$/H$_2$O 的 $E^{\ominus}{}'$ 为最大，提示电子的传递方向是从 NAD$^+$ 到分子氧。实验测得呼吸链中的氧化还原电位变化如下。

表 7 – 2　呼吸链中各氧化还原对的标准氧化还原电位

氧化还原对	$E^{\ominus}{}'$（V）	氧化还原对	$E^{\ominus}{}'$（V）
NAD$^+$/NADH + H$^+$（NAD$^+$）	– 0.32	Fe^{3+}/Fe^{2+}（Cyt c_1）	0.22
FMN/FMNH$_2$（FMN）	– 0.219	Fe^{3+}/Fe^{2+}（Cyt c）	0.254
FAD/FADH$_2$	– 0.219	Fe^{3+}/Fe^{2+}（Cyt a）	0.29
Co Q$_{10}$/Co Q$_{10}$H$_2$（Co Q）	0.06	Fe^{3+}/Fe^{2+}（Cyt a_3）	0.35
Fe^{3+}/Fe^{2+}（Cyt b）	0.05（0.10）	（1/2O$_2$）/H$_2$O	0.816

注：$E^{\ominus}{}'$ 值为 pH 7.0，25℃，1mol/L 反应物浓度条件下，和标准氢电极构成的化学电池的测定值。

2. 根据呼吸链抑制剂推断排列顺序 加入呼吸链特异抑制剂阻断某一组分的电子传递，结果显示，在阻断部位以前的电子传递体处于还原状态，而在阻断部位之后的电子传递体则处于氧化状态，再根据吸收光谱的改变来进行检测。通过分析不同阻断情况下各组分的氧化还原状态，就可以推断出呼吸链各组分的排列顺序。

3. 根据光谱变化确定呼吸链各组分的氧化还原状态 用分光光度法通过吸收光谱的变化来测定完整线粒体中呼吸链的各个电子传递体的氧化还原状态。

（四）两条主要的呼吸链

目前已知线粒体内的氧化呼吸链有两条，即 NADH 氧化呼吸链和琥珀酸氧化呼吸链。

1. NADH 氧化呼吸链 是细胞内最主要的呼吸链，因为生物氧化过程中绝大多数脱氢酶都是以 NAD^+ 为辅酶。底物在相应脱氢酶的催化下脱氢（$2H^+ + 2e$），脱下的氢与 NAD^+ 生成 $NADH + H^+$；在 NADH 脱氢酶作用下，传递给此传递体的辅基 FMN 生成 $FMNH_2$；$FMNH_2$ 将 2H 传给泛醌而生成二氢泛醌；二氢泛醌中的 2H 解离成 $2H^+$ 和 2e，$2H^+$ 游离于介质中，而 2e 则通过细胞色素体系的传递，最后由细胞色素 c 氧化酶（Cyt aa3）将 2e 传给氧原子，使氧生成 O^{2-}，O^{2-} 即与介质中的 $2H^+$ 结合生成 H_2O（图 7-8）。每 2H 通过此呼吸链可生成 2.5 分子 ATP。

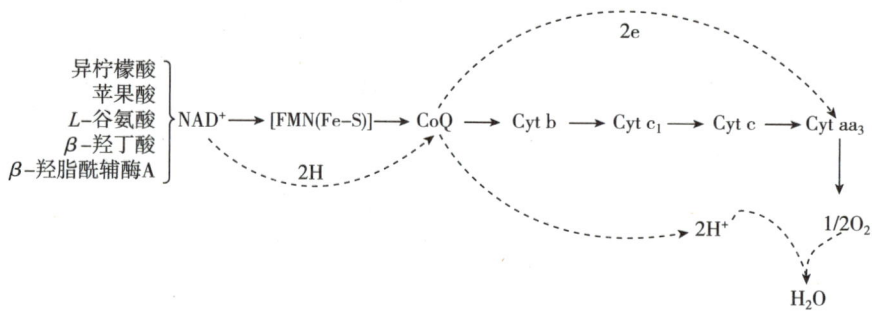

图 7-8　NADH 氧化呼吸链

2. 琥珀酸氧化呼吸链 又称 $FADH_2$ 氧化呼吸链。琥珀酸在琥珀酸脱氢酶催化下脱下 2H 使 FAD 还原生成 $FADH_2$，后者再把氢传递给泛醌使之形成二氢泛醌，此后的电子传递及最后 H_2O 的生成过程与 NADH 氧化呼吸链相同。每 2H 通过此呼吸链可产生 1.5 分子 ATP。α-磷酸甘油脱氢酶及脂酰辅酶 A 脱氢酶催化代谢物脱下的氢也由 FAD 接受通过此呼吸链被氧化，故归属于琥珀酸氧化呼吸链（图 7-9）。

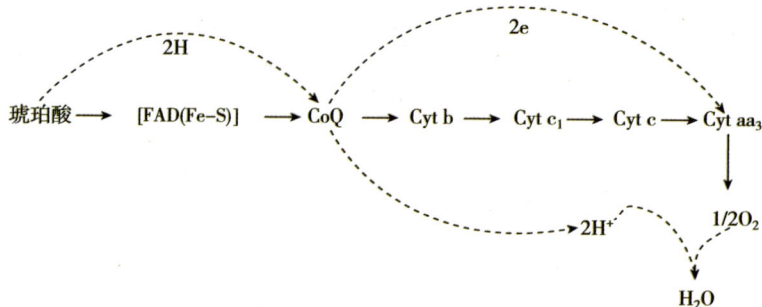

图 7-9　琥珀酸氧化呼吸链

二、氧化磷酸化

代谢物氧化脱氢经呼吸链传递给氧生成水并释放能量的同时，偶联 ADP 磷酸化生成 ATP 的过程称为氧化磷酸化（oxidative phosphorylation），它是体内生成 ATP 的主要方式。另一种生成 ATP 的方式是底物水平磷酸化，即代谢物分子中的能量直接转移至 ADP（或 GDP）生成 ATP（或 GTP）的过程。

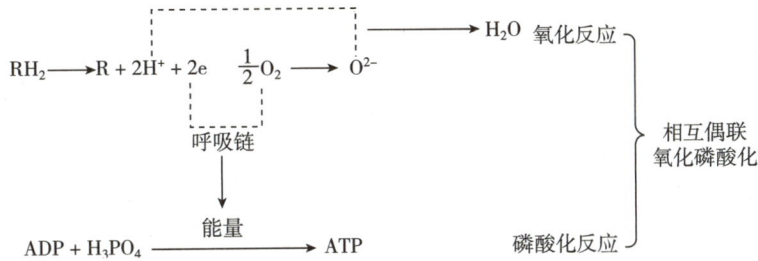

$$RH_2 \longrightarrow R + 2H^+ + 2e \quad \frac{1}{2}O_2 \longrightarrow O^{2-} \longrightarrow H_2O \ \text{氧化反应}$$

呼吸链

$$ADP + H_3PO_4 \longrightarrow 能量 \longrightarrow ATP \quad 磷酸化反应$$

相互偶联
氧化磷酸化

（一）氧化磷酸化的偶联部位

1. P/O 比值的测定　P/O 比值是指氧化磷酸化过程中，每消耗 1/2 摩尔 O_2 所需磷酸的摩尔数，即所能合成 ATP 的摩尔数（或一对电子通过氧化呼吸链给氧所生成 ATP 分子数）。通过线粒体的离体实验发现，底物在氧化磷酸化的过程中，消耗氧的同时也消耗磷酸，无机磷酸用于 ADP 磷酸化生成 ATP，所以消耗无机磷的摩尔数可反映生成 ATP 的摩尔数（表 7-3）。已知 β-羟丁酸的氧化是通过 NADH 进入呼吸链，一对氢原子经 FMN、CoQ、Cyt b、Cyt c_1、Cyt c，最后由 Cyt aa_3 传到氧而生成水。测得 P/O 比值接近于 2.5，即可生成 2.5 分子 ATP。琥珀酸氧化时，这个过程中测得 P/O 比值接近 1.5，即能生成 1.5 分子 ATP。后者与前者不同在于琥珀酸氧化直接经黄素蛋白（辅基为 FAD）进入 CoQ，因此推测在 NADH 至 CoQ 之间存在一个偶联部位。测得抗坏血酸氧化 P/O 比值接近 1，还原型 Cyt c 氧化过程 P/O 比值也接近 1，这两个阶段能生成 1 分子 ATP；此两者的不同在于，抗坏血酸是通过 Cyt c 进入呼吸链被氧化的，而还原型 Cyt c 则只是经 Cyt aa_3 而氧化，如此推测在 Cyt aa_3 到氧之间存在一偶联部位。从琥珀酸、抗坏血酸及还原型 Cyt c 的氧化可以证明在 CoQ 至 Cyt c 间存在另一偶联部位。这 3 个形成 ATP 的部位恰好和实验中所获得的电子传递的 3 个酶复合体相一致，即证明复合体 Ⅰ、Ⅲ、Ⅳ 为氧化磷酸化的偶联部位，这 3 个复合体可提供充分能量使 ADP 和无机磷酸形成 ATP。

表 7-3　线粒体离体实验测得的部分底物的 P/O 比值

底物	呼吸链的组成	P/O 比值	生成 ATP 数
β-羟丁酸	$NAD^+ \rightarrow FMN \rightarrow CoQ \rightarrow Cyt \rightarrow O_2$	2.4 ~ 2.8	2.5
琥珀酸	$FAD \rightarrow CoQ \rightarrow Cyt \rightarrow O_2$	1.7	1.5
抗坏血酸	$Cyt\ c \rightarrow Cyt\ aa_3 \rightarrow O_2$	0.88	1
细胞色素 c（Fe^{2+}）	$Cyt\ aa_3 \rightarrow O_2$	0.61 ~ 0.68	1

2. 自由能变化　从 NAD^+ 到 CoQ 段测得的电位差约 0.36V，从 CoQ 到 Cyt c 的电位差为 0.19V，而 Cyt aa_3 到分子氧为 0.58V。在电子传递过程中，自由能变化（ΔG）与电位变化（ΔE）之间有如下关系：

$$\Delta G = - nF\Delta E$$

式中，$\Delta G^{\ominus\prime}$ 表示 pH 7.0 时的标准自由能变化；n 为传递电子数；F 为法拉第常数 [96.5kJ/(mol·V)]。通过计算，它们相应的 $\Delta G^{\ominus\prime}$ 分别约为 69.5kJ/mol、36.7kJ/mol、112kJ/mol，而生成 1mol ATP 所需能量约 30.5kJ/mol，以上三处提供了足够合成 ATP 所需的能量，说明在复合体 Ⅰ、复合体 Ⅲ、复合体 Ⅳ 中各存在一个 ATP 的偶联部位（表 7-4）。

表 7 - 4　呼吸链标准氧化还原电位差和自由能变

	NADH → Q （复合体 I）	Q → Cyt c （复合体 III）	Cyt aa₃ → O₂ （复合体 IV）
标准氧化还原电位差（V）	0.36	0.19	0.58
标准自由能变（kJ/mol）	- 69.5	- 36.7	- 112

根据上述实验结果可以大致确定氧化磷酸化的偶联部位，即 ATP 产生的部位（图 7 - 10）。

图 7 - 10　呼吸链中氧化磷酸化偶联的部位

（二）氧化磷酸化偶联机制

1. 化学渗透假说　科学家在对氧化磷酸化偶联机制进行大量研究的基础上，提出了化学偶联假说、结构偶联假说和化学渗透假说，其中 20 世纪 60 年代初由 Peter Mitchell 提出的化学渗透假说（chemiosmotic hypothesis）得到普遍的认同（图 7 - 11），该假说于 1978 年获诺贝尔化学奖。

该假说认为，电子经呼吸链传递时，可将 H⁺ 从线粒体内膜的基质侧泵到内膜外侧（膜间隙）使线粒体内膜内外侧产生电化学梯度（H⁺ 浓度梯度和跨膜电位差），以此来储存能量。当质子顺梯度经 ATP 合酶 F₀ 回流时，质子跨膜梯度中所蕴含的能量便被用以合成 ATP，由 F₁ 催化 ADP 和 Pi 生成并释放 ATP，于是跨膜的电化学梯度亦随之消失。

实验证明，复合体 I、III、IV 如同线粒体内膜上的 3 个质子泵，均能将 H⁺ 从线粒体基质泵出到膜间腔中。一对电子经这些复合体传递分别向内膜膜间隙侧泵出 4H⁺、4H⁺、2H⁺，形成的 H⁺ 梯度储存约 - 200kJ/mol，当质子顺浓度梯度回流入基质侧时用于驱动 ATP 合成。电子通过呼吸链传递到达复合体 IV，最后传递给氧，将氧变成 O²⁻，O²⁻ 再与基质侧 2H⁺ 结合成水。

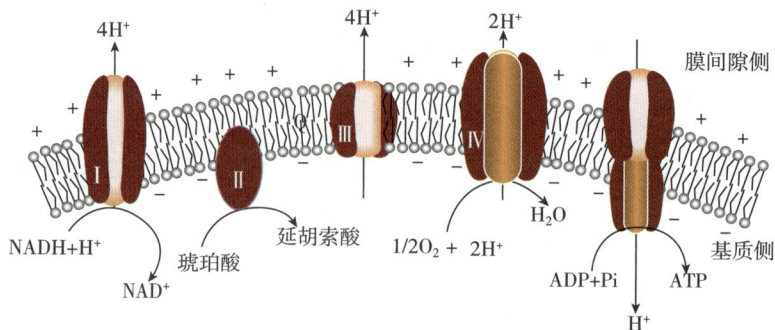

图 7 - 11　化学渗透假说

2. ATP 合酶　在分离得到 4 种呼吸链复合体的同时还可得到复合体 V（complex V），即 ATP 合酶（ATP synthase）。它位于线粒体内膜的基质侧，主要由 F₀（疏水部分）和 F₁（亲水部分）组成。F₁ 主要由 α₃β₃γδε 亚基组成，其功能是催化生成 ATP，催化部位在 β 亚基中，但 β 亚基必须与 α 亚基结合才有活性。F_0 由 $ab_2c_{9\sim12}$ 亚基组成，镶嵌在线粒体内膜中的 c 亚基形成环状结构，a 亚基位于环外侧。F_0 与 F_1 之间，其中心部位由 γε 亚基相连，外侧由 b_2 和 δ 亚基相连。F_1 中的 $α_3β_3$ 亚基间隔排列形成六聚体，部分 γ 亚基插入六聚体中央。由于 3 个 β 亚基与 γ 亚基插入部分的不同部位相互作用，使每个 β 亚基形成不同的构象。

Boyer 提出了 ATP 合酶的结合变构机制，β 亚基有 3 种构象，以 3 种独立的状态存在：①紧密状态 T，与 ATP 紧密连接；②松弛状态 L，可与 ADP 及无机磷酸连接；③开放状态 O，释放出 ATP。一旦 ADP 和 Pi 结合到 L 状态上，由质子传递引起的构象变化将 L 状态转换为 T 状态，生成 ATP；同时，相邻的 T 状态转换为 O 状态，使生成的 ATP 释出。第 3 个 β 亚基又将 O 状态转换为 L 状态，使 ADP 结合上来，以便进行下一轮的 ATP 合成（图 7 - 12）。

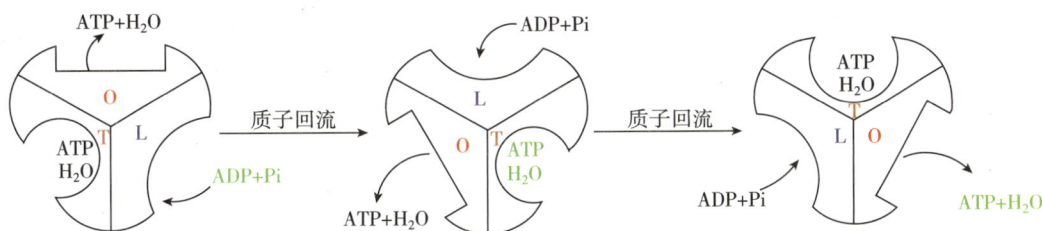

图 7 - 12 ATP 合酶的作用机制

➡ 案例引导

案例 患者，女，60 岁。因神志不清约 1 小时入院，患者于约 1 小时前被发现平卧于床上，不省人事。其房间内用煤炉取暖，炉盖未封，室内煤炭气味较浓，疑为煤气中毒，开窗通风后未见明显好转。患者自发病以来未进饮食，大小便未见明显异常。体格检查：体温 37.6℃，脉搏 94 次/分，呼吸 22 次/分，血压 16/13kPa（120/100mmHg）。浅昏迷状态，查体不合作。口唇黏膜呈樱桃红色，其余皮肤黏膜未见明显异常。辅助检查：碳氧血红蛋白（HbCO）测定：HbCO > 50%。动脉血气分析：动脉血氧分压（PaO_2）、氧饱和度（SaO_2）、动脉血二氧化碳分压（$PaCO_2$）下降，碱丢失（BE 负值增大）。脑电图示广泛改变。

讨论 1. 试问患者的诊断是什么？简述其发病的生化机制。

2. 试述患者护理时，应注意哪些事项？

三、氧化磷酸化的调节及影响因素

氧化磷酸化是 ATP 的生成与电子传递放能相偶联的磷酸化过程，此过程要耗氧，仅发生于线粒体，是生成 ATP 的主要方式，是能量代谢的核心，它受以下因素的影响。

（一）ADP 的调节作用

ADP 是调节氧化磷酸化速率的最主要因素。当机体 ATP 利用增加，如运动状态下，ADP 浓度上升，其转运入线粒体后，会加快氧化磷酸化的速度。反之，当机体 ATP 不足，如静止状态下，机体消耗 ATP 减少，ADP 浓度降低，氧化磷酸化速度则会减慢。通过这种调节机制可使 ATP 的生成速度符合机体生理需要。

（二）抑制剂

氧化磷酸化为机体提供各种生命活动所需 ATP，抑制氧化磷酸化无疑会对机体造成严重后果。氧化磷酸化的抑制剂有 3 类。

1. 呼吸链抑制剂 能阻断呼吸链中某些部位电子传递。例如鱼藤酮（rotenone）、粉蝶霉素 A（piericidin A）及异戊巴比妥（amobarbital）等与复合体 Ⅰ 中的铁硫蛋白结合，从而阻断电子传递。由真菌产生的抗生素——抗霉素 A（antimycin A）可引起还原型 Cyt b 水平的提高及还原型 Cyt c_1 水平的下降，因此导致抗霉素 A 与复合体 Ⅲ 相互作用。CO、CN^-、N_3^- 及 H_2S 抑制细胞色素 c 氧化酶，使电子不能传给氧（图 7-13），并可使细胞内呼吸停止，与此相关的细胞生命活动停止，甚至引起死亡。

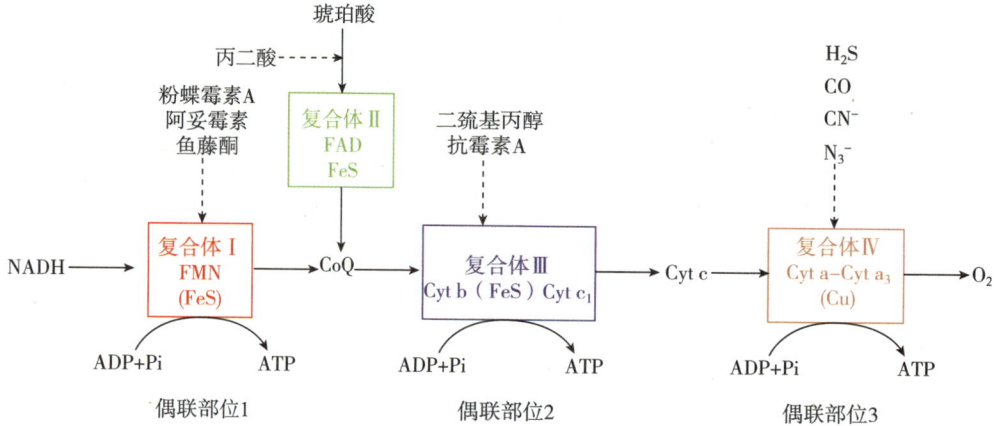

图 7-13 呼吸链抑制剂的作用部位

2. 解偶联剂（uncoupler） 使氧化与磷酸化偶联过程脱离。其基本作用机制是使呼吸链传递电子过程中泵出的 H^+ 不经 ATP 合酶的 F_0 质子通道回流，而通过线粒体内膜中其他途径返回线粒体基质，从而破坏了内膜两侧的电化学梯度，使 ATP 的生成受到抑制，以电化学梯度储存的能量以热能形式释放。二硝基苯酚（dinitrophenol，DNP）为脂溶性物质，在线粒体内膜中可自由移动，进入基质侧释出 H^+，返回膜间隙结合 H^+，从而破坏了电化学梯度（图 7-14）。

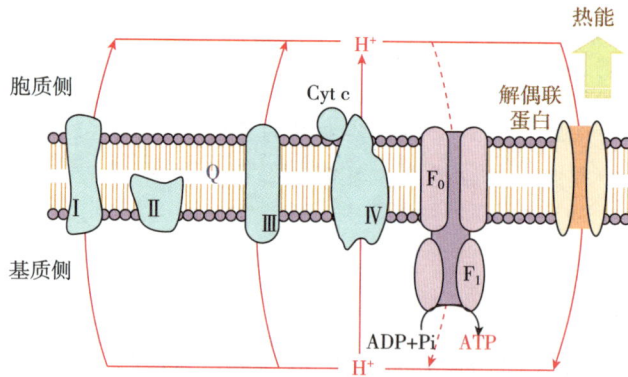

图 7-14 解偶联剂的作用机制

人（尤其是新生儿）、哺乳类动物中存在含有大量线粒体的棕色脂肪组织，该组织线粒体内膜中存在解偶联蛋白（uncoupling protein），它是由 2 个 32kD 亚基组成的二聚体，在内膜上形成质子通道，H^+ 可经此通道返回线粒体基质中，同时释放热能，因此棕色脂肪组织是产热御寒组织。新生儿硬肿症是因为缺乏棕色脂肪组织，不能维持正常体温而使皮下脂肪凝固所致。

3. 氧化磷酸化抑制剂 对电子传递及 ADP 磷酸化均有抑制作用，如寡霉素（oligomycin）可以与 ATP 合酶 F_1 和 F_0 之间柄部的寡霉素敏感蛋白结合，阻断质子由 F_0 复合体向 F_1 的传递，抑制 ATP 生成。此时由于线粒体内膜两侧电化学梯度增高影响呼吸链质子泵的功能，继而抑制电子传递。许多肿瘤组织存在 ATP 合成酶抑制因子 1 的过度表达，能够降低肿瘤细胞氧化磷酸化水平，增加无氧氧化的程度，利于肿瘤细胞把糖和脂类等能量物质用于合成核苷酸和氨基酸，满足肿瘤细胞 DNA 复制和蛋白质合成的需求，促进肿瘤细胞的分裂、生长以及转移。

（三）甲状腺激素

甲状腺激素能诱导细胞膜上 Na^+，K^+ – ATP 酶的生成（脑组织除外），使 ATP 加速分解为 ADP 和 Pi；ADP 的增多再促进氧化磷酸化，因而 ATP 的合成和分解都增强；甲状腺激素还能使解偶联蛋白基因表达增加，于是导致耗氧量和产热量增加。所以甲状腺功能亢进症患者的基础代谢率（BMR）增高，产热增加，喜冷怕热，易出汗。

（四）线粒体 DNA 突变

线粒体 DNA（mitochondrial DNA，mtDNA）呈裸露的环状双螺旋结构，缺乏蛋白质保护和损伤修复系统，容易受到损伤而发生突变，其突变率是核 DNA 突变率的 10 ~ 20 倍。线粒体 DNA 含呼吸链氧化磷酸化复合体中 13 条多肽链的基因，线粒体蛋白质合成时所需的 22 个 tRNA 的基因以及 2 个 rRNA 的基因。因此线粒体 DNA 突变可影响氧化磷酸化的功能，使 ATP 生成减少而致病。线粒体 DNA 病出现的症状决定于线粒体 DNA 突变的严重程度和各器官对 ATP 的需求，耗能较多的组织器官首先出现功能障碍，常见的有盲、聋、痴呆、肌无力、糖尿病等。因每个卵细胞中有几十万个线粒体 DNA 分子，每个精子中只有几百个线粒体 DNA 分子，受精时，卵细胞对子代线粒体 DNA 贡献较大，因此该病以母系遗传居多。随着年龄的增长，线粒体 DNA 突变日趋严重，老年人心脏和骨骼肌中常可发现线粒体 DNA4977 个核苷酸缺失，因此大多数线粒体 DNA 病的症状到老年时才出现。

四、线粒体内膜的转运作用

线粒体基质与细胞质之间有线粒体内、外膜相隔。线粒体外膜存在线粒体孔蛋白（mitochondrial porin），大多数小分子化合物和离子可以自由通过进入膜间隙。线粒体内膜与外膜相反，它对各种物质的通过有严格的选择性，几乎所有离子和不带电荷小分子化合物都不能自由通过，因此线粒体内膜两侧物质的转运主要依赖内膜上的特殊转运蛋白（transporter）（表 7 – 5）。

表 7 – 5 线粒体内膜的主要转运载体

载体	功能		
	细胞质		线粒体基质
α – 酮戊二酸载体	苹果酸	⇄	α – 酮戊二酸
酸性氨基酸载体	谷氨酸	⇄	天冬氨酸
腺苷酸载体	ADP	⇄	ATP
磷酸盐载体	$H_2PO_4^- + H^+$	→	$H_2PO_4^- + H^+$
丙酮酸载体	丙酮酸	⇄	OH^-
三羧酸载体	苹果酸	⇄	柠檬酸
碱性氨基酸载体	鸟氨酸	⇄	瓜氨酸
肉碱载体	脂酰肉碱	⇄	肉碱

（一）细胞质中 NADH 的氧化

线粒体内生成的 NADH 可以直接进入电子传递链进行氧化磷酸化，然而有些物质的脱氢反应在细胞质中进行，例如乳酸的脱氢过程，乳酸脱氢酶的辅酶也是 NAD^+，NAD^+ 接受电子和质子形成的 NADH 不能直接透过线粒体内膜，因此线粒体外生成的 NADH 需通过两种穿梭系统将氢转移到线粒体内，重新生成 NADH 或 $FADH_2$，再进入呼吸链进行氧化磷酸化。这两种转运系统是 α – 磷酸甘油穿梭（glycerophosphate shuttle）和苹果酸－天冬氨酸穿梭（malate-asparate shuttle）。

1. α－磷酸甘油穿梭　其作用主要存在于脑和骨骼肌中。如图 7－15 所示，磷酸二羟丙酮在细胞质 α－磷酸甘油脱氢酶（辅酶为 NAD^+）催化下，由 $NADH+H^+$ 供氢生成 α－磷酸甘油，后者通过线粒体外膜进入膜间隙，再经位于线粒体内膜近胞质侧的 α－磷酸甘油脱氢酶（其辅基为 FAD）催化下重新生成磷酸二羟丙酮和 $FADH_2$，磷酸二羟丙酮穿出线粒体外可被继续利用。

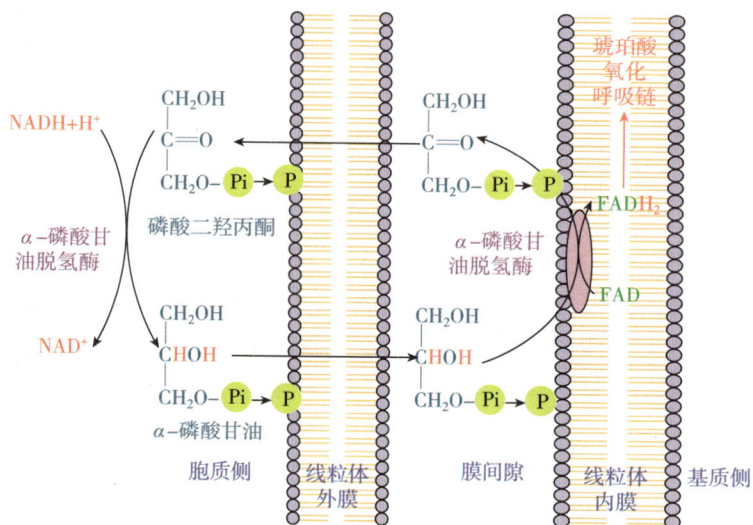

图 7－15　α－磷酸甘油穿梭

$FADH_2$ 进入琥珀酸氧化呼吸链进行氧化磷酸化，生成 1.5 分子 ATP。因此在这些组织糖酵解过程中 3－磷酸甘油醛脱氢产生的 $NADH+H^+$ 可通过 α－磷酸甘油穿梭进入线粒体，故 1 分子葡萄糖彻底氧化可生成 30 分子 ATP。

2. 苹果酸－天冬氨酸穿梭　苹果酸穿梭主要存在于肝和心肌中。如图 7－16 所示，细胞质中生成的 $NADH+H^+$ 在苹果酸脱氢酶（辅酶 NAD^+）催化下，使草酰乙酸还原成苹果酸。苹果酸通过线粒体内膜上的载体进入线粒体，进入线粒体的苹果酸在苹果酸脱氢酶作用下脱氢生成草酰乙酸，并生成 $NADH+H^+$。

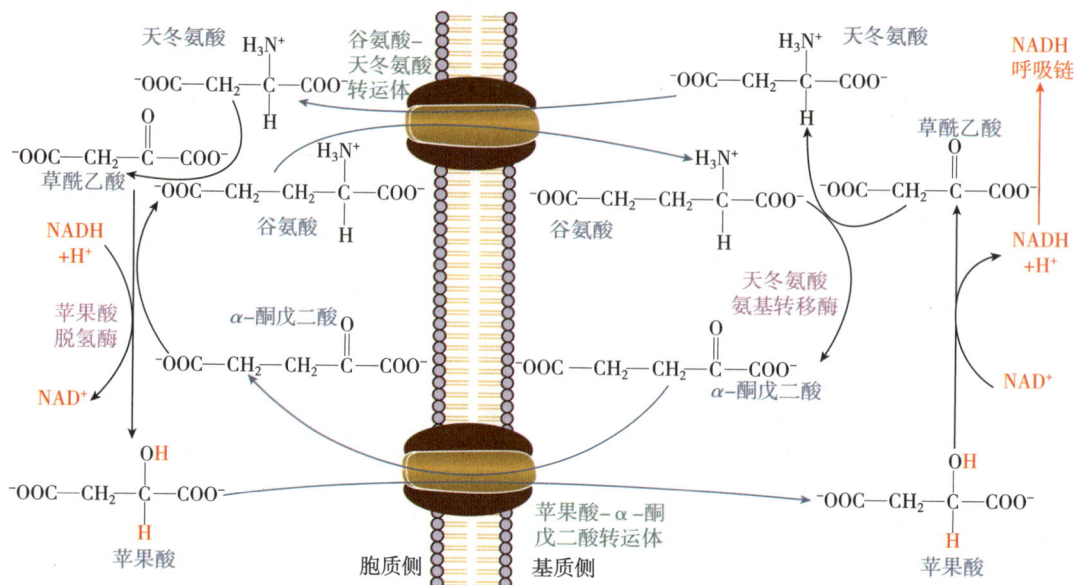

图 7－16　苹果酸－天冬氨酸穿梭

生成的 NADH + H⁺ 经 NADH 氧化呼吸链进行氧化磷酸化，并生成 2.5 分子 ATP，故 1 分子葡萄糖在肝和心肌中彻底氧化可生成 32 分子 ATP。

草酰乙酸不能直接透过线粒体内膜返回细胞质，但它可在天冬氨酸氨基转移酶作用下从谷氨酸接受氨基生成天冬氨酸，谷氨酸转出氨基后生成 α-酮戊二酸，α-酮戊二酸、天冬氨酸都能在膜上载体的作用下穿过线粒体内膜而进入细胞质。在细胞质中天冬氨酸和 α-酮戊二酸在天冬氨酸氨基转移酶的作用下又重新生成草酰乙酸和谷氨酸，草酰乙酸又可重新参与苹果酸穿梭作用。

（二）ATP 与 ADP 的转运

ATP、ADP 和磷酸都不能自由通过线粒体内膜，必须依赖载体转运。ATP、ADP 由腺苷酸载体（adenine nucletide transporter）转运，是一种逆向转运蛋白。当细胞质内游离 ADP 水平升高时，ADP 进入线粒体内，而 ATP 则自线粒体反向转运至细胞质，结果线粒体基质内 ADP/ATP 比率升高，促进氧化磷酸化。磷酸则由磷酸盐转运蛋白转运，是一种同向转运蛋白，磷酸盐与 H⁺ 同向转运入线粒体内，所以保持电中性。腺苷酸–磷酸盐转运的速率受细胞质和线粒体内 ADP、ATP 水平的影响（图 7-17）。

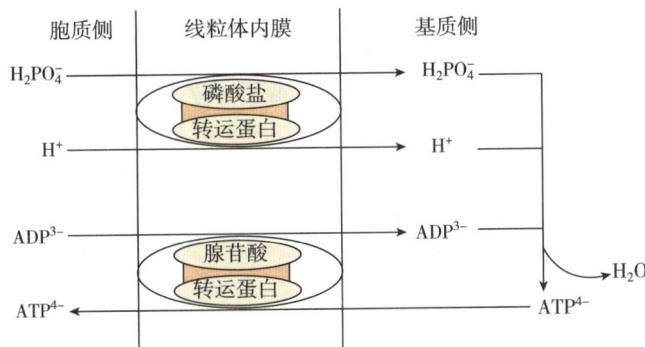

图 7-17　腺苷酸–磷酸盐转运

五、ATP 在能量代谢中的核心作用

（一）ATP 与高能磷酸化合物

糖、脂肪等物质在细胞内氧化分解过程中释放的能量，有相当一部分以化学能的形式储存在某些特殊类型的有机磷酸酯或硫酯类化合物中。通常在代谢过程中出现的有机磷酸化合物有两类：一类为磷酸酯，如 α-磷酸甘油、葡糖-6-磷酸和果糖-6-磷酸等，这一类化合物的磷酸酯键比较稳定，水解释放的能量为 9~16kJ/mol，一般将其称为低能磷酸化合物或低能化合物；另一类有机磷酸化合物大多为酸酐类，如 ATP、ADP、磷酸肌酸、1,3-二磷酸甘油酸、磷酸烯醇式丙酮酸和乙酰磷酸等，这些化合物的磷酸酐键非常不稳定，水解释放的能量为 30~60kJ/mol。一般将磷酸化合物水解时释出的自由能大于 21kJ/mol 者称为高能磷酸化合物或高能化合物（high-energy compound），而其所含的磷酸键称为高能磷酸键（energy-rich phosphate bond），后者以 "～℗" 表示。实际上 "高能磷酸键" 的名称是不恰当的，因为一个化合物水解时释出自由能的多少，取决于该化合物的分子结构以及反应系统中各个组分的情况，例如，有无离子化、反应物共振稳定性等，并不存在哪一种化学键的键能特别高。但因用高能磷酸键来解释生化反应较为方便，所以仍被采用。代谢过程中也产生一些高能硫酯化合物，如乙酰辅酶 A、琥珀酰辅酶 A 等。几种常见的高能化合物及其水解时能量的释放情况见表 7-6。

表 7 - 6　几种常见的高能化合物

类型	举例	释放能量（pH 7.0, 25℃)	
		kJ/mol	kcal/mol
磷酸酐	ATP，GTP，ADP，UTP	-30.5	-7.3
烯醇磷酸	磷酸烯醇式丙酮酸	-61.9	-14.8
混合酸酐（酰基磷酸）	1,3 - 二磷酸甘油酸	-49.3	-11.8
磷酸胍类	磷酸肌酸	-43.1	-10.3

（二）ATP 的转换、储存和利用

虽然人类一切生理功能所需的能量，主要来自糖、脂质等物质的分解代谢，但大部分必须转化成ATP 的形式而被利用，所以 ATP 是机体所需能量的直接供给者。ATP 的 3 个磷酸基中最常见的是末端磷酸基被分裂和转移生成 ADP，在体外 pH 7.0，25℃条件下每摩尔 ATP 水解为 ADP 和 Pi 时释放能量为30.5kJ（7.3kcal）；在生理条件下每摩尔 ATP 水解为 ADP 可释放能量约为 51.6kJ。人体内 ATP 含量虽然不多，但每日经 ATP/ADP 相互转变的量相当可观。

1. ATP 参与糖、脂质及蛋白质的生物合成过程　糖原合成除直接消耗 ATP 外，还需要 UTP 参加；磷脂合成需要 CTP；蛋白质合成需要 GTP。这些核苷三磷酸不是 ATP，但均是高能磷酸化合物，一般不能从物质氧化过程中直接生成，只能在核苷二磷酸激酶的催化下，从 ATP 中获得高能磷酸键。各种核苷一磷酸在核苷一磷酸激酶催化下生成核苷二磷酸，后者经核苷二磷酸激酶催化可生成相应的核苷三磷酸。

$$ATP + UDP \longrightarrow ADP + UTP$$
$$ATP + CDP \longrightarrow ADP + CTP$$
$$ATP + GDP \longrightarrow ADP + GTP$$

另外，当体内 ATP 消耗过多（例如肌肉剧烈收缩）时，ADP 累积，在腺苷酸激酶（adenylate kinase）催化下由 ADP 转变成 ATP 被利用。此反应是可逆的，当 ATP 需要量降低时，AMP 从 ATP 中获得高能磷酸键生成 ADP。

$$ADP + ADP \underset{\text{腺苷酸激酶}}{\rightleftharpoons} ATP + AMP$$

2. 磷酸肌酸是肌肉中的储备能源　ATP 是肌肉收缩的直接能源，但其在肌肉中浓度不高。当肌肉急剧收缩时，需要大量的 ATP 供给，这时靠代谢物氧化生成 ATP 是供不应求的，需利用储存在肌肉中的高能化合物分解提供能量，磷酸肌酸（creatine）是肌肉中可以迅速动用的储备能源。在静止状态时由糖、脂质等物质氧化生成的 ATP，与肌酸在肌酸激酶（creatine kinase，CK）的催化下，转变成磷酸肌酸。这一反应是可逆的，当肌肉收缩时，磷酸肌酸又分解释放能量，使 ADP 磷酸化生成 ATP，以供肌肉收缩之用。

生物体内能量的储存和利用都以 ATP 为中心，ATP 的合成与利用构成 ATP 循环（图 7 - 18）。

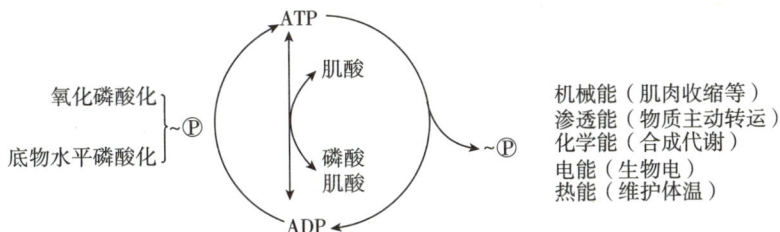

图 7 – 18　ATP 循环

第三节　非供能氧化途径

除线粒体外，细胞的微粒体和过氧化物酶体也是生物氧化的场所。其中存在一些不同于线粒体的氧化酶类，组成特殊的氧化体系，其特点是在氧化过程中不伴有偶联磷酸化，不能生成 ATP。

一、反应活性氧类的产生与消除

（一）机体内自由基的生成

自由基（free radical）是指能独立存在的，含有一个或一个以上不配对电子的任何原子或原子团。这种不配对电子的存在使自由基能受到磁场的吸引（顺磁性），并使它们具有高度活性、强氧化性。生物体中不配对的电子主要位于氧，因此称为氧自由基，例如超氧阴离子自由基、羟自由基、脂氧自由基、二氧化氮和一氧化氮自由基。氧自由基加上过氧化氢、单线态氧和臭氧，统称活性氧（reactive oxygen species，ROS），它是生物有氧代谢过程中的一种副产品，能在线粒体、微粒体和细胞质中生成。活性氧主要有：①氧的单电子还原物，如超氧阴离子（$O_2^- \cdot$）和氧阴离子（$O^{-\cdot}$）；②氧的双电子还原物，如 H_2O_2；③烷烃过氧化物（ROOH）及其均裂产物，如烷氧基（$RO \cdot$）；④处于激发态的氧、单线态氧（$^1O_2$）和羰基化合物；⑤由 $O_2^- \cdot$ 和氮自由基 NO 反应生成的过氧亚硝酸（ONOOH）；⑥由髓过氧化物酶 – H_2O_2 – Cl 系统生成的次氯酸（HClO）。

微粒体的 NADPH——细胞色素 P450 还原酶是产生 $O_2^- \cdot$ 的重要组分，它是连接 NADPH 与 Cyt P450 的酶，NADPH 首先将电子交给该酶中的黄素蛋白，黄素蛋白再将电子传递给以 Fe—S 为辅基的铁氧还蛋白。与底物结合的氧化型 Cyt P450 接受铁氧蛋白的 1 个 e 后，与 O_2 结合形成 RH · Cyt P450 · Fe^{3+} · O_2^- 完成自氧化（autoxidation）而生成 $O_2^- \cdot$ 。

（二）自由基对细胞的损伤

生物系统中的活性氧大部分是氧自由基。这些氧自由基能攻击生物膜磷脂中的多不饱和脂肪酸（polyunsaturated fatty acid，PUFA），引发脂质过氧化作用，并由此形成脂氢过氧化物（LOOH）。在有氧的条件下脂氢过氧化物是不稳定的，能分解生成一系列的复杂产物，包括形成新的氧自由基，如脂自由基（lipid radical，L·）、脂过氧基（lipid peroxy radical，LOO·）和某些氧功能基（如醛基、酮基、羟基、羰基、氢过氧基等）。这类分解产物中包括了新的氧自由基，它们又可继续产生氧化作用。

脂质过氧化作用引起细胞损伤的机制主要有 3 个方面：①膜脂改变导致膜功能的障碍和膜酶的损伤。膜的脂质过氧化作用一方面使膜中 PUFA 受到破坏，使膜的流动性下降和膜的通透性增加，使膜失去作为分隔间（区域化）的功能；另一方面使膜酶受到损伤或激活，膜中蛋白质的聚集和交联不但使酶活性发生改变，而且可使膜上的受体失活。②脂质过氧化过程中生成的活性氧对酶和其他细胞成分的损伤。③脂氢过氧化物的分解产物，特别是醛式产物对细胞及其成分的毒性效应。总之，上述一系列的变化必然导致细胞代谢以及结构和功能的改变。

血液中的几种脂蛋白和红细胞膜都含有磷脂，磷脂中的 PUFA 可发生过氧化作用而改变正常的生物学活性。脂蛋白中低密度脂蛋白（LDL）对过氧化作用最敏感，它经脂质过氧化作用修饰可变成氧化修饰低密度脂蛋白（Ox – LDL），Ox – LDL 对巨噬细胞的脂质过氧化损伤可能在巨噬细胞向泡沫细胞转变过程中起着重要作用，研究证实，LDL 的脂质过氧化与动脉粥样硬化发病机制密切相关。红细胞膜因含有多不饱和脂肪酸和直接暴露在氧分子下，脂质过氧化作用的结果可导致红细胞膜的硬度增加，失去变形的能力，受到微血管的挤压，最终导致溶血。

（三）自由基的清除

机体内的自由基在不断产生的同时也不断地被清除。体内存在抗氧化酶及小分子抗氧化剂两类对自由基的清除系统。因此，在正常生理情况下，各种自由基的浓度维持在一个有利无害的生理性低水平。

1. 抗氧化酶类

（1）超氧化物歧化酶（superoxide dismutase，SOD）　　1969 年，McCord 与 Fridovich 发现组织中广泛存在着能清除超氧阴离子（$\cdot O_2^-$）、控制脂质过氧化、保护细胞膜完整的超氧化物歧化酶，它是人体防御内外环境中 $\cdot O_2^-$ 损伤的重要酶。SOD 是金属酶，包括 3 种同工酶。在真核细胞细胞质中，该酶以 Cu^{2+}、Zn^{2+} 为辅基，称为 $CuZn – SOD$；线粒体内以 Mn^{2+} 为辅基，称 $Mn – SOD$，在原核细胞还有以 Fe^{3+} 为辅基的 $Fe – SOD$。

$$2O_2^- \cdot + 2H^+ \longrightarrow H_2O_2 + O_2$$

（2）过氧化氢酶（hydrogen peroxidase）　　又称触酶（catalase，CAT），它能清除 O_2^- 的歧化产物 H_2O_2，而 H_2O_2 往往是 $\cdot HO$ 的前体。

$$2H_2O_2 \xrightarrow{\text{CAT}} O_2 + 2H_2O$$

（3）谷胱甘肽过氧化物酶（glutathione peroxidase，GSH – Px）　　可清除 H_2O_2 和烷烃过氧化物，从而抑制自由基的生成反应。

（4）谷胱甘肽硫转移酶（glutathione S-transferases，GST）　　只清除脂氢过氧化物。

$$LOOH + 2GSH \xrightarrow{\text{CST}} LOH + H_2O + GSSG$$

（5）磷脂氢过氧化物谷胱甘肽过氧化物酶（phospholipid hydroperoxide glutathione peroxidase，PHG-SHPx）　　是一种新的含硒酶，存在于细胞质中，但它作用于细胞膜上，清除细胞膜中磷脂氢过氧化物，防止生物膜的脂质过氧化。

2. 抗氧化剂

（1）GSH　　是含量最高的非蛋白质巯基化合物，为重要的内源性活性氧清除剂，它能直接与 H_2O_2、LOOH 及 $\cdot HO$ 作用，生成 GSSG 和 H_2O。

（2）维生素 C　　是水溶性的还原剂，它能直接与 $\cdot O_2^-$、$\cdot HO$ 及 $^1O_2$ 作用，是细胞质中重要的活性氧清除剂，在防止生物膜免受自由基攻击上具有重要作用。

（3）维生素 E　　存在于膜内，它能清除 $\cdot O_2^-$、$\cdot HO$、$LOO \cdot$ 及 $^1O_2$，从而防止自由基引发的脂质过氧化。

（4）β – 胡萝卜素　　可清除 $^1O_2$、$LOO \cdot$、$\cdot O_2^-$ 及 $\cdot HO$，防止脂质过氧化。

（5）尿酸　　在人血浆中，可有力地清除 $\cdot HO$ 和 $^1O_2$，抑制脂质过氧化。

二、微粒体中的氧化酶类

微粒体中的氧化酶类有单加氧酶和双加氧酶：单加氧酶（monooxygenase）催化一分子氧中的一个

氧原子加到底物分子上使底物羟化，另一个氧原子被 NADPH + H⁺ 提供的氢还原成水，故又称混合功能氧化酶（mixed-function oxidase，MFO）或羟化酶（hydroxylase）；双加氧酶催化氧分子中的 2 个氧原子加到底物中带双键的 2 个碳原子上。

单加氧酶的反应需要细胞色素 P450（cytochrome P450，Cyt P450）参与，Cyt P450 属于 Cyt b 类，因与 CO 结合后在波长 450nm 处出现最大吸收峰而被命名。Cyt P450 在生物中广泛分布，其中肝和肾上腺的微粒体中含量最多，哺乳动物 Cyt P450 分属 10 个基因家族。Cyt P450 与分子氧形成"活性氧"复合体，能氧化进入肝、肺的外源性化学物质。人 Cyt P450 有 100 多种同工酶，对被羟化的底物各有其特异性，参与类固醇激素、胆汁酸及胆色素等的生成以及药物、毒物的生物转化过程。经其氧化代谢可产生两种反应：①降解反应，可使原化学物质变为低毒的或无毒的物质从体内排出；②激活反应，可使原化学物质转化为具有亲电子性质，导致毒性增强，成为致突变物或终致癌物。近年来对 Cyt P450 与外源性化学物质相互作用的研究逐渐深入，对于从分子水平上进一步了解外源性化学物质的致毒机制具有重要意义。

连接 NADPH 与 Cyt P450 的是 NADPH - Cyt P450 还原酶。NADPH 首先将电子交给该酶中的黄素蛋白。黄素蛋白再将电子递给以 Fe - S 为辅基的铁氧还蛋白。与底物结合的氧化型 Cyt P450 接受铁氧还蛋白的 1 个 e 后，与 O_2 结合形成 RH · Cyt P450 · Fe^{3+} · O_2^-，再接受铁氧还蛋白的第 2 个 e，使氧活化（O_2^{2-}）。此时 1 个氧原子使底物（RH）羟化（ROH），另一个氧原子与来自 NADPH 的质子结合生成 H_2O（图 7 - 19）。

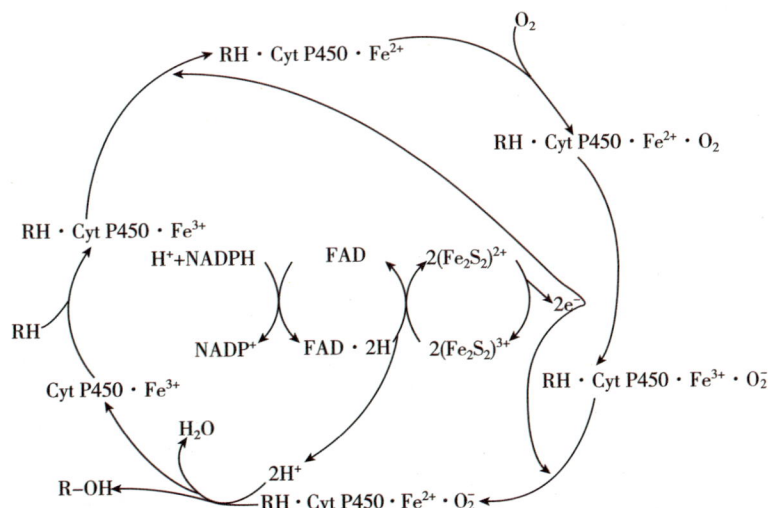

图 7 - 19　单加氧酶的反应过程

目标检测

一、选择题

（一）单选题

1. 丙酮酸脱羧生成乙酰 CoA 属于（　）

　　A. α - 单纯脱羧　　　　　　　B. α - 氧化脱羧　　　　　　　C. β - 单纯脱羧

　　D. β - 氧化脱羧　　　　　　　E. γ - 氧化脱羧

2. 不属于呼吸链成分的有（　　）

    A. 烟酰胺腺嘌呤二核苷酸　　　　　　　　B. 黄素蛋白

    C. Ca^{2+}　　　　　　　　　　　　　　　D. 铁硫蛋白

    E. 泛醌

3. CO 中毒是由于抑制了呼吸链中的（　　）

    A. 复合体 I　　　B. 复合体 II　　　C. 复合体 III　　　D. 复合体 IV　　　E. 泛醌

4. 下列关于 Cyt c 的叙述正确的是（　　）

    A. 脂溶性　　　　　　　　　　　　　　B. 是复合体 I 的组成成分

    C. 水溶性　　　　　　　　　　　　　　D. 是递氢体

    E. 以上都不正确

（二）多选题

1. 生物氧化包括（　　）的氧化过程

    A. 糖　　　　　B. 维生素　　　　　C. 脂肪　　　　　D. 核酸　　　　　E. 蛋白质

2. 既是递氢体又是递电子体呼吸链组成成分的有（　　）

    A. NAD^+　　　　　B. FMN　　　　　C. FAD　　　　　D. 泛醌　　　　　E. Cyt c

3. 铁硫蛋白的存在形式有（　　）

    A. Fe_2S_2　　　　　B. Fe_3S_4　　　　　C. Fe_4S_4　　　　　D. FeS　　　　　E. Fe_2S

4. 两条氧化呼吸链的共同途径包括（　　）

    A. 琥珀酸　　　　　B. NAD^+　　　　　C. FAD　　　　　D. 泛醌　　　　　E. Cyt c

5. 下列属于呼吸链抑制剂的有（　　）

    A. 鱼藤酮　　　　　B. 粉蝶霉素 A　　　　　C. 异戊巴比妥　　　　　D. ATP　　　　　E. 抗霉素 A

二、问答题

1. 简述生物体内呼吸链的组成成分及其作用。

2. 简述氧化磷酸化的调节机制。

（赵　敏）

书网融合……

本章小结　　　　微课　　　　题库

第八章 氨基酸代谢

第一节 蛋白质的营养作用

PPT

蛋白质是生命的物质基础，其最重要的生理功能是维持组织细胞的生长、更新、修补。此外，在催化、运输、代谢调节等过程中均需要蛋白质参与。蛋白质可以分解成其基本组成单位氨基酸，氨基酸在体内也可以作为能源物质氧化分解释放能量，或转变成其他重要物质。因此，提供足够食物蛋白质对正常代谢和各种生命活动的进行是十分重要的，对生长发育的儿童和康复期的患者，供给足量、优质的蛋白质尤为重要。

一、人体氮平衡及蛋白质的生理需要量

（一）氮平衡

氮平衡（nitrogen balance）是每日摄入氮量与排出氮量之间的关系，间接反映体内蛋白质代谢状况。已知蛋白质含氮量平均为16%，食物中的含氮物质绝大部分是蛋白质，所以测定食物含氮量，就可以分析食物中蛋白质的含量。蛋白质通过分解代谢所产生的含氮排泄物主要随尿液、粪便排出体外，所以测定尿液、粪便中的含氮量（排出氮）及摄入食物的含氮量（摄入氮）可以反映人体蛋白质的代谢概况。

1. **氮总平衡** 摄入氮等于排出氮，表示体内蛋白质的合成代谢与分解代谢维持动态平衡。氮总平衡常见于健康成人。

2. **氮正平衡** 摄入氮多于排出氮，部分摄入的氮用于体内蛋白质的合成，儿童、孕妇和康复期患者的蛋白质代谢均属于氮正平衡。

3. 氮负平衡　摄入氮少于排出氮，说明摄取的蛋白质不足以补充体内分解掉的蛋白质，长时间饥饿、消耗性疾病、大面积烧伤和大量失血等患者的蛋白质代谢均属于氮负平衡。

（二）蛋白质的生理需要量

根据氮平衡实验研究的结果，在不进食蛋白质时，成人每人每天至少要分解 20g 蛋白质。由于食物蛋白质与人体蛋白质在组成上有差异，食物蛋白质不可能全部用于维持组织蛋白质更新。因此，成人每人每天至少需要补充 30 ~ 50g 食物蛋白质才能维持氮总平衡。实际上，由于存在个体差异及劳动强度不同等因素，为了维持氮总平衡，日常饮食中的蛋白质摄入量应当高于最低生理需要量才能满足实际生理需要。中国营养学会推荐我国成人的蛋白质日需要量为 80g。

二、蛋白质的营养价值

1. 决定蛋白质营养价值的因素　在营养方面，不仅要注意膳食蛋白质的量，还必须注意蛋白质的质。由于各种蛋白质所含氨基酸的种类和数量不同，它们的质也就不同。有的蛋白中含必需氨基酸种类多、比例高，则此种蛋白质的营养价值高；有的蛋白质中含必需氨基酸种类少，比例低，则其营养价值低。

营养必需氨基酸（essential amino acid）是指体内需要而又不能自身合成，必须由食物提供的氨基酸。人体内有 9 种营养必需氨基酸：缬氨酸、异亮氨酸、亮氨酸、苏氨酸、甲硫氨酸、赖氨酸、苯丙氨酸、色氨酸和组氨酸。其余 11 种氨基酸体内可以合成，不一定需要由食物提供，在营养上称为非必需氨基酸（non-essential amino acid）。精氨酸虽能在人体内合成，但合成量不多，若长期缺乏也能造成氮负平衡，因此，有人将精氨酸也归为营养必需氨基酸。一般来说，含有必需氨基酸种类多和数量足的蛋白质，其营养价值高；反之，营养价值低。动物蛋白质中必需氨基酸的含量较高，并且种类和比例更接近人体需求，故营养价值高。

2. 蛋白质的互补作用　将营养价值较低的蛋白质混合食用，可以相互补充所缺少的必需氨基酸，从而提高其营养价值，称为蛋白质的互补作用。例如，谷类蛋白质赖氨酸较少而色氨酸较多，豆类蛋白质色氨酸较少而赖氨酸较多，这两种蛋白质单独食用营养价值都不高，但如果将其按一定比例混合食用，则可以提高其营养价值。某些疾病情况下，为保证氨基酸的需要，可进行混合氨基酸输液。

第二节　蛋白质的消化、吸收与腐败

PPT

蛋白质是具有高度种属特异性的大分子化合物，不易被吸收，若未经消化而直接进入体内，常会引起过敏反应。食物蛋白质在消化道内由一组消化酶水解成氨基酸，通过一个耗能的主动吸收过程进入肠黏膜细胞，进一步通过血液循环向组织转运。少量未被消化的蛋白质和未被吸收的氨基酸通过肠道细菌的腐败作用分解，分解产物多数有害。

一、蛋白质的消化

消化道中的蛋白水解酶类对蛋白质的催化具有特异性，按水解肽键的位置不同基本分为两类：内肽酶和外肽酶。内肽酶主要包括胃蛋白酶、胰蛋白酶、糜蛋白酶和弹性蛋白酶等，特异性的水解蛋白质内部的一些肽键。外肽酶包括氨肽酶和羧肽酶，分别从氨基端和羧基端按顺序水解氨基酸。另有二肽酶可水解二肽中的肽键，最终产物为游离的氨基酸。消化道中的蛋白酶类初分泌时都以酶原的形式存在，激活后可以水解蛋白质。

食物蛋白质消化始于胃。胃蛋白酶主要水解蛋白质多肽链中由芳香族氨基酸、甲硫氨酸、亮氨酸等残基构成的肽键，生成多肽和少量的氨基酸。胃蛋白酶还具有凝乳作用，可使乳汁中的酪蛋白与 Ca^{2+} 形成乳凝块，使乳汁在胃中的停留时间延长，有利于乳汁中蛋白质消化。

小肠是蛋白质消化的主要部位。在各种胰蛋白酶和肽酶的作用下，蛋白质和多肽逐步水解为氨基酸和寡肽。此外，小肠黏膜细胞质中存在的寡肽酶和二肽酶，可将进入肠黏膜细胞的寡肽继续水解为氨基酸。

二、蛋白质消化产物的吸收

肠黏膜、肾小管上皮和肌肉等的细胞膜上均存在着转运氨基酸的载体蛋白，能够在耗能、需 Na^+ 的条件下将氨基酸主动吸收到细胞内。氨基酸的主动吸收机制类似于葡萄糖的主动吸收，但是由于氨基酸种类多，结构差异大，因而转运氨基酸的载体蛋白也有多种类型，已知体内至少有 7 种转运蛋白参与氨基酸和寡肽的吸收。这些转运蛋白包括中性氨基酸转运蛋白、酸性氨基酸转运蛋白、碱性氨基酸转运蛋白、亚氨基酸转运蛋白、β-氨基酸转运蛋白、二肽转运蛋白及三肽转运蛋白。当某些氨基酸共用同一载体时，由于这些氨基酸在结构上有一定的相似性，它们在吸收过程中将彼此竞争。

三、蛋白质的腐败作用

有一小部分蛋白质不被消化，也有一小部分消化产物不被吸收。肠道细菌对这部分蛋白质及其消化产物所起的作用，称为腐败作用（putrefaction）。腐败作用是细菌本身对氨基酸及蛋白质的代谢作用。腐败作用的产物中，有些有一定营养价值，如维生素及少量的脂肪酸；其他大多数腐败产物对人体是有害的，例如胺类、氨、酚、吲哚及硫化氢等。

1. 胺类的生成　在肠道内，氨基酸受肠道细菌作用发生脱羧反应，生成相应的胺类，如组氨酸脱羧基生成组胺，赖氨酸脱羧基生成尸胺，酪氨酸脱羧基生成酪胺，苯丙氨酸脱羧基生成苯乙胺。

胺类腐败产物大多有毒性。例如组胺和尸胺会使血压下降，酪胺会使血压升高。这些有毒产物通常需要经过肝代谢转化成无毒形式排出体外。肝功能障碍会导致肝不能对腐败产物进行有效转化，导致一些胺类进入脑组织。例如酪胺和苯乙胺进入脑组织，经过 β-羟化酶作用，转化成 β-羟酪胺或苯乙醇胺，其结构类似于儿茶酚胺，故称为假神经递质（false neurotransmitter）。假神经递质并不能传递兴奋，反而竞争性抑制儿茶酚胺传递兴奋，导致大脑功能障碍，发生深度抑制而昏迷。这些都可能是肝性脑病发生的重要机制。

2. 其他腐败产物的生成　所有未吸收的氨基酸均可以通过还原脱氨基生成氨。此外，酪氨酸脱羧基生成的酪胺可以进一步脱氨基并氧化，生成苯酚和对甲酚等有毒物质；色氨酸经过肠道细菌作用可以产生吲哚和甲基吲哚，并随粪便排出体外；半胱氨酸腐败可以产生硫化氢、甲烷、甲硫醇及乙硫醇等。

第三节　氨基酸的一般代谢

PPT

⇒ **案例引导**

案例　患者，男，50 岁，有严重的肝硬化病史、消化道出血病史。临床表现：恶心、呕吐、食欲不振，定时、定向力障碍，扑翼样震颤阳性，烦躁、谵语、嗜睡。血氨 $180\mu mol/L$。

讨论　1. 结合氨代谢相关知识，分析肝功能障碍时为什么会导致血氨升高？高血氨患者的饮食应注意什么？

2. 临床上对高血氨患者结肠透析时为什么采用弱酸性透析液而禁止用肥皂水灌肠？

3. 对此类患者使用利尿剂时为什么选用酸性利尿剂而非碱性利尿剂？

一、体内蛋白质的降解

人体内蛋白质处于不断降解和合成的动态平衡。成人每天有 1%～2% 的机体蛋白质被降解。不同蛋白质的寿命差异很大，短则数秒，长则数周甚至更长。蛋白质寿命常用半寿期（$t_{1/2}$，half-life）表示，即蛋白质降解其原浓度一半所需要的时间。例如，肝中的大部分蛋白质的 $t_{1/2}$ 为 1～8 天，人血浆蛋白质的 $t_{1/2}$ 约为 10 天，结缔组织中一些蛋白质的 $t_{1/2}$ 可达 180 天。体内蛋白质的更新有重要的生理意义，通过调节蛋白质的降解速度可直接影响代谢过程和生理功能。

（一）体内蛋白质的降解途径

体内蛋白质的降解是由一系列蛋白酶和肽酶完成的，真核细胞蛋白质的降解有两条途径：①不依赖 ATP 的过程，在溶酶体内进行，主要降解外源性蛋白质、膜蛋白及半寿期长的蛋白质；②依赖 ATP 和泛素的过程，在胞质中进行，主要降解半寿期短或异常蛋白质，此过程在不含溶酶体的红细胞中尤为重要。泛素是一种由 76 个氨基酸组成的小分子蛋白质，广泛存在于真核细胞内，其一级结构高度保守。在蛋白质的降解过程中，首先，泛素通过消耗 ATP 的连续酶促反应与被降解的蛋白质共价结合，称为蛋白质的泛素化。一种蛋白质的降解需要多次泛素化，形成泛素链。随后，蛋白酶体（proteasome）特异性地识别泛素标记的蛋白质并与之结合，在 ATP 存在下，将其降解为氨基酸或短肽。泛素 - 蛋白酶体系统控制的蛋白质降解不仅是正常情况下细胞内特异蛋白质降解的重要途径，而且对细胞生长周期、DNA 复制及染色体结构都有重要调控作用。

（二）氨基酸代谢库

分布于全身的游离氨基酸统称为氨基酸代谢库（amino acid metabolic pool）。氨基酸代谢库内氨基酸的来源和去路通常维持动态平衡，以适应生理需要（图 8 - 1）。

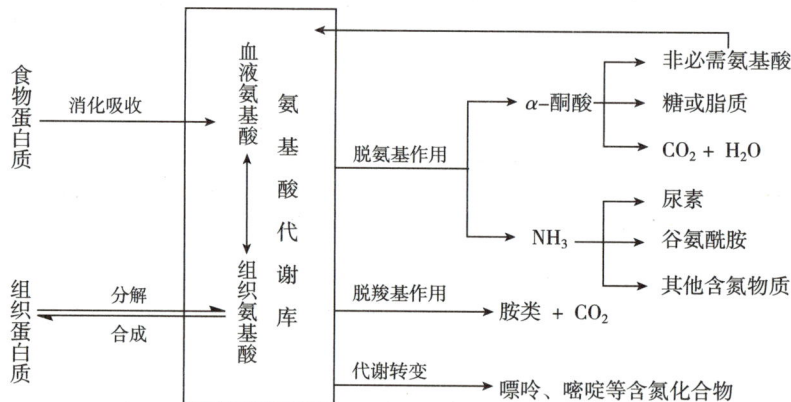

图 8 - 1　体内氨基酸代谢概况

1. 氨基酸的 3 条来源　①食物蛋白质的消化吸收；②组织蛋白质的降解；③利用 α - 酮酸和 NH_3 合成的非必需氨基酸。

2. 氨基酸的 4 条去路　①主要是合成组织蛋白质；②脱氨基生成 α - 酮酸和 NH_3；③脱羧基生成胺类和 CO_2；④通过特殊代谢途径生成一些其他含氮化合物（嘌呤、嘧啶等）。

二、氨基酸脱氨基作用

氨基酸在体内的分解代谢主要是脱氨基（deamination）生成 α - 酮酸和 NH_3。氨基酸可以通过转氨基作用、氧化脱氨基作用、联合脱氨基作用及其他脱氨基作用进行脱氨基，其中联合脱氨基作用是最主要的脱氨基方式。

1. 转氨基作用（transamination）　是指由氨基转移酶（aminotransferase）催化，将氨基酸的 α - 氨基转移到一个 α - 酮酸的酮基上，生成相应的氨基酸，原来的氨基酸则转变成相应的 α - 酮酸。该反应过程只发生氨基转移，不产生游离 NH_3。

$$\underset{\text{COOH}}{\overset{R_1}{\underset{|}{\overset{|}{\text{CHNH}_2}}}} + \underset{\text{COOH}}{\overset{R_2}{\underset{|}{\overset{|}{\text{C}=\text{O}}}}} \underset{\longleftarrow}{\overset{\text{氨基转移酶}}{\longrightarrow}} \underset{\text{COOH}}{\overset{R_1}{\underset{|}{\overset{|}{\text{C}=\text{O}}}}} + \underset{\text{COOH}}{\overset{R_2}{\underset{|}{\overset{|}{\text{CHNH}_2}}}}$$

氨基转移酶简称转氨酶，广泛分布于体内各组织中，其辅基是维生素 B_6 的活性形式——磷酸吡哆醛（图 8-2）。转氨基反应完全是可逆的。因此，转氨基作用既是氨基酸的分解代谢过程，也是体内非必需氨基酸合成的重要途径。除了赖氨酸、苏氨酸、脯氨酸和羟脯氨酸等少数氨基酸外，大多数氨基酸都能进行转氨基作用。

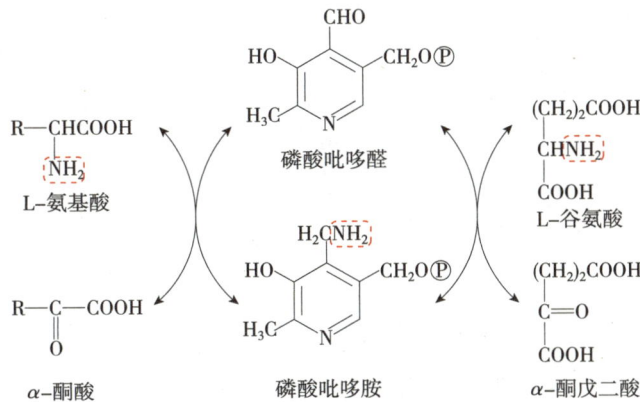

图 8-2　转氨基作用机制

主要的氨基转移酶有丙氨酸氨基转移酶（alanine aminotransferase，ALT）又称为谷丙转氨酶（glutamate-pyruvate transaminase，GPT）和天冬氨酸氨基转移酶（aspartate aminotransferase，AST）又称为谷草转氨酶（glutamate-oxaloacetate transaminase，GOT）。ALT 和 AST 在体内分布广泛，但在各组织中的含量不等（表 8-1）。

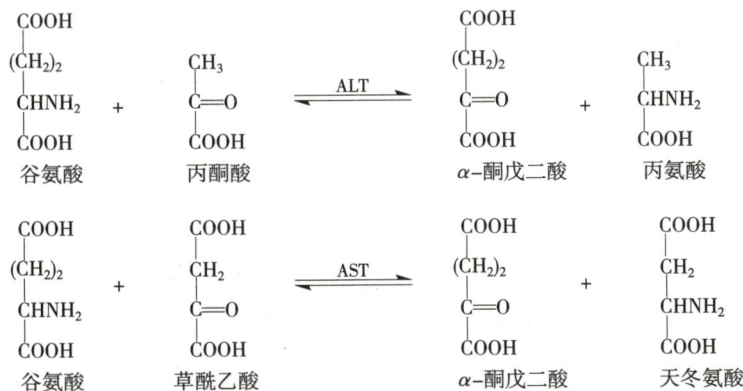

在正常情况下，氨基转移酶主要存在于组织细胞内，血清中的活性很低，肝组织中 ALT 活性最高，心肌组织中 AST 活性最高。只有当组织受损、细胞膜破裂时，氨基转移酶才会大量释放入血，使血清中氨基转移酶活性明显升高。例如，急性肝炎患者血清 ALT 活性显著升高，心肌梗死患者血清中 AST 活

性显著升高。因此，临床上氨基转移酶活性的测定可作为某些疾病的诊断、观察疗效以及判断预后的参考指标之一。

表 8 – 1 正常成人各组织及血清中 AST 和 ALT 活性（单位/每克组织）

组织	AST	ALT	组织	AST	ALT
心	156000	7100	胰腺	28000	2000
肝	142000	44000	脾	14000	1200
骨骼肌	99000	4800	肺	10000	700
肾	91000	19000	血清	20	16

2. 氧化脱氨基作用　氧化脱氨基是指在酶的催化下，氨基酸氧化脱氢、水解脱氨基，生成 NH_3 和 α – 酮酸。催化氧化脱氨基的酶有 L – 谷氨酸脱氢酶和氨基酸氧化酶，其中 L – 谷氨酸脱氢酶（L-glutamate dehydrogenase）的作用最为重要。L – 谷氨酸脱氢酶是以 NAD^+ 或 $NADP^+$ 为辅酶的不需氧脱氢酶，广泛存在于肝、肾和脑等组织中，活性高，能催化 L – 谷氨酸氧化脱氨基，生成 NH_3 和 α – 酮戊二酸。此酶是一种别构酶，其活性受 ADP、GDP、ATP、GTP 等物质的别构调节。

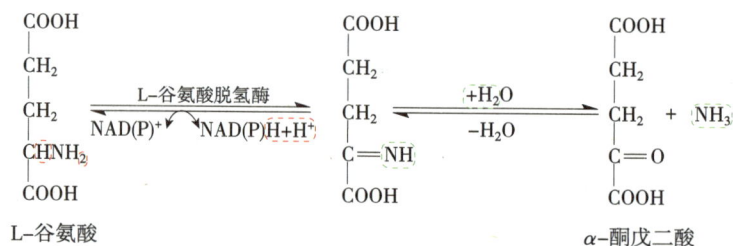

虽然 L – 谷氨酸脱氢酶的专一性高，只能催化 L – 谷氨酸氧化脱氨基，但由于此酶可与转氨酶联合作用，因此使得它在氨基酸的分解和氨基酸的合成中都起重要作用。

3. 联合脱氨基作用　在氨基转移酶和 L – 谷氨酸脱氢酶的催化下，氨基酸可以将氨基转移给 α – 酮戊二酸，生成谷氨酸，谷氨酸再氧化脱氨基，氨基转移酶与 L – 谷氨酸脱氢酶的这种联合作用称为联合脱氨基。氨基转移酶和 L – 谷氨酸脱氢酶在体内普遍存在，所以联合脱氨基是体内大多数氨基酸脱氨基的主要途径。联合脱氨基作用过程是可逆的，其逆过程是体内合成非必需氨基酸的主要途径（图 8 – 3）。

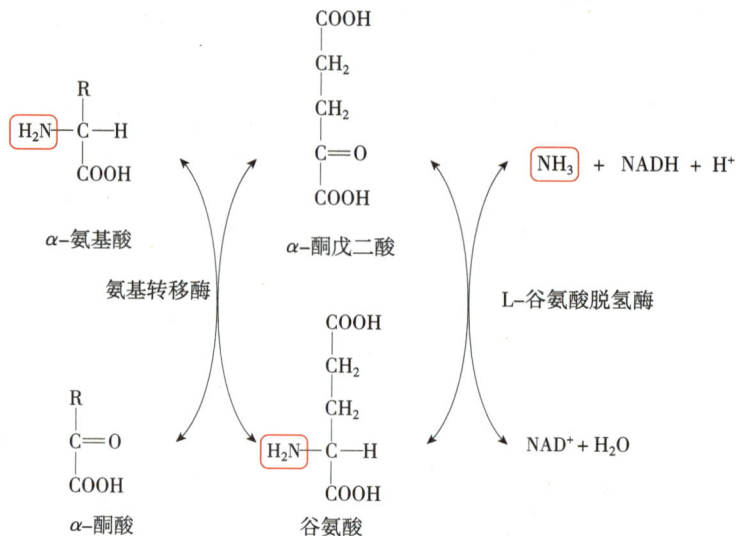

图 8 – 3　氨基酸的联合脱氨基作用

三、氨的代谢

体内代谢产生的氨，以及消化道吸收来的氨进入血液，形成血氨。氨具有毒性，脑组织对氨尤为敏感。体内的氨主要在肝合成尿素，再通过肾排出体外。

（一）氨的来源与去路

1. 体内氨的来源

（1）氨基酸脱氨基作用产生氨是体内氨的主要来源。

（2）胺类分解也可以产生氨。

（3）肠道内的腐败作用和尿素分解产 NH_3。NH_3 比 NH_4^+ 容易透过细胞膜而被吸收，在碱性环境中，NH_4^+ 解离成 NH_3，所以肠道 pH 偏碱及碱性尿均促进 NH_3 的吸收。为此临床上对高氨血症患者禁用碱性肥皂水灌肠。

（4）肾泌氨。在肾远曲小管上皮细胞中的谷氨酰胺酶催化下，谷氨酰胺可水解产生氨，这部分氨分泌到肾小管腔中与原尿中 H^+ 结合成 NH_4^+，以铵盐的形式排出体外。这对调节机体酸碱平衡起着重要作用。

酸性尿有利于肾小管细胞中氨扩散入尿，相反碱性尿则不利于氨的排出，氨可被吸收入血，成为血氨的另一个来源。因此，临床上对因肝硬化产生腹水的患者，不宜使用碱性利尿药，避免血氨升高。

2. 体内氨的去路

（1）在肝合成尿素，通过肾排出体外。

（2）合成非必需氨基酸和嘌呤碱基、嘧啶碱基等含氮物质。

（3）部分由谷氨酰胺转运至肾，水解产生 NH_3，与 H^+ 结合成 NH_4^+，以铵盐的形式排出体外。

（二）氨的转运

氨对机体有毒，各组织产生的氨，以无毒的谷氨酰胺和丙氨酸两种形式运至肝合成尿素，或运至肾以铵盐的形式排出。

1. 谷氨酰胺的运氨作用

在脑和肌肉等组织内，谷氨酰胺合成酶（glutamine synthetase）催化谷氨酸和 NH_3 合成谷氨酰胺，反应消耗 ATP。

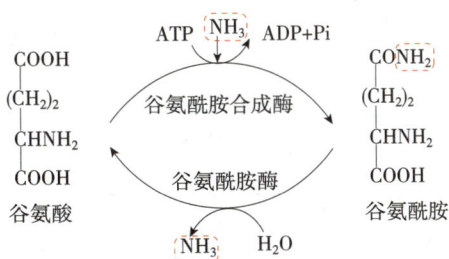

谷氨酰胺合成后可以通过血液循环转运至肝和肾，由谷氨酰胺酶（glutaminase）催化水解成谷氨酸和 NH_3。在肝，NH_3 用于合成其他含氮化合物，或合成尿素，通过肾排出体外。在肾，NH_3 与 H^+ 结合成 NH_4^+，随尿液排出体外。由于肾排 NH_3 的过程伴随着 H^+ 的排出，所以肾排 NH_3 量取决于血液的酸度。谷氨酰胺的合成与分解是由不同酶催化的不可逆反应。脑组织通过合成谷氨酰胺固定 NH_3，并以此作为 NH_3 的运输形式，这在防止 NH_3 对脑的毒性方面起着重要作用。临床上治疗氨中毒时常口服或静脉滴注谷氨酸钠盐，以降低血氨浓度。

2. 丙氨酸 - 葡萄糖循环

在肌肉组织中，氨基酸还可以通过转氨基反应将氨基转移给丙酮酸，生成丙氨酸，丙氨酸通过血液循环转运至肝。在肝，丙氨酸通过联合脱氨基作用释放 NH_3，用于合成尿素，丙酮酸则通过糖异生途径合成葡萄糖。葡萄糖通过血液循环转运至肌肉组织，通过糖酵解分解成丙酮酸，丙酮酸通过转氨基反应获得氨基生成丙氨酸，从而构成一个循环过程，称为丙氨酸－葡萄糖循环（图8－4）。

图 8－4　丙氨酸－葡萄糖循环

丙氨酸－葡萄糖循环的意义在于：它既实现了 NH_3 的无毒转运，又得以使肝为肌肉活动提供能量。

（三）尿素合成

在正常情况下，体内的 NH_3 有80%～90%是在肝中合成易溶于水的尿素，尿素通过血液循环转运至肾，随尿液排出体外。

1932年，德国学者 Krebs 和 Henseleit 研究发现，在有氧条件下将大鼠肝切片与铵盐保温数小时后，铵盐的含量减少，而同时尿素增多。在此切片中，分别加入各种化合物，并观察它们对尿素生成速度的影响，发现鸟氨酸、瓜氨酸和精氨酸都能促进尿素的合成，但它们的含量并不减少。从这3种氨基酸的结构上推断，它们在代谢上可能有一定联系。经过进一步研究，Krebs 和 Henseleit 提出了尿素合成的循环机制：首先鸟氨酸与 NH_3 及 CO_2 结合生成瓜氨酸，然后瓜氨酸再接受1分子 NH_3 生成精氨酸，最后精氨酸水解产生1分子尿素并重新生成鸟氨酸，鸟氨酸进入下一轮循环，该循环过程称为鸟氨酸循环（ornithine cycle），又称为尿素循环（urea cycle）。

1. 尿素的合成过程　整个过程分5步反应。 📱微课

（1）氨基甲酰磷酸的生成　NH_3 和 CO_2 在肝细胞线粒体的氨基甲酰磷酸合成酶Ⅰ（carbamoyl phosphate synthetase，CPS－Ⅰ）催化下，合成氨基甲酰磷酸。

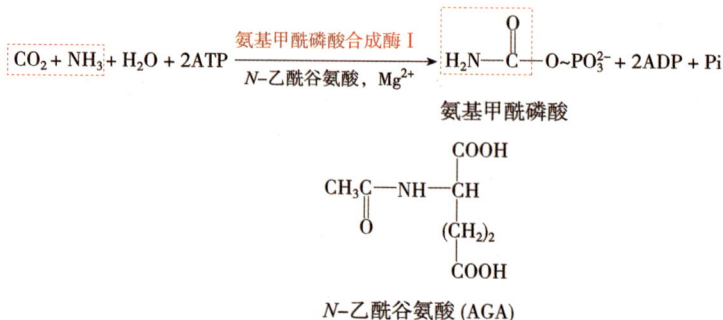

氨基甲酰磷酸合成酶Ⅰ属别构酶，N–乙酰谷氨酸（N–acetyl glutamatic acid，AGA）为该酶的别构激活剂。此反应消耗两分子 ATP。

（2）瓜氨酸的合成　在线粒体内，鸟氨酸氨基甲酰转移酶（ornithine carbamoyl transferase）催化氨基甲酰磷酸与鸟氨酸缩合，生成瓜氨酸。

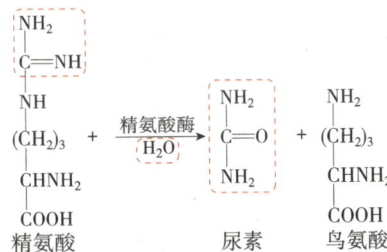

（3）精氨酸代琥珀酸的生成　在胞质中，瓜氨酸与天冬氨酸在精氨酸代琥珀酸合成酶的催化下，由 ATP 提供能量合成精氨酸代琥珀酸。

（4）精氨酸的生成　后者在精氨酸代琥珀酸裂解酶催化下，分解成精氨酸和延胡索酸。精氨酸分子中保留了来自游离 NH_3 和天冬氨酸分子中的氮。延胡索酸经三羧酸循环中间步骤转变为草酰乙酸，后者经谷氨酸转氨基生成天冬氨酸，然后再参加精氨酸代琥珀酸的生成。

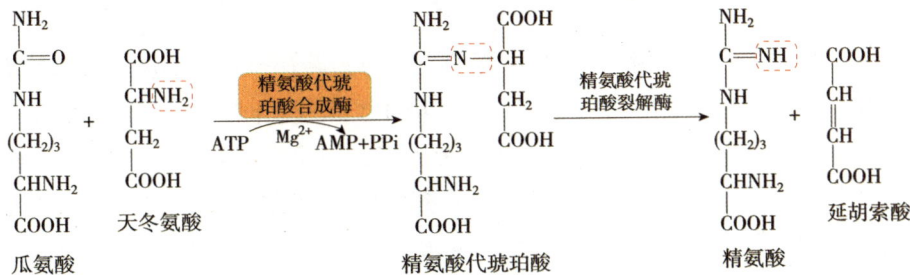

（5）精氨酸水解生成尿素　在细胞质中，精氨酸由精氨酸酶（arginase）催化水解，生成尿素和鸟氨酸。

鸟氨酸由线粒体内膜上的载体转运至线粒体内，与下一个氨基甲酰磷酸缩合生成瓜氨酸，进入下一轮循环。尿素则通过血液循环转运至肾，随尿液排出体外。

尿素合成的总反应为：

$$2NH_3 + CO_2 + 3ATP + 3H_2O \rightleftharpoons H_2N—CO—NH_2 + 2ADP + AMP + 4Pi$$

尿素合成的中间步骤及其在细胞中的定位总结见图 8–5。

2. 尿素合成的调节　膳食蛋白质的调节，高蛋白质膳食促进尿素的合成，低蛋白膳食减少尿素的合成。此外，还受以下两种关键酶的调节。

（1）氨基甲酰磷酸合成酶Ⅰ　该酶是一种别构酶，N–乙酰谷氨酸作为激活剂激活 CPS–Ⅰ，另

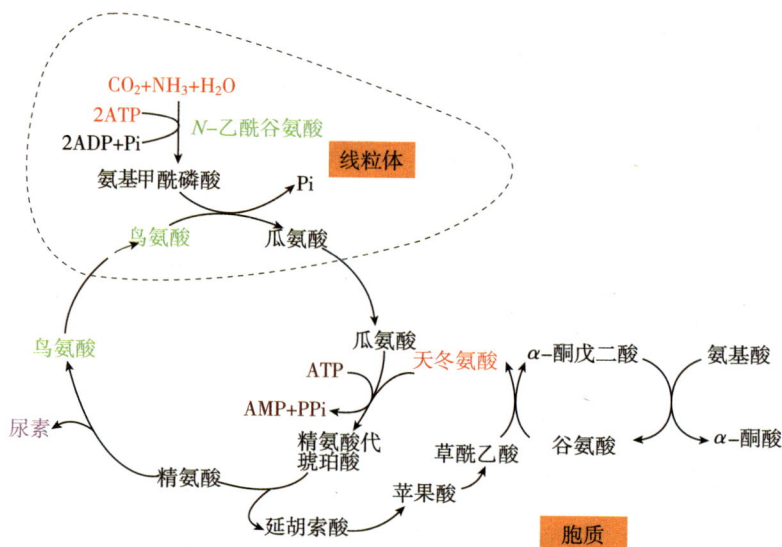

图 8-5 鸟氨酸循环

外，CPS-Ⅰ是鸟氨酸循环启动的关键酶，启动尿素的合成。

（2）精氨酸代琥珀酸合成酶　该酶活性最低，是尿素合成启动后的关键酶，可正性调节尿素的合成。

3. 高氨血症和氨中毒　正常生理情况下，血氨的来源与去路保持动态平衡，血氨的浓度处于较低的水平，肝是合成尿素，降低血氨浓度的主要器官。当肝功能严重损伤时，尿素合成障碍，血氨浓度升高，称为高氨血症（hyperammonemia）。常见的临床症状包括呕吐、厌食、间歇性共济失调、嗜睡甚至昏迷等。高氨血症的毒性作用机制尚不完全清楚。一般认为，高氨血症时，氨扩散进入脑组织，与脑中的 α-酮戊二酸结合生成谷氨酸，并进一步生成谷氨酰胺，结果一方面消耗较多的 NADH 和 ATP 等能源物质，另一方面消耗大量的 α-酮戊二酸，使三羧酸循环速度降低，影响 ATP 的合成，使脑组织供能不足，从而引起大脑功能障碍，严重者可发生昏迷。另一种机制可能是谷氨酸、谷氨酰胺增多，渗透压增大，引起脑水肿。

⊕ **知识链接**

尿素并不是处理过量氮的唯一方法

大多数陆生脊椎动物以尿素的形式排泄多余的氮。然而，尿素并不是氮的唯一可排泄形式。鱼类因为便于与周围水相环境进行交换，通常以 NH_4^+ 的形式释放氮，并依靠水环境来稀释这种有毒物质。对于爬行类动物及鸟类水很珍贵，为了保持水分不惜耗能，所以它们以不溶于水的嘌呤尿酸的形式分泌氮，因此，氮的排泄途径取决于生物体的栖息地。

四、α-酮酸的代谢

氨基酸脱氨基之后生成的 α-酮酸主要有三个代谢去路。

1. 合成非必需氨基酸　体内一些营养非必需氨基酸可通过相应的 α-酮酸的氨基化而生成，如转氨基作用、联合脱氨基作用的逆反应等。循联合脱氨基逆过程还原氨基化，重新生成 α-氨基酸。α-酮酸也可以来自糖代谢和三羧酸循环的中间产物。

2. 转变为糖或脂质化合物　动物实验发现，用各种氨基酸喂养糖尿病型的犬时，大多数氨基酸可以使尿糖增加，表明这些氨基酸在体内经过脱氨基生成的 α - 酮酸可以通过糖异生途径合成葡萄糖，这些氨基酸称为生糖氨基酸；少数几种氨基酸可以使尿糖和尿酮体同时增加，称为生糖兼生酮氨基酸；而亮氨酸和赖氨酸能使尿酮体增加，称为生酮氨基酸（表8－2）。因此，氨基酸代谢与糖和脂质代谢相互联系密切。

表 8 - 2　生糖和生酮氨基酸种类

类别	氨基酸
生糖氨基酸	甘氨酸、丙氨酸、丝氨酸、缬氨酸、半胱氨酸、脯氨酸、组氨酸、精氨酸、谷氨酸、天冬氨酸、谷氨酰胺、天冬酰胺、甲硫氨酸
生酮氨基酸	亮氨酸、赖氨酸
生糖兼生酮氨基酸	异亮氨酸、苯丙氨酸、酪氨酸、色氨酸、苏氨酸

3. 氧化供能　α - 酮酸在体内可以通过三羧酸循环彻底氧化，生成 CO_2 和 H_2O，同时释放能量以供机体生命活动所需。

第四节　个别氨基酸的代谢

PPT

除了进行脱氨基的一般代谢之外，有些氨基酸还经历特殊代谢过程，产生一些具有重要生理功能的物质。本节主要介绍以下 5 种特殊代谢：氨基酸脱羧基的作用、一碳单位的代谢、含硫氨基酸的代谢、芳香族氨基酸的代谢和支链氨基酸的代谢。

一、氨基酸脱羧基作用

体内部分氨基酸可通过脱羧基作用生成相应的胺。脱羧基反应由特异的氨基酸脱羧酶催化，氨基酸脱羧酶的辅酶是磷酸吡哆醛。体内胺类含量虽不高，但具有重要的生理功能。下面介绍氨基酸脱羧基产生的几种重要的活性胺类。

1. 谷氨酸脱羧生成 γ - 氨基丁酸　谷氨酸在谷氨酸脱羧酶的催化下，生成 γ - 氨基丁酸（γ - aminobutyric acid，GABA），谷氨酸脱羧酶在脑、肾组织中活性很高，因而 γ - 氨基丁酸在脑中含量较高。γ - 氨基丁酸是抑制性神经递质，对中枢神经有抑制作用。临床上应用维生素 B_6 治疗妊娠呕吐和婴幼儿惊厥，是因为磷酸吡哆醛作为谷氨酸脱羧酶的辅酶，可增加 γ - 氨基丁酸的生成，从而使兴奋的神经中枢得到抑制以减轻症状。

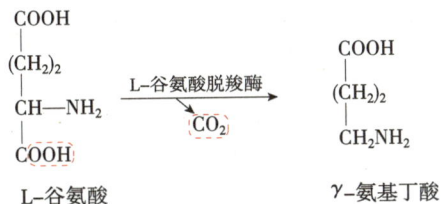

$$\begin{array}{ccc}
COOH & & COOH \\
| & & | \\
(CH_2)_2 & \xrightarrow[\ \ \ \ \ \ \ \ \ ]{L\text{-}谷氨酸脱羧酶} & (CH_2)_2 \\
| & \quad CO_2 & | \\
CH-NH_2 & & CH_2NH_2 \\
| & & \\
COOH & & \\
L\text{-}谷氨酸 & & \gamma\text{-}氨基丁酸
\end{array}$$

2. 色氨酸经 5 - 羟色氨酸脱羧生成 5 - 羟色胺　5 - 羟色胺（5 - hydroxytryptamine，5 - HT）由色氨酸通过羟化和脱羧基生成。5 - HT 在神经系统、胃肠道、血小板和乳腺等组织均能生成。在脑内，5 - HT 属于抑制性神经递质，在外周组织，5 - HT 是一种强烈的血管收缩剂。

色氨酸 —— 色氨酸羟化酶 —→ 5-羟色氨酸 —— 5-羟色氨酸脱羧酶 / CO_2 —→ 5-羟色胺

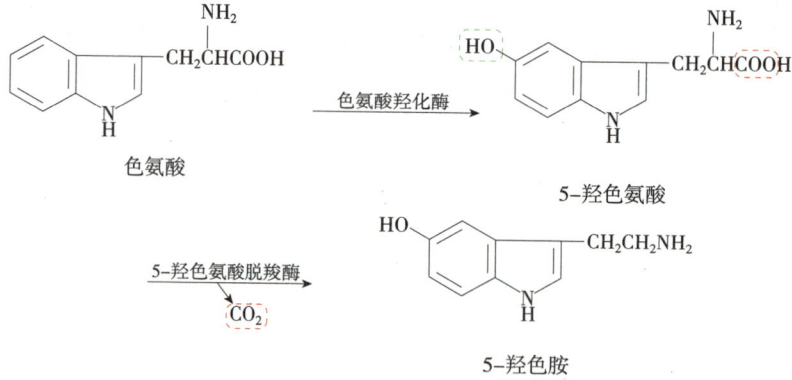

3. 组氨酸脱羧生成组胺　组胺（histamine）由组氨酸脱羧基生成，主要由肥大细胞产生，是一种强烈的血管舒张剂，能够增加毛细血管通透性，引起血压下降；组胺可以使支气管平滑肌收缩，引起支气管痉挛，导致哮喘；组胺还可以刺激胃酸和胃蛋白酶分泌。

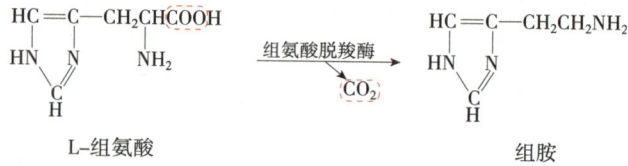

L-组氨酸 —— 组氨酸脱羧酶 / CO_2 —→ 组胺

4. 某些氨基酸的脱羧基作用可产生多胺类物质　鸟氨酸和甲硫氨酸可以通过脱羧基等反应生成亚精胺（spermidine）和精胺（spermine）。亚精胺和精胺含有多个氨基，统称为多胺（polyamine）。

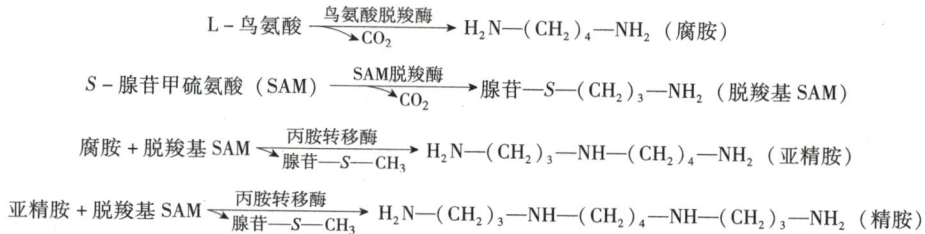

L-鸟氨酸 $\xrightarrow[\quad CO_2\quad]{\text{鸟氨酸脱羧酶}}$ $H_2N—(CH_2)_4—NH_2$（腐胺）

S-腺苷甲硫氨酸（SAM）$\xrightarrow[\quad CO_2\quad]{\text{SAM脱羧酶}}$ 腺苷—S—$(CH_2)_3$—NH_2（脱羧基SAM）

腐胺 + 脱羧基SAM $\xrightarrow[\text{腺苷—}S\text{—}CH_3]{\text{丙胺转移酶}}$ $H_2N—(CH_2)_3—NH—(CH_2)_4—NH_2$（亚精胺）

亚精胺 + 脱羧基SAM $\xrightarrow[\text{腺苷—}S\text{—}CH_3]{\text{丙胺转移酶}}$ $H_2N—(CH_2)_3—NH—(CH_2)_4—NH—(CH_2)_3—NH_2$（精胺）

亚精胺和精胺是调节细胞生长的重要物质，可以促进细胞增殖。凡是生长旺盛的组织如胚胎、再生肝以及肿瘤组织中，鸟氨酸脱羧酶活性均较高，多胺含量也较多。临床上把测定患者血液或尿液中多胺的含量作为肿瘤诊断和预后评估的生化指标之一。

二、一碳单位的代谢

有些氨基酸在分解代谢过程中可以产生含有一个碳原子的有机基团，称为一碳单位（one carbon unit）。

1. 一碳单位的种类和来源　体内重要的一碳单位有甲基（—CH_3）、亚甲基（—CH_2—）、次甲基（—CH ＝）、甲酰基（—CHO）、亚氨甲基（—CH ＝NH）等，一碳单位分别来自甘氨酸、组氨酸、丝氨酸、色氨酸和甲硫氨酸等。

2. 一碳单位的载体　一碳单位不能游离存在，由四氢叶酸（FH_4）等携带而转运并参加代谢（图 8-6）。

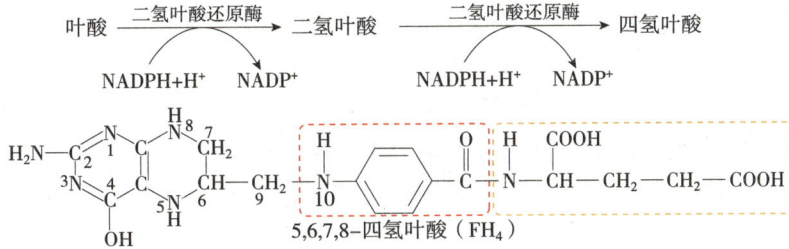

图 8-6　四氢叶酸生成及结构式

3. 一碳单位的生成　由氨基酸分解产生一碳单位需经过复杂的代谢过程，并且需要 FH_4 作为一碳单位转移酶的辅酶，例如丝氨酸和甘氨酸分解生成 N^5, N^{10} – 亚甲四氢叶酸：在羟甲基转移酶的催化下，丝氨酸的羟甲基转移给 FH_4，并脱水生成 N^5, N^{10} – 亚甲四氢叶酸和甘氨酸；甘氨酸在裂解酶的催化下与 FH_4 反应，生成 N^5, N^{10} – 亚甲四氢叶酸。

4. 一碳单位的相互转化　各种一碳单位所含碳原子的氧化状态不同。在适当条件下，这些一碳单位可以通过氧化还原反应彼此转变。但是在这些反应中，N^5 – 甲基四氢叶酸的生成反应是不可逆的（图 8-7）。

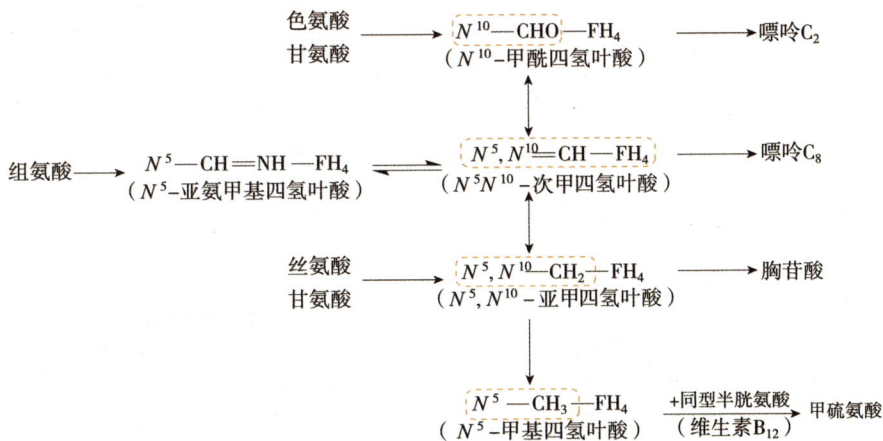

图 8-7　一碳单位的来源及相互转变

5. 一碳单位的生理功能　主要是作为合成嘌呤、嘧啶的原料，故在核酸的生物合成中起重要的作用。例如，嘌呤环的 C_2 和 C_8 由 N^{10} – 甲酰四氢叶酸和 N^5, N^{10} – 次甲四氢叶酸提供，脱氧胸苷酸的 5 – 甲基由 N^5, N^{10} – 亚甲四氢叶酸提供。不过，N^5 – 甲基四氢叶酸需与甲硫氨酸循环联合起来才能提供甲基，用于合成甲基化合物。

由上可见，一碳单位代谢与核酸代谢关系密切。当一碳单位代谢发生障碍或 FH_4 不足时，核酸代谢将受影响，可引起巨幼红细胞贫血等疾病。使用磺胺药及某些抗肿瘤药（如甲氨蝶呤等）会干扰细菌及肿瘤细胞叶酸和 FH_4 的合成，从而影响其一碳单位代谢与核酸代谢，使细菌及肿瘤细胞的分裂增殖受阻，从而发挥其药理作用。

三、含硫氨基酸的代谢

含硫氨基酸包括甲硫氨酸、半胱氨酸和胱氨酸。在体内它们的代谢是相互联系的，甲硫氨酸可以转变为半胱氨酸和胱氨酸，半胱氨酸与胱氨酸可以相互转变。但是，半胱氨酸与胱氨酸不能用于合成甲硫氨酸，所以甲硫氨酸是营养必需氨基酸。

（一）甲硫氨酸代谢

1. 甲硫氨酸参与甲基转移 甲硫氨酸分子中含有 S–甲基，通过各种转甲基作用可生成多种含甲基的生理活性物质，如肾上腺素、肉碱、胆碱及肌酸等。在转甲基之前，甲硫氨酸必须在腺苷转移酶的催化下与 ATP 作用生成活泼的 S–腺苷甲硫氨酸（S–adenosyl methionine，SAM）也称活性甲基，是体内最重要的甲基直接供体。据统计，体内有 50 余种物质需 SAM 提供甲基，生成甲基化合物。

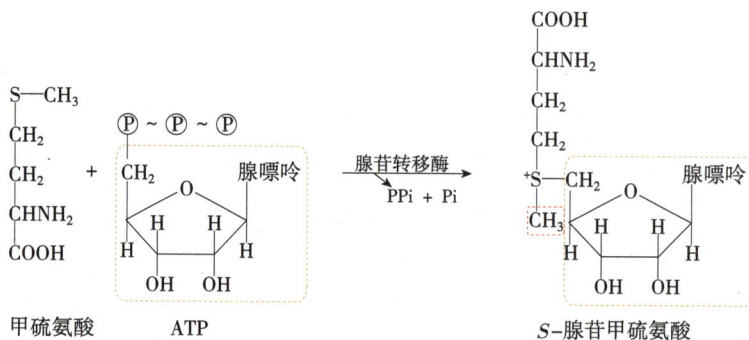

2. 甲硫氨酸循环 S–腺苷甲硫氨酸在甲基转移酶（methyltransferase）催化下，将甲基转给另一种物质，使其甲基化，而 S–腺苷甲硫氨酸去甲基后生成 S–腺苷同型半胱氨酸，后者脱去腺苷生成同型半胱氨酸。同型半胱氨酸接受 N^5—CH_3—FH_4 上的甲基，重新生成甲硫氨酸，形成一个循环过程，称为甲硫氨酸循环（methionine cycle）（图 8–8）。

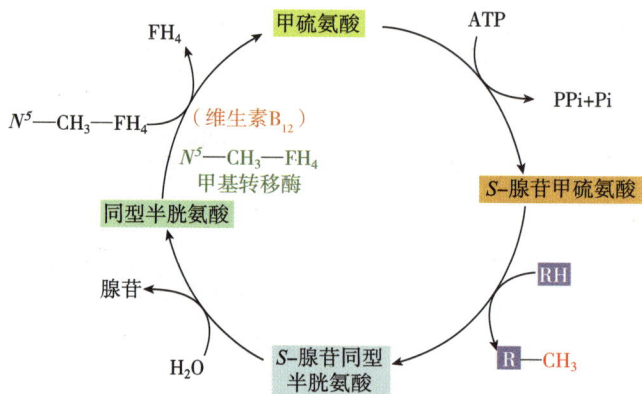

图 8–8 甲硫氨酸循环

3. 甲硫氨酸循环的生理意义 ①N^5—CH_3—FH_4 作为甲基的间接供体，供给甲基生成甲硫氨酸，再通过甲硫氨酸循环的 SAM 提供甲基，以进行体内广泛的转甲基反应；②提供活性甲基，减少了必需氨基酸甲硫氨酸的消耗。

维生素 B_{12} 是合成甲硫氨酸的 N^5—CH_3—FH_4 甲基转移酶的辅酶。维生素 B_{12} 缺乏时，N^5—CH_3—FH_4 上的甲基不能转给同型半胱氨酸，这不仅影响甲硫氨酸的合成，同时也影响了 FH_4 的再生，使组织中游离的 FH_4 减少，降低了 FH_4 的利用率，影响 DNA 的合成和细胞分裂。因此维生素 B_{12} 缺乏时可引起巨幼红细胞贫血，同时，同型半胱氨酸在血中的浓度升高。现已证实，高同型半胱氨酸血症是动脉粥样硬化发病的独立危险因素。

⊕ **知识链接**

高同型半胱氨酸血症与心脑血管疾病

同型半胱氨酸是一种含硫氨基酸，为甲硫氨酸转甲基后生成的重要中间产物，不参与蛋白质的合成。体内同型半胱氨酸主要通过两条途径进行代谢，即甲基化途径和转硫途径，约50%的同型半胱氨酸经甲基化途径重新合成甲硫氨酸；另约50%的同型半胱氨酸经转硫途径不可逆生成半胱氨酸和α-酮丁酸，此过程需维生素 B_6 依赖的胱硫醚β合成酶的催化。由于遗传缺陷、B族维生素缺乏（叶酸、维生素 B_6、维生素 B_{12}）及雌激素缺乏等因素引起血中同型半胱氨酸升高，称为高同型半胱氨酸血症。同型半胱氨酸可刺激血管平滑肌细胞增殖，损伤血管内皮细胞，促进血小板的激活，增强凝血功能，进而导致心脑血管疾病的发生。目前科学家们试图用转硫途径等多种手段降低血液中同型半胱氨酸浓度，达到预防心血管疾病的目的。

（二）半胱氨酸与胱氨酸代谢

1. 半胱氨酸与胱氨酸相互转化　半胱氨酸含有巯基，两分子半胱氨酸可以氧化脱氢，以二硫键相连生成胱氨酸；胱氨酸则可以还原分解，生成两分子半胱氨酸。

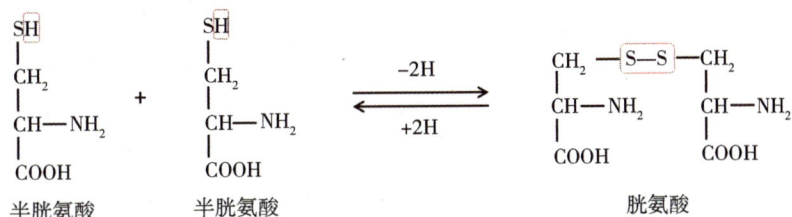

半胱氨酸与胱氨酸存在于一些蛋白质（包括酶）中，它们的相互转化影响蛋白质的结构与功能。例如，胰岛素分子 A、B 链之间存在两个二硫键，如果还原二硫键使 A、B 链分开，则胰岛素活性完全丧失。体内许多重要的酶，如琥珀酸脱氢酶、乳酸脱氢酶等的活性与半胱氨酸的巯基直接相关，故称为巯基酶。有些毒物，如芥子气、重金属盐等，能与酶分子中的巯基结合而抑制酶的活性。

2. 半胱氨酸可转变成牛磺酸　半胱氨酸首先氧化成磺基丙氨酸，再经磺基丙氨酸脱羧酶催化脱羧生成牛磺酸。牛磺酸是结合胆汁酸的组成成分之一。

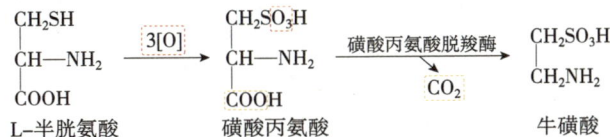

3. 半胱氨酸氧化分解产生活性硫酸根　半胱氨酸可以氧化脱氨基生成丙酮酸、NH_3 和 H_2S。H_2S 可以进一步氧化，生成硫酸。生成的硫酸一部分以无机盐形式随尿液排出体外，另一部分则与 ATP 反应，生成活性硫酸根，即 3'-磷酸腺苷-5'-磷酸硫酸（3'-phosphoadenosine-5'-phosphosulfate，PAPS）。

PAPS 性质活泼，所含的活性硫酸根可以用于合成硫酸软骨素、硫酸角质素和肝素等黏多糖，进而与蛋白质结合，形成蛋白聚糖。在肝生物转化中，PAPS 可提供硫酸根使某些物质生成硫酸酯。例如，类固醇激素形成硫酸酯而被灭活，酚类物质形成硫酸酯被排出体外。

四、芳香族氨基酸的代谢

芳香族氨基酸包括苯丙氨酸、酪氨酸和色氨酸。酪氨酸可由苯丙氨酸羟化生成。

$$\text{ATP} + \text{SO}_4^{2-} \xrightarrow[\text{PPi}]{} \underset{\text{腺苷-5′-磷酰硫酸}}{\text{AMP—SO}_3^-} \xrightarrow{\text{ATP}} \underset{\text{PAPS}}{3'—\text{PO}_3\text{H}_2—\text{AMP—SO}_3^-} + \text{ADP}$$

PAPS的结构

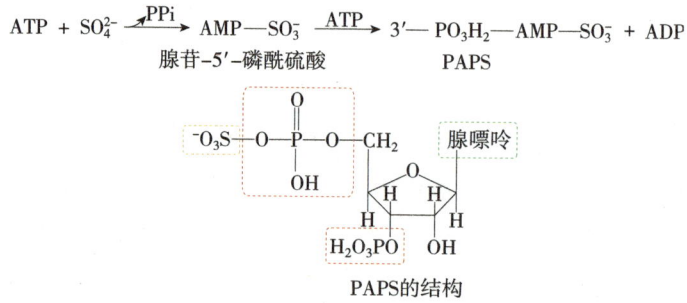

1. 苯丙氨酸羟化生成酪氨酸　正常情况下，苯丙氨酸主要经苯丙氨酸羟化酶催化生成酪氨酸，苯丙氨酸羟化酶是一种单加氧酶，辅酶是四氢蝶呤，反应不可逆，故酪氨酸不能生成苯丙氨酸。

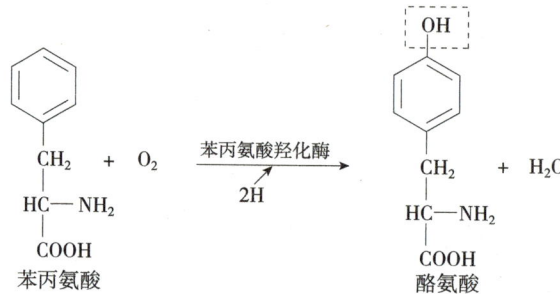

苯丙氨酸除能转变为酪氨酸外，少量可经转氨基作用生成苯丙酮酸。当苯丙氨酸羟化酶先天缺陷时，苯丙氨酸不能转变为酪氨酸，苯丙氨酸经转氨基作用大量生成苯丙酮酸，后者进一步转变成苯乙酸等衍生物。此时尿中出现大量苯丙酮酸等代谢产物，因此称为苯丙酮酸尿症（phenylketonuria，PKU）。苯丙酮酸的堆积对中枢神经系统有毒性，使脑发育障碍，患儿智力低下。治疗原则是，早期发现，并适当控制膳食中苯丙氨酸的含量。

2. 酪氨酸转变为儿茶酚胺和黑色素　酪氨酸的进一步代谢与合成某些神经递质、激素及黑色素有关。在肾上腺髓质和神经组织中，酪氨酸经酪氨酸羟化酶催化生成3,4-二羟苯丙氨酸（3,4-dihydroxyphenylalanine，DOPA），又称多巴。在多巴脱羧酶的作用下，多巴脱去羧基生成多巴胺（dopamine），多巴胺是一种神经递质。帕金森病患者多巴胺生成减少。在肾上腺髓质中，多巴胺由多巴胺β-羟化酶催化发生羟化反应，生成去甲肾上腺素（norepinephrine）。去甲肾上腺素由N-甲基转移酶催化由SAM提供甲基，生成肾上腺素（epinephrine）。多巴胺、去甲肾上腺素及肾上腺素统称为儿茶酚胺。酪氨酸另一代谢途径是在黑色素细胞中，经酪氨酸酶作用，羟化生成多巴，后者经氧化、脱羧等反应转变为吲哚醌，吲哚醌聚合为黑色素。先天性酪氨酸酶缺乏的患者，因黑色素合成障碍，皮肤、毛发等发白，称为白化病（albinism）。患者对阳光敏感，易患皮肤癌。

3. 酪氨酸的分解代谢　酪氨酸还可在酪氨酸氨基转移酶的催化下，生成对羟苯丙酮酸，后者经尿黑酸等中间产物进一步转变为乙酰乙酸和延胡索酸，两者分别参与脂质和糖代谢。因此，苯丙氨酸和酪氨酸是生糖兼生酮氨基酸。先天性尿黑酸氧化酶缺陷者，尿黑酸分解障碍，可出现尿黑酸尿症。

苯丙氨酸和酪氨酸代谢过程（图8-9）。

五、支链氨基酸的代谢

支链氨基酸包括异亮氨酸、亮氨酸和缬氨酸，均为必需氨基酸，这三种氨基酸首先经转氨基作用，生成各自相应的α-酮酸，然后进一步分解。其次，通过氧化脱羧生成相应的脂酰辅酶A；最后，通过β氧化生成不同的中间产物参与三羧酸循环。缬氨酸分解产生琥珀酰辅酶A；亮氨酸产生乙酰辅酶A和

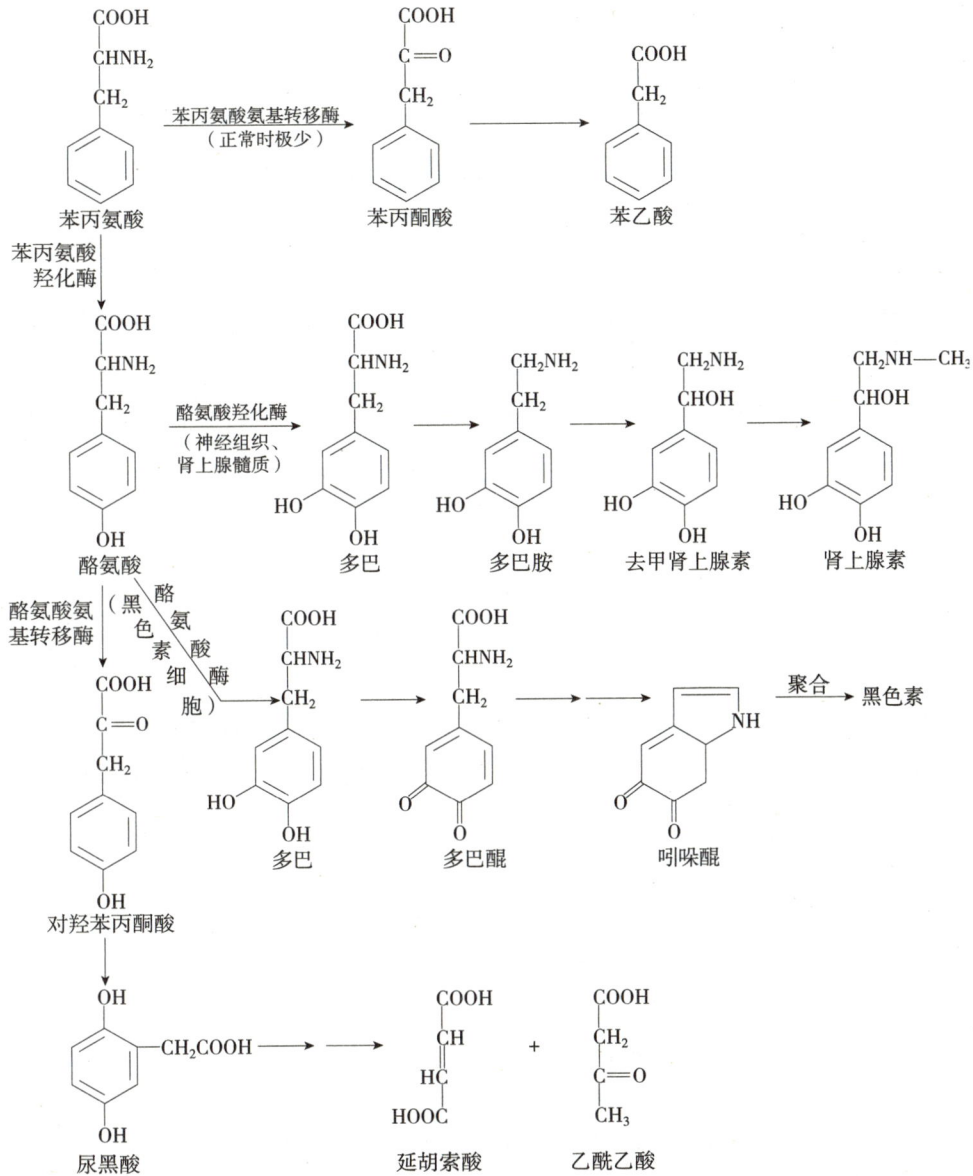

图 8-9 苯丙氨酸及酪氨酸的代谢过程

乙酰乙酰辅酶 A；异亮氨酸产生乙酰辅酶 A 和琥珀酰辅酶 A。所以这三种氨基酸分别为生糖氨基酸、生酮氨基酸及生糖兼生酮氨基酸。支链氨基酸的分解代谢主要在骨骼肌中进行。

目标检测

答案解析

一、选择题

1. 生物体内氨基酸脱氨基的主要方式是（　　）

    A. 氧化脱氨基　　　　　　　B. 还原脱氨基　　　　　　　C. 直接脱氨基

    D. 转氨基　　　　　　　　　E. 联合脱氨基

2. 哺乳类动物体内氨的主要去路是（　　）

A. 渗入肠道　　　　　　　　　　B. 在肝中合成尿素　　　　　　　　C. 经肾泌氨随尿排出

D. 生成谷氨酰胺　　　　　　　　E. 合成营养非必需氨基酸

3. 体内一碳单位的运载体是（　　）

A. 叶酸　　　　B. 维生素 B_{12}　　　C. 四氢叶酸　　　D. 二氢叶酸　　　E. 生物素

4. 通过氨基酸脱羧基作用生成 γ - 氨基丁酸的物质是（　　）

A. 丙酮酸　　　　B. 谷氨酸　　　C. 天冬氨酸　　　D. 草酰乙酸　　　E. α - 酮戊二酸

5. 产生巨幼红细胞贫血是因为缺乏（　　）

A. 维生素 B_{12}　　B. 维生素 C　　C. 维生素 B_1　　D. 维生素 B_2　　E. 维生素 B_6

6. 以下氨基酸中可转变为牛磺酸的是（　　）

A. 甲硫氨酸　　　B. 半胱氨酸　　　C. 苏氨酸　　　D. 甘氨酸　　　E. 谷氨酸

7. 脑中氨的主要去路是（　　）

A. 扩散入血　　　　　　　　　　B. 合成谷氨酰胺　　　　　　　　C. 合成谷氨酸

D. 合成尿素　　　　　　　　　　E. 合成嘌呤

8. 不出现于蛋白质中的氨基酸是（　　）

A. 半胱氨酸　　　B. 胱氨酸　　　C. 瓜氨酸　　　D. 精氨酸　　　E. 赖氨酸

9. 体内最重要的甲基直接供体是（　　）

A. S - 腺苷甲硫氨酸　　　　　　　　　　B. N^5 - 甲基四氢叶酸

C. N^5，N^{10} - 亚甲四氢叶酸　　　　　　D. N^5，N^{10} - 次甲四氢叶酸

E. N^{10} - 甲酰四氢叶酸

10. 以下物质的合成可被磺胺类药物干扰的是（　　）

A. 维生素 B_{12}　　B. 吡哆醛　　　C. CoA　　　D. 生物素　　　E. 二氢叶酸

二、问答题

1. 简述血氨的来源与主要代谢去路。

2. 试述鸟氨酸循环、丙氨酸 - 葡萄糖循环及甲硫氨酸循环的生理意义。

3. 简述测定血清中谷丙转氨酶和谷草转氨酶的临床意义。

4. 简述叶酸、维生素 B_{12} 缺乏引起巨幼红细胞贫血的生化机制。

5. 试从蛋白质、氨基酸代谢角度分析严重肝功能障碍时肝昏迷的原因。

（池　刚）

书网融合……

本章小结　　　　　　　微课　　　　　　　题库

第九章　核苷酸代谢

📖 学习目标

知识要求

1. 掌握　核苷酸从头合成途径的概念、原料、关键酶及特点；核苷酸补救合成途径的概念及生理意义；核苷酸分解代谢的终产物。

2. 熟悉　各种核苷酸抗代谢物的作用机制；痛风症的发病机制及治疗。

3. 了解　核酸的消化与吸收；核苷酸从头合成的基本过程及调节；核苷酸分解代谢的基本过程；核苷酸代谢障碍引起的相关疾病。

技能要求

学会融会贯通、总结核苷酸合成和分解代谢的过程，培养自主学习能力。

素质要求

注重理解抗代谢药物的作用机制，为临床肿瘤治疗奠定基础。

食物中的核酸主要以核蛋白的形式存在。核蛋白在胃中被胃酸分解为核酸与蛋白质。核酸进入小肠后，在胰液和肠液各种消化酶的作用下逐步水解（图9－1）。戊糖可进入体内的戊糖代谢途径；碱基可被继续分解排出体外。核苷酸代谢包括合成代谢与分解代谢，其代谢障碍与很多疾病的发生密切相关。

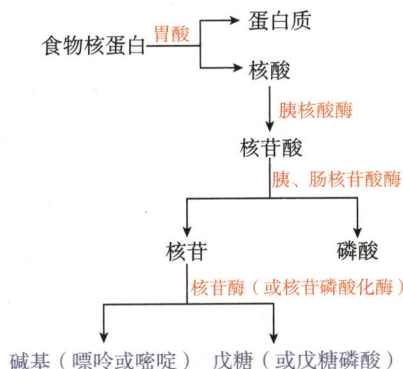

图 9-1　食物中核酸的消化

第一节　核苷酸的合成与分解代谢

PPT

➡️ 案例引导

案例　患者，男，46 岁。身体多处关节疼痛近 18 个月伴低热，曾被诊断为"风湿性关节炎"。因抗风湿治疗未见明显效果前来就诊。查体：体温 37.6℃，双足踇趾疼痛伴红肿，双踝关节肿胀及膝关节疼痛，双侧耳廓触及绿豆大结节数个。

讨论　1. 患者可能的诊断是什么？如何进一步确诊？

2. 痛风症的发病机制是什么？如何治疗？

3. 如何对痛风症患者进行营养护理？

体内嘌呤核苷酸和嘧啶核苷酸的生物合成均有两条途径:从头合成途径（de novo synthesis）和补救合成途径（salvage pathway）。所谓从头合成途径是指利用核糖磷酸、氨基酸、一碳单位、CO_2等简单物质为原料，经一系列酶促反应合成核苷酸的过程；补救合成途径则是指利用体内游离的碱基或核苷，经过简单的反应合成核苷酸的过程。两种途径在不同组织中的重要性不同，如肝组织主要进行从头合成途径，而脑和骨髓等则进行补救合成。一般情况下，前者是合成的主要途径。

细胞内核苷酸的分解代谢过程与食物中核苷酸的消化过程相似。首先，在核苷酸酶的作用下脱去磷酸生成核苷，核苷经核苷磷酸化酶作用，磷酸解生成游离的碱基和核糖磷酸。核糖磷酸既可重新用于合成新的核苷酸，也可进入磷酸戊糖途径进行代谢；游离的碱基小部分参与核苷酸的补救合成途径，大部分则继续分解排出体外。

一、嘌呤核苷酸的合成与分解代谢

（一）嘌呤核苷酸的合成代谢

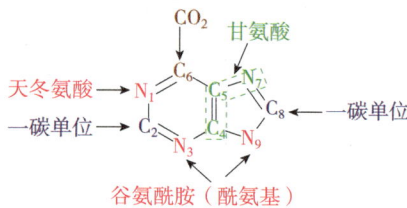

图 9-2　嘌呤环各元素来源

1. 嘌呤核苷酸的从头合成　原料为核糖 – 5′ – 磷酸、谷氨酰胺、甘氨酸、天冬氨酸、一碳单位及 CO_2 等。嘌呤环各元素来源见图 9-2。

嘌呤核苷酸的从头合成在细胞质中进行，合成过程较复杂，分两个阶段进行：第一阶段合成次黄嘌呤核苷酸（inosine monophosphate，IMP）；第二阶段由 IMP 合成腺嘌呤核苷一磷酸（AMP）和鸟嘌呤核苷一磷酸（GMP）。

（1）IMP 的生成　是在核糖磷酸的基础上利用上述小分子原料逐步掺入嘌呤环的各个元素，最终合成次黄嘌呤核苷酸。第一阶段共包括 11 步酶促反应，反应过程简化如图 9-3 所示。其中催化前两步反应的磷酸核糖焦磷酸合成酶（PRPP 合成酶）和磷酸核糖焦磷酸酰胺转移酶（PRPP 酰胺转移酶）是 IMP 合成的关键酶。

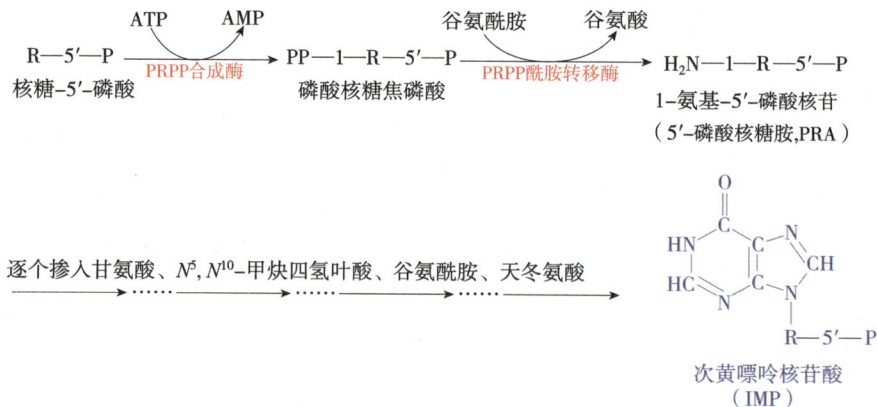

图 9-3　IMP 的从头合成过程

（2）AMP 和 GMP 的生成　IMP 是嘌呤核苷酸合成的前体或重要中间产物，可进一步转变为 AMP 和 GMP（图 9-4）。

嘌呤核苷酸从头合成的特点是在核糖磷酸的基础上逐步合成嘌呤核苷酸。嘌呤核苷酸从头合成的调节主要是调节两个关键酶的活性，PRPP 合成酶和 PRPP 酰胺转移酶均可被产物 IMP、AMP 及 GMP 反馈抑制，PRPP 则可促进 PRPP 酰胺转移酶的活性。此外，在 IMP 转变为 AMP 和 GMP 的过程中，过量的 AMP 和

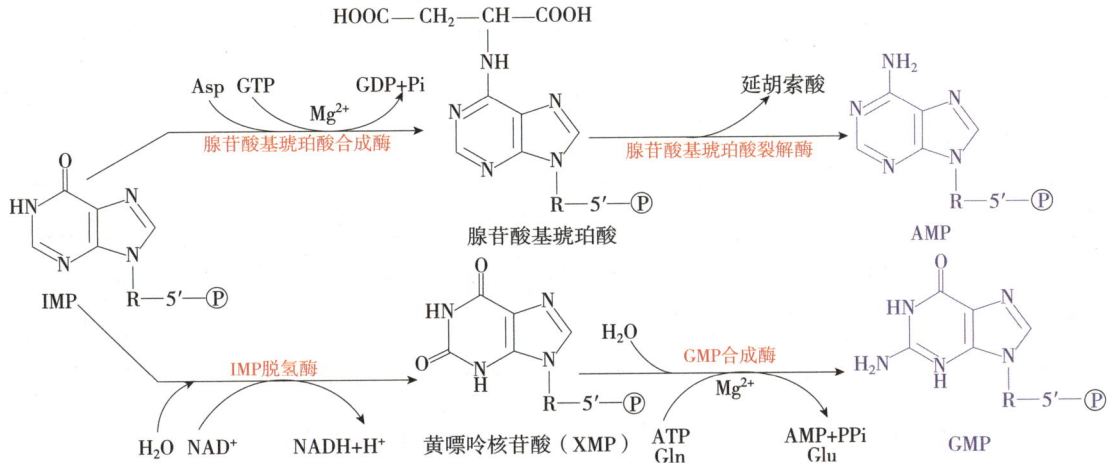

图 9 - 4　IMP 转变为 AMP 和 GMP 的过程

GMP 分别反馈抑制 AMP 和 GMP 的生成，ATP 可以促进 GMP 的生成，GTP 可以促进 AMP 的生成。这种自身反馈抑制和交叉调节作用的相互协调对于控制细胞内 AMP 和 GMP 总量及维持细胞内 AMP 和 GMP 浓度的平衡具有重要意义（图 9 - 5）。

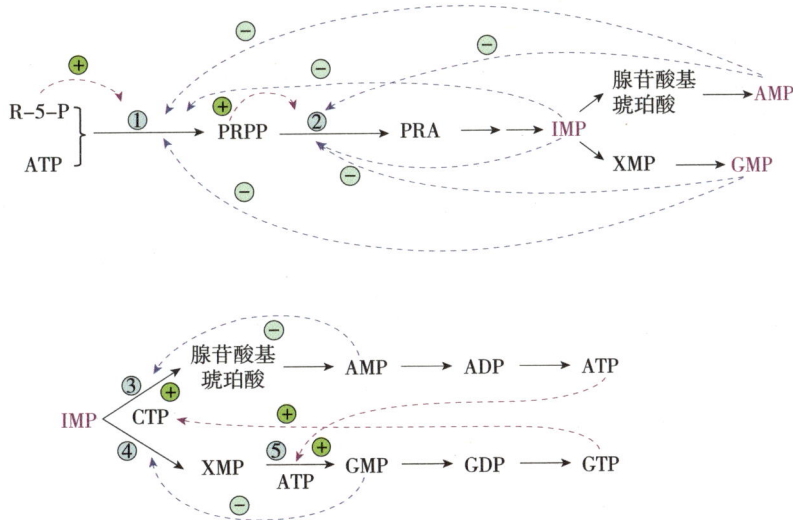

图 9 - 5　嘌呤核苷酸从头合成的调节

⊕促进；⊖抑制；
①PRPP 合成酶；②酰胺转移酶；③腺苷酸基琥珀酸合成酶；④IMP 脱氢酶；⑤GMP 合成酶

2. 嘌呤核苷酸的补救合成　参与嘌呤核苷酸补救合成的酶主要有腺嘌呤磷酸核糖转移酶（adenine phosphoribosyl transferase，APRT）、次黄嘌呤 - 鸟嘌呤磷酸核糖转移酶（hypoxanthine-guanine phosphoribosyl transferase，HGPRT）及腺苷激酶。前两种酶是利用游离的嘌呤碱基，由 PRPP 提供核糖磷酸，分别催化 AMP、IMP 及 GMP 的补救合成；腺苷激酶催化腺嘌呤核苷的磷酸化反应，使腺嘌呤核苷生成腺嘌呤核苷酸。补救合成过程简单，消耗氨基酸和能量少。脑和骨髓等组织由于缺乏从头合成的酶系统，只能进行补救合成。

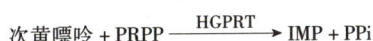

$$腺嘌呤 + PRPP \xrightarrow{APRT} AMP + PPi$$

$$次黄嘌呤 + PRPP \xrightarrow{HGPRT} IMP + PPi$$

$$鸟嘌呤 + PRPP \xrightarrow{HGPRT} GMP + PPi$$

$$腺苷 + ATP \xrightarrow{腺苷激酶} AMP + ADP$$

体内的嘌呤核苷酸可相互转变。如前所述，IMP 可转变为 AMP 和 GMP，AMP 和 GMP 也可转变为 IMP，因此 AMP 和 GMP 之间也可以相互转变。

AMP 和 GMP 在激酶作用下，经过两步磷酸化反应，可分别生成 ATP 和 GTP。

3. 脱氧核苷酸的生成 DNA 由脱氧核苷酸组成，体内的脱氧核苷酸包括嘌呤脱氧核苷酸和嘧啶脱氧核苷酸。体内的脱氧核苷酸是通过相应核苷酸在还原酶作用下生成。这种还原作用在核苷二磷酸水平上进行，即核糖核苷二磷酸（NDP，N 代表 A、G、C、U 碱基）分子中核糖 C-2'上的羟基在核糖核苷酸还原酶作用下脱去氧而生成脱氧核糖核苷二磷酸（胸腺嘧啶核苷酸除外）。反应如下：

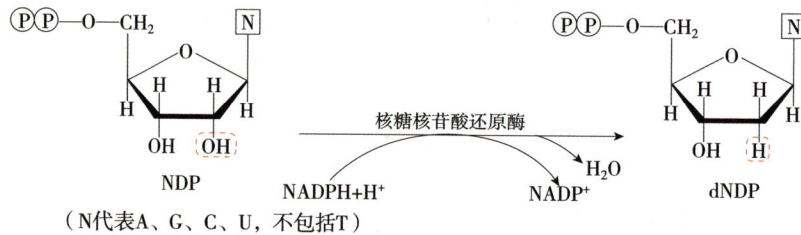

NDP   核糖核苷酸还原酶   dNDP

（N代表A、G、C、U，不包括T）

（二）嘌呤核苷酸的分解代谢

体内嘌呤核苷酸的分解代谢主要在肝、小肠和肾中进行。如前所述，细胞内核苷酸的分解类似于食物中核苷酸的消化过程，核苷酸在各种酶作用下生成核糖-1-磷酸和自由碱基。人体内嘌呤碱基最终分解为尿酸（uric acid）随尿排出体外。尿酸生成的关键酶是黄嘌呤氧化酶。反应过程如图9-6所示。

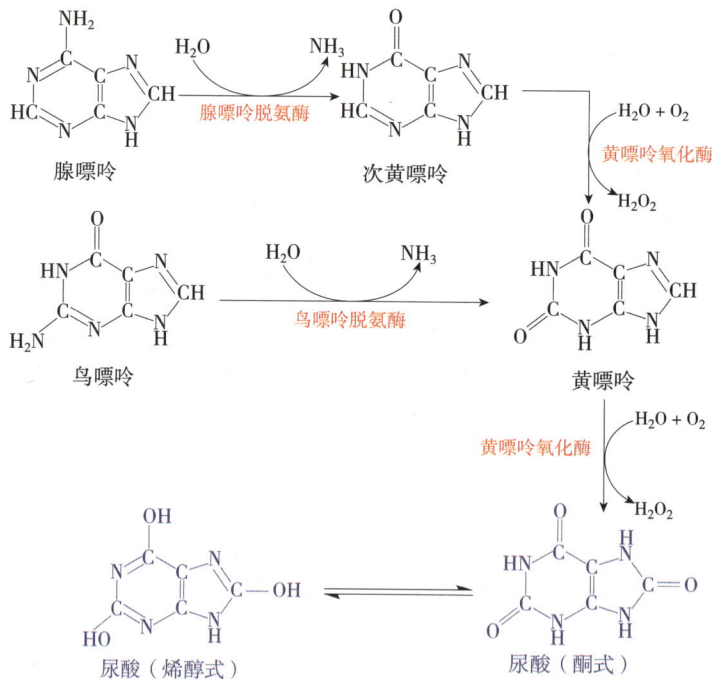

图 9-6 嘌呤碱的分解代谢

二、嘧啶核苷酸的合成与分解代谢

（一）嘧啶核苷酸的合成代谢

与嘌呤核苷酸一样，嘧啶核苷酸也有从头合成与补救合成两条途径。

1. 嘧啶核苷酸的从头合成　嘧啶碱基各元素分别来自谷氨酰胺、天冬氨酸及 CO_2（图 9 - 7）。

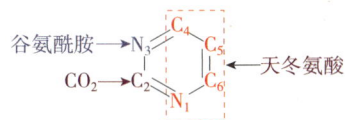

嘧啶核苷酸的从头合成过程相对简单，先合成嘧啶环，再与核糖磷酸相连接而生成嘧啶核苷酸。

图 9 - 7　嘧啶环各元素来源

（1）尿嘧啶核苷酸的合成　嘧啶环合成的第一步是氨甲酰磷酸的合成。谷氨酰胺与 CO_2 在氨甲酰磷酸合成酶 II（carbamoyl phosphate synthetase II，CPS - II）作用下生成氨甲酰磷酸，反应在细胞质中进行，由 ATP 提供能量。肝线粒体中存在氨甲酰磷酸合成酶 I（CPS - I），以游离氨为氮源催化合成氨甲酰磷酸，参与尿素的生物合成。氨甲酰磷酸在细胞质中生成后与天冬氨酸缩合，经多步酶促反应生成乳清酸。乳清酸在磷酸核糖转移酶的作用下，与 PRPP 结合生成乳清酸核苷酸，乳清酸核苷酸脱去羧基生成 UMP（图 9 - 8）。

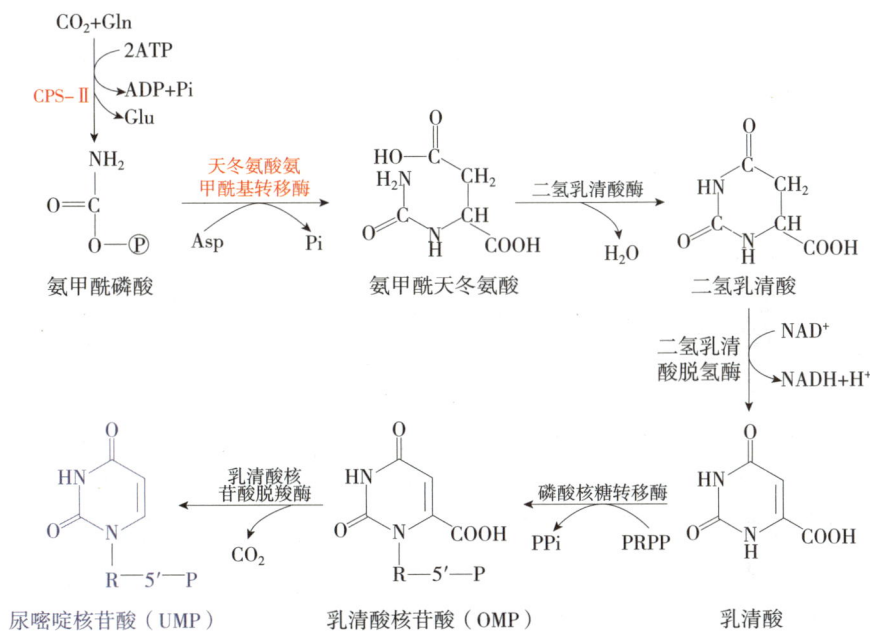

图 9 - 8　尿嘧啶核苷酸的从头合成过程

CPS - II 受产物 UMP 的反馈抑制，是哺乳类动物细胞嘧啶核苷酸从头合成的主要调节酶（细菌中天冬氨酸氨甲酰基转移酶为主要调节酶）。PRPP 合成酶是嘌呤核苷酸与嘧啶核苷酸从头合成过程中共同需要的酶，它同时受嘌呤核苷酸和嘧啶核苷酸的反馈抑制（图 9 - 9）。

（2）胞嘧啶核苷酸的合成　胞嘧啶核苷酸由尿嘧啶核苷酸在三磷酸水平经氨基化而生成。UMP 通过尿苷酸激酶和二磷酸核苷激酶的连续作用生成 UTP，在 CTP 合成酶催化下，由谷氨酰胺提供氨基，UTP 氨基化生成胞苷三磷酸（CTP）。

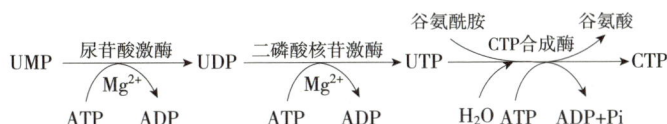

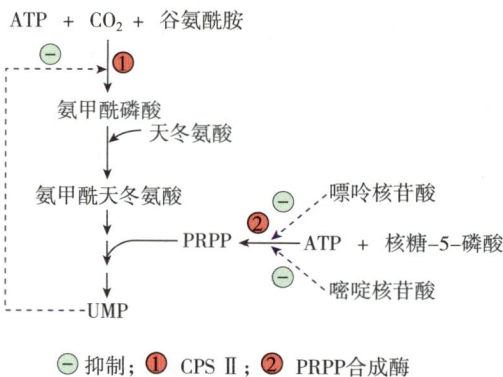

图 9-9　尿嘧啶核苷酸从头合成的调节

（3）脱氧胸腺嘧啶核苷酸（dTMP）的生成　脱氧胸腺嘧啶核苷酸（dTMP）由 dUMP 甲基化而生成。该反应由胸苷酸合酶催化，N^5,N^{10}—CH_2—FH_4 提供甲基。dUMP 可来自 dUDP 的水解，也可由 dCMP 脱去氨基生成。N^5,N^{10}—CH_2—FH_4 提供甲基后释出二氢叶酸（FH_2），在二氢叶酸还原酶的催化下重新生成四氢叶酸（FH_4），FH_4 又可再参与体内一碳单位代谢（图 9-10）。胸苷酸合酶和二氢叶酸还原酶常被用作肿瘤化疗的作用靶点。

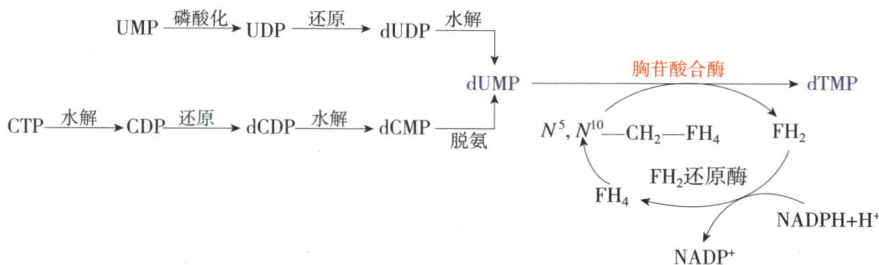

图 9-10　脱氧胸腺嘧啶核苷酸的生成

2. 嘧啶核苷酸的补救合成　嘧啶磷酸核糖转移酶是嘧啶核苷酸补救合成的主要酶，它能利用尿嘧啶、胸腺嘧啶及乳清酸作为底物催化相应核苷酸的合成，该酶对胞嘧啶不起作用。

嘧啶核苷激酶在嘧啶核苷酸补救合成中起着重要作用，尿苷可在尿苷激酶作用下生成尿嘧啶核苷酸。细胞内还存在胸苷激酶，催化脱氧胸苷磷酸化生成 dTMP。该酶在正常肝组织中活性很低，但在再生肝中活性升高，恶性肿瘤时明显升高，并与肿瘤的恶性程度有关。

（二）嘧啶核苷酸的分解代谢

嘧啶核苷酸在核苷酸酶及核苷磷酸化酶作用下，去除磷酸及核糖，产生的嘧啶碱基进一步分解。胞嘧啶经脱氨基转变为尿嘧啶，尿嘧啶还原为二氢尿嘧啶，二氢尿嘧啶经水解、开环等多步反应，最终生成 NH_3、CO_2 及 β-丙氨酸。胸腺嘧啶经还原、水解等反应最终生成 NH_3、CO_2 和 β-氨基异丁酸。NH_3 和 CO_2 可合成尿素，随尿排出体外；β-丙氨酸和 β-氨基异丁酸可随尿排出，也可继续分解代谢。β-丙氨酸可转变为乙酰辅酶 A 并进入三羧酸循环彻底氧化分解；β-氨基异丁酸转变成琥珀酰辅酶 A 进入三羧酸循环（图 9-11）。

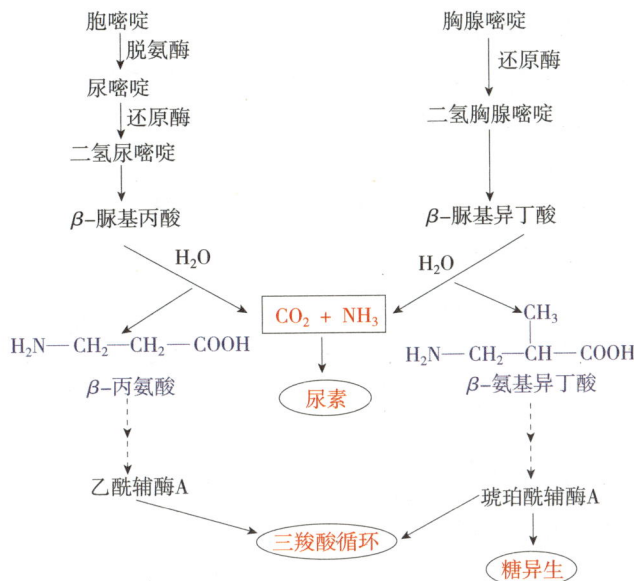

图 9-11　嘧啶碱的分解代谢

第二节　核苷酸代谢障碍和抗代谢物

一、核苷酸代谢障碍 微课

核苷酸具有多种重要的生物学功能。机体内外环境的改变或核苷酸代谢相关酶的缺陷均可导致核苷酸代谢发生障碍，进而引起疾病的发生。

1. 痛风症　尿酸是人体嘌呤分解的最终产物，由于人体缺乏分解尿酸的酶，故尿酸生成后经尿液排出体外。尿酸呈酸性，水溶性较差，易结晶，生理条件下形成尿酸盐。当体内核酸大量分解（如恶性肿瘤、白血病等）、进食高嘌呤膳食以及由于某些药物或肾疾病等影响肾排泄尿酸时，均可致血中尿酸升高。痛风症是由于各种原因引起血中尿酸浓度升高，当超过 8mg/100ml 时，尿酸盐晶体沉积于关节腔内、软组织及肾等处，最终导致关节炎、尿路结石及肾疾病等。该病多见于成年男性，其发病机制尚未完全阐明，可能与嘌呤核苷酸代谢酶缺陷有关。有研究表明，由于 HGPRT 活性降低，限制了嘌呤核苷酸的补救合成，嘌呤碱易于生成尿酸。临床上常用别嘌呤醇（allopurinol）治疗痛风症。别嘌呤醇的结构与次黄嘌呤类似，可竞争性抑制黄嘌呤氧化酶，进而抑制尿酸的生成。黄嘌呤、次黄嘌呤的水溶性较尿酸大得多，不会沉积形成结晶。此外，别嘌呤醇还可与磷酸核糖焦磷酸（phosphoribosyl pyrophosphate，PRPP）反应生成别嘌呤醇核苷酸，别嘌呤醇核苷酸与 IMP 的结构类似，可以反馈抑制 PRPP 酰胺转移酶，从而减少嘌呤核苷酸的从头合成。

2. 乳清酸尿症（orotic aciduria）　是一种遗传性疾病，主要表现为患者尿中排出大量乳清酸，生长迟缓及重度贫血。该疾病是由于在嘧啶核苷酸的生物合成过程中，乳清酸磷酸核糖转移酶和乳清酸核苷酸脱羧酶缺陷，导致乳清酸不能转变为尿嘧啶核苷酸，乳清酸在血液中堆积，在尿液中含量升高。临床上用尿嘧啶治疗该疾病。尿嘧啶通过补救合成途径与 PRPP 合成尿嘧啶核苷酸，可抑制氨甲酰磷酸合成酶Ⅱ的活性，抑制嘧啶核苷酸的从头合成，从而减少乳清酸的生成。

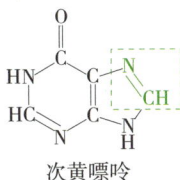

次黄嘌呤　　　别嘌呤醇

3. Lesch-Nyhan 综合征（Lesch-Nyhan syndrome） 也称为自毁容貌症，是由于次黄嘌呤 - 鸟嘌呤磷酸核糖转移酶（HGPRT）的遗传缺陷而引起。患者由于缺乏 HGPRT 使得次黄嘌呤和鸟嘌呤不能通过补救合成途径合成 IMP 和 GMP，进而转变为大量尿酸；同时由于 HGPRT 缺乏，使得 PRPP 不能被利用而堆积。PRPP 又促进嘌呤核苷酸的从头合成，使嘌呤分解产物——尿酸含量进一步增高。患者表现为尿酸增高及神经异常，如脑发育不全、智力低下、有攻击和破坏性行为等。

4. 巨幼红细胞贫血（mega - loblastic anaemia） 简称巨幼贫，又称大细胞性贫血。其特点是骨髓里的幼红细胞数量增多，红细胞核发育不良，成为特殊的巨幼红细胞。主要临床表现为缺铁性贫血及舌炎、食欲减退、腹胀、腹泻等。巨幼红细胞贫血是由于叶酸和（或）维生素 B_{12} 直接或间接缺乏，使组织中游离的四氢叶酸含量减少，导致核苷酸合成障碍，进一步抑制核酸合成，影响细胞的分裂。

二、核苷酸抗代谢物

核苷酸抗代谢物是指一些嘌呤、嘧啶、氨基酸、叶酸等的类似物。它们主要以竞争性抑制或"以假乱真"等方式来干扰或阻断核苷酸的合成代谢途径，从而抑制核酸合成。肿瘤细胞的核酸和蛋白质合成均十分旺盛，因此这些抗代谢物具有抗肿瘤作用。由于抗代谢物缺乏特异性，体内某些增殖旺盛的正常组织细胞的核酸合成也被抑制，因此这些抗代谢物具有较强的毒副作用。

1. 碱基类似物

（1）嘌呤碱基类似物 主要有 6 - 巯基嘌呤（6 - mercaptopurine，6 - MP）、6 - 巯基鸟嘌呤及 8 - 氮杂鸟嘌呤等，其中 6 - MP 在临床上应用最多。由于 6 - MP 的结构与次黄嘌呤相似，一方面 6 - MP 可与 PRPP 结合生成 6 - 巯基嘌呤核苷酸，后者与 IMP 结构类似，因而可竞争性抑制 IMP 向 AMP 和 GMP 的转化；另一方面 6 - MP 可直接竞争性抑制次黄嘌呤 - 鸟嘌呤磷酸核糖转移酶的活性，从而阻止嘌呤核苷酸的补救合成；此外，6 - MP 核苷酸与 IMP 结构类似，可反馈抑制 PRPP 酰胺转移酶，进而阻断嘌呤核苷酸的从头合成途径。

（2）嘧啶碱基类似物 主要有 5 - 氟尿嘧啶（5 - fluorouracil，5 - FU），结构与胸腺嘧啶类似，是临床上常用的抗肿瘤药物。5 - FU 本身无生物学活性，必须在细胞内转变成氟尿嘧啶脱氧核苷一磷酸（FdUMP）或氟尿嘧啶核苷三磷酸（FUTP）后才能发挥作用。FdUMP 与 dUMP 的结构相似，可竞争性抑制胸苷酸合酶的活性，阻断 dTMP 的合成；FUTP 则以 FUMP 的形式掺入 RNA 分子，从而破坏 RNA 的结构与功能。

此外，某些改变了核糖结构的核苷类似物（如阿糖胞苷和安西他滨）也是重要的抗肿瘤药物。阿糖胞苷能抑制 CDP 还原成 dCDP，从而影响 DNA 的合成。常见碱基及核苷类似物的结构如图 9 - 12 所示。

2. 谷氨酰胺类似物 主要有氮杂丝氨酸、6 - 重氮 - 5 - 氧正亮氨酸等，可干扰谷氨酰胺参与核苷酸的合成过程，从而抑制核苷酸的合成。

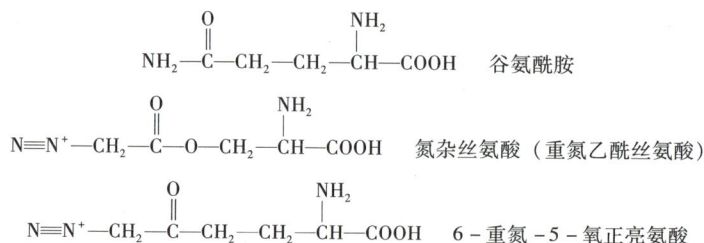

$$NH_2-\underset{\underset{O}{\|}}{C}-CH_2-CH_2-\underset{\underset{NH_2}{|}}{CH}-COOH \quad 谷氨酰胺$$

$$N\equiv N^+-CH_2-\underset{\underset{O}{\|}}{C}-O-CH_2-\underset{\underset{NH_2}{|}}{CH}-COOH \quad 氮杂丝氨酸（重氮乙酰丝氨酸）$$

$$N\equiv N^+-CH_2-\underset{\underset{O}{\|}}{C}-CH_2-CH_2-\underset{\underset{NH_2}{|}}{CH}-COOH \quad 6 - 重氮 - 5 - 氧正亮氨酸$$

3. 叶酸类似物 氨蝶呤（aminopterin，APT）和甲氨蝶呤（methotrexate，MTX）是常见的叶酸类似物，它们在叶酸还原生成二氢叶酸和四氢叶酸的过程中竞争性抑制二氢叶酸还原酶，从而影响一碳单位的正常代谢，抑制核苷酸的合成。

6-巯基嘌呤　　　　6-巯基鸟嘌呤　　　　8-氮杂鸟嘌呤

5-氟尿嘧啶（5-FU）　　阿糖胞苷　　安西他滨（环胞苷）

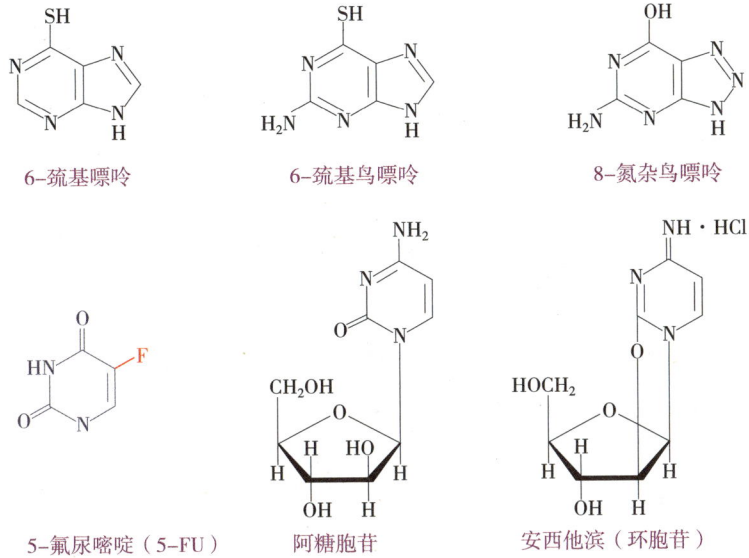

图 9-12　碱基和核苷类似物

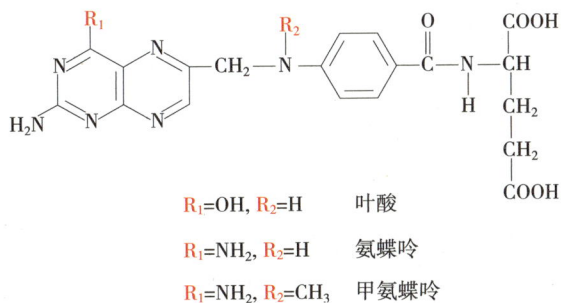

R₁=OH, R₂=H　　　叶酸

$R_1=OH, R_2=H$　　叶酸

$R_1=NH_2, R_2=H$　　氨蝶呤

$R_1=NH_2, R_2=CH_3$　　甲氨蝶呤

⊕ 知识链接

抗代谢药物——甲氨蝶呤

　　甲氨蝶呤是临床上一类重要的抗肿瘤药物，主要通过对二氢叶酸还原酶的抑制阻碍肿瘤细胞核酸的合成，从而抑制肿瘤细胞的生长与繁殖。临床上对于急性白血病，尤其是急性淋巴细胞性白血病、绒毛膜上皮癌及恶性葡萄胎等效果较好；对顽固性普通银屑病、系统性红斑狼疮、皮肌炎等自身免疫性疾病及头颈部肿瘤、乳腺癌、肺癌及盆腔肿瘤均有一定疗效。但这类药物在抑制肿瘤细胞生长的同时对正常细胞亦有影响，故限制了其在临床上的应用。在用甲氨蝶呤后，加用甲酰四氢叶酸钙，可避开甲氨蝶呤的抑制作用，以减轻其对细胞的毒性作用，减轻化疗副作用。

目标检测

答案解析

一、选择题

1. 痛风症患者血中含量增高的物质是（　　）

　　A. 尿酸　　　　B. 肌酸　　　　C. 尿素　　　　D. 胆红素　　　　E. NH₄

2. 巨幼红细胞性贫血是由于人体中缺乏 （　　）

 A. 黄嘌呤氧化酶   B. 次黄嘌呤 – 鸟嘌呤磷酸核糖转移酶

 C. 叶酸和维生素 B_{12} D. 巯基酶

 E. 二氢叶酸还原酶

3. 下列物质中属于胸腺嘧啶类似物的是 （　　）

 A. 氮杂丝氨酸   B. 5 – 氟尿嘧啶   C. 氨蝶呤

 D. 阿糖胞苷   E. 6 – 巯基嘌呤

4. 合成嘧啶环和嘌呤环的共同原料是 （　　）

 A. 一碳单位   B. 甘氨酸   C. 谷氨酸   D. 天冬氨酸   E. β – 丙氨酸

5. 体内执行嘌呤核苷酸从头合成的最主要器官是 （　　）

 A. 脑   B. 肾   C. 骨髓   D. 胸腺   E. 肝

6. 不属于嘌呤核苷酸从头合成直接原料的是 （　　）

 A. CO_2 B. 谷氨酸   C. 甘氨酸   D. 一碳单位   E. 天冬氨酸

7. 可直接转变为 dNDP 的物质是 （　　）

 A. dNMP   B. dNTP   C. ATP   D. NDP   E. UMP

二、问答题

1. 比较嘌呤核苷酸和嘧啶核苷酸从头合成的异同点。

2. PRPP 在核苷酸代谢中的作用有哪些？

3. 简述痛风症的发病原因及治疗方法。

4. 如何对痛风症患者进行营养护理？

5. 什么是核苷酸抗代谢物，其作用机制是什么？

（胡婧晔）

书网融合……

    本章小结   微课   题库

第十章 血液的生物化学

📖 学习目标

知识要求

1. **掌握** 成熟红细胞的代谢特点；血红素合成的场所、原料和关键酶。
2. **熟悉** 血浆蛋白质的组成和分类；血红素合成的过程及调节。
3. **了解** 红细胞的脂代谢特点；白细胞的代谢特点。

技能要求

1. 血浆蛋白质异常时，能够根据指标变化判断疾病的可能原因。
2. 能够解释蚕豆病患者的病因，并能指导患者进行合理饮食，避免溶血的发生。
3. 灵活运用血红素合成代谢相关知识，尝试制定卟啉症患者的护理要点。

素质要求

树立全方位为患者服务的护理观；建立不断完善护理方案的意识。

血液（blood）是在心脏和封闭的血管内循环流动的一种红色不透明黏稠液体，它与淋巴液、组织间液一起组成细胞外液，是体液的重要组成部分。

成年人血液总量约占体重的 8%，婴幼儿血容量占体重比例比成人高。若一次失血少于总量的 10%，对身体影响不大；若大于总量的 20% 以上，则可严重影响身体健康；当失血超过总量的 30% 时将危及生命。血液在沟通内外环境及机体各部分之间、维持机体内环境的恒定及多种物质的运输、免疫、凝血和抗凝血等方面都具有重要作用。同时，由于血液取材方便，通过血中某些代谢物浓度的变化，可反映体内的代谢或功能状况。

第一节 血浆蛋白质

PPT

血浆蛋白质（plasma protein）是血浆中各种蛋白质的总称。血浆蛋白质种类可达数千种，目前了解的约 500 种，已被分离的有 200 多种。各种蛋白质的含量也极不相同。

一、血浆蛋白质的组成和分类

（一）组成

血浆蛋白质是血浆中除水分外含量最多的一类化合物，正常人血浆蛋白质总浓度为 60～80g/L。通常可按来源、分离方法和生理功能等将血浆蛋白质进行分类。

（二）分类

按不同的来源可将血浆蛋白质分为两大类：一类为血浆功能性蛋白质，是由各种组织细胞合成后分泌入血浆，并在血浆中发挥其生理功能，包括抗体、补体、凝血酶原、生长调节因子、转运蛋白等，这类蛋白质的量和质的变化反映了机体代谢方面的变化；另一类则是在细胞更新或遭到破坏时溢入血浆的蛋白质，如血红蛋白、淀粉酶、氨基转移酶等，这些蛋白质在血浆中的出现或含量的升高往往反映了有关组织的更新、破坏或细胞通透性改变。

（三）分离蛋白质的实验方法

常用的有盐析法和电泳法。用不同浓度的中性盐（如硫酸铵、硫酸钠或氯化钠等）进行盐析，可将血浆蛋白质分为清蛋白（albumin，A）、球蛋白（globulins，G）、纤维蛋白原（fibrinogen）等几类。正常成人血浆中清蛋白含量为 $35 \sim 52g/L$，球蛋白含量 $16 \sim 35g/L$，两者比值为 $1.5 \sim 2.5/1$（A/G 为 $1.5 \sim 2.5/1$），纤维蛋白原正常含量为 $2 \sim 4g/L$。

电泳法因支持物不同，对血浆蛋白质的分离程度有较大差别。临床常采用简单、快速的醋酸纤维素薄膜电泳分离血浆蛋白质，按泳动速率快慢分为清蛋白、α_1 - 球蛋白、α_2 - 球蛋白、β - 球蛋白和 γ - 球蛋白及纤维蛋白原 6 种成分，血清标本中因不含纤维蛋白原而只分离出 5 种组分（表 10 - 1）。各组分实际上仍是多种蛋白质的混合物。用分辨率更高的聚丙烯酰胺凝胶电泳和免疫电泳等方法还能分离出更多的血浆蛋白质种类。

表 10 - 1　血清蛋白醋酸纤维素薄膜电泳各区带浓度百分比及含量参考值

种类	清蛋白	α_1 - 球蛋白	α_2 - 球蛋白	β - 球蛋白	γ - 球蛋白
百分比	57% ~68%	1% ~5.7%	4.9% ~11.20%	7% ~13%	9.8% ~18.2%
含量	35 ~52g/L	1.0 ~4.0g/L	4.0 ~8.0g/L	5.0 ~10.0g/L	6.0 ~13.0g/L

由于血浆蛋白质种类繁多，结构复杂，有些蛋白质的化学结构和功能尚未完全阐明，所以按上述的分类方法很难对其进行恰当的分类。目前也有学者主张按照血浆蛋白质的功能分为以下几类：①凝血系统蛋白质；②纤溶系统蛋白质；③免疫球蛋白；④补体系统蛋白质；⑤血浆蛋白质酶抑制剂；⑥运输载体类蛋白质；⑦脂蛋白；⑧未知功能的血浆蛋白质。

二、血浆蛋白质的功能

（一）特点

1. 绝大多数血浆蛋白质在肝合成　除 γ - 球蛋白是由浆细胞合成，少数蛋白质是由内皮细胞合成的以外，大多数血浆蛋白质是由肝细胞合成的。

2. 合成场所一般位于膜结合的多核糖体上　进入血浆前，合成的血浆蛋白质先以蛋白质前体出现，经翻译后的修饰加工如信号肽的切除、糖基化、磷酸化等而转变为成熟蛋白质。血浆蛋白质自肝合成后分泌入血浆的时间为 30 分钟到数小时不等。

3. 血浆蛋白质绝大多数是糖蛋白　根据其含糖量的多少可分为糖蛋白（glycoprotein）和蛋白多糖（proteoglycan）。糖蛋白中的糖链具有许多重要的作用，如血浆蛋白质合成后的定向转移，细胞的识别功能；此外，糖链还可使一些血浆蛋白质的半寿期延长。

4. 许多血浆蛋白质都具有多态性　多态性是孟德尔式或单基因遗传的性状，即指同一群体中两种或两种以上变异并存的现象。如运铁蛋白、铜蓝蛋白、结合珠蛋白和免疫球蛋白等均具有多态性，这对遗传研究及临床工作均有重要的意义。

5. 每种血浆蛋白质均有自己的半衰期　例如正常成人的清蛋白和结合珠蛋白的半衰期分别为 20 天和 5 天左右。

6. 急性时相蛋白质　在一些组织损伤及急性炎症时，某些血浆蛋白质的含量会变化，这些蛋白质称为急性时相蛋白质（acute phase protein，APP），包括 C - 反应蛋白、α_1 - 抗胰蛋白酶、结合珠蛋白、α_1 - 酸性蛋白和纤维蛋白原等。

（二）主要作用

血浆蛋白质种类多，功能也是多种多样的，大多数蛋白质的作用已被了解，现概述如下。

1. 维持血浆胶体渗透压　血浆胶体渗透压由血浆蛋白质产生，其大小取决于蛋白质的浓度和分子大小。清蛋白是血浆中含量最多的蛋白质，由肝细胞合成，成人每日合成清蛋白约12g，占肝合成分泌蛋白质总量的50%。清蛋白相对分子质量小（约为69kD），含585个氨基酸，等电点为4.7。血浆胶体渗透压中75%是由清蛋白产生，故清蛋白的主要功能是维持血浆胶体渗透压。血浆胶体渗透压只占总渗透压的极小部分，但是对血管内外的血浆和组织液的交换和分布影响极大。任何病因引起的血浆总蛋白质含量减少，或血浆总蛋白量正常但清蛋白浓度明显降低，如营养不良引起血浆蛋白质合成原料减少；严重肝病导致合成能力降低；肾疾病、大面积烧伤等使血浆蛋白质丢失过多；甲状腺功能亢进、发热等造成蛋白质分解过多等均可导致血浆胶体渗透压下降，使组织液潴留于组织间隙而产生水肿。

2. 维持血浆的正常 pH　正常血浆的 pH 为（7.4 ± 0.05），而血浆蛋白质的等电点大多在 pH 4.0 ~ 7.3，因此血浆中的蛋白质多数以负离子的形式存在，以弱酸或部分弱酸盐的形式与蛋白质组成缓冲对，结合细胞代谢所产生的 H^+，参与维持血浆正常的 pH。

3. 凝血、抗凝血和纤溶作用　血液凝固是有许多因素参与的连锁反应。已知参与血液凝固过程的凝血因子至少有13种，除凝血因子Ⅳ为 Ca^{2+} 外，其余均为糖蛋白，且大部分由肝合成。血液凝固后再次溶解的现象称为纤维蛋白溶解。人体血液中所含有的参与纤溶或影响纤溶的成分称为纤维蛋白溶解系统（fibrinolytic system），简称纤溶系统，其作用是将纤维蛋白溶解酶原转变为纤维蛋白溶解酶（纤溶酶）及纤溶酶降解纤维蛋白或纤维蛋白原。纤溶系统是维持人体生理功能所必需的，当该系统功能亢进时易发生出血现象，功能下降时则导致血栓形成，因此具有重要的生理、病理意义。

4. 免疫作用　机体受抗原刺激后，由浆细胞产生的具有免疫作用的球状蛋白，称为免疫球蛋白（immunoglobulin，Ig），又称为抗体。免疫球蛋白按其免疫化学特征分为五大类，即 IgG、IgA、IgM、IgD 及 IgE。补体系统是一类以酶原形式存在的蛋白酶的总称。补体能协助抗体完成免疫功能。抗原-抗体复合物能激活补体系统，产生溶菌和溶细胞现象。

5. 抑制蛋白质分解，对机体起到保护作用　血浆中含有蛋白酶抑制剂，均为糖蛋白，电泳迁移率都属 α-球蛋白。其功能是抑制血浆中的蛋白酶、凝血酶系、纤溶酶、补体成分以及白细胞在吞噬或破坏时释放出的组织蛋白酶等活性，防止对组织结构蛋白质（如弹性蛋白、胶原蛋白）或其他蛋白质的水解，从而对机体起到保护作用，可调节体内的一些重要生理过程，因而与临床关系密切。

6. 运输作用　血浆中有些难溶于水或易从尿中丢失，易被酶破坏及易被细胞摄取的小分子物质，往往与血浆中一些蛋白质结合在一起运输，这些血浆蛋白质称为载体蛋白，如载脂蛋白、前清蛋白与清蛋白、皮质激素结合蛋白、甲状腺素结合蛋白、类固醇激素结合蛋白、结合珠蛋白、血红素结合蛋白、运铁蛋白、铜蓝蛋白等。载体蛋白通过专一性地结合不同物质而具有不同的作用：①结合、运输血浆中某些物质，将所携带的物质运到作用部位，防止从肾滤过而丢失；②某些专一载体蛋白为结合的物质提供特异的微区环境，保护维生素 A 之类易受氧化的物质不被氧化；③载体蛋白可起生理增溶剂的作用，运输类固醇激素、脂肪酸及胆红素等难溶于水的化合物；④结合运载某些药物等，具有解毒和帮助排泄的作用；⑤对组织细胞摄取被运输物质起调节作用，如游离型甲状腺素易被组织细胞摄取，但与载体蛋白结合后，可防止组织过多摄取，结合型与游离型之间的平衡对组织细胞的摄取量起着调节作用。

7. 营养作用　在生命活动过程中，组织细胞中的蛋白质，经常不断地进行新陈代谢。血浆蛋白质在体内分解产生的氨基酸可参与氨基酸代谢池，用于组织蛋白质的合成，或转变成其他含氮化合物，参与维持机体蛋白质的动态平衡。此外，蛋白质还能分解供能。

第二节　血细胞代谢

⇨ 案例引导

　　案例　患者，女，40岁。因腹痛、便秘、四肢肌肉软弱无力而入院。体检：心率110次/分、血压160/110mmHg，腹部有因严重腹痛而行剖腹探查后遗留的手术瘢痕。实验室一般检查大多在正常范围内，故认为是神经官能症。患者烦躁不安，口服60mg苯巴比妥后病情恶化，出现肌无力，进行性呼吸功能衰竭而死亡。死亡前检出尿中胆色素原明显升高。

　　讨论　1. 卟啉症发病的生化机制是什么？
　　　　　　2. 卟啉症患者的护理需要注意哪些问题？

一、红细胞的代谢特点

　　血液中最主要的细胞是红细胞。哺乳类动物的红细胞在成熟过程中要经历一系列的形态和代谢的改变。早幼红细胞具有分裂繁殖的能力，细胞中含有细胞核、内质网、线粒体等细胞器，与一般体细胞一样，具有合成核酸和蛋白质的能力，可通过有氧氧化获得能量。网织红细胞已无细胞核，不能进行核酸的生物合成，但尚含少量的线粒体与RNA，仍可合成蛋白质。成熟红细胞除细胞膜外，无其他细胞器结构，因此不能进行核酸和蛋白质的生物合成，以糖酵解为主要供能途径，所产生的能量维持红细胞膜和血红蛋白的完整性及正常功能，使红细胞在冲击、挤压等机械力和氧化物的影响下仍能保持活性。此外，在糖酵解过程中还可产生一种高浓度的小分子有机磷酸酯——2,3-二磷酸甘油酸（2,3-bisphosphoglycerate，2,3-BPG），并通过它对血红蛋白的运氧功能进行调节。

（一）糖代谢 🅔微课

　　成熟红细胞缺乏全部细胞器，仅由细胞膜与细胞质构成，其能量代谢相比核幼稚红细胞阶段或其他组织细胞较低，但成熟红细胞的糖代谢很活跃，人体内循环中的红细胞每天约从血浆中摄取25g葡萄糖进入细胞内代谢。

　　1. 糖酵解与能量代谢　糖酵解是红细胞获取能量的基本途径。红细胞摄取的葡萄糖90%~95%经糖酵解被利用，5%~10%通过磷酸戊糖途径进行代谢。红细胞中生成的ATP主要用于以下几个方面。

　　（1）维持红细胞膜上"钠泵"的正常功能，在消耗ATP的情况下，方能维持红细胞内高K^+和低Na^+状态，从而保持红细胞特定的双凹盘状形态。当ATP缺乏时，钠泵功能受阻，Na^+进入细胞增多，可使细胞膨胀而易于溶血。

　　（2）维持红细胞膜上钙泵（Ca^{2+}-ATP酶）的正常功能，使红细胞内保持低钙状态。缺乏ATP时，钙泵不能正常运行，血浆中的Ca^{2+}通过被动扩散进入细胞内，过多的Ca^{2+}沉积在红细胞膜上，使膜丧失其柔韧性，变得僵硬而不易变形。当红细胞通过直径比它更小的毛细血管腔（如脾窦）时，容易被破坏而引起溶血。

　　（3）维持红细胞膜脂质的不断更新。红细胞通过主动摄取和被动交换不断地与血浆进行脂质交换，此过程需要消耗ATP。当缺乏ATP时，膜脂质更新受阻，红细胞膜变形能力降低，易被破坏。

　　（4）活化葡萄糖，启动糖酵解。糖酵解的起始阶段是在消耗ATP的情况下使葡萄糖磷酸化，当红细胞内ATP缺乏时，糖酵解不能启动，ATP水平将更低。

　　（5）为成熟红细胞中谷胱甘肽和NAD^+等的生物合成提供所需能量。

　　2. 2,3-BPG支路　是人类和哺乳动物红细胞糖代谢中的一个特点，在糖酵解过程中生成的1,3-

二磷酸甘油酸（1,3 – BPG）有 15% ~ 50% 可经 2,3 – 二磷酸甘油酸变位酶催化转变为 2,3 – BPG，后者再由 2,3 – BPG 磷酸酶催化其脱磷酸变成 3 – 磷酸甘油醛，重新回到酵解通路，并进一步分解生成乳酸，构成了红细胞中所特有的 2,3 – BPG 侧支循环，即 2,3 – BPG 支路（图 10 – 1）。

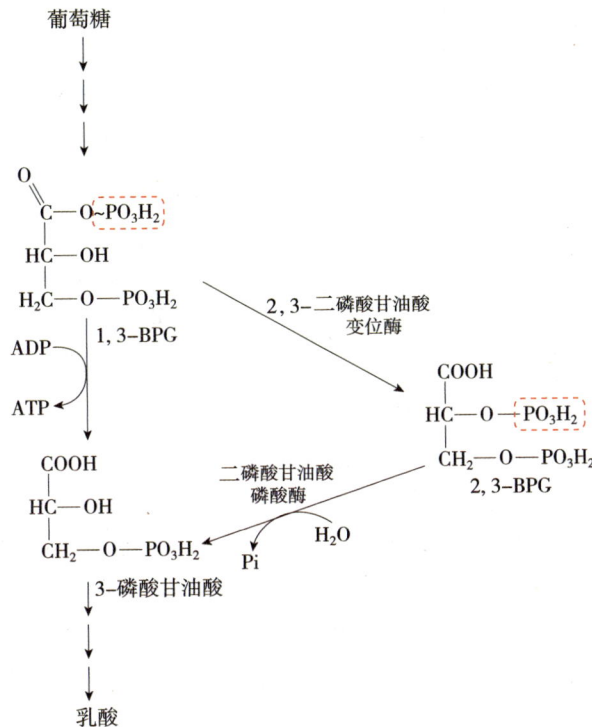

图 10 – 1　2,3 – BPG 支路

由于二磷酸甘油酸变位酶活性大于 2,3 – BPG 磷酸酶，所以 2,3 – BPG 可以积聚起来，比糖酵解中其他有机磷酸酯中间产物浓度高出数十倍甚至数百倍（表 10 – 2）。

表 10 – 2　红细胞中糖酵解中间产物的浓度（μmol/L）

中间产物	动脉血	静脉血
葡糖 – 6 – 磷酸	30.0	24.8
果糖 – 6 – 磷酸	9.3	3.3
果糖 – 1,6 – 二磷酸	0.8	1.3
丙糖磷酸	4.5	5.0
3 – 磷酸甘油酸	19.2	16.5
2 – 磷酸甘油酸	5.0	1.9
磷酸烯醇式丙酮酸	10.8	6.6
丙酮酸	87.5	143.2
2,3 – BPG	3400	4940

2,3 – BPG 支路的生理意义有两方面。

（1）调节血红蛋白的运氧功能　支路中生成的 2,3 – BPG 因羧基及磷酸根的解离带有高密度的负电，这种结构特点能使其紧密结合到血红蛋白分子 4 个亚基的对称中心空穴内，主要与两条 β 链面向空穴带正电的基团上（图 10 – 2），从而降低了血红蛋白对氧的亲和力，促进 Hb 放出 O$_2$，有利于组织细胞的需要。

（2）有利于糖酵解不断进行　该支路避免了 1,3 – BPG 堆积，从而维持糖酵解的正常进行。

3. 磷酸戊糖途径与谷胱甘肽的代谢　红细胞中具有很重要的氧化还原系统，如 NAD$^+$/NADH、

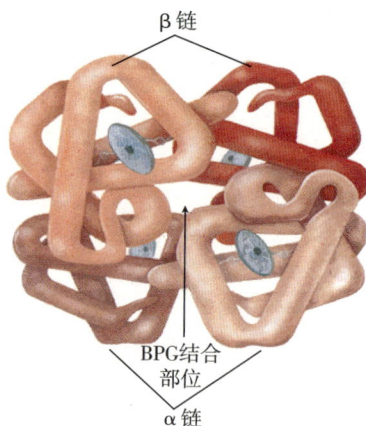

图 10-2 Hb 结合 BPG 的部位

$NADP^+/NADPH$、GSSG/GSH，它们在对抗氧化剂，保护细胞膜蛋白、血红蛋白及酶蛋白等的巯基不被氧化，维持红细胞的正常功能方面发挥了很重要的生理作用。磷酸戊糖途径和谷胱甘肽代谢紧密相连，保护着红细胞免受氧化剂的损害。

红细胞中的葡萄糖有 5%～10% 通过磷酸戊糖途径进行代谢，产生 NADPH。NADPH 是重要的还原当量，其作用主要是参与谷胱甘肽循环，维持谷胱甘肽的还原状态。红细胞中因代谢会产生很多氧化剂，如过氧化氢（H_2O_2）、超氧离子（O_2^-）、羟自由基（·OH）等，这些氧化剂在细胞内积聚，将会使细胞内的蛋白质如 Hb、膜蛋白和酶蛋白等的巯基氧化而受到损伤。正常情况下，细胞内的谷胱甘肽过氧化物酶通过催化 GSH 氧化成 GSSG，使氧化剂还原成 H_2O，消除了氧化剂对蛋白质（主要是巯基）的氧化作用，维持了红细胞结构和功能的完整。在谷胱甘肽还原酶的作用下，NADPH 则可使 GSSG 再还原为 GSH（图 10-3）。

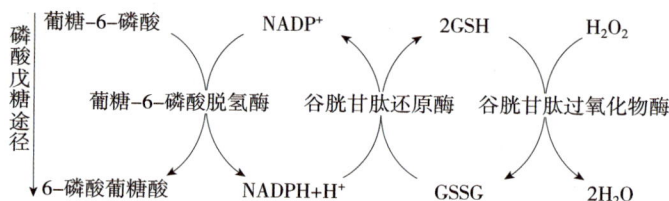

图 10-3 NADPH 生成和谷胱甘肽的氧化还原代谢

葡糖-6-磷酸脱氢酶缺陷的患者，经磷酸戊糖途径生成 NADPH 受阻，GSH 减少，含巯基的膜蛋白和酶得不到保护，红细胞容易破坏发生溶血。

此外，$NAD^+/NADH$ 也是红细胞中的另一种形式的还原当量，NADH 主要来自糖酵解及糖醛酸途径。

红细胞中因氧化剂的产生会导致部分血红蛋白（含 Fe^{2+}）氧化为高铁血红蛋白（methemoglobin，MHb，含 Fe^{3+}）。MHb 失去携氧能力，如血中 MHb 生成过多而又不能及时还原，则出现发绀等症状。红细胞中存在着 NADH-高铁血红蛋白还原酶及 NADPH-高铁血红蛋白还原酶，可使 MHb 还原为 Hb，此外，GSH 及抗坏血酸也能还原 MHb，所以正常情况下红细胞内只有少量血红蛋白（1%～2%）被氧化成 MHb，从而保证了血红蛋白的正常功能。

（二）脂质代谢

成熟红细胞由于缺乏完整的亚细胞结构，所以不能从头合成脂肪酸。成熟红细胞中的脂类几乎都位于细胞膜上。红细胞通过主动摄取和被动交换不断地与血浆进行脂质交换，以满足其膜脂不断更新及维持其正常的脂类组成、结构和功能。

（三）血红素的生物合成

红细胞中最主要的成分是血红蛋白（Hb），是血液运输氧气和二氧化碳的物质基础。血红蛋白由珠蛋白（globin）和血红素（heme）缔合而成，珠蛋白由 4 个亚基组成，每个亚基与 1 个血红素相连，故 1 分子血红蛋白含有 4 个血红素。珠蛋白的亚基有 α、β、γ、δ 4 种。正常成人血液中的血红蛋白主要是血红蛋白 A（HbA），由 $\alpha_2\beta_2$ 构成，占血红蛋白总量的 95%～98%；血红蛋白 A_2，由 $\alpha_2\delta_2$ 构成，占血红蛋白总量的 2%～3%；血红蛋白 F，由 $\alpha_2\gamma_2$ 构成，是胎儿和新生儿主要的血红蛋白，出生后逐渐减少，2 岁后达成人水平，占血红蛋白总量的 1% 以下。珠蛋白的合成过程与一般蛋白质相同（见第十五章），下面着重介绍血红素的合成。

血红素是含铁的卟啉化合物，卟啉由 4 个吡咯环组成，铁原子位于其中，由于血红素有共轭结构，性质较稳定。血红素不但是血红蛋白的辅基，也是其他一些蛋白质，如肌红蛋白（myoglobin）、细胞色素（cytochrome，Cyt）、过氧化氢酶（catalase）、过氧化物酶（peroxidase）等的辅基，这些蛋白质统称血红素蛋白（hemoprotein）。

1. 血红素合成过程 血红素可在生物体的大多数组织细胞中合成。参与血红蛋白组成的血红素主要在骨髓的有核红细胞和网织红细胞中合成。核素示踪实验表明，血红素合成的原料是琥珀酰辅酶 A、甘氨酸和 Fe^{2+} 等小分子物质，需要磷酸吡哆醛为辅因子。合成的起始和终末阶段在线粒体中进行，中间过程则在胞质中进行。合成过程如下。

（1）δ - 氨基 - γ - 酮戊酸的合成 在线粒体内，由甘氨酸与琥珀酰辅酶 A 缩合生成 δ - 氨基 - γ - 酮戊酸（δ - aminolevulinic acid，ALA）。反应由 ALA 合酶催化，磷酸吡哆醛为其辅酶。ALA 合酶受血红素反馈调节，是血红素合成的关键酶。

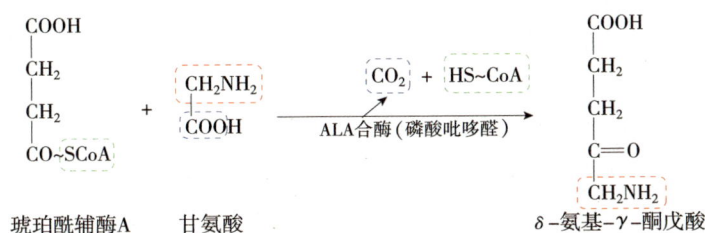

（2）卟胆原的生成 生成的 ALA 从线粒体转入胞质，在 ALA 脱水酶（ALA dehydratase）的催化下，2 分子的 ALA 脱水缩合生成卟胆原，也称胆色素原。

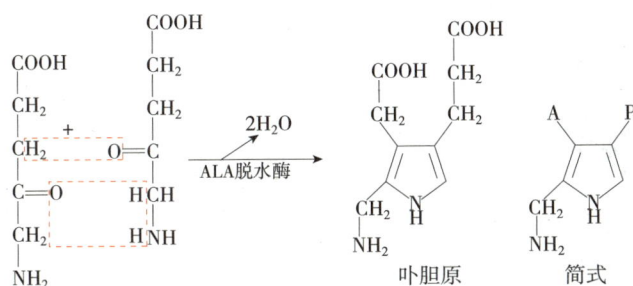

ALA 脱水酶为含锌的金属酶，其酶分子上的巯基对铅等重金属十分敏感。在铅中毒时，该酶活性明显被抑制。

（3）尿卟啉原与粪卟啉原的合成 在胞质中，尿卟啉原 I 同合酶催化 4 分子卟胆原脱氨缩合生成一分子线状四吡咯。后者在尿卟啉原 III 同合酶催化下，环化生成尿卟啉原 III。尿卟啉原 III 在尿卟啉原 III 脱羧酶催化下，4 个乙酸基（A）侧链脱羧，转变为甲基（M），生成粪卟啉原 III。

（4）血红素的生成 粪卟啉原 III 生成后，自胞质重新返回线粒体。在线粒体粪卟啉原 III 氧化脱羧酶作用下，粪卟啉原 III 生成原卟啉原 IX。原卟啉原 IX 在原卟啉原氧化酶的作用下，其连接吡咯环的 4 个亚甲基脱氢氧化为甲炔基，转变为原卟啉 IX。在亚铁螯合酶又称血红素合成酶的催化下，原卟啉 IX 与 Fe^{2+} 螯合生成血红素。

血红素生成后从线粒体转运到胞质，在骨髓的有核红细胞及网织红细胞中与珠蛋白结合为血红蛋白。正常人每天约合成 6g 血红蛋白，相当于 210mg 血红素。在肝或其他组织细胞胞质中，血红素与相应蛋白质结合，合成各种含血红素蛋白。血红素合成的全过程，如图 10 - 4 所示。

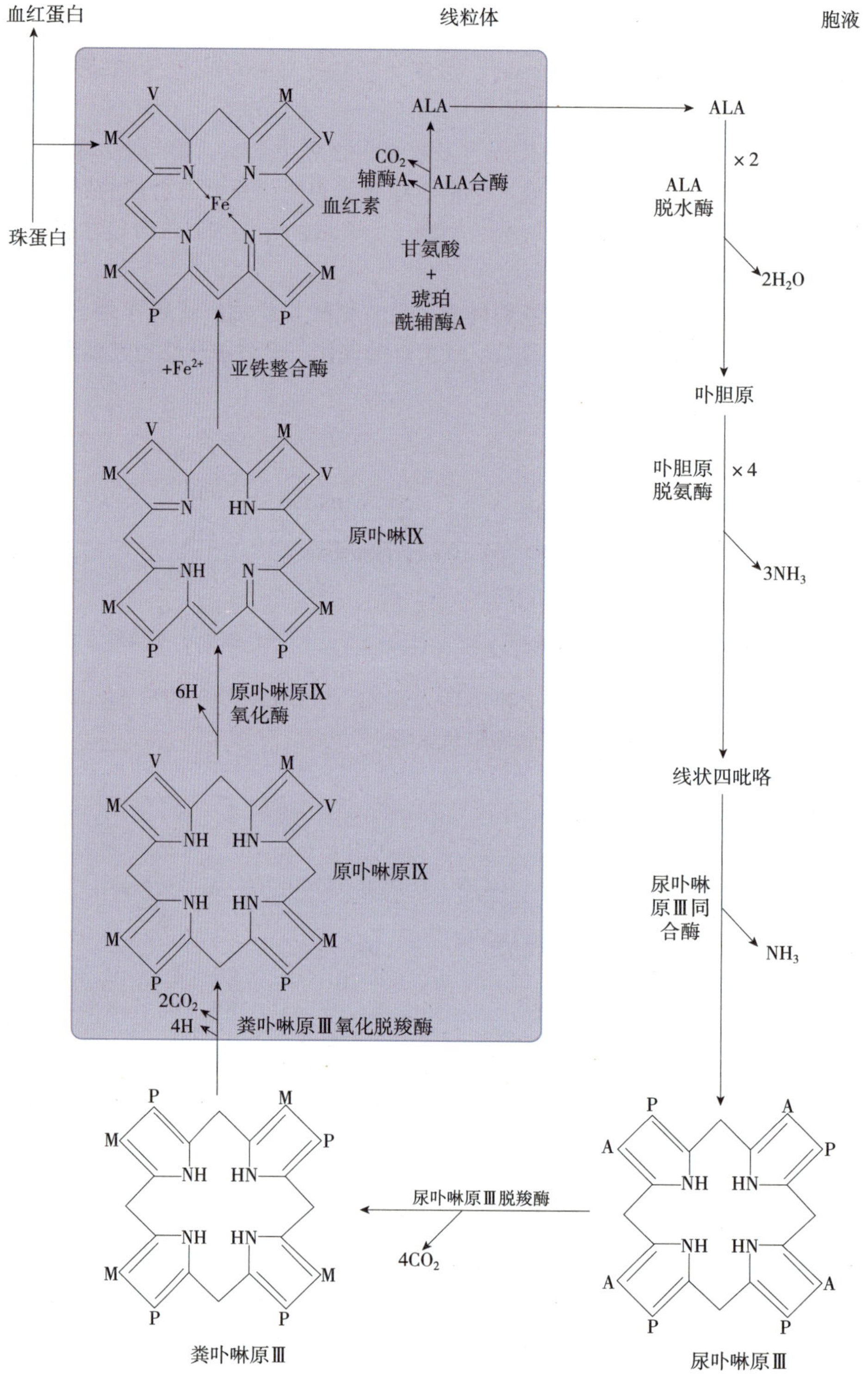

A: —CH₂—COOH；P: —CH₂—CH₂—COOH；M: —CH₃；V: —CH=CH₂

图 10-4　血红素的生物合成

血红素合成过程中的酶先天性或获得性缺乏，就会导致卟啉类中间产物堆积，引起卟啉症。卟啉类物质在紫外线照射时，会被激活成为有害物质，对机体组织造成损害，引起一系列症状。

血红素合成特点总结如下：①体内大多数组织均具有合成血红素的能力，但合成的主要部位在肝和骨髓，成熟红细胞因不含线粒体，不能合成血红素；②合成的亚细胞定位在胞质（中间阶段）和线粒体（起始和终末阶段反应）；③合成的原料是甘氨酸、琥珀酰辅酶 A、Fe^{2+} 等简单小分子化合物。其中间产物的转变主要是吡咯环侧链的脱羧基和脱氢反应。各种卟啉原化合物均无色，性质不稳定，易被氧化，对光尤为敏感，这是卟啉病出现光敏反应的原因。

2. 血红素合成的调节　体内血红素的合成受多种因素的调节和影响，大多通过调节 ALA 合酶来实现。

（1）对 ALA 合酶的调节　ALA 合酶是血红素生物合成的关键酶，受到多种因素的调节。

1）血红素：是 ALA 合酶催化代谢途径的终产物，血红素合成后能迅速与珠蛋白结合成血红蛋白，细胞内无过多的血红素堆积，但当血红素合成速度大于珠蛋白合成速度时，过多的血红素可被氧化成高铁血红素，后者是 ALA 合酶的强烈抑制剂。

2）磷酸吡哆醛：ALA 合酶的辅酶为磷酸吡哆醛，辅酶直接参与甘氨酸和琥珀酰辅酶 A 的缩合反应，缺乏维生素 B_6 时血红素合成受影响。

3）某些固醇类激素：雄激素睾酮诱导 ALA 合酶的合成，从而促进血红素和血红蛋白的生成；此外，睾酮还可刺激骨髓，促进红细胞的生成。

4）某些药物的影响：许多药物如巴比妥、灰黄霉素、可待因、吲哚美辛等对 ALA 合酶的合成也有诱导作用，这是由于这类化合物在体内进行生物转化时需要细胞色素 P450，而细胞色素 P450 的生成需要血红素参与，因此有利于细胞中血红素的生成。

（2）对 ALA 脱水酶与亚铁螯合酶的调节　ALA 脱水酶和亚铁螯合酶对重金属的抑制作用非常敏感，铅中毒时血红素合成受到抑制。此外，亚铁螯合酶还需谷胱甘肽等还原剂的协同作用，当还原剂含量减少时也会影响血红素的合成。血红素合成过程中因酶的缺陷或药物、毒物引起铁卟啉合成障碍，导致卟啉或其前体在体内蓄积所致的一组疾病，称为卟啉症（porphyria），可分为先天性卟啉症和后天性卟啉症两大类。卟啉为四吡咯环结构，其还原型称为卟啉原，氧化型称为卟啉。先天性卟啉症是由于某种血红素合成酶系有遗传性缺陷，后天性卟啉症则主要是由于铅中毒或某些药物中毒引起的铁卟啉合成障碍。铅等重金属中毒除抑制 ALA 脱水酶和亚铁螯合酶两种酶外，还能抑制尿卟啉合成酶。

（3）促红细胞生成素（erythropoietin，EPO）的调节　促红细胞生成素主要由肾生成，是一种糖蛋白，由 166 个氨基酸残基组成，相对分子质量为 34000。EPO 是红细胞生成的主要调节剂，主要作用是刺激有丝分裂，促进红系祖细胞的增殖；激活红系特异基因，诱导其分化；加速有核红细胞的成熟；诱导 ALA 合酶的生成，促进血红素和血红蛋白的合成。EPO 还可促进网织红细胞的释放，并提高红细胞膜的抗氧化能力。EPO 生成量受机体对氧的需要及氧的供应情况的影响。当机体缺氧时，促红细胞生成素的分泌量增加。输入过量红细胞时 EPO 会下降。再生障碍性贫血患者血中 EPO 浓度较正常人高。目前临床上已经运用基因工程方法制造的促红细胞生成素治疗肾疾病所引起的贫血。

3. 血红蛋白的合成与调节　血红蛋白中珠蛋白的合成与一般蛋白质相同。血红蛋白由 1 分子珠蛋白与 4 分子血红素缔合而成。血红素合成的调节已如前述。珠蛋白的合成受血红素的调节。

（1）高铁血红素促进血红蛋白的生物合成　高铁血红素可以抑制蛋白激酶 A（PKA）的激活，进一步抑制真核生物蛋白质合成的起始因子 2（eIF - 2）的磷酸化，从而保持 eIF - 2 的活性状态，有利于珠蛋白的合成。机制见图 10 - 5。

（2）叶酸、维生素 B_{12} 缺乏对红细胞成熟的影响　细胞分裂增殖的基本条件是 DNA 合成。叶酸、维生素 B_{12} 对 DNA 合成有重要影响。叶酸和维生素 B_{12} 缺乏时，一碳单位和核苷酸代谢障碍（详见氨基酸代谢和核苷酸代谢），红细胞中 DNA 合成受阻，细胞分裂增殖速度下降，细胞体积增大，核内染色质疏松，导致巨幼红细胞贫血。

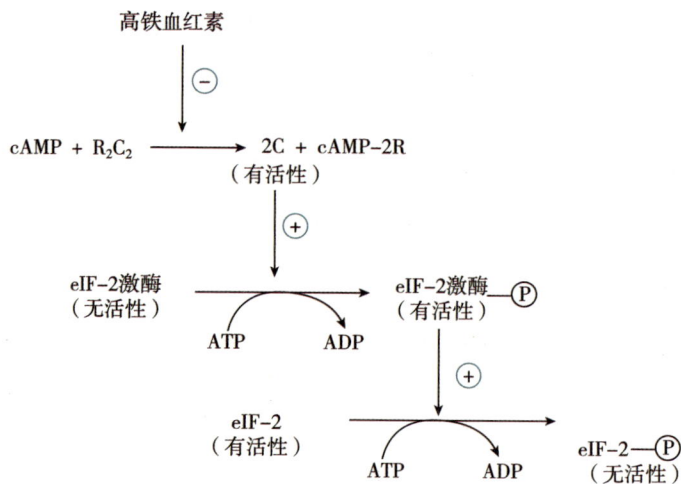

图 10-5　高铁血红素对 eIF-2 的调节

⊕ 知识链接

地中海贫血

以地中海区域多见，但我国各地也有发现，此病是染色体遗传缺陷而引起的珠蛋白一种或几种肽链的合成发生部分或完全抑制而引起的贫血，如 β 基因的缺失会造成 β 地中海贫血，即珠蛋白中无 β 链，此时 HbA（$\alpha_2\beta_2$）减少或消失，HbA_2 会相对增多，但此种患者红细胞中的 Hb 总量减少，故呈贫血症状。

二、白细胞的代谢特点

人体白细胞包括粒细胞、淋巴细胞和单核巨噬细胞三大类。白细胞的功能主要是对外来病原微生物的入侵起抵抗作用，白细胞代谢活跃与其功能密切相关。免疫学将详细介绍淋巴细胞，在此只扼要介绍单核吞噬细胞和粒细胞的代谢。

1. 糖代谢　粒细胞中的线粒体很少，故糖代谢的主要途径是糖酵解。中性粒细胞能利用外源性的糖和内源性的糖原进行糖酵解，为细胞的吞噬作用提供能量。单核巨噬细胞虽能进行有氧氧化和糖酵解，但后者所占比重较大。中性粒细胞和单核巨噬细胞被趋化因子激活后，可启动细胞内磷酸戊糖途径（中性粒细胞中约有 10% 的葡萄糖通过磷酸戊糖途径进行代谢），产生大量的还原型 NADPH。经 NADPH 氧化酶递电子体系可使氧接受单电子还原，产生大量的超氧阴离子。超氧阴离子再进一步转变成 H_2O_2、·OH 等自由基，使细菌膜脂质过氧化损伤，从而达到杀菌目的。

2. 脂质代谢　中性粒细胞不能从头合成脂肪酸。单核巨噬细胞受多种刺激因子激活后，可将花生四烯酸转变成血栓素和前列腺素，在脂氧化酶的作用下，粒细胞和单核巨噬细胞可将花生四烯酸转变为白三烯，它是速发性过敏反应的慢反应物质。

3. 氨基酸和蛋白质代谢　氨基酸在粒细胞中的浓度较高，特别是组氨酸脱羧后的代谢产物组胺的含量较高，这是由于组胺参与白细胞激活后的变态反应。成熟粒细胞缺乏内质网，因此蛋白质的合成量极少，而单核巨噬细胞具有活跃的蛋白质代谢，能合成各种细胞因子、多种酶和补体。在白血病时，核苷酸的合成代谢，核酸代谢相关的 DNA 聚合酶、拓扑异构酶等表达都增高。此外，白血病时体内核酸大量分解，患者尿中尿酸升高。

目标检测

答案解析

一、选择题

1. 正常人体的血液总量占体重的（　　）

   A. 5%　　　　　　B. 8%　　　　　　C. 10%　　　　　　D. 15%　　　　　　E. 20%

2. 在 pH 8.6 的缓冲液中，将血清蛋白质进行醋酸纤维素薄膜电泳，泳动最快的是（　　）

   A. γ - 球蛋白　　　B. 清蛋白　　　C. β - 球蛋白　　　D. α_1 - 球蛋白　　　E. α_2 - 球蛋白

3. 血浆胶体渗透压的大小主要取决于（　　）

   A. 无机盐　　　　B. 有机酸　　　　C. 葡萄糖　　　　D. 球蛋白　　　　E. 清蛋白

4. 血浆清蛋白的功能不包括（　　）

   A. 维持血浆胶体渗透压　　　　　　　　　　B. 运输作用

   C. 免疫作用　　　　　　　　　　　　　　　D. 营养作用

   E. 缓冲作用

5. 成熟红细胞的主要能源物质是（　　）

   A. 脂肪酸　　　　B. 糖原　　　　C. 葡萄糖　　　　D. 酮体　　　　E. 氨基酸

6. 2，3 - BPG 的功能是使（　　）

   A. 在组织中 Hb 与氧的亲和力降低　　　　　B. 在组织中 Hb 与氧的亲和力增加

   C. Hb 与 CO_2 结合　　　　　　　　　　　D. 在肺中 Hb 与氧的亲和力增加

   E. 在肺中 Hb 与氧的亲和力降低

7. 成熟红细胞产生的 ATP 的生理作用不包括（　　）

   A. 维持钠泵的正常运转

   B. 维持钙泵的正常运转

   C. 维持红细胞膜上脂质与血浆脂蛋白中的脂质进行交换

   D. 用于胆固醇的合成

   E. 用于葡萄糖的活化

8. 以下物质中辅基不是血红素的是（　　）

   A. 过氧化物酶　　　　　　B. 胆红素　　　　　　C. 细胞色素

   D. 肌红蛋白　　　　　　　E. 过氧化氢酶

9. 合成血红素的部位在（　　）

   A. 胞液和微粒体　　　　　　　　　　　　　B. 胞液和线粒体

   C. 胞液和内质网　　　　　　　　　　　　　D. 线粒体和微粒体

   E. 线粒体和内质网

10. 合成血红素的关键酶是（　　）

    A. ALA 脱水酶　　　　　　B. ALA 合酶　　　　　　C. 亚铁螯合酶

    D. 胆色素原脱氨酶　　　　　E. 原卟啉原Ⅸ氧化酶

11. 有关 ALA 合酶的叙述，错误的是（　　）

    A. 催化的反应是限速步骤　　　　　　　　　B. 存在于网织红细胞的线粒体

C. 辅酶是磷酸吡哆醛　　　　　　　　　　　D. 受血红素的反馈抑制

E. 雄激素能抑制该酶的活性

12. 铅中毒可引起（　　）

A. 痛风症　　　　B. 卟啉症　　　　C. 蚕豆病　　　　D. 核黄疸　　　　E. 坏血病

二、问答题

1. 试述成熟红细胞的代谢特点及其生理意义。

2. 试述血红素合成的过程及调节机制。

（黄延红）

书网融合……

本章小结　　　　　　　微课　　　　　　　题库

第十一章　肝的生物化学

📖 学习目标

知识要求

1. 掌握　生物转化的概念、反应类型、特点和影响因素；胆汁酸肠肝循环及生理意义；胆红素生成、转运、转化及排泄过程。

2. 熟悉　肝在糖、脂及蛋白质代谢中的作用；胆汁酸的分类及生理功能；溶血性黄疸、肝细胞性黄疸及阻塞性黄疸的临床生化检验指标的变化。

3. 了解　肝在维生素和激素代谢中的作用；胆汁酸的合成过程。

技能要求

1. 具备分析溶血性黄疸、肝细胞性黄疸及阻塞性黄疸的生化检验指标的能力。

2. 灵活运用本章知识解决临床危重肝病的护理问题。

素质要求

1. 通过分析肝在人体内代谢中的作用，形成爱肝护肝的健康生活观。

2. 养成关注患者疾苦，培植大医仁爱的意识。

肝是人体内最大的腺体，正常成人肝组织重 1000~1500g，占体重的 2.5%，具有多方面重要的功能，它不仅在糖、脂、蛋白质、维生素和激素等代谢中起重要作用，而且具有分泌、排泄和生物转化等功能，从而维持机体内环境的稳定，故将肝比喻为体内的"化工厂"。

肝上述重要功能与其独特形态结构和化学组成密切相关：肝既接受来自肝动脉和门静脉的双重血液供应，又有肝静脉与体循环相连、胆道系统与肠道系统相连的两条输出通道，特别是肝细胞中富含线粒体、内质网、核糖体和大量的酶类，使其代谢特别活跃。

⇒ 案例引导

案例　患者，男，50 岁，主诉：腹胀、下肢浮肿、乏力 2 月。查体发现患者精神差；巩膜、皮肤黄染，有肝掌和蜘蛛痣；腹部膨隆，右上腹肋缘下有轻度压痛。既往病史：长期酗酒。实验室检查：丙氨酸氨基转移酶 180U/L，总胆红素 64μmol/L，结合胆红素 14μmol/L，血清总蛋白质 72g/L，清蛋白 22g/L，球蛋白 50g/L。尿液检查：色黄，胆红素阳性，胆素原阳性。

讨论　1. 该患者的护理诊断是什么？

2. 患者出现水肿、肝掌及蜘蛛痣的生化机制是什么？

3. 对患者的健康宣教主要从哪些方面考虑？

第一节　肝在物质代谢中的作用

一、肝在糖代谢中的作用

肝主要通过糖原的合成与分解、糖异生作用来维持血糖浓度的相对稳定，确保全身各组织，特别是大脑和红细胞的能量供应。

饱食后血糖浓度升高，肝细胞迅速合成肝糖原储存于肝内，防止血糖浓度过度升高；每千克肝中最多可储存 65g 糖原。相反，空腹时血糖浓度下降，肝糖原可迅速分解释放葡萄糖以补充血糖。由于肝糖原储备有限，一般在空腹十多小时后被耗尽，肝通过糖异生作用将甘油、乳酸、丙氨酸等非糖物质转化为葡萄糖，以维持血糖浓度的相对恒定。当肝细胞严重受损时，易出现空腹低血糖及餐后高血糖现象。

另外，肝细胞磷酸戊糖途径代谢较活跃，为生物转化和合成反应提供 NADPH。

二、肝在脂质代谢中的作用

肝在脂质的消化、吸收、分解、合成及运输等过程中均起重要作用。

肝细胞能将胆固醇转变为胆汁酸，随胆汁进入肠道乳化脂质，进而促进脂质的消化吸收。当肝损伤时，胆汁酸生成减少，可导致人体对脂质食物的消化吸收不良，出现厌食油腻和脂肪泻等临床症状。

饱食后，从肠道吸收的甘油三酯在肝细胞内进行同化，肝还利用过多的糖和氨基酸合成甘油三酯，并以极低密度脂蛋白的形式分泌入血，供肝外组织摄取利用或运到脂肪组织中储存。当人体大量摄入高糖、高脂类食物时，肝合成甘油三酯的量超过其合成与分泌极低密度脂蛋白的能力；或者因肝损伤导致载脂蛋白及磷脂的合成量减少，造成甘油三酯在肝内堆积，出现脂肪肝。

肝是脂肪酸氧化分解及生成酮体的主要场所。饥饿时，脂库中脂肪动员增加，释放出脂肪酸进入肝内，经 β 氧化生成乙酰辅酶 A，通过三羧酸循环彻底氧化供能，或产生酮体供肝外组织利用。

肝是人体胆固醇合成最活跃的器官，其合成量占全身总合成量的 80% 以上，是血浆胆固醇的主要来源；同时，肝也是胆固醇排泄的重要器官，肝可将胆固醇转化为胆汁酸。

肝也是合成磷脂最为旺盛的器官，肝合成的磷脂除肝细胞自身利用外，还能用于组成脂蛋白，参与脂类的运输。

三、肝在蛋白质代谢中的作用

肝在蛋白质合成、分解及氨基酸代谢中均起重要作用。

肝的蛋白质合成十分旺盛，不仅合成自身的结构蛋白质，还合成分泌大部分血浆蛋白质，如清蛋白、凝血酶原、纤维蛋白原、载脂蛋白和一些血浆球蛋白，在维持血浆胶体渗透压及凝血等方面发挥着重要的作用。当肝功能严重受损时，患者常出现水肿或腹水，凝血时间延长及出血倾向。

胚胎期肝可合成一种与清蛋白分子质量类似的甲胎蛋白（α - fetoprotein），出生后其合成受到抑制，在正常人血浆中很难检出。肝癌时，癌细胞中甲胎蛋白基因表达失去阻遏，血浆中可能再次检出此种蛋白，可辅助诊断肝癌。

肝是清除血浆蛋白质（清蛋白除外）的重要器官。

肝中含有丰富的氨基酸分解代谢的酶类，除支链氨基酸（亮氨酸、异亮氨酸、缬氨酸）以外，其余氨基酸主要在肝中通过转氨基、脱氨基、脱羧基等反应进行分解代谢。肝细胞中氨基转移酶，尤其是丙氨酸氨基转移酶（ALT）活性高于其他组织，故肝细胞损伤（如急性肝炎）时，细胞内 ALT 逸出，引起血浆 ALT 活性异常升高。所以，临床上常通过检测血清氨基转移酶的活性辅助诊断肝疾病。

肝还是氨及胺类物质解毒的主要器官。氨基酸分解代谢和肠道腐败作用产生的氨，都可运输至肝通过鸟氨酸循环转变成尿素而解毒。严重肝病患者，肝合成尿素的能力下降，血液中氨浓度过高，可引起肝性脑病。肠道细菌腐败作用产生的苯乙胺、酪胺等芳胺类有毒物质，吸收入血后主要在肝中进行转化，以减少其毒性。肝若不能及时清除这些芳胺类，其随血循环进入脑组织，可羟化形成假性神经递质（苯乙醇胺和 β - 羟酪胺），引起中枢神经系统活动紊乱，亦可导致肝性脑病。

四、肝在维生素代谢中的作用

肝在维生素的吸收、储存、运输及代谢等方面起重要作用。肝分泌的胆汁酸可协助吸收脂溶性维生素，所以肝胆系统疾患往往伴有脂溶性维生素吸收障碍，引发相应的缺乏症。

肝是体内含维生素 A、维生素 K、维生素 B_1、维生素 B_2、维生素 B_6、维生素 B_{12}、泛酸和叶酸较多的器官。维生素 A、维生素 E、维生素 K 和维生素 B_{12} 主要储存于肝。

肝可合成视黄醇结合蛋白及维生素 D 结合蛋白，分别参与血浆中维生素 A、维生素 D 代谢物的结合转运。肝细胞疾病可造成血浆中维生素 A 和总维生素 D 代谢物水平降低。

肝还参与多种维生素的转化。一些维生素在肝中转变为辅酶的组分，如肝将维生素 B_1 焦磷酸化成 TPP，将维生素 B_2 转变为 FMN 与 FAD，将维生素 PP 转变为 NAD^+ 和 $NADP^+$，将泛酸转变为辅酶 A 等；肝细胞将 β - 胡萝卜素转变为维生素 A；将维生素 D 转化为 25 - 羟维生素 D_3。

五、肝在激素代谢中的作用

体内多种激素发挥其调节作用后，主要在肝内被分解转化，从而降低或失去生物活性，此过程称为激素的灭活。激素的合成和灭活处于动态平衡，共同调控激素作用的时间长短和强度。

某些水溶性激素（如胰岛素、肾上腺素等）与肝细胞表面的特异性受体结合，通过内吞作用进入肝细胞进行分解代谢。类固醇激素（如肾上腺皮质激素、性激素）可通过扩散作用进入肝细胞，与葡糖醛酸或活性硫酸等结合而失活。肝功能严重受损时，由于激素的灭活功能降低，体内的多种激素水平上升，引起相应的调节功能紊乱。如雌激素水平升高可出现男性乳房女性化、蜘蛛痣、肝掌；醛固酮、抗利尿激素水平升高可导致水、钠潴留等现象。

肝损伤时的主要代谢障碍及症状见表 11－1。

表 11－1　肝损伤时的相关代谢障碍及临床症状

类型	代谢障碍	临床症状
糖代谢	肝糖原储备减少，糖异生减弱	低血糖
脂质代谢	胆汁酸合成分泌减少 极低密度脂蛋白合成减少	厌油腻、脂肪泻 脂肪肝
蛋白质代谢	清蛋白合成下降 凝血因子合成不足 尿素合成能力下降	水肿或腹水 凝血时间延长及出血倾向 肝性昏迷
维生素代谢	维生素 A 吸收、转运及代谢障碍	夜盲症
激素代谢	雌激素灭活功能下降	蜘蛛痣、肝掌

第二节　生物转化作用

PPT

人体中存在许多非营养物质，这些物质既不能作为构成组织细胞的成分，又不能氧化供能，其中一些对人体有一定的生物学效应或毒性作用。机体将非营养物质进行各种代谢转变，增加其水溶性（或极性），使其易于通过胆汁、尿液排出的过程称为生物转化（biotransformation）。肝是生物转化最重要的器官，肾、肺及皮肤等也有一定的生物转化作用。

体内的非营养物质可分为内源性和外源性两类：①内源性非营养物质，是机体在代谢过程中产生的，如激素、神经递质和其他胺类等生物活性物质，以及氨、胆红素等对机体有毒性的物质；②外源性非营养物质，有日常生活中摄取的食品添加剂、色素和药物，还有从肠道吸收的腐败产物（如胺、酚、吲哚和硫化氢）等。

一、生物转化的主要类型

生物转化过程非常复杂，按反应性质可分为两相。第一相反应包括氧化、还原、水解；第二相反应为结合反应。

（一）第一相反应——氧化、还原、水解反应

1. 氧化反应 是最常见的生物转化反应。肝细胞内含有单加氧酶系、单胺氧化酶系、脱氢酶系等多种氧化酶系，可催化不同类型的化合物进行氧化反应。

（1）单加氧酶系 单加氧酶（monooxygenase）存在于微粒体中，是氧化外源性非营养物质最重要的酶。该酶系以细胞色素 P450 为电子传递体，催化多种脂溶性物质从分子氧中接受 1 个氧原子，生成羟基化合物或环氧化物，同时另 1 个氧原子被 NADPH 还原成水，故又称混合功能氧化酶或羟化酶。单加氧酶系催化的基本反应如下：

$$RH + O_2 + NADPH + H^+ \xrightarrow{\text{单加氧酶}} ROH + NADP^+ + H_2O$$

单加氧酶系的羟化作用不仅增加药物或毒物的水溶性，有利于排泄，而且参与体内多种重要物质的羟化过程，如维生素 D_3 经羟化转变成活性维生素 D_3、类固醇激素和胆汁酸的合成过程中的羟化作用等。该酶系底物广泛且可诱导合成，如长期服用镇静安眠药苯巴比妥，即可诱导肝合成此酶，使药物代谢速率加快，增加患者对异戊巴比妥、氨基比林等多种药物的耐受能力。

然而，需要注意的是，大多数物质经氧化后丧失活性，但有些本来无活性的物质经氧化后生成有毒或致癌物质。例如，烟草中多环芳烃及苯并芘经单加氧酶作用形成环氧化物，发霉谷物中的黄曲霉素 B_1 也可被氧化生成黄曲霉素 B_1-2,3-环氧化物，这些环氧化物可与 DNA 共价结合，导致基因突变。

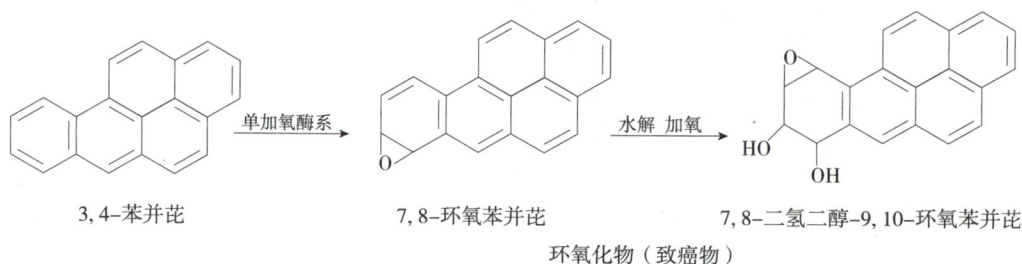

3,4-苯并芘　　　　7,8-环氧苯并芘　　　7,8-二氢二醇-9,10-环氧苯并芘
环氧化物（致癌物）

（2）单胺氧化酶系 单胺氧化酶（monoamine oxidase，MAO）存在于线粒体中，是含 FAD 的黄素蛋白，可催化胺类氧化脱氨基反应，生成相应的醛类，后者在胞质中醛脱氢酶的催化下进一步氧化成酸。从肠道吸收来的蛋白质腐败产物如组胺、酪胺、色胺、尸胺和腐胺等，可在肠黏膜细胞和肝细胞内通过此方式氧化脱氨，丧失生物活性。

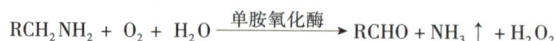

$$RCH_2NH_2 + O_2 + H_2O \xrightarrow{\text{单胺氧化酶}} RCHO + NH_3\uparrow + H_2O_2$$

$$RCHO + NAD^+ + H_2O \xrightarrow{\text{醛脱氢酶}} RCOOH + NADH + H^+$$

（3）脱氢酶系 肝细胞胞质中含有非常活跃的醇脱氢酶（alcohol dehydrogenase，ADH）和醛脱氢酶（aldehyde dehydrogenase，ALDH），可催化醇或醛类化合物脱氢氧化生成相应的醛或酸。

$$RCH_2OH + NAD^+ \xrightarrow{\text{醇脱氢酶}} RCHO + NADH + H^+$$

$$RCHO + NAD^+ + H_2O \xrightarrow{\text{醛脱氢酶}} RCOOH + NADH + H^+$$

人类摄入的乙醇可被胃和小肠上段迅速吸收，吸收后的乙醇 90%～98% 在肝通过脱氢酶系代谢生成

乙酸，可进一步转变成乙酰辅酶 A 氧化分解供能。但长期大量饮酒或慢性乙醇中毒，乙醇除经 ADH 氧化外，还可诱导内质网增殖，启动微粒体乙醇氧化系统（microsomal ethanol oxidizing system，MEOS），MEOS 催化乙醇氧化生成乙醛。值得注意的是，乙醇诱导 MEOS 不仅不能氧化乙醇产生 ATP，而且消耗氧和 NADPH，造成肝内能量的耗竭，还可催化脂质过氧化产生羟乙基自由基，进而引起肝损伤。

2. 还原反应　肝细胞微粒体中含有还原酶类，主要有硝基还原酶和偶氮还原酶，由 NADPH 提供氢，将硝基化合物与偶氮化合物还原成相应的胺类，后者在单胺氧化酶的催化下生成相应的酸。日常生活中食品防腐剂多为硝基化合物，偶氮化合物多见于食品色素、化妆品及纺织印染业等。此外，镇静催眠药三氯乙醛也可被还原生成三氯乙醇而失去其药理作用；而百浪多息是无活性的药物前体，经还原形成有抗菌活性的氨苯磺胺。

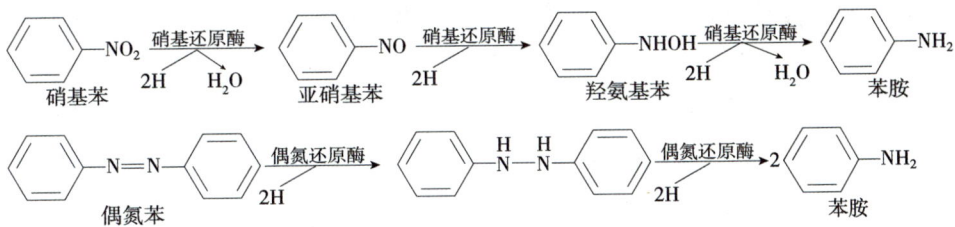

3. 水解反应　肝细胞的胞质与微粒体中含有多种水解酶类，如酯酶、酰胺酶及糖苷酶等，可水解脂类、酰胺类和糖苷类化合物。许多物质经水解后其生物活性减弱或丧失，如乙酰水杨酸（阿司匹林）在酯酶的作用下水解生成水杨酸失活，普鲁卡因、异烟肼等也可被水解失活；有些药物经水解后方有活性，如苯丁酸氮芥异丁酯水解形成苯丁酸氮芥才具有抗癌作用。

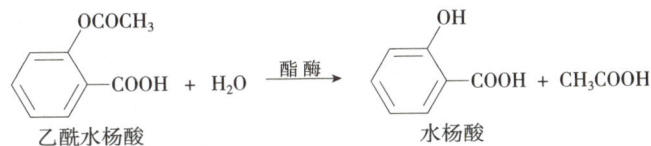

（二）第二相反应——结合反应

体内的一些非营养物质经第一相反应的氧化、还原或水解后，极性仍不够强，还需与体内一些极性较强的化合物或基团结合，使其极性、溶解度及生物学活性等发生变化，易从尿和胆汁中排出。结合反应（conjugation reaction）是体内最重要的生物转化方式。凡含有羟基、羧基或氨基的药物、毒物或激素均可发生结合反应。常见的结合化合物或基团有葡糖醛酸、硫酸、乙酰基、甘氨酸、谷胱甘肽、甲基等，其中，与葡糖醛酸结合的反应最为普遍。

1. 葡糖醛酸结合反应　肝细胞微粒体中含有非常活跃的葡糖醛酸基转移酶，它以尿苷二磷酸葡糖醛酸（uridine diphosphate glucuronic acid，UDPGA）为活性供体，将葡糖醛酸基转移到多种含醇、酚、胺、羧酸等极性基团的化合物分子上，生成葡糖醛酸苷。内源性非营养物质如胆红素、类固醇激素等代谢产物可与葡糖醛酸结合，使其毒性降低，溶解度升高易于排出。临床上常用葡糖醛酸类制剂（肝泰乐等）治疗肝病，其机制是加强肝的生物转化功能。

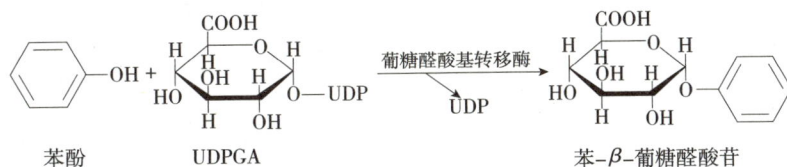

2. 硫酸结合反应　肝细胞胞质中含有硫酸基转移酶，可将 3′-磷酸腺苷-5′-磷酰硫酸（PAPS）

中的活性硫酸基团转移到醇、酚、芳胺类以及内源性的固醇类物质上，生成硫酸酯。结合产物水溶性增加，易于排出，结合后生物活性一般都降低或灭活，例如，雌激素通过形成硫酸酯而灭活。

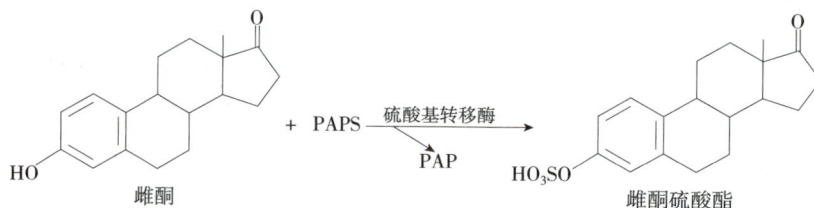

雌酮 + PAPS →（硫酸基转移酶 / PAP）→ 雌酮硫酸酯

3. 乙酰基结合反应 在肝细胞胞质中乙酰基转移酶的催化下，由乙酰辅酶 A 提供乙酰基，使芳胺化合物（如苯胺、磺胺、异烟肼等）形成乙酰化衍生物而失去活性。需要注意的是，磺胺药物乙酰化后溶解度反而降低，在酸性尿中易析出，所以服用磺胺药物时应加服小苏打（$NaHCO_3$），以利其排出。

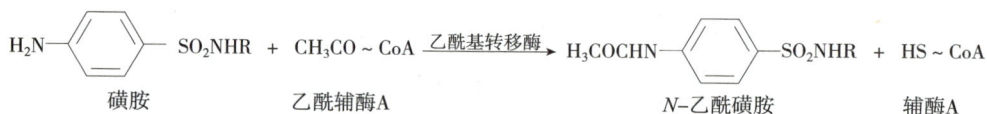

$$H_2N\text{—}\bigcirc\text{—}SO_2NHR + CH_3CO \sim CoA \xrightarrow{\text{乙酰基转移酶}} H_3COCHN\text{—}\bigcirc\text{—}SO_2NHR + HS \sim CoA$$

磺胺　　　　　　乙酰辅酶A　　　　　　　　　　N–乙酰磺胺　　　　　　辅酶A

4. 甘氨酸结合反应 在肝细胞线粒体酰基转移酶的催化下，含羧基的药物、毒物等非营养物质可与甘氨酸结合。首先在酰基辅酶 A 连接酶的作用下，生成酰基辅酶 A，然后再与甘氨酸结合，形成相应的结合产物。胆酸和脱氧胆酸可通过此过程与甘氨酸结合生成结合胆汁酸。

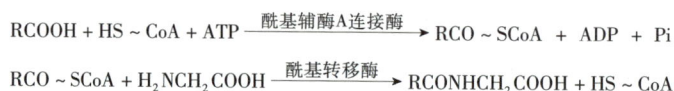

$$RCOOH + HS \sim CoA + ATP \xrightarrow{\text{酰基辅酶A连接酶}} RCO \sim SCoA + ADP + Pi$$

$$RCO \sim SCoA + H_2NCH_2COOH \xrightarrow{\text{酰基转移酶}} RCONHCH_2COOH + HS \sim CoA$$

5. 谷胱甘肽结合反应 肝细胞胞质的谷胱甘肽 –S– 转移酶可催化谷胱甘肽（GSH）与许多环氧化物及卤代化合物等结合，生成含谷胱甘肽的结合产物，随胆汁排出体外。谷胱甘肽主要参与对致癌物、环境污染物、肿瘤治疗药物及内源性活性物质的生物转化。

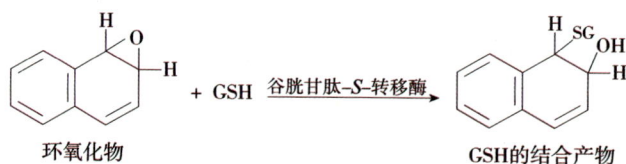

环氧化物 + GSH →（谷胱甘肽–S–转移酶）→ GSH的结合产物

6. 甲基化反应 肝细胞胞质和微粒体中含有多种甲基转移酶，由 S– 腺苷甲硫氨酸（SAM）提供活性甲基，催化含有氧、氮、硫等亲核基团的化合物的甲基化反应。例如儿茶酚胺等胺类物质通过此反应而灭活。

$$R\text{—}NH_2 + SAM \xrightarrow{\text{甲基转移酶}} R\text{—}NH\text{—}CH_3 + S\text{–腺苷同型半胱氨酸}$$

二、生物转化的特点

1. 反应的连续性 生物转化反应非常复杂，只有少数非营养物质经一种生物转化反应即可排出体外，大多数物质需要进行连续的几种反应类型，才能完成生物转化过程，这种特点即为生物转化作用的连续性。一般先进行氧化、还原、水解等第一相反应，再进行第二相结合反应。如乙酰水杨酸常先水解成水杨酸，再与葡糖醛酸结合后才能排出体外。

2. 反应的多样性 同一种或同一类非营养物质在体内可以进行不同类型的生物转化反应，产生不同的产物，这体现了肝生物转化反应类型的多样性。例如，乙酰水杨酸水解成水杨酸后，既可再与葡糖醛酸结合，又可与甘氨酸结合，还可进行氧化反应。

3. "解毒"与"致毒"的双重性 大多数非营养物质经生物转化后，生物活性降低或丧失，毒性减弱或消除，也称"解毒"作用；但有些物质经过生物转化后毒性反而增强，生物活性增高。所以，非营养物质在体内的生物转化不能统称为"解毒"作用，如苯并芘、黄曲霉素 B_1 本身并无直接致癌作用，经单加氧酶氧化成环氧化物后，能与 DNA 分子中的鸟嘌呤结合，引起突变而致癌。有些药物如环磷酰胺、硫唑嘌呤和中药大黄等需经生物转化后才能成为有活性的药物。

三、影响生物转化的因素

肝的生物转化能力受年龄、性别、营养、疾病、诱导物及抑制物等多种因素的影响。

1. 年龄 新生儿肝中生物转化的酶系发育尚不完善，生物转化能力较弱，因此对药物及毒物的耐受性较差，容易发生药物及毒素中毒；老年人肝的生物转化能力仍正常，但因肝、肾血流量减少，药物的清除率降低，服药物后，易出现中毒现象。因此，临床上对新生儿及老年人的用药剂量应比成人低。

2. 性别 有些物质的生物转化反应存在明显的性别差异。例如女性体内的醇脱氢酶活性高于男性，女性代谢乙醇的能力比男性强。氨基比林在女性体内半寿期约 10.3 小时，男性约 13.4 小时。妇女在妊娠晚期生物转化能力下降，但清除抗癫痫药物的能力增强。

3. 营养状况 机体的营养状况也影响生物转化作用。长期饥饿（7 天）显著影响肝谷胱甘肽 – S – 转移酶的作用，其参与的生物转化能力下降。

4. 疾病 肝炎、肝硬化、肝癌等肝实质损伤的疾病时，生物转化功能降低，使药物或毒物的灭活速度下降，药物的治疗剂量与毒性剂量之间的差距减小，所以肝病患者用药应慎重，避免加重肝负担。

5. 诱导物或抑制物 一些药物或毒物可诱导生物转化相关酶类的合成，由于生物转化酶的专一性较低，长期服用某种药物不仅可加速自身代谢，出现耐药性，而且影响其他药物的生物转化。例如，苯巴比妥可诱导单加氧酶系的合成，当长期服用苯巴比妥，患者除对该药的转化能力增强外，对非那西丁、氯霉素、氢化可的松的转化能力也显著增强。临床上可利用其诱导作用增强对其他某些药物的代谢，从而达到解毒的作用。如利用苯巴比妥治疗新生儿黄疸，即通过其诱导 UDP – 葡糖醛酸转移酶的合成，增强肝对游离胆红素的转化能力。

许多物质的生物转化反应常由同一酶系催化，因此同时服用几种药物时可发生药物之间对同一酶系的竞争性抑制作用，使多种药物的生物转化作用相互拮抗。例如，保泰松在体内可抑制双香豆素的代谢，从而增强双香豆素的抗凝作用，甚至引起出血，因此，若同时服用需适度减量。

另外，有些食物中也含有诱导或抑制生物转化的物质。例如烧烤食物、甘蓝、萝卜等含有微粒体单加氧酶系的诱导物，而水田芥则含有该酶的抑制剂。食物中的黄酮类物质可抑制单加氧酶系的活性。

第三节 胆汁与胆汁酸

PPT

一、胆汁

胆汁（bile）是肝细胞分泌的一种液体，在胆囊储存，经胆管系统排入十二指肠。肝细胞初分泌的胆汁，澄清透明，呈金黄色，称为肝胆汁（hepatic bile）。进入胆囊后，胆囊壁吸收其中的一部分水、盐和其他一些成分，并分泌黏液进入胆汁，从而形成胆囊胆汁（gallbladder bile），呈暗褐或棕绿色。

胆汁的主要固体成分是胆汁酸盐（bile salts），含量最高，约占 50%。其次是无机盐、黏蛋白、磷脂、胆色素和胆固醇等。胆汁中还有脂肪酶等多种酶类。除胆汁酸盐、磷脂和某些酶与脂类消化、吸收有关，其他成分多属排泄物，如胆色素、类固醇激素的代谢物及进入体内的药物、毒物、重金属盐等生物转化产物。

二、胆汁酸 🅔 微课

（一）分类

胆汁酸（bile acids）按结构分为两大类：一类是游离胆汁酸，包括胆酸、脱氧胆酸、鹅脱氧胆酸和少量的石胆酸；另一类是结合胆汁酸，包括上述各种游离胆汁酸与甘氨酸或牛磺酸结合形成的产物，主要有甘氨胆酸、牛磺胆酸、甘氨鹅脱氧胆酸和牛磺鹅脱氧胆酸。胆汁中所含的胆汁酸主要是结合胆汁酸，其中甘氨酸结合型胆汁酸约占70%。

胆汁酸按来源可分为初级胆汁酸和次级胆汁酸。

1. 初级胆汁酸 是在肝细胞由胆固醇转变形成的，包括胆酸、鹅脱氧胆酸及其与甘氨酸或牛磺酸的结合产物。

2. 次级胆汁酸 是初级胆汁酸在肠道细菌作用下转变成脱氧胆酸和石胆酸及其与甘氨酸或牛磺酸的结合产物。

胆汁中的初级胆汁酸与次级胆汁酸均以钠盐或钾盐的形式存在，即胆汁酸盐，简称胆盐。各种类型胆汁酸的结构见图11-1。

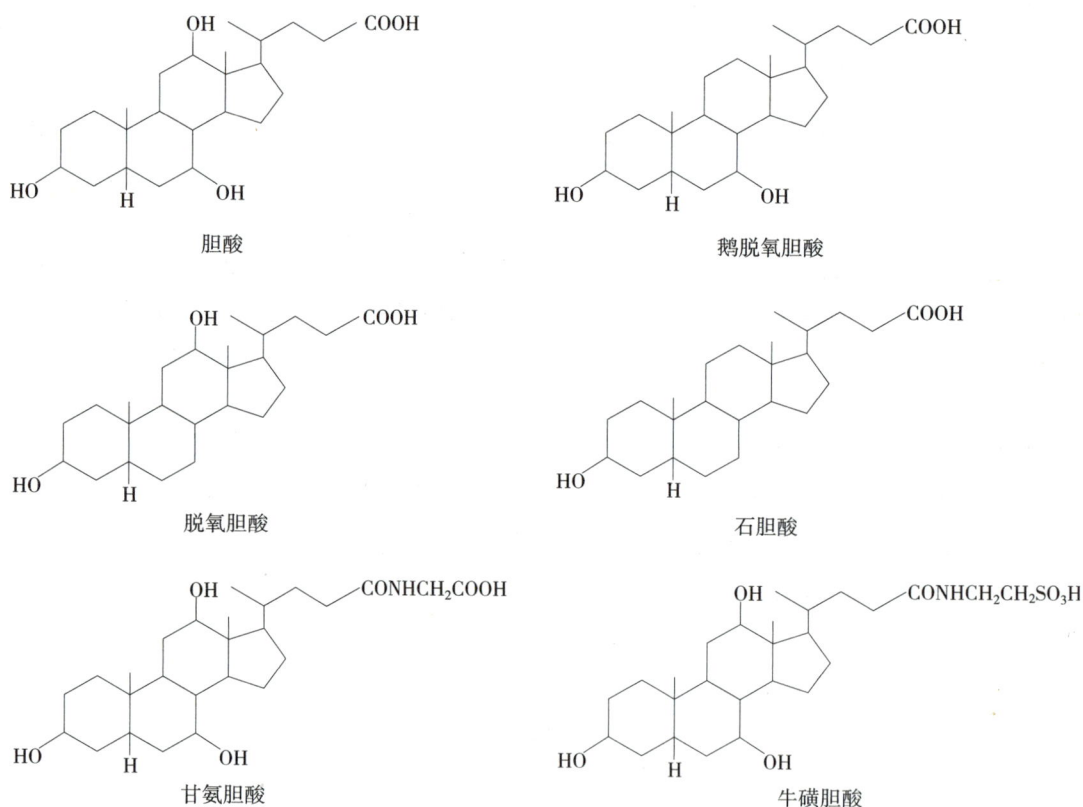

图 11-1 胆汁酸的结构式

（二）生理功能

1. 促进脂质的消化和吸收 胆汁酸既含有亲水性的羟基、羧基和磺酸基等基团，又含有疏水性的甲基和烃核，两类不同性质的结构又分别位于分子的两侧，使胆汁酸的立体构型具有亲水和疏水两个侧面（图11-2），有很强的界面活性。胆汁酸的这种结构特点使其成为较强的乳化剂，在肠道中可使脂质乳化成$3 \sim 10 \mu m$的细小微团，既有利于脂质的消化，又促进脂质的吸收。

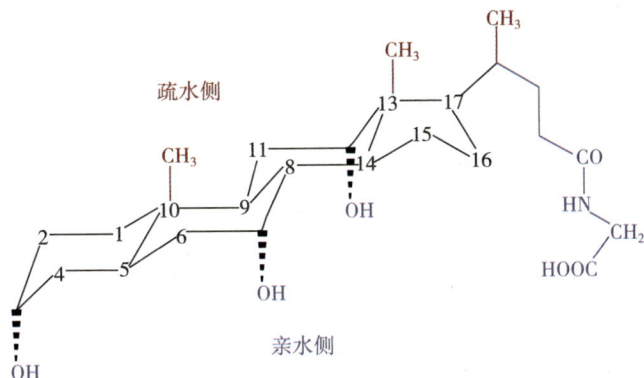

图 11-2　甘氨胆酸的立体构型

🌐 **知识链接**

胆汁酸的新功能

　　近年来研究发现，胆汁酸可以作为信号分子，与肝、脑、肠、肌肉和棕色脂肪组织等部位的相应受体结合，在调节基因表达和上皮细胞增殖、促进脂肪分解、维持葡萄糖稳态及能量代谢等方面发挥关键作用。胆汁酸的受体包括核受体 FXR 和膜受体 GPBAR/TGR5 等，我国科学家利用冷冻电镜单颗粒重构技术首次解析了胆汁酸受体 GPBAR 的结构，为阐明胆汁酸的作用机制和药物开发奠定了坚实的基础。

　　2. 抑制胆汁中胆固醇的析出　肝能将人体内过剩的胆固醇直接排入胆汁进而从肠道排出体外。胆固醇难溶于水，随胆汁排入胆囊，在胆囊中被浓缩，较易沉淀析出。胆汁酸与磷脂（主要是磷脂酰胆碱，俗称卵磷脂）结合乳化胆固醇，使其在胆汁中形成可溶性的微团，排入肠道。这种溶解状态主要取决于胆汁酸盐、磷脂酰胆碱和胆固醇之比（正常≥10∶1），胆汁中胆汁酸或磷脂酰胆碱减少，或胆固醇含量过高，均可造成胆汁中该比值下降，使胆固醇从胆汁中析出，形成胆固醇结石。

🌐 **知识链接**

胆结石

　　胆结石是临床上常见疾病，女性多于男性，40 岁后发病率随年龄增长呈上升趋势。根据结石的组成成分可分为三类：胆固醇结石、黑色素结石和棕色素结石。结石中胆固醇含量超过50% 的为胆固醇结石，黑色素结石中胆固醇含量 10%～30%，棕色素结石胆固醇含量较少。鹅脱氧胆酸可使胆固醇结石溶解，而胆酸及脱氧胆酸则无此作用，因此临床上常用鹅脱氧胆酸及熊脱氧胆酸治疗胆固醇结石。

（三）胆汁酸的生成

　　1. 初级胆汁酸的生成　初级胆汁酸是以胆固醇为原料，在肝细胞经一系列酶催化合成，正常人每日合成 0.4～0.6g，胆汁酸是胆固醇在体内的主要转变去路。

　　肝细胞微粒体及胞质含有合成胆汁酸的关键酶胆固醇 7α - 羟化酶，首先将胆固醇转变为 7α - 羟胆固醇，再经过 3α、12α 羟化，加氢还原，侧链氧化断裂和加辅酶 A 等多步反应，最后水解生成初级游离胆汁酸（胆酸和鹅脱氧胆酸）。初级游离胆汁酸可与甘氨酸、牛磺酸结合，生成初级结合胆汁酸（甘氨胆酸、甘氨鹅脱氧胆酸、牛磺胆酸和牛磺鹅脱氧胆酸），正常人甘氨胆酸与牛磺胆酸的比例为 3∶1。

2. 次级胆汁酸的生成　初级胆汁酸由肝细胞分泌，经胆管系统进入肠道，协助脂类物质的消化吸收后，在回肠和结肠上段受细菌的作用，部分结合胆汁酸水解成游离胆汁酸，继而 7α 位脱羟基，形成次级胆汁酸。即胆酸转变成脱氧胆酸，鹅脱氧胆酸转变成石胆酸。

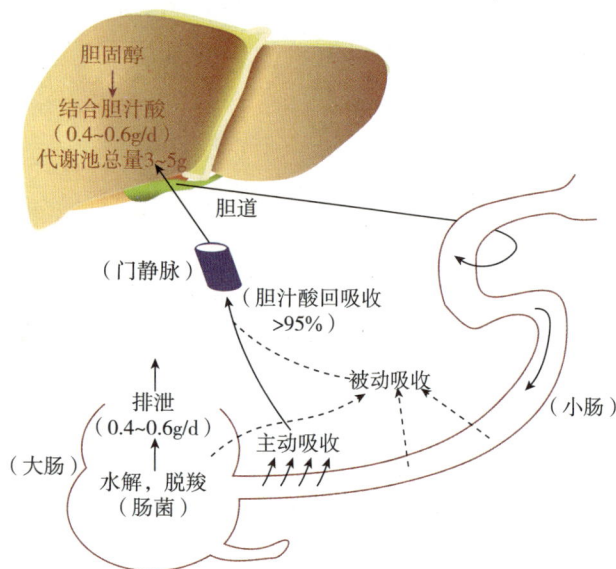

图 11 – 3　胆汁酸的肠肝循环

3. 胆汁酸的肠肝循环　肠道的胆汁酸约95%可被肠壁重新吸收，经门静脉又回到肝；肝细胞将重吸收的游离胆汁酸重新转变为结合胆汁酸，加上重吸收的结合胆汁酸与新合成的胆汁酸一起又随胆汁进入肠道，这一循环过程称为"胆汁酸的肠肝循环"（图 11 – 3）。胆汁酸在肠道的重吸收主要有两种方式：①结合胆汁酸在回肠部位的主动重吸收；②游离胆汁酸在肠道各部被动重吸收，其中以主动重吸收为主。

人体每天新合成胆汁酸的量仅 0.4 ~ 0.6g，肝、胆的胆汁酸代谢池共储存 3 ~ 5g，即使全部倾入小肠也不能满足饱餐后脂质消化吸收的需要。通过每次餐后 2 ~ 4 次胆汁酸的肠肝循环，使有限的胆汁酸循环利用，以满足人体对胆汁酸的生理需要。

未被肠道吸收的一小部分胆汁酸在肠道细菌的作用下，衍生成多种胆烷酸的衍生物并由粪便排出，每日的排出量为 0.4 ~ 0.6g，与合成量相当，达到动态平衡。

第四节　胆色素代谢与黄疸

PPT

胆色素（bile pigment）是铁卟啉化合物在体内分解代谢生成的各种产物的总称，包括胆红素（bilirudin）、胆绿素、胆素原和胆素等。胆色素是体内的代谢废物，主要随胆汁排出。胆色素代谢异常可导致高胆红素血症，严重时可出现黄疸（jaundice）。

一、胆红素的生成和转运

1. 胆红素的生成　胆红素是人胆汁中的主要色素，呈橙黄色，位于胆色素代谢的中心。成人每日产生 250 ~ 350mg 胆红素，其中约80%是衰老红细胞破坏所释放的血红蛋白分解产生，其余来自含铁卟啉酶类、肌红蛋白、细胞色素等的分解代谢。

正常红细胞的寿命约 120 天。衰老的红细胞被肝、脾、骨髓的单核 - 吞噬细胞系统识别、吞噬并分解释放血红蛋白。血红蛋白又被分解为珠蛋白和血红素。珠蛋白可被降解为氨基酸，被重新利用或进一步分解。血红素在单核 - 吞噬系统细胞微粒体血红素加氧酶的催化下，分子氧、NADPH - 细胞色素 P450 还原酶参与反应，释放出 1 分子 CO 和 Fe^{2+}，再经羟化反应生成水溶性的胆绿素。释放的 Fe^{2+} 氧化为 Fe^{3+} 进入铁代谢池，供机体再利用。随后胆绿素在胞质胆绿素还原酶的催化下，还原生成胆红素。胞质中胆绿素还原酶的活性很高，正常人体内无胆绿素堆积。

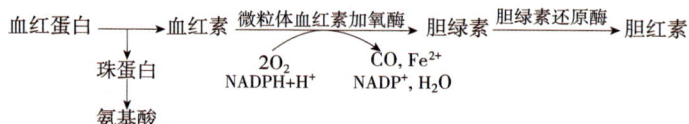

$$血红蛋白 \longrightarrow 血红素 \xrightarrow[2O_2 \atop NADPH+H^+]{微粒体血红素加氧酶} 胆绿素 \xrightarrow[CO,\ Fe^{2+} \atop NADP^+,\ H_2O]{胆绿素还原酶} 胆红素$$

珠蛋白

氨基酸

血红素加氧酶是胆红素生成的关键酶，受底物血红素的诱导。缺氧、内毒素、重金属、细胞因子、炎症等引发细胞氧化应激的因素作用下亦可诱导该酶的表达，因此患肿瘤、动脉粥样硬化、阿尔茨海默病等疾病时血红素加氧酶表达升高。

2. 胆红素的转运　胆红素分子中含有羟基、亚氨基和丙酸基等亲水基团，但这些基团在分子内形成氢键，而使疏水基团暴露于分子表面，赋予胆红素亲脂疏水的性质，极易自由透过细胞膜。在血液中胆红素主要与清蛋白结合形成胆红素 – 清蛋白复合体进行转运。这种结合不仅增加胆红素的水溶性，有利于其运输，而且限制胆红素透过细胞膜，防止胆红素对组织造成毒性作用。这些胆红素尚未进入肝细胞进行结合转化反应，故称未结合胆红素或血胆红素。

每分子清蛋白可结合两分子胆红素。正常人每 100ml 血浆能结合 20 ~ 25mg 胆红素，而正常血浆胆红素浓度仅为 2 ~ 10mg/L，所以血浆中清蛋白可以结合全部胆红素。如果血浆中胆红素浓度过高，或清蛋白含量明显降低或结合部位被其他物质所占据，均可促使胆红素游离，进入组织引起毒性。某些有机阴离子化合物（如磺胺类药物、脂肪酸、胆汁酸、水杨酸等）可干扰胆红素与清蛋白的结合，使胆红素在血中游离存在。游离胆红素可进入脑部基底核神经细胞，引起胆红素脑病或核黄疸。

⊕ **知识链接**

胆红素

虽然过量的胆红素对人体有害，但适宜水平的胆红素是体内强有力的抗氧化剂，能清除超氧化物和过氧化物自由基，增强细胞对氧攻击的抵抗力。胆红素的抗氧化作用主要借助胆绿素还原酶实现：胆红素被氧化生成胆绿素，在胆绿素还原酶催化下生成胆红素，体内胆绿素还原酶分布广、活性强。

另外，胆红素生成过程中释放的 CO 是内源性 CO 生成的主要途径，具有重要的生理功能。CO 作为一种气体信息分子，可通过细胞信号转导产生舒张血管、抑制血小板激活和聚集等生物学效应。

二、胆红素在肝中的转化

1. 肝细胞对胆红素的摄取　血中的胆红素主要通过胆红素 – 清蛋白复合体的形式转运到肝，在肝血窦中先与清蛋白分离，然后迅速被肝细胞摄取。胆红素可以自由双向透过肝细胞膜，所以肝细胞对胆红素的代谢能力决定肝细胞对胆红素的摄取量。

胆红素进入肝细胞后，在胞质中主要与配体蛋白——Y 蛋白和 Z 蛋白结合形成复合物，其中以 Y 蛋白为主，结合后胆红素不能反流入血，从而使胆红素不断被摄入肝细胞。配体蛋白与胆红素 1∶1 结合，是胆红素在肝细胞内的主要载体。一些有机阴离子、固醇类物质、四溴酚酞磺酸钠、甲状腺素以及某些染料可竞争性结合 Y 蛋白，影响肝细胞摄取胆红素。刚出生的新生儿 Y 蛋白量较低，约 7 周后达成人水平，所以易出现新生儿非溶血性黄疸。一些药物如苯巴比妥，可诱导 Y 蛋白生成，增强胆红素的摄取，临床上常用于治疗新生儿黄疸。

2. 肝细胞对胆红素的转化　胆红素 – Y（Z）蛋白复合物被运送至滑面内质网，在葡糖醛酸基转移酶（glucuronyl transferase）的催化下，由 UDPGA 提供葡糖醛酸基，与胆红素的羧基生成酯键，形成葡糖醛酸 – 胆红素（bilirubin glucuronide）。由于胆红素分子中含有 2 个羧基，每分子胆红素可结合 1 或 2 分子葡糖醛酸，分别生成胆红素 – 葡糖醛酸一酯（20% ~ 30%）或胆红素 – 葡糖醛酸二酯（70% ~ 80%）。胆红素与葡糖醛酸的结合是肝对有毒胆红素的根本性生物转化方式，称为结合胆红素或肝胆红素。结合胆红素水溶性增强，不易通透细胞膜，毒性显著降低。结合胆红素与未结合胆红素的比较见表 11 - 2。

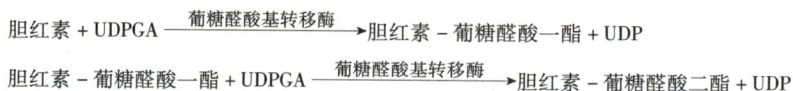

$$\text{胆红素 + UDPGA} \xrightarrow{\text{葡糖醛酸基转移酶}} \text{胆红素 - 葡糖醛酸一酯 + UDP}$$

$$\text{胆红素 - 葡糖醛酸一酯 + UDPGA} \xrightarrow{\text{葡糖醛酸基转移酶}} \text{胆红素 - 葡糖醛酸二酯 + UDP}$$

表 11 - 2　两种胆红素的理化性质比较

理化性质	未结合胆红素（血胆红素）	结合胆红素（肝胆红素）
葡糖醛酸结合	未结合	结合
水溶性	小	大
脂溶性	大	小
肾小球滤过	不能	能

3. 肝对胆红素的排泄作用　结合胆红素水溶性增强，被肝细胞分泌到毛细胆管随胆汁排入肠腔。毛细胆管中胆红素的浓度远高于肝细胞，肝排泄胆红素是逆浓度梯度的主动转运过程，所以被认为是肝代谢胆红素的限速步骤。如果胆红素排泄发生障碍，结合胆红素可反流入血。

三、胆红素在肠道中的转变

1. 胆素原的生成　肝细胞转化生成的结合胆红素随胆汁进入肠道，在肠菌酶的作用下脱去葡糖醛酸基，并被逐步还原生成无色的胆素原族化合物，包括中胆素原、粪胆素原和尿胆素原。大部分胆素原随粪便排出体外，在结肠下段，胆素原接触空气被氧化生成胆素。胆素呈黄褐色，是粪便颜色的主要来源。正常成人每日从粪便排出 40～280mg 的胆素原。当胆道完全梗阻时，胆红素不能排入肠道，胆素原和胆素进而无法生成，所以粪便呈灰白色。新生儿肠道细菌稀少，未被细菌作用的胆红素随粪便排出，使粪便呈现橘黄色。

2. 胆素原的肠肝循环　肠道中生成的胆素原有 10%～20% 在回肠末端和结肠可被重吸收，经门静脉入肝，其中大部分（约 90%）以原型随胆汁再次排入肠道，形成胆素原的肠肝循环（bilinogen enterohepatic circulation）。小部分（10%）胆素原进入体循环，通过肾小球滤出随尿中排出。正常成人每日从尿中排出 0.5～4.0mg 胆素原。尿中的胆素原接触空气后也被氧化成胆素，是尿液颜色的主要来源。临床上将尿液中的胆素原、胆素及胆红素称为"尿三胆"，是黄疸鉴别诊断的常用指标。正常人尿中检测不到胆红素。胆色素的代谢过程见图 11 - 4。

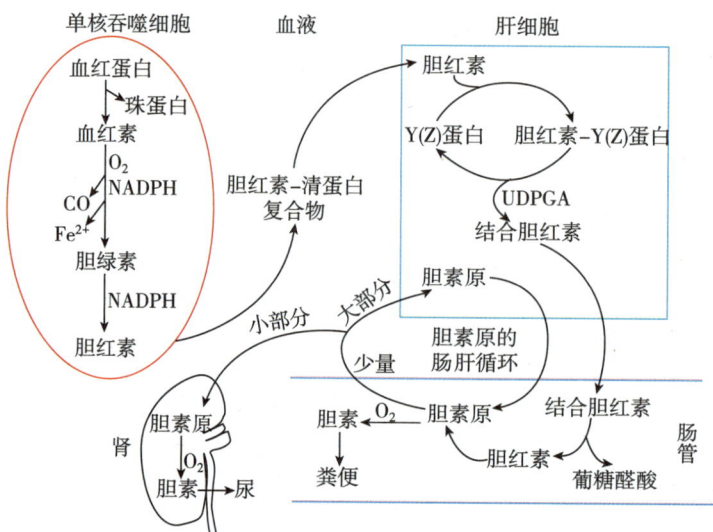

图 11 - 4　胆色素的代谢过程

四、血清胆红素与黄疸

（一）正常人血清胆红素

正常人血清胆红素含量为 $3.4 \sim 17.1 \mu mol/L$（$2 \sim 10mg/L$），其中约80%为未结合胆红素，其余是结合胆红素。未结合胆红素是脂溶性物质，易穿过细胞膜进入细胞而引发细胞毒性。由于正常人肝生物转化功能较强，每天转化胆红素的能力远大于单核－吞噬细胞系统产生胆红素的能力，所以血清胆红素处于较低水平，对机体具有十分重要的保护作用。

（二）黄疸产生的机制与分类

体内胆红素生成过多，或肝对胆红素的摄取、生物转化及排泄过程发生障碍等因素均可引起血浆胆红素浓度升高。当血清胆红素含量超过 $17.1 \mu mol/L$（$10mg/L$）称为高胆红素血症（hyperbilirubinemia）。胆红素呈橘黄色，大量的胆红素扩散进入组织，可造成组织黄染，这一体征称为黄疸，以皮肤、巩膜、黏膜等组织尤为明显。

根据黄疸产生的原因，可分为溶血性黄疸、肝细胞性黄疸和阻塞性黄疸三类。

1. 溶血性黄疸　也称肝前性黄疸，临床上各种原因（如输血不当、药物、恶性疟疾及过敏等）引起红细胞大量破坏，在单核吞噬细胞系统释放出过量的胆红素，超过肝细胞的摄取、转化和排泄能力，造成血中未结合胆红素浓度显著增高。此时，血中结合胆红素的浓度改变不大，尿胆红素阴性。但由于肝对胆红素的摄取、转化和排泄相应增多，从肠道重吸收的胆素原增多，因此尿中胆素原亦增多。

2. 肝细胞性黄疸　也称肝原性黄疸，由于肝细胞的损伤（各种肝炎、肝肿瘤等），使其对血液中未结合胆红素的摄取、转化和排泄的能力降低，导致黄疸。若肝细胞对胆红素摄取和转化障碍，会造成血中未结合胆红素增高；若由于肝细胞的肿胀等出现排泄障碍，结合胆红素反流到血循环，造成血清结合胆红素浓度增高。若同时出现障碍，血清中结合胆红素和未结合胆红素均增多，尿胆红素阳性。另外，通过肠肝循环到达肝的胆素原也可经损伤的肝进入体循环，并从尿中排出，造成尿中胆素原增高。

3. 阻塞性黄疸　又称为肝后性黄疸，是由于各种原因（胆管结石、炎症、肿瘤、狭窄、寄生虫等疾病）引起的胆汁排泄障碍，使结合胆红素逆流入血，造成血清结合胆红素升高；血清未结合胆红素无明显改变；由于结合胆红素可以从肾排出体外，所以尿胆红素检查阳性；胆管阻塞使肠道生成胆素原减少，故粪便颜色变浅，甚至呈陶土色；尿胆素原亦降低。3 种类型黄疸的变化比较见表 11 - 3。

表 11 - 3　各种类型黄疸的比较

	溶血性黄疸	肝细胞性黄疸	阻塞性黄疸
发病机制	红细胞破坏过多	肝功能低下	胆道阻塞
血总胆红素	$>17.1 \mu mol/L$	$>17.1 \mu mol/L$	$>17.1 \mu mol/L$
血未结合胆红素	↑↑	↑	改变不大
血结合胆红素	改变不大	↑	↑↑
尿胆红素	－	＋＋	＋＋＋
尿胆素原	增多	不一定	减少或消失
粪便颜色	加深	变浅或正常	变浅甚或陶土色

答案解析

目标检测

一、选择题

1. 患肝病时出现蜘蛛痣等表征是（　　）代谢障碍所致
   A. 激素　　　　　B. 糖　　　　　　C. 脂质　　　　　D. 蛋白质　　　　E. 维生素

2. 可为肝生物转化提供硫酸基团的是（　　）
   A. 半胱氨酸　　　B. 甲硫氨酸　　　C. H_2SO_4　　　D. PAPS　　　　E. SAM

3. 下列关于胆汁酸的描述不正确的是（　　）
   A. 由胆固醇还原生成　　　　　　　　　　B. 可促进脂质吸收
   C. 合成的关键酶是胆固醇 7α – 羟化酶　　D. 可影响胆固醇代谢
   E. 游离胆汁酸是脂溶性的

4. 体内能够产生胆色素的物质是（　　）
   A. 过氧化物酶　　B. 血红蛋白　　　C. 细胞色素　　　D. 过氧化氢酶　　E. 以上都是

5. 游离胆红素在血液中与（　　）结合进行运输
   A. 珠蛋白　　　　B. 清蛋白　　　　C. 糖蛋白　　　　D. 铜蓝蛋白　　　E. 肌球蛋白

6. 肝细胞中提供结合基团使游离胆红素生成结合胆红素的是（　　）
   A. CDPG　　　　B. UDPG　　　　C. UDPGA　　　　D. CTP　　　　E. UTP

7. 属于初级游离胆汁酸的是（　　）
   A. 牛磺胆酸　　　B. 石胆酸　　　　C. 脱氧胆酸　　　D. 鹅脱氧胆酸　　E. 甘氨胆酸

二、问答题

1. 简述肝在机体代谢活动中的作用。
2. 何谓生物转化作用？试述生物转化作用的特点及影响因素。
3. 试述胆固醇和胆汁酸之间的代谢关系。
4. 简述肝在胆红素代谢中的作用。

（李美宁）

书网融合……

本章小结　　　　　微课　　　　　题库

第十二章 物质代谢的相互联系与调节

📖 学习目标

知识要求

1. **掌握** 别构调节、化学修饰调节的概念、特点及意义。
2. **熟悉** 物质代谢的特点及其相互联系；酶含量的调节；激素水平的代谢调节。
3. **了解** 整体调节；组织器官的代谢特点；临床疾病的病因及发病机制。

技能要求

1. 具备分析糖、脂质和蛋白质代谢之间相互联系的能力；应用三大营养物质代谢知识指导健康膳食和分析相关疾病生化检验指标的能力。
2. 灵活运用本章知识解决糖尿病、代谢性酸中毒等疾病的护理问题。

素质要求

1. 通过学习代谢途径中各物质代谢的协调统一，养成科学的辩证思维，树立团队协作精神。
2. 形成临床思维，培养敬畏生命、关爱患者的意识，履行职业道德。

第一节 物质代谢的特点

PPT

1. 物质代谢的整体性 物质代谢是生物体一切活动的能量源泉，是生命现象的本质特征。机体从外界获取的糖、脂质、蛋白质、水、无机盐及维生素等物质，在体内不断进行分解代谢和合成代谢。机体通过分解代谢途径获得能量，通过合成代谢途径将外源分子转变为体内的结构成分和功能分子。经消化吸收进入体内的食物成分，同时进行着各种各样的代谢，各代谢途径之间不是孤立进行的，而是在精确的调节机制作用下相互联系、相互协调，有条不紊地进行，构成物质代谢统一的整体（integration）。不同的物质分子在代谢时，还常利用或共享同一代谢通路，或分享部分代谢通路。

2. 物质代谢的可调节性 体内各种物质代谢交错复杂、千变万化，但在正常情况下，机体能通过神经、激素及反馈调节等机制，对物质代谢的强度、方向和速率进行精细的调控，以适应内外环境的不断变化，保持机体内环境的相对恒定及代谢的动态平衡，从而保证各项生命活动正常进行。代谢调节普遍存在于生物界，是生命的重要特征之一。代谢调节的各个环节若出现障碍则会引起细胞、机体的功能失常，导致疾病发生。

3. 体内各种代谢物具有共同的代谢池 体内各种代谢物，无论是从外界摄取的或是体内合成的，在进行物质代谢时，不分彼此，混合在一起形成共同的代谢池（metabolic pool）。在同一代谢池中，各条代谢途径在一定调节机制控制下，协调、有序地进行，组成统一的代谢网络。以血糖为例，无论是消化吸收的肝糖原分解释放的，还是由氨基酸等非糖物质经糖异生途径产生的葡萄糖，组成共同的血糖代谢池，参与各组织的糖代谢途径，代谢结局相同。

4. 物质代谢的组织器官特异性 机体各组织、器官的结构不同，所含的酶系种类和含量各有差异，这些组织、器官除了具有一般的基本代谢外，还具有各自不同的代谢特点，以适应和完成其特征的代谢途径及生理功能。肝是人体代谢的中枢器官，在糖、脂质、蛋白质代谢中具有重要的特殊作用，例如，酮体在肝内生成，在肝外组织被利用；脂肪组织含有脂蛋白脂肪酶及特有的激素敏感性甘油三酯脂肪酶，既能将血液循环中的脂肪水解用于合成脂肪细胞内的脂肪而储存，也能在机体需要时进行脂肪动员，释放脂肪酸供其他组织利用。再如，支链氨基酸在肌肉组织中分解，而芳香族氨基酸主要在肝中降解等。

5. ATP 是能量储存和利用的共同形式 一切生命活动如生长、发育、繁殖、修复、运动，以及各种生命物质的合成、肌肉收缩、神经冲动的传导等均需要能量，能量来源于营养物质。糖、脂质和蛋白质氧化分解释放的化学能，大部分储存在可被各种生命活动直接利用的高能化合物 ATP 中，机体利用能量的形式是 ATP，作为能量载体，ATP 将产生能量的物质分解代谢与消耗能量的合成代谢联系在一起。

6. NADPH 为某些合成代谢提供还原当量 体内的氧化还原反应，以不需氧脱氢酶催化的脱氢氧化还原反应为主，许多参与氧化分解代谢的脱氢酶常以 NAD^+ 为辅酶，而参与还原合成代谢的还原酶则多以 NADPH 为辅酶。NADPH 主要来源于葡萄糖分解代谢的磷酸戊糖途径，它可为合成脂肪酸、胆固醇、脱氧核苷酸等化合物提供必需的还原当量（reductive equivalent）。

第二节　物质代谢的相互联系

PPT

⇨ 案例引导

案例 患者，女，47 岁，口干、多饮多尿、体重减轻 5 年，因昏迷状态入院。体检：体温 36.5℃，血压 89/50mmHg，脉搏 98 次/分，呼吸 27 次/分，呼吸可闻到到烂苹果味，皮肤干燥。检验结果：空腹血糖 10.2mmol/L，pH 7.14，K^+ 5.0mmol/L，Na^+ 160mmol/L，Cl^- 104mmol/L；尿酮体（+++），尿糖（+++），脑脊液常规检查未见异常。诊断为糖尿病昏迷和代谢性酸中毒。经静脉滴注等渗盐水，以低渗盐水灌胃，静脉滴注胰岛素等抢救措施，6 小时后，患者呼吸平稳，神志清醒。数月后患者的病情得到控制。

讨论 1. 对患者的诊断依据是什么？

2. 患者体内哪些物质代谢出现了紊乱？

3. 患者的饮食护理应注意哪些问题？

一、在能量代谢上的相互联系

糖、脂质、蛋白质在体内的分解氧化，是生物体能量的主要来源，这三大营养物质的分解氧化途径虽各不相同，但都有共同的代谢中间物（乙酰辅酶 A）和共同的代谢途径（柠檬酸循环及氧化磷酸化），氧化产生的能量均以 ATP 形式储存。除少数必需氨基酸和必需脂肪酸外，一些代谢中间产物可使各条代谢途径之间相互联系和转变。

机体对三大营养素的利用可以相互代替，并相互制约。一般情况下，糖和脂肪是机体的主要供能物质，脂肪还是储能的主要形式，而蛋白质是组成细胞的重要物质，通常并无多余的储存。机体利用能源分子的次序是糖、脂质、蛋白质（肌肉蛋白），并尽量减少蛋白质的消耗。任一供能物质分解代谢增强时，其生成的三羧酸循环中间产物和 ATP 增多，此时能通过代谢调节来抑制其他供能物质的分解代谢。

例如，脂肪分解代谢旺盛时，生成的乙酰辅酶 A、ATP 增多，ATP/ADP 比值增高，别构抑制磷酸果糖激酶 -1 的活性，使糖的分解代谢减慢。

二、糖、脂质、蛋白质和核酸代谢之间的相互联系

体内物质代谢是一个统一的整体，各种物质代谢不仅同时进行，而且通过共同的途径和共同的中间产物而相互沟通、彼此联系。

1. 糖代谢与脂质代谢的相互联系　葡萄糖可转变为脂肪酸。当摄入的葡萄糖超过机体能量消耗时，除合成少量糖原储存在肝和肌肉外，葡萄糖主要转变为脂肪酸及脂肪储存于脂肪组织。此时，葡萄糖分解产生磷酸二羟丙酮和丙酮酸，磷酸二羟丙酮还原成 α - 磷酸甘油，丙酮酸氧化脱羧产生乙酰辅酶 A；乙酰辅酶 A 用于合成脂肪酸，脂肪酸再与 α - 磷酸甘油合成脂肪。乙酰辅酶 A 也是胆固醇合成的原料。所以，摄入葡萄糖过多，产生乙酰辅酶 A 增多，可使血脂升高，并导致肥胖。

脂肪分解产生的脂肪酸和甘油，只有甘油可转变为糖，脂肪酸氧化生成的乙酰辅酶 A 不能逆向转变为丙酮酸，所以在体内脂肪酸不能合成葡萄糖。尽管甘油可以在肝、肾、肠等组织中甘油激酶的作用下，沿糖异生途径转变成糖，但其量极少。糖代谢的状况决定脂肪的分解代谢能否顺利进行及进行的强度。当饥饿、糖供给不足或糖代谢障碍时，脂肪动员增强，并在肝进行 β 氧化生成大量酮体，由于糖的不足，糖代谢中间物草酰乙酸不足，酮体不能进入柠檬酸循环氧化，在血中蓄积使血酮体升高，造成高酮血症。

2. 糖代谢与氨基酸代谢的相互联系　葡萄糖可以与大多数的氨基酸相互转变。体内组成蛋白质的20 种氨基酸中，除生酮氨基酸（赖氨酸、亮氨酸）外，其他的氨基酸都可通过脱氨基作用生成相应的 α - 酮酸，进而转变成某些糖代谢的中间产物，如丙氨酸经脱氨基作用生成的丙酮酸沿糖异生途径转变成葡萄糖。糖代谢的一些中间产物如丙酮酸、α - 酮戊二酸、草酰乙酸等可通过转氨基或氨基化作用生成相应的非必需氨基酸。但体内 9 种必需氨基酸不能由自身生成，必须由食物供给，因此食物中的蛋白质不能完全由糖、脂质替代，而蛋白质却能替代糖和脂肪进行供能。当机体缺乏糖时，组织蛋白分解增强。

3. 脂质代谢与氨基酸代谢的相互联系　脂肪中的脂肪酸、胆固醇等脂质不能转变为氨基酸，仅脂肪分解产生的甘油可生成磷酸二羟丙酮，循糖异生途径生成葡萄糖，再转变为非必需氨基酸，所以体内的脂质物质几乎不能转变为氨基酸，但氨基酸可转变为多种脂质。体内的氨基酸，无论是生糖、生酮或生糖兼生酮氨基酸，分解后均生成乙酰辅酶 A，经缩合反应合成脂肪酸进而合成脂肪，乙酰辅酶 A 还可合成胆固醇。某些氨基酸可作为合成磷脂的原料，如丝氨酸脱羧可变为胆胺（乙醇胺），胆胺经甲基化转变为胆碱。丝氨酸、胆胺及胆碱分别是合成磷脂酰丝氨酸、脑磷脂及卵磷脂的原料。

4. 核酸与氨基酸代谢的相互联系　一些氨基酸和磷酸戊糖是核苷酸合成的原料。例如，天冬氨酸、谷氨酰胺、甘氨酸及一碳单位是嘌呤碱从头合成所需要的原料；天冬氨酸、谷氨酰胺及一碳单位是嘧啶碱从头合成所需要的原料，一碳单位也是某些氨基酸分解代谢产生的。合成核苷酸所需的磷酸戊糖由葡萄糖经磷酸戊糖途径提供。嘌呤、嘧啶、磷酸戊糖合成核苷酸，核苷酸再进一步合成核酸（RNA、DNA）。所以葡萄糖和某些氨基酸可在体内转化为核酸分子的组成成分。

糖、脂质、氨基酸代谢途径间的相互联系见图 12 - 1。

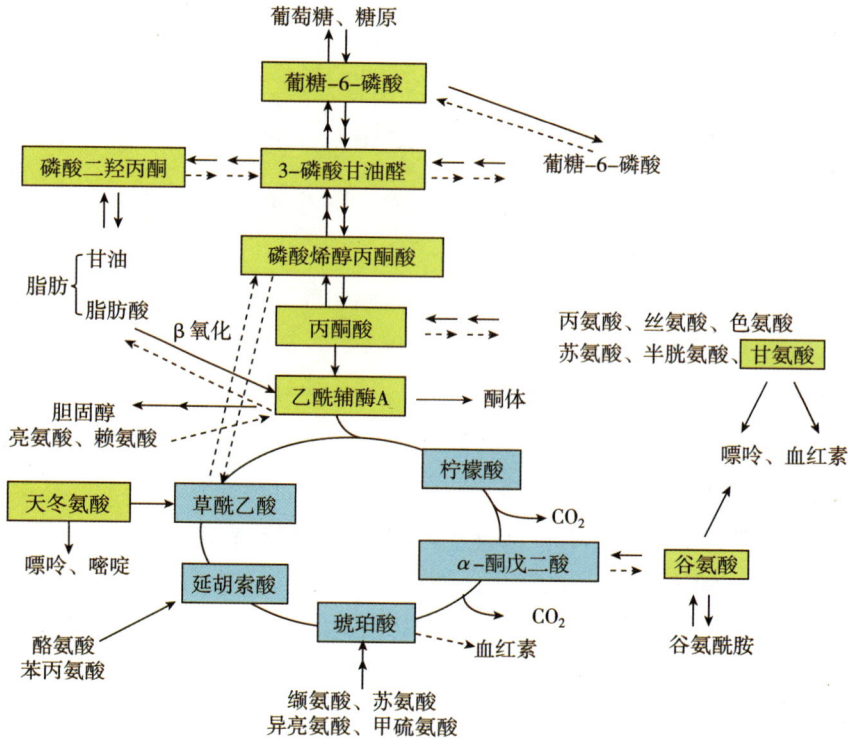

图 12 – 1　糖、脂质、氨基酸代谢途径间的相互联系

第三节　物质代谢的调节

PPT

生物体内物质代谢是由许多酶促反应组成的错综复杂而又相互联系的代谢网络。各种物质代谢途径协调一致，并然有序地进行，并保持动态平衡，这种平衡是由于机体存在复杂、精确的调节机制，使得代谢强度、方向和速度能适应内外环境的不断变化，维持正常生命活动。物质代谢调节在生物界普遍存在，是生物进化过程中逐步形成的一种适应能力，生物进化程度愈高，其代谢调节方式愈复杂、愈精细。生物体内的代谢调节可在三个不同的层次进行，即细胞水平、激素水平和整体水平。

单细胞生物主要通过细胞内代谢物浓度的改变来影响酶的活性和控制酶量，以此调节各代谢途径的速度，这种调节方式称为细胞水平的调节。随着生物的进化，生物体出现完整的内分泌系统，它分泌激素对靶细胞发挥代谢调节作用，这种调节方式称为激素水平的代谢调节。高等生物还具有功能复杂的神经系统，在中枢神经系统的控制下，通过神经递质作用于靶细胞，并通过各种激素的互相协调对机体代谢进行综合调节，这种调节称为整体水平的代谢调节。

一、细胞水平的调节

细胞水平的代谢调节是生物体最原始和最基本的调节方式，主要通过调节关键酶的活性实现。细胞内几乎所有代谢都是酶促反应，反应速度与影响酶促反应动力学的多种因素有关，其中酶是影响细胞内物质代谢途径的关键因素。酶在细胞内的区域化分布、酶的结构和酶的数量是影响酶活性的三方面因素，因酶的分布固定，所以细胞内酶的调节主要指酶结构的调节和酶含量的调节。

（一）细胞内酶的区域化分布

原核生物无细胞器，其完成代谢所需要的各种酶类分布于细胞质和质膜上；真核细胞具有各种亚细胞结构，各多酶体系都集中并隔离分布于特定的亚细胞结构中，即真核细胞中酶的区域化分布。细胞内同时进行着多种物质代谢途径，参与代谢途径的酶各具一定的布局和定位，这是各代谢途径互不干扰的基本前提，从而准确地调控特定的代谢过程。酶的区域化分布见表 12－1。

表 12－1　真核细胞内主要代谢途径与某些酶的区域分布

酶系或酶	亚细胞区域	酶系或酶	亚细胞区域
糖酵解	细胞质	血红素合成	细胞质、线粒体
糖的有氧氧化	细胞质及线粒体	脂肪酸氧化	细胞质、线粒体
磷酸戊糖途径	细胞质	酮体合成	线粒体
糖原合成与分解	细胞质	胆固醇合成	细胞质、内质网
糖异生作用	细胞质、线粒体	磷脂合成	内质网
三羧酸循环	线粒体	DNA 合成	细胞核
尿素合成	线粒体、细胞质	RNA 合成	细胞核
氧化磷酸化	线粒体	蛋白质合成	内质网、细胞质
脂肪酸合成	细胞质		

（二）关键酶的调节

细胞内酶的种类很多，各条代谢途径都有多种酶的参与，其代谢的速度和方向常由其中的一个或几个关键酶的活性或含量所决定。这些酶通常是整条代谢途径中催化单向反应的、反应速率最慢的、活性受底物和产物及多种代谢物或效应剂调节的酶，称为关键酶或限速酶。关键酶活性可以决定整个代谢途径的速度和方向，因此，调节关键酶活性是细胞水平调节的基本方式，也是激素水平调节和整体水平调节的重要环节。一些重要代谢途径的关键酶见表 12－2。

表 12－2　某些重要代谢途径的关键酶

代谢途径	关键酶
糖原合成	糖原合酶
糖原分解	磷酸化酶
糖酵解	己糖激酶、果糖－6－磷酸激酶－1、丙酮酸激酶
三羧酸循环	柠檬酸合酶、异柠檬酸脱氢酶、α－酮戊二酸脱氢酶复合体
磷酸戊糖途径	葡糖－6－磷酸脱氢酶
糖异生	丙酮酸羧化酶、磷酸烯醇式丙酮酸羧化酶、果糖－1,6－二磷酸酶、葡糖－6－磷酸酶
脂肪动员	甘油三酯脂肪酶
血红素合成	ALA 合酶
脂肪酸合成	乙酰辅酶 A 羧化酶
胆固醇合成	HMG－CoA 还原酶

代谢调节可分快速调节和迟缓调节，快速调节是通过对关键酶活性的调节实现的。通过改变酶的分子结构影响酶的活性，进而改变酶促反应速度，这类调节在数秒或数分钟内即可发生作用，包括别构调节和化学修饰调节。通过调节酶蛋白分子的合成或降解速度而改变细胞内酶的含量，进而改变酶促反应速度，一般需数小时甚至数天才能发挥调节作用，属于迟缓调节。

1. 别构调节 微课

（1）概念　某些小分子化合物（如代谢物）可与酶蛋白活性中心外的某一部位（调节亚基或调节部位）特异结合，改变酶蛋白分子构象，从而改变酶的活性，这种调节方式称酶的别构调节（allosteric regulation），又称变构调节，别构调节是生物界普遍存在的调节方式。受别构调节的酶称为别构酶或变构酶。能使酶发生变构效应的小分子调节物质称为别构效应剂。引起酶活性增高的称为别构激活剂；引起酶活性降低的则称为别构抑制剂。别构调节通过别构效应改变关键酶的活性来调节代谢。主要的别构酶及其别构效应剂举例列于表12-3。

表12-3 一些代谢途径中的别构酶及其别构效应剂

代谢途径	别构酶	别构激活剂	别构抑制剂
糖酵解	磷酸果糖激酶-1	F-2, 6-BP、AMP、ADP、F-1, 2-BP	ATP、柠檬酸
	丙酮酸激酶	F-1, 6-BP、AMP、ADP	ATP、丙氨酸
	己糖激酶		G-6-P
三羧酸循环	柠檬酸合酶	乙酰辅酶A、草酰乙酸、ADP	柠檬酸、NADH、ATP
	α-酮戊二酸脱氢酶复合体		琥珀酰COA、NADH
	异柠檬酸脱氢酶	AMP、ADP	ATP
糖异生	丙酮酸羧化酶	乙酰辅酶A	AMP
脂肪酸合成	乙酰辅酶A羧化酶	柠檬酸、异柠檬酸、乙酰辅酶A	长链脂酰辅酶A

（2）特点 ①别构效应剂与酶相互作用引起酶分子构象变化，不涉及共价键变化；②分子构象变化发生快，因此调节效应迅速；③效应剂与酶分子可逆结合，当效应剂与酶解离后，酶分子构象恢复，酶活性恢复；④别构酶所催化的反应常是不可逆反应或限速反应；⑤与其他酶调节方式比较，作用较短暂；⑥别构效应剂多为代谢物，是反馈调节的重要方式；⑦别构酶反应动力学不遵循米-曼方程式，低浓度的作用物即对反应速度有很大影响。

（3）意义 ①代谢物作为别构效应剂，以别构调节方式进行反馈调节，使代谢物不至于过多，亦不至于过少，使能量得以有效利用，避免浪费，别构调节以负反馈调节多见；②通过别构调节使能量得以有效储存，如当血糖浓度升高时，G-6-P增多，G-6-P变构抑制磷酸化酶，使糖原分解减少，同时激活糖原合酶使过多的葡萄糖转化为糖原，从而使能量得以有效储存；③通过变构调节使不同代谢途径相互协调，维持代谢物的动态平衡；④别构调节过程不需要消耗能量，代谢产物浓度的变化可以灵敏地调节别构酶的活性。在一个代谢反应体系中，其终产物常可使该途径中催化起始反应的酶受到别构反馈抑制，这对机体的自身代谢调控具有重要的意义。

2. 化学修饰调节

（1）概念 酶蛋白肽链上氨基酸残基的某些基团，可在其他酶的催化下发生可逆的共价修饰，从而引起酶活性的变化，这种调节称为化学修饰（chemical modification）调节，又称共价修饰（covalent modification）调节。化学修饰有多种形式，包括磷酸化与脱磷酸化、乙酰化与脱乙酰化、甲基化与去甲基化、腺苷化与去腺苷化及—SH与—S—S—互变等，其中，磷酸化与去磷酸是代谢调节中最为常见、最重要的化学修饰（表12-4）。

表12-4 化学修饰对酶活性的调节

酶	化学修饰类型	酶活性改变
糖原合酶	磷酸化/脱磷酸	抑制/激活
糖原磷酸化酶	磷酸化/脱磷酸	激活/抑制
磷酸化酶b激酶	磷酸化/脱磷酸	激活/抑制
磷酸化酶磷酸酶	磷酸化/脱磷酸	抑制/激活
丙酮酸脱氢酶	磷酸化/脱磷酸	抑制/激活
丙酮酸脱羧酶	磷酸化/脱磷酸	抑制/激活
果糖二磷酸酶	磷酸化/脱磷酸	激活/抑制
HMG-CoA还原酶	磷酸化/脱磷酸	抑制/激活
乙酰辅酶A羧化酶	磷酸化/脱磷酸	抑制/激活
激素敏感性甘油三酯脂肪酶	磷酸化/脱磷酸	激活/抑制

化学修饰是体内快速调节的另一种重要方式。细胞内存在着多种蛋白激酶（protein kinase）和磷蛋白磷酸酶，通过催化磷酸化和脱磷酸化反应修饰其底物蛋白，在调节物质代谢和信号转导中均起着十分重要的作用。酶蛋白分子中丝氨酸、苏氨酸或酪氨酸残基的羟基是磷酸化修饰的位点，在蛋白激酶的催化下，由 ATP 提供磷酸基及能量完成磷酸化反应，而脱磷酸反应则是由磷酸酶催化的水解反应（图 12 - 2）。

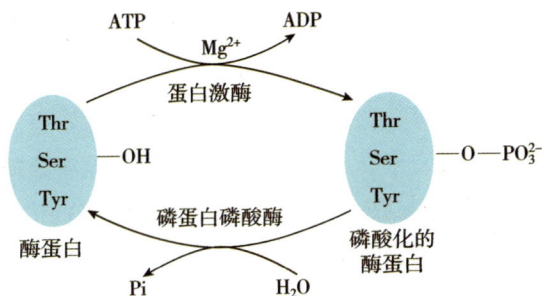

图 12 - 2　酶的磷酸化与脱磷酸

（2）特点　①绝大多数受化学修饰调节的酶都具有无活性（或低活性）和有活性（或高活性）两种形式，它们可在不同酶的催化下发生共价修饰，可以互变，而催化互变反应的酶在体内受其他物质（包括激素等）的调节；②化学修饰是另一酶催化的酶促反应，一分子酶可催化多个底物酶分子发生化学修饰，特异性强，具有级联放大效应；③磷酸化与脱磷酸是最常见的化学修饰，磷酸化修饰消耗的能量远少于酶蛋白合成所消耗的能量，且作用迅速，因此是体内调节酶活性经济而有效的方式；④化学修饰按需调节，适应机体生理需求。例如糖原磷酸化酶的化学修饰，餐后血糖浓度增高，磷酸化酶 a 在磷酸化酶 a 磷酸酶的催化下水解脱去磷酸基而转变成无活性的磷酸化酶 b，从而减弱或停止糖原的分解，以调节血糖浓度。

别构调节和化学修饰调节均属于快速调节，是调节代谢速率和方向的两种不同方式，机体某些重要的关键酶可同时受这两种方式的双重调节，两者相辅相成，使相应代谢途径调节更为精细、有效，对调节代谢的顺利进行和内环境的稳定具有重要意义。

3. 酶含量的调节　代谢调节的另一重要方式是通过调节细胞内酶的合成和（或）降解速度来改变酶的含量和活性，从而影响物质代谢的速度和强度，这种调节消耗 ATP 较多，是迟缓而长效的调节，其调节效应通常要数小时甚至数日才能实现。

酶蛋白合成的调节包括诱导（induction）和阻遏（repression）两个方面。某些小分子物质，如底物、产物、激素或药物可影响一些酶的合成。一般将能诱导酶蛋白合成的化合物称为诱导剂；能减少酶合成的化合物称为酶的阻遏剂。例如，底物、很多药物和毒物可促进肝细胞微粒体中单加氧酶或其他一些药物代谢酶的诱导合成，从而加速药物代谢失活，具有解毒作用。细胞内酶含量还受酶蛋白降解速度的影响，溶酶体中的蛋白水解酶可非特异降解酶蛋白从而改变酶的含量；除溶酶体外，细胞中还存在由多种蛋白水解酶组成的蛋白酶体，它可在靶蛋白与泛素（ubiquitin）结合后，迅速特异地水解泛素化的待降解靶蛋白。改变酶蛋白分子的降解速度也是调节酶含量的重要途径。

二、激素水平的调节

激素水平的调节是高等动物体内代谢调节的重要方式。激素是一类由特定的细胞合成并分泌的化学物质，它随血液循环运输至全身，作用于特定的靶组织或靶细胞（target cell），引起细胞物质代谢沿着一定的方向进行而产生特定生物学效应。微量激素可产生强烈的代谢调节效应；不同的激素作用于不同组织产生的生物效应不同。激素作用的特点是具有高度的组织特异性和效应特异性，特异性是由于组织或细胞上含有能特异识别和结合相应激素的受体。

受体（receptor）是细胞膜上或细胞内能特异识别生物活性分子并与之结合，进而引起生物学效应的特殊蛋白质，多数是糖蛋白，个别是糖脂。根据受体所在的细胞部位，可将受体分为两大类，即膜受体和非膜受体，后者又称为胞内受体。与膜受体结合的激素包括胰岛素、促性腺激素、生长激素、促甲状腺激素、甲状旁腺素等蛋白质类激素，生长因子等肽类激素，此外，还包括肾上腺素等儿茶酚胺类激素。这类激素多是水溶性的，难以跨过细胞膜的磷脂双分子层结构，不能进入靶细胞内，而是作为第一信使分子与相应的靶细胞膜受体结合，通过跨膜传递将所携带的信息传递到细胞内，然后通过细胞内第二信使将信号逐级放大，产生显著的代谢效应。与胞内受体结合的激素多是脂溶性物质，包括类固醇激素、前列腺素、甲状腺素、活性维生素 D 及视黄酸等疏水性激素，其受体在细胞内，这类激素可透过细胞膜磷脂双分子层结构甚至核膜进入细胞内或核内，与相应的胞内受体结合。大部分激素与细胞核内的受体结合，有的激素与胞质中受体结合后再进入核内，引起受体构象改变，然后激素受体复合物与 DNA 的特定序列即激素反应元件（hormone response element，HRE）结合，促进（或抑制）相应基因的表达以调节细胞内蛋白质或酶的含量，从而实现激素对物质代谢的调节。

三、整体水平的调节

机体为适应不断变化的外环境，可根据外环境发生变化时传入的信息，在神经系统的主导下，通过神经－体液调节，改变和协调激素的分泌，调控所有细胞水平和激素水平的调节方式，使细胞内的物质代谢相互协调、相互联系、相互制约，以维持内环境的相对恒定（图 12 – 3）。

图 12 – 3　整体水平的调节

以饥饿和应激为例讨论这两种状态时物质代谢的整体调节。

（一）饥饿

1. 短期饥饿　通常指禁食 1 ~ 3 天，机体主要依靠肝糖原分解维持血糖水平，体内储存的肝糖原逐渐耗竭，血糖浓度降低，引起胰岛素分泌减少和胰高血糖素分泌增加，发生以下代谢改变。

（1）机体的能量供应　机体从葡萄糖氧化供能为主转变为脂肪氧化供能为主，除脑组织和红细胞仍主要利用糖异生产生的葡萄糖供能外，其他大多组织细胞减少对葡萄糖的摄取利用，脂肪酸和酮体成为机体的基本能源。

（2）脂肪动员加强且酮体生成增多　糖原耗尽之后，脂肪是最早被动员的能量储存物质，被水解动员释放脂肪酸。脂肪动员产生的脂肪酸约 25% 在肝转变为酮体，此时，脂肪酸和酮体成为心肌、骨骼肌和肾皮质的重要供能物质，部分酮体可被大脑利用。由于心肌、骨骼肌和肾皮质氧化脂肪酸和酮体增加，减少了这些组织对糖的利用，保障红细胞和脑的葡萄糖供应。

（3）肝糖异生作用增强　饥饿使肝糖异生明显增强，以饥饿 16 ~ 36 小时增强最多，速度约为 150g/d，主要来自氨基酸（40%），部分来自乳酸（30%）和甘油（10%）；肝是饥饿初期糖异生的主要场所（约 80%），小部分在肾皮质中进行（20%）。

（4）骨骼肌蛋白质分解增强　蛋白质分解增强略迟于脂肪动员加强。蛋白质分解释放大量的氨基酸转变为丙氨酸和谷氨酰胺，通过血循环进入肝作为糖异生原料。饥饿第 3 天，肌肉释放氨基酸加速，丙氨酸占输出总氨基酸的 30% ~ 40%，成为饥饿时肌肉释放的主要氨基酸。

2. 长期饥饿　随着饥饿时间的持续，可造成器官的损害甚至危及生命，长期饥饿指未进食 3 天以上，通常在饥饿 4 ~ 7 天后，机体就发生与短期饥饿不同的代谢改变，此时蛋白质降解减少，以保证人体基本的生理功能。如有水的供应，常可支持 1 ~ 2 个月，长期饥饿时的代谢改变如下。

（1）脂肪动员进一步加强　释放的脂肪酸在肝内氧化生成大量酮体，脑组织利用酮体增加超过对葡萄糖的利用。肌肉则以脂肪酸为主要燃料，以保证酮体优先供应给脑组织。

（2）糖异生明显减少　饥饿晚期肾皮质的糖异生作用明显增强，每日生成的葡萄糖约为 40g，占饥饿晚期糖异生总量的一半,几乎和肝相等。

(3)肌肉蛋白质分解减少 机体储存的蛋白质大量被消耗,如果继续分解将只能分解结构蛋白质,这将危及生命,所以机体蛋白质分解下降,释出氨基酸减少,负氮平衡有所改善。

(二)应激

应激(stress)是指机体受到异乎寻常的刺激时,如创伤、严寒、缺氧、剧痛、出血、烧伤、冷冻、中毒、严重感染、情绪紧张等所做出的一系列适应性反应。应激表现有一系列神经和体液因素的改变,包括交感神经兴奋,肾上腺髓质和皮质激素分泌增多,血浆胰高血糖及生长素水平增高,而胰岛素分泌减少,引起一系列糖、脂肪和蛋白质等物质代谢发生相应变化。

1. 血糖水平升高 应激时,交感神经兴奋引起肾上腺素和胰高血糖素分泌增加,激活糖原磷酸化酶,促进肝糖原分解而抑制糖原合成,同时肾上腺皮质激素和胰高血糖素加快糖异生作用,血糖来源增加。胰岛素水平降低使组织细胞对糖的利用降低,可进一步升高血糖,保证脑、红细胞的能量供应。

2. 脂肪动员加强 应激时,由于肾上腺素和胰高血糖素分泌增多,激活激素敏感性甘油三酯脂肪酶使脂肪动员增强,血中游离脂肪酸升高,成为心肌、骨骼肌及肾等组织能量的主要来源。

3. 蛋白质分解增强 应激时,蛋白质代谢的主要表现是分解增强,丙氨酸等氨基酸释放增加,为肝细胞糖异生提供原料,同时尿素合成和排泄增加,机体呈负氮平衡。

机体在生长发育过程中,各组织、器官的细胞分化和结构不同,特别是细胞内酶系的种类、组成和含量各有差异,使各器官代谢方式有共同之处,也有不同特点,从而实现各器官独特的生理功能。

第四节 体内重要组织和器官的代谢特点

1. 肝是人体物质代谢中心和枢纽 肝是代谢最活跃、最具特色的器官,也是调节和联系全身各器官代谢网络的"中枢器官"。肝具有特殊的组织结构和化学构成,耗氧量占全身耗氧量的20%。肝不仅在糖、脂、蛋白质、水、盐及维生素代谢中发挥重要作用,而且在胆汁酸代谢及非营养物质(包括激素和胆色素)的代谢中具有重要而独特的作用。肝细胞合成和分泌的胆汁酸,是脂质消化吸收必不可少的物质。肝的脂肪酸、甘油三酯、胆固醇、磷脂合成非常活跃,但合成之后很快以VLDL形式释放入血,肝不能储存脂肪。肝利用糖和某些氨基酸合成的磷脂是血液中磷脂的主要来源。酮体的生成是肝特有的功能,但肝不能利用酮体。

2. 心肌可利用多种能源物质 心肌主要通过有氧氧化脂肪酸、酮体和乳酸获得能量。心肌细胞富含线粒体,含有多种硫激酶(thiokinase),可催化不同长度碳链脂肪酸转变成脂酰辅酶A,所以心肌优先利用脂肪酸氧化分解供能。心肌细胞含有丰富的酮体利用酶,也能彻底氧化脂肪酸分解的中间产物——酮体供能。心肌细胞既富含细胞色素及线粒体,也富含乳酸脱氢酶-1,有利于乳酸氧化供能。由于心肌细胞优先利用脂肪酸,使其分解产生的大量乙酰辅酶A,可强烈抑制磷酸果糖激酶-1的活性,继而抑制葡萄糖酵解,所以,心肌极少进行糖酵解,但在饱食状态下不排斥利用葡萄糖,餐后数小时或饥饿时利用脂肪酸和酮体,运动中或运动后则利用乳酸。

心肌细胞富含肌红蛋白,能储氧,以保证心肌有节律,持续舒缩运动所需氧的供应;心肌富含细胞色素及线粒体,有利于机体利用氧进行有氧氧化。心肌分解代谢以有氧氧化为主,即使氧消耗增加,如运动加剧,也极少发生"负氧债"(oxygen debt repayment)。

3. 脑主要利用葡萄糖供能且耗氧量大 脑功能复杂,活动频繁,耗能耗氧大,其耗氧占全身耗氧量的20%~25%,是静息状态下单位重量组织耗氧量最大的器官。脑没有糖原,也没有储存的脂肪及蛋白质用于分解代谢,血液中的葡萄糖是脑主要的供能物质,所以血糖恒定对脑非常重要。每天消耗葡萄糖约 100g，脑组织具有很高的己糖激酶活性，即使在血糖水平较低时也能有效利用葡萄糖。只有饥饿等血糖供应不足时，脑才利用酮体作为能源以节省葡萄糖。脑具有特异的氨基酸及其代谢调节机制，血液与脑组织之间可迅速进行氨基酸交换，但氨基酸在脑内富集量有限，脑通过特异的氨基酸及其代谢调节机制，维持脑内特有游离氨基酸含量。脑中氨基酸脱氨基作用主要由腺苷脱氨酶催化，生成谷氨酸、天冬氨酸，再转移生成腺苷酸，最后由腺苷脱氨酶催化脱去氨基，生成氨。

4. 骨骼肌以肌糖原和脂肪酸为主要能量来源　不同类型骨骼肌产能方式不同，红肌（如长骨肌）耗能多，富含肌红蛋白及细胞色素体系，具有较强的氧化磷酸化能力，适合通过氧化磷酸化获能；白肌（如胸肌）则相反，耗能少，主要靠酵解供能。骨骼肌收缩所需能量的直接来源是 ATP，但其 ATP 含量有限，不足以维持持续、剧烈的收缩活动。短暂的骨骼肌收缩活动后，储存于肌内的磷酸肌酸在肌酸激酶的催化下生成 ATP。骨骼肌有一定糖原储备，静息状态下肌组织获取能量通常以有氧氧化肌糖原、脂肪酸、酮体为主；剧烈运动时，糖无氧氧化供能大大增加，乳酸循环是整合肌糖酵解与糖异生的重要机制。肌肉缺乏葡糖 – 6 – 磷酸酶，所以肌糖原不能直接生成自由葡萄糖以补充血糖。

5. 成熟红细胞主要经糖酵解供能　成熟的红细胞没有线粒体，因此不能进行糖的有氧氧化，也不能利用脂肪酸和其他非糖物质作为能源。葡萄糖经甘油酸 – 2,3 – 二磷酸支路进行酵解产生的能量是成熟红细胞的主要能量来源，且该途径产生的甘油酸 – 2,3 – 二磷酸可调节血红蛋白的携氧功能。

6. 脂肪组织是贮存和动员脂肪的重要场所　脂肪组织是体内合成、储存脂肪的重要组织（脂库），机体从膳食摄取的能量物质主要是脂肪和糖，生理情况下，餐后吸收的糖和脂肪一部分氧化供能，另一部分主要以脂肪形式储存于脂肪组织供饥饿时利用。膳食脂肪以乳糜微粒形式运输至脂肪组织，在脂蛋白脂肪酶（LPL）作用下水解后被摄取，用于合成脂肪细胞内脂肪而储存；而膳食中的糖主要运输至肝转化成脂肪，以 VLDL 形式运输至脂肪组织，同样在 LPL 作用下被水解摄取，合成脂肪储存于脂肪细胞。某些氨基酸也可转化成脂肪。饥饿时，抗脂解激素胰岛素水平降低，脂解激素胰高血糖素等分泌增强，激活激素敏感性脂肪酶，将储存于脂肪组织的能量以脂肪酸和甘油的形式释放入血，经血循环运输至机体其他组织，作为能源利用。肝还能将脂肪酸分解为酮体，经血液运输至肝外组织利用。所以，饥饿时血中游离脂肪酸水平升高，酮体水平也随之升高。

7. 肾可进行糖异生和酮体生成　肾是除肝以外唯一可进行糖异生和生酮两种代谢过程的器官。肾髓质无线粒体，主要靠糖酵解供能；肾皮质主要由脂肪酸及酮体的有氧氧化供能，与肝不同，肾皮质不仅能生成酮体，还能利用酮体。一般情况下，肾糖异生产生葡萄糖的量只有肝糖异生量的 10%，但长期饥饿（5~6 周）后，肾的糖异生作用加强，几乎与肝糖异生产生的葡萄糖量相等，每天可达约 40g，这对维持空腹血糖恒定尤为重要。

目标检测

答案解析

一、选择题

1. 以下有关物质代谢的特点描述错误的是（　　）

　　A. 内源性和外源性物质在体内共同参与代谢

　　B. 各物质在代谢过程中相互联系

　　C. 体内各种物质分解、合成和转变保持动态平衡

　　D. 物质的代谢速度和方向决定于生理状态的需要

　　E. 人体内的能源物质超过需要时即被氧化分解

2. 以下有关糖、脂、氨基酸代谢的描述错误的是（　　）

    A. 乙酰 CoA 是糖、脂、氨基酸分解代谢共同的中间代谢物

    B. 三羧酸循环是糖、脂、氨基酸分解代谢的最终途径

    C. 当摄入糖量超过体内消耗时，多余的糖可转变为脂肪

    D. 当摄入大量脂类物质时，脂类可大量异生为糖

    E. 糖、脂不能转变为蛋白质

3. 饥饿可使肝内代谢途径增强是（　　）

    A. 磷酸戊糖途径　　　　　　B. 糖酵解　　　　　　　　C. 糖异生

    D. 糖原合成　　　　　　　　E. 脂肪合成

4. 不能在细胞质中进行的代谢途径是（　　）

    A. 糖酵解　　　　　　　　　B. 磷酸戊糖途径　　　　　C. 脂肪酸 β－氧化

    D. 脂肪酸合成　　　　　　　E. 糖原合成与分解

5. 长期饥饿时大脑的能量来源主要是（　　）

    A. 葡萄糖　　　B. 氨基酸　　　C. 甘油　　　　D. 酮体　　　E. 糖原

6. 下列属于酶化学修饰调节主要方式的是（　　）

    A. 甲基化与去甲基　　　　　B. 乙酰化与去乙酰　　　　C. 磷酸化与去磷酸

    D. 腺苷化与去腺苷　　　　　E. 酶蛋白的合成与降解

7. 三羧酸循环所需的草酰乙酸通常来自（　　）

    A. 食物直接提供　　　　　　B. 天冬氨酸脱氨基　　　　C. 苹果酸脱氢

    D. 糖代谢丙酮酸羧化　　　　E. 以上都不是

8. 下列叙述错误的是（　　）

    A. 糖分解产生的乙酰 CoA 可作为脂肪酸合成的原料

    B. 脂肪酸合成所需的 NADPH 主要来自磷酸戊糖途径

    C. 脂肪酸分解产生的乙酰 CoA 可经三羧酸循环异生成糖

    D. 甘油可异生成糖

    E. 三酰甘油分解代谢的顺利进行依赖于糖代谢的正常

二、问答题

1. 试述乙酰辅酶 A 的来源与去路。

2. 比较别构调节与化学修饰调节的异同。

3. 简述饥饿 48 小时，体内糖、脂质、蛋白质代谢的特点。

4. 简述草酰乙酸在物质代谢中的作用。

5. 应激时物质代谢会有哪些改变？

（孔丽君）

书网融合……

本章小结　　　　微课　　　　题库

第十三章　DNA 的生物合成

DNA 复制（DNA replication）是指以亲代 DNA 为模板合成子代 DNA 的过程，是 DNA 生物合成的主要方式。原核生物和真核生物 DNA 复制的原理和过程基本相同，在细节上有所差别，真核生物 DNA 复制过程更为复杂和精致。目前，对原核生物 DNA 复制机制的研究较为清楚。本章重点讨论 DNA 复制、DNA 的逆转录合成及 DNA 的修复合成。

第一节　DNA 的复制 📱微课

PPT

不同生物由于基因组大小不同、结构也存在差异，复制上各有其特点，但所有生物的基因组在复制过程中都遵循一定的基本规律，并且复制过程需要多种酶和蛋白质因子参与才能完成。

一、DNA 复制的一般特点

DNA 复制具有半保留复制（semi-conservative replication）、双向复制（bidirectional replication）和半不连续复制（semi-discontinuous replication）3 个基本特点。

1. DNA 的半保留复制 在 DNA 复制方式研究的初期，人们提出了全保留、半保留和混合式 3 种可能的方式（图 13-1）。最后，通过实验证实了 DNA 复制的方式是半保留复制。

半保留复制是遗传信息传递机制的重要内容。DNA 复制时，亲代 DNA 的双链解开，以每条链各自作为模板，按碱基配对规律合成新链，最终形成两个碱基序列和亲代 DNA 完全相同的子代 DNA 分子，每一个子代 DNA 分子中都有一条亲代链和一条新合成的链，即保留了原来 DNA

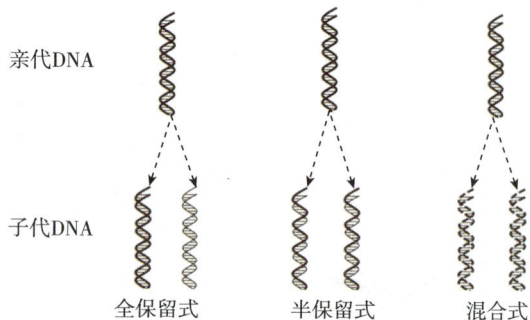

亲代DNA

子代DNA

全保留式　　半保留式　　混合式

图 13-1　DNA 复制的三种可能方式

分子的一半，故称为半保留复制（图 13-2）。

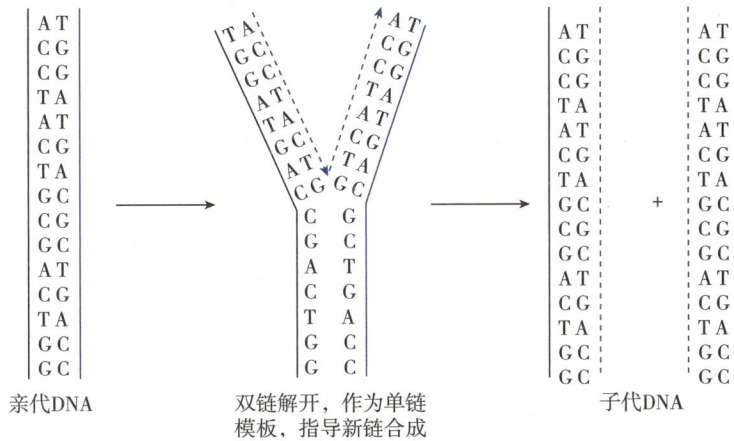

图 13 - 2 **DNA 半保留复制示意图**

1958 年，Matthew Meselson 和 Franklin W. Stahl 通过实验证实了自然界 DNA 复制的方式是半保留复制。他们在以$^{15}NH_4Cl$为唯一氮源的培养液中将细菌培养若干代，得到所有氮均为^{15}N的 DNA 分子（^{15}N - DNA/^{15}N - DNA），因其密度较高，在密度梯度离心法分离时，其条带位于离心管下端的位置。然后，将含^{15}N - DNA 的细菌转入含$^{14}NH_4Cl$的培养液培养数代，提取子一代及子二代的 DNA 进行密度梯度离心，对其结构进行分析（图 13 -3）。

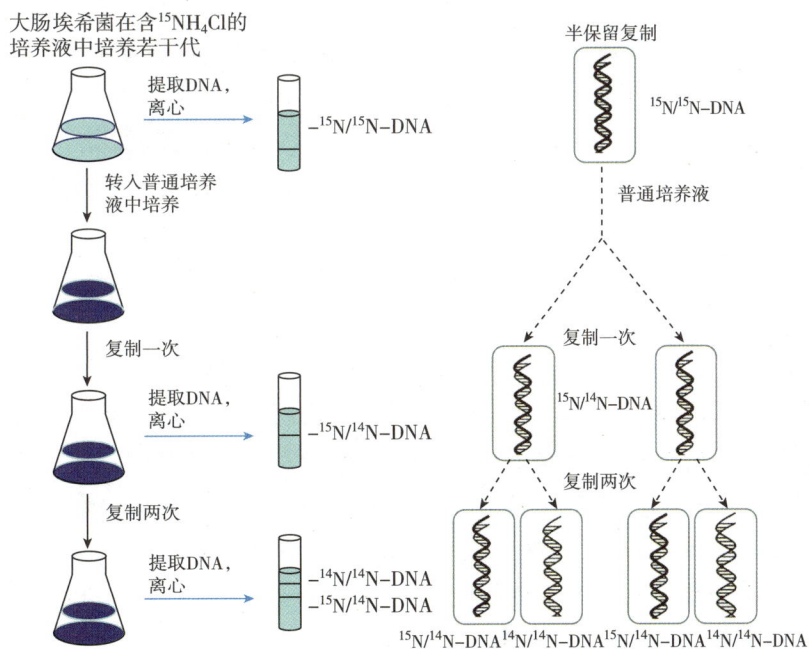

图 13 - 3 **DNA 半保留复制的实验验证**

实验结果显示，培养一代后的 DNA 分子密度介于^{15}N - DNA 和^{14}N - DNA 之间。这一结果说明复制产生的两个 DNA 分子中都有一条链是^{15}N - DNA 单链，另一条是^{14}N - DNA 单链，即杂合的 DNA（^{15}N/^{14}N - DNA）。培养第二代，得到等量的杂合 DNA 和^{14}N - DNA。这一实验结果表明，DNA 的复制方式为半保留复制。半保留复制的意义在于，亲代 DNA 所含的信息能以极高的准确度传递给子代 DNA 分子，体现了生物遗传过程的相对保守性。

2. DNA 的双向复制 复制是从 DNA 分子上的某一特定位点开始，这一位点称为复制起始点（replication origin）。含有一个复制起始点的一个完整 DNA 分子或 DNA 分子上的某段区域被看作一个独立复制单元，称为复制子（replicon）。原核生物基因组 DNA 为环状，只有一个复制起始点，因而其 DNA 分子就构成一个复制子。真核生物有多个复制起始点，具有多个复制子。

　　DNA 双链从复制起始点解开后，复制沿两个方向同时进行，称为双向复制。解开的两条单链模板和尚未解旋的 DNA 双链模板形成叉状结构，称为复制叉（replication fork）（图 13 –4）。

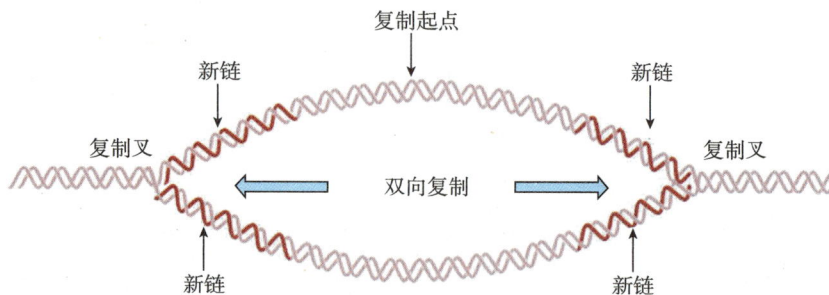

图 13 –4　DNA 的双向复制

　　3. DNA 的半不连续复制　复制过程中会产生两条 DNA 新链，DNA 聚合酶只能催化 $5' \rightarrow 3'$ 的合成，所以新链的合成方向均为 $5' \rightarrow 3'$。新链和模板链之间是反向平行的关系，所以在复制过程中一条新链的合成方向与解链的方向相同，能连续合成；而另一条新链的合成方向与解链方向相反，不能连续合成，这种复制方式称为半不连续复制。

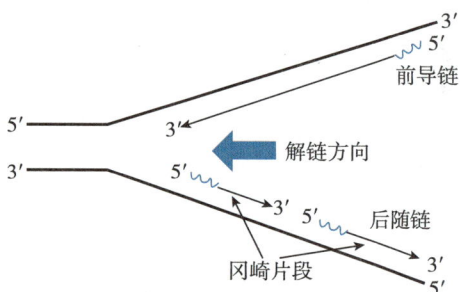

图 13 –5　DNA 的半不连续复制

　　复制过程中能连续合成的链称为前导链（leading strand），不能连续合成的链称为后随链（lagging strand）。后随链在合成过程中需要模板 DNA 解开足够的长度才能合成新链，所以会形成多个不连续的 DNA 片段。1968 年，日本学者 Reji Okazaki 利用电子显微镜和放射自显影技术观察发现，后随链复制过程中生成多个短片段，后人将其命名为冈崎片段（Okazaki fragment）（图 13 –5）。真核生物中冈崎片段的长度为 100～200 个核苷酸残基，而原核生物为 1000～2000 核苷酸残基。

　　复制过程具有高度准确性，这对于保持物种的稳定性具有非常重要的意义。维持 DNA 复制保真性主要通过以下 3 种机制：①DNA 聚合酶在复制过程中对底物有严格的选择性，新链的合成要严格遵守碱基互补配对规则；②DNA 聚合酶具有校正活性，能及时识别错配的碱基并将其切除；③细胞内存在 DNA 损伤修复系统，能及时纠正 DNA 分子上出现的异常改变。

　　当然，遗传的保守性是相对的而不是绝对的。生物体碱基数目庞大，在基因组 DNA 复制过程中还是会出现一定比率的碱基错配，复制的误差率约为 10^{-10}。这一现象使子代在继承亲代遗传性状的同时，还会表现出一些个体的差异，而这正是生物进化的分子基础。

二、参与 DNA 复制的酶和蛋白质因子

　　DNA 复制过程较为复杂，需要多种物质的参与。DNA 复制除了需要多种酶和蛋白质因子，还需要单链 DNA 作为模板，4 种 dNTP，即 dATP、dGTP、dCTP 和 dTTP 作为新链合成时的原料。目前，在大肠埃希菌中发现了大约 30 种与 DNA 复制有关的蛋白质，而真核生物中复制相关的蛋白质则更多。DNA 聚合酶、DNA 拓扑异构酶、DNA 解旋酶、单链结合蛋白、引物酶和 DNA 连接酶是复制过程中较为重要的几种蛋白质。

　　1. DNA 聚合酶　全称是依赖 DNA 的 DNA 聚合酶（DNA-dependent DNA polymerase，DDDP），简称 DNA pol，1958 年由 Arthur Kornberg 在大肠埃希菌中首次发现。DNA 聚合酶主要有 3 种催化活性：① $5'$

→ 3′方向的聚合酶活性，催化 3′,5′ – 磷酸二酯键的形成，使新链沿 5′→3′方向延长；② 5′→3′核酸外切酶活性，在 DNA 复制中主要用于对引物的水解；③ 3′→5′核酸外切酶活性，能从 3′→5′方向水解复制过程中错配的核苷酸，具有校正修复的功能。

⊕ 知识链接

DNA 聚合酶的发现

DNA 聚合酶是由美国生物化学家阿瑟·科恩伯格（Arthur Kornberg）发现的，在 20 世纪 50 年代的中期，科恩伯格和他的同事们在研究中认识到，DNA 的复制必然是在酶的催化下进行的化学反应，于是决心分离出这种酶并研究其结构和作用机制。1957 年，他们终于从 100kg 的细菌沉淀中提纯出 0.5g 纯酶，实验证实该酶能催化 DNA 新链的合成，这种酶被称为 Kornberg 酶。此后，其他科学家又相继发现了多种 DNA 聚合酶，科恩伯格所发现的酶就被称为 DNA 聚合酶 I。1959 年，科恩伯格因 DNA 聚合酶的发现，获得了诺贝尔生理学或医学奖。

原核生物主要有 3 种 DNA 聚合酶，即 DNA pol I、DNA pol II 和 DNA pol III（表 13 – 1）。其中，DNA pol I 是所有生物 DNA 聚合酶的原型，具有上述 3 种催化活性，在 DNA 复制过程中主要对复制中的错误进行校对，填补引物切除后留下的空隙。

表 13 – 1　原核生物的 DNA 聚合酶

DNA 聚合酶	功能
DNA pol I	校正修复，填补空隙
DNA pol II	参与 DNA 损伤的应急修复
DNA pol III	催化链的延长，复制中主要的酶

（1）DNA pol I　由一条含 928 个氨基酸残基的多肽链构成，相对分子质量 109kD，其二级结构以 α 螺旋为主。用特异的蛋白酶能将 DNA pol I 水解为 2 个片段，大片段共有 604 个氨基酸残基，具有 5′→3′方向的聚合酶活性和 3′→5′核酸外切酶活性，称为 Klenow 片段（Klenow fragment），是基因工程中常用的一种工具酶；小片段共有 323 个氨基酸残基，具有 5′→3′核酸外切酶活性（图 13 – 6）。

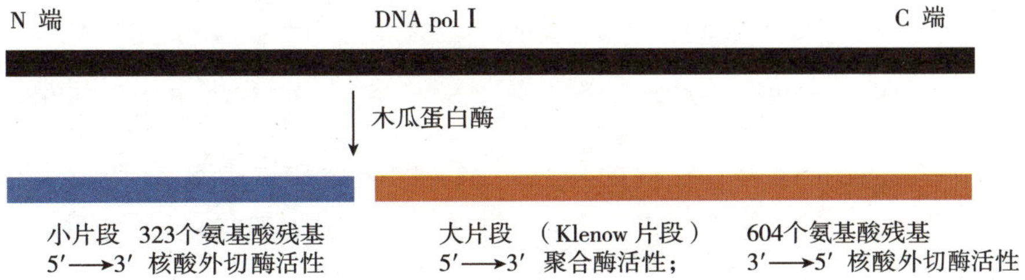

图 13 – 6　DNA pol I 的水解

（2）DNA pol II　具有 5′→3′方向的聚合酶活性和 3′→5′核酸外切酶活性，它对模板的特异性不高，在发生损伤的 DNA 模板上也能催化核苷酸的聚合，主要参与 DNA 损伤的应急修复过程。

（3）DNA pol III　其催化活性高于 DNA pol I，每分钟大约能催化 10^5 次聚合反应，是原核生物 DNA 复制过程中起主要作用的酶。DNA pol III 由 10 种亚基组成不对称二聚体，包括 2 个核心酶、1 个 γ 复合物和 1 对 β 亚基。核心酶由 α、ε、θ 亚基组成，主要作用是合成 DNA；γ 复合物具有促进全酶组装至模板上及增强核心酶活性的作用；两侧的 β 亚基能使 DNA 聚合酶稳定地结合在 DNA 模板上，在 DNA

模板高速解链的过程中也不会脱落（图13-7）。

真核生物的DNA聚合酶种类比原核生物要多，大约有15种，其中主要的有α、β、γ、δ、ε 5种。DNA聚合酶α具有引物酶的活性；DNA聚合酶β主要参与DNA损伤的修复；DNA聚合酶γ主要参与线粒体DNA的复制；DNA聚合酶δ催化后随链的合成；DNA聚合酶ε主要负责前导链的合成。

2. DNA 拓扑异构酶（DNA topoisomerase） 简称为拓扑酶，在复制中用于改变DNA分子的拓扑性质。拓扑在物理学上是指物体或图像作弹性移位而保持物体原有的性质。复制过程中，随着DNA分子每复制10bp，未解开的双螺旋就会绕其长轴旋转一周，产生正超螺旋。复制又不断前行，DNA链将变得更加正超螺旋化，将会出现缠绕、打结等现象，复制将无法继续进行。这时就需要拓扑酶来发挥作用，改变DNA分子的拓扑性质。拓扑酶能在DNA复制过程中消除DNA复制时局部双链解开产生的应力，将DNA链转变为负超螺旋，理顺DNA链。

DNA拓扑性质的转变需要DNA链暂时断裂和再连接。拓扑酶的作用特点是既能水解，又能形成3′,5′-磷酸二酯键。通过对链的切割使DNA超螺旋在解旋过程中不至于缠绕打结，通过催化3′,5′-磷酸二酯键的形成，重新连接双链。原核及真核生物的拓扑酶均分为Ⅰ型和Ⅱ型。拓扑酶Ⅰ能切断DNA双链中的一股，以缺口为中心旋转，使DNA变为松弛状态后封闭缺口，其作用不需要消耗ATP；拓扑酶Ⅱ则是切断处于正超螺旋的DNA双链，通过缺口消除应力使超螺旋松弛，利用ATP提供的能量使松弛的DNA转变为负超螺旋，并重新封闭双链缺口（图13-8）。

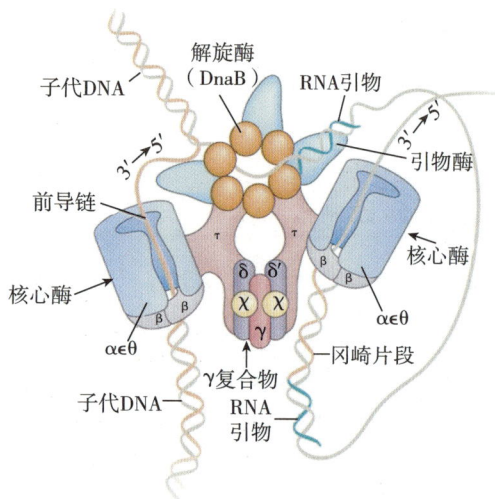

图13-7 大肠埃希菌DNA polⅢ分子结构模型

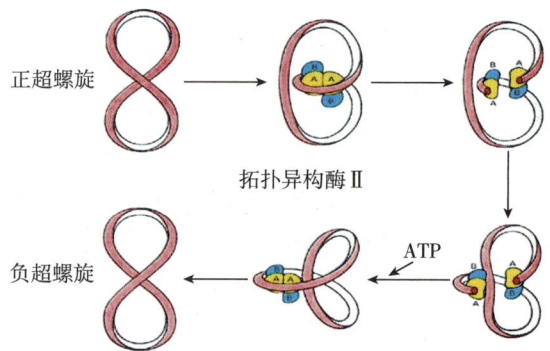

图13-8 DNA拓扑异构酶Ⅱ作用示意图

3. DNA 解旋酶 大肠埃希菌中所发现的与复制相关的蛋白质被命名为DnaA、DnaB、DnaC……DnaX，其中DnaB蛋白又称为解旋酶（helicase），主要作用是利用ATP提供的能量解开DNA双链。复制起始阶段，DNA解链除了需要DnaB蛋白，还需要DnaA蛋白和DnaC蛋白的协同作用。

4. 单链结合蛋白（single-stranded binding protein，SSB） 具有结合单链DNA的能力，能特异地结合到解开的DNA单链模板上，维持单链模板的稳定性。复制中的两条单链模板是由双链DNA分子解开以后形成的，碱基完全配对，因此很容易重新结合形成双链分子。另外，细胞内广泛存在核酸酶，复制中出现的单链DNA模板有可能会被误认为是损伤的DNA而被水解。为了避免以上两种情况的发生，需要SSB在解链后及时结合到单链模板上，从而保持单链模板的稳定。在真核生物中，保持模板的稳定还需要复制蛋白A（replication protein A，RPA）。

5. 引物酶 双链DNA分子解开形成单链模板后，不会立即将dNTP聚合形成DNA链。这是由于DNA聚合酶不具有催化两个游离的dNTP之间形成3′,5′-磷酸二酯键的能力，它只能催化核酸片段和

dNTP 之间进行聚合反应。

因此，在 DNA 新链合成之前需要先合成一小段 RNA 片段作为引物（primer），其长度为 10~200 个核苷酸残基。引物的 3′-羟基末端作为新链合成的起点，在 DNA 聚合酶催化下 dNTP 逐个加入，使新链不断延长。引物的形成需由引物酶（primase）催化完成，原核生物中的引物酶又称为 DnaG 蛋白，真核生物 DNA 聚合酶 α 的一个亚基就具有引物酶的活性。以 DNA 为模板生成 RNA 引物的过程称为引发（priming）。

6. DNA 连接酶（DNA ligase）　双链 DNA 分子中一条单链上的断裂部位，称为缺口（nick），它不涉及核苷酸的缺失或双链的断开。DNA 连接酶能利用 ATP 提供的能量，催化 DNA 链的 3′-羟基末端与另一 DNA 链的 5′-磷酸末端之间形成 3′,5′-磷酸二酯键，从而将双链 DNA 分子中出现的单链缺口连接起来。DNA 复制具有半不连续的特点，后随链的合成是不连续的，存在很多的缺口。因此，需要 DNA 连接酶将冈崎片段连接形成完整的长链，最后才能形成完整的双链子代 DNA 分子（图 13-9）。

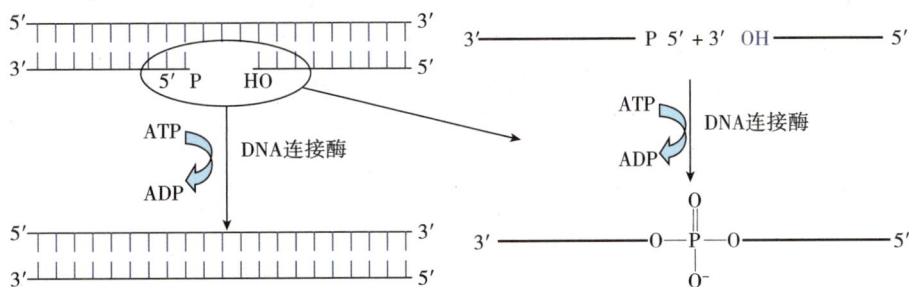

图 13-9　DNA 连接酶的作用示意图

DNA 连接酶不仅在 DNA 复制中起作用，在 DNA 损伤修复、重组中也能发挥作用，也是基因工程中重要的工具酶。这是因为，如果 DNA 分子的两条链上都有单链缺口，只要缺口前后的碱基互补，DNA 连接酶也能将其连接。

DNA 复制过程较为复杂，需要多种蛋白质的参与，以上介绍的 6 种酶和蛋白质因子是其中较为重要的几种，其名称和功能总结见表 13-2。

表 13-2　参与原核生物 DNA 复制主要的酶类和蛋白质

名称	作用
DNA 聚合酶	合成 DNA 新链、切除引物、校正修复
DNA 拓扑异构酶	松解超螺旋，理顺 DNA 链
DNA 解旋酶（DnaB 蛋白）	解开 DNA 双链
单链结合蛋白（SSB）	保持单链模板的稳定
引物酶（DnaG 蛋白）	合成 RNA 引物
DNA 连接酶	连接冈崎片段

第二节　原核生物 DNA 的复制过程

复制是一个连续的过程，为了便于描述，人为将其分为起始、延长、终止三个阶段。原核生物和真核生物具有不同的基因组结构，其复制过程也有较大差别，特别是起始和终止阶段。由于原核生物基因组结构相对简单，目前关于复制的基本知识主要来自对大肠埃希菌的研究。

一、原核生物 DNA 复制的起始

起始是复制过程中较复杂的一个阶段，需要多种蛋白质的参与（表 13-3）。在此过程中，通过各种蛋白质的相互作用，在复制起始点将 DNA 双链解开，形成复制叉，装配引发体催化生成 RNA 引物。

表 13-3　参与大肠埃希菌 DNA 复制起始的主要蛋白质

名称	作用
DnaA 蛋白	辨认复制起始点
DnaB 蛋白（解旋酶）	解开 DNA 双链
DnaC 蛋白	协助解旋酶
DnaG 蛋白（引物酶）	合成 RNA 引物
SSB（单链结合蛋白）	保持单链模板的稳定

1. DNA 复制的起始点　复制并非从 DNA 分子任何一个部位都可以开始，而是从基因组上某一特定位点开始，这一位点称为复制起始点。原核生物只有一个复制起始点，真核生物有多个复制起始点。

大肠埃希菌上有一个固定的复制起始点，称为 oriC，长度为 245bp。通过序列分析发现这段 DNA 分子上由 3 组串联重复序列组成的 AT 富含区和 5 组串联重复序列形成的 DnaA 结合位点，其结构见表 13-4 及图 13-10。

表 13-4　大肠埃希菌复制起始点

结构	名称	作用
5 组串联重复序列	识别区	DnaA 辨认并结合的部位
3 组串联重复序列	AT 富含区	易于解开双链

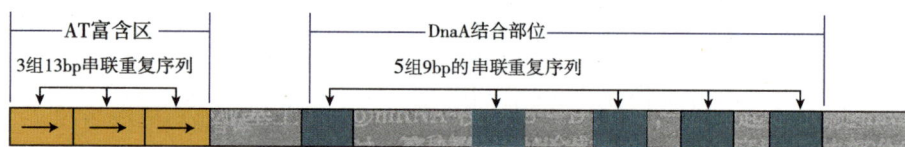

图 13-10　大肠埃希菌复制起始点

2. DNA 解链　解链过程需要多种蛋白质的参与，蛋白质与 DNA 分子及蛋白质之间均存在相互作用。大肠埃希菌 DNA 解链过程主要有 DnaA、DnaB、DnaC 3 种蛋白质共同参与完成。DnaA 蛋白为四聚体结构，负责识别并结合于 oriC 中的 AT 富含区并与串联重复序列结合。多个 DnaA 蛋白相互靠近，形成 DNA-蛋白质复合体结构，这一结构能促使 AT 富含区解链。解旋酶（DnaB 蛋白）在 DnaC 蛋白协同下结合到 DNA 分子上并沿解链方向移动，逐步置换出 DnaA 蛋白，促使 DNA 分子进一步解链，复制叉初步形成。单链结合蛋白（SSB）及时结合到解开的单链上，保持单链模板的稳定，并在复制过程中不断结合、脱离。

随着解链的进行，DNA 分子发生正超螺旋化，应力不断增加。为了使 DNA 链不会发生缠绕、打结，复制得以顺利进行，需要拓扑异构酶来理顺 DNA 链。由于 DNA 分子是边解链，边复制，所以复制全过程均需要拓扑异构酶的参与。

3. 引发体与 RNA 引物的合成　DNA 解链以后，DnaB、DnaC 蛋白与复制起始点相结合形成复合体，随后引物酶（DnaG 蛋白）进入复合物，从而形成由 DnaB（解旋酶）、DnaC、DnaG（引物酶）和 DNA 复制起始区域所组成的复合结构，这一结构称为引发体（primosome）。引发体在模板的适当位置，以模板序列为指导，NTP 为原料，从 5'→3' 方向催化合成一短链 RNA 引物。引物生成以后，DNA pol Ⅲ将进入反应体系，以引物 3′-羟基末端作为新链合成的起点，DNA 复制将进入链的延长阶段（图 13-11）。

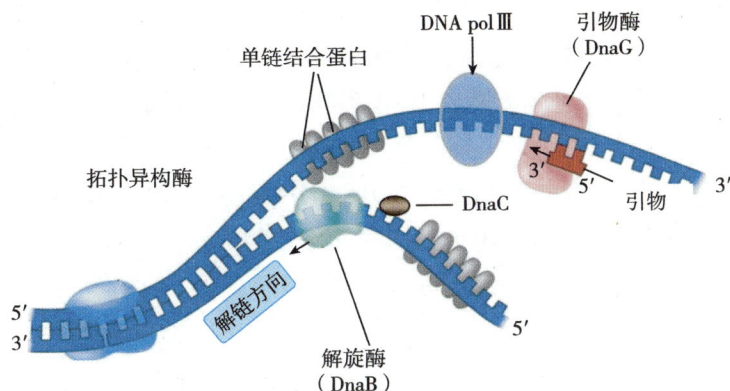

图 13-11　引发体及引物的合成

二、原核生物 DNA 复制的延长

复制中链的延长是在 DNA pol Ⅲ 的催化下进行，以模板碱基序列为指导，沿 5′→3′ 方向将 dNTP 逐个连接到引物或延长中子链的 3′-羟基末端。DNA pol Ⅲ 的两个 β 亚基环形结合在 DNA 模板上，形成"夹钳"（clamp）样结构，能使 DNA 聚合酶牢固地结合在 DNA 模板上，在高速解链的过程中不会从 DNA 模板上脱落。合成的两条新链中前导链连续合成，而后随链分段合成。前导链的合成先于后随链，后随链的模板链会折叠或绕成环状。后随链的合成需要 DNA 模板解开足够长度以后才能进行，先由引物酶催化合成一小段 RNA 引物，然后 DNA pol Ⅲ 催化合成冈崎片段。当后一个冈崎片段延长至前一个冈崎片段的 RNA 引物处，延长反应停止（图 13-12）。

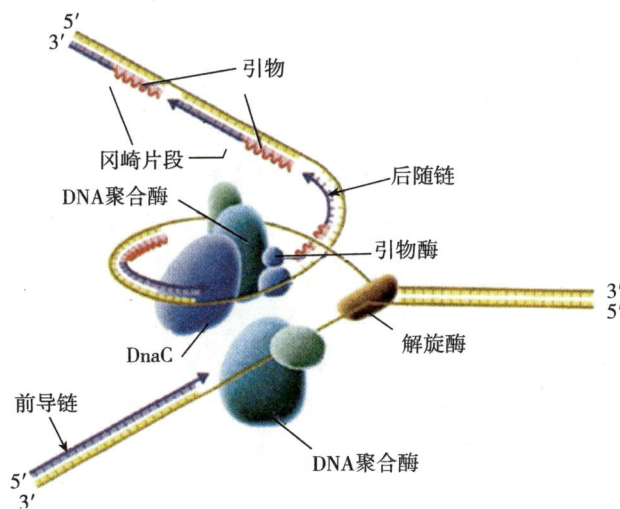

图 13-12　前导链及后随链的合成

DNA 复制的速度相当迅速，大肠埃希菌基因组含 4.6×10^6 bp，在营养充足、生长条件适宜的条件下，每秒钟大约可掺入 3800 个核苷酸，复制一代大约需要 20 分钟。

三、原核生物 DNA 复制的终止

大肠埃希菌基因组是双链环状 DNA，复制的终点在复制起始点对侧的终止区域内，含有多个约 22bp 的终止子（terminator，ter）。复制起始点在 82 等分位点，终止点在 32 等分位点，刚好把环状 DNA

分为两个半圆。从复制起始点开始，通过双向复制，两个复制叉各进行了180°，在终止点上相遇而停止复制，形成两个环状 DNA 分子，分别被分配到两个子代细胞中。

由于复制的半不连续性，后随链上会出现很多不连续的冈崎片段，并且每个冈崎片段的 5′端都有一小段 RNA 引物。所以，复制的完成还需要切除 RNA 引物，将其替换成 DNA，这一过程由 DNA pol Ⅰ 催化完成。在链的延长过程中，当后一个冈崎片段延长到前一个冈崎片段的 RNA 引物处时，DNA pol Ⅰ 将接替 DNA pol Ⅲ，通过 5′→3′核酸外切酶活性切除 RNA 引物，并以 5′→3′方向聚合酶活性将空隙填补起来。然而 DNA pol Ⅰ 只能将 DNA 延长，不能将冈崎片段之间的缺口连接起来，所以还需 DNA 连接酶催化缺口的连接，最终才能形成完整的双链 DNA（图 13－13）。

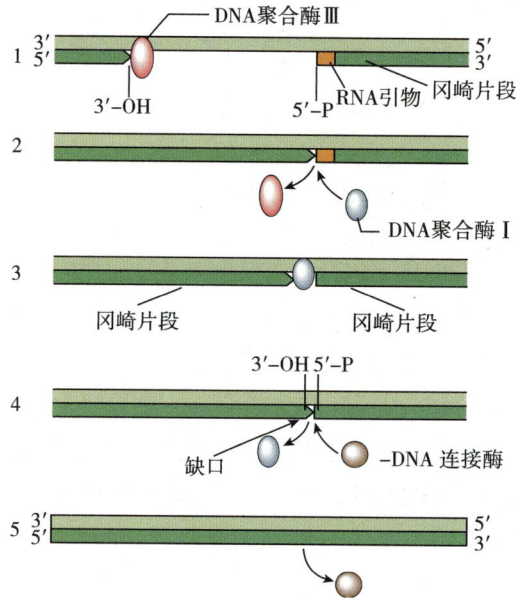

图 13－13　DNA 复制的终止过程

1. DNA pol Ⅲ 延长冈崎片段；2. 冈崎片段延长至前一个冈崎片段的引物处时，DNA pol Ⅰ 接替 DNA pol Ⅲ；

3. DNA pol Ⅰ 切除 RNA 引物并填补缺口；4. DNA pol Ⅰ 脱离，DNA 连接酶连接单链缺口；

5. DNA 连接酶脱离，生成完整的双链 DNA

第三节　真核生物 DNA 的复制过程

真核生物基因组比原核生物大得多，并且 DNA 的结构更为复杂，所以虽然两者 DNA 复制的基本机制非常相似，但真核生物 DNA 复制的过程要复杂得多。首先，真核生物每条染色体上平均有几百个复制起始点，为多复制子的复制，而各个复制子的复制并不同步。其次，真核生物的 DNA 复制只在 S 期（DNA 合成期）进行，每个细胞周期 DNA 只复制一次。细胞周期的进程在体内受到细胞周期蛋白（cyclin）、细胞周期蛋白依赖激酶（cyclin dependent kinase，CDK）等多种物质的精确调控。真核生物 DNA 复制的详细机制目前还未完全阐明，有待进一步深入研究。

一、真核生物 DNA 复制的起始

真核生物有多个复制起始点，在每个起始点都会形成两个移动方向相反的复制叉。复制具有时序性，复制子以分组方式有序激活而不是同步启动。真核生物 DNA 复制起始主要分 3 步进行，复制基因的选择、复制起始点的激活和引物的合成。

1. DNA 复制基因的选择　发生在细胞周期的 G_1 期，这一阶段将组装形成前复制复合物（pre‑replicative complex，pre‑RC）。pre‑RC 由 4 类蛋白质组成，它们依次在每个基因复制起始点进行组装。首先，起始识别复合物（origin recognition complex，ORC）识别并结合复制基因。然后，两种解旋酶加载蛋白 Cdc6 和 Cdt1 被 ORC 所募集。最后，小染色体维系蛋白（mini-chromosome maintenance protein，MCM）被募集到复合物上，最终形成 pre‑RC。

2. DNA 复制起始点的激活　pre‑RC 形成以后，细胞周期进入 S 期，DNA 复制起始点被激活。这一激活的大概过程如下：pre‑RC 中的 MCM 在其他一些蛋白质因子的作用下，发生磷酸化从而被激活，激活后的 MCM 具有解旋酶活性，会将起始点附近 DNA 双链解开，细胞周期由 G_1 期进入 S 期。在 S 期，pre‑RC 被两种蛋白激酶（CDK 和 DDK）磷酸化激活，pre‑RC 的激活会募集更多的复制基因结合蛋白和 DNA 聚合酶在复制起始点组装并启动复制（图 13‑14）。

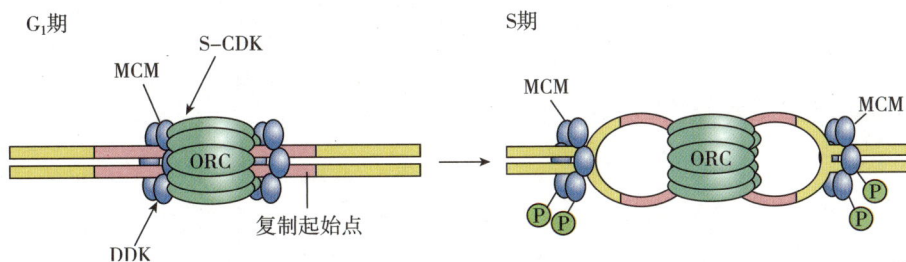

图 13‑14　真核生物复制的起始

3. DNA 引物的合成　真核生物 DNA 聚合酶同样不能催化两个游离的 dNTP 进行聚合，所以新链的合成也需要引物的存在。真核生物的 DNA 聚合酶 α 具有引物酶的活性，在双链解开以后能以一段单链 DNA 为模板，从 $5' \rightarrow 3'$ 方向合成一段 8～10 个核苷酸的 RNA。然后，DNA 聚合酶 α 引物酶的活性转变为 DNA 聚合酶的活性，以合成的 RNA 片段 3'‑羟基端为起点合成一段 15～30 个核苷酸残基的 DNA，从而形成 RNA‑DNA 引物。DNA 聚合酶 α 不具有持续合成 DNA 的能力，引物合成后将迅速被具有持续合成能力的 DNA 聚合酶 δ 和 DNA 聚合酶 ε 所替换，这一过程称为聚合酶转换。DNA 聚合酶 δ 催化后随链的合成，DNA 聚合酶 ε 主要负责前导链的合成。

二、真核生物 DNA 复制的延长

当引物形成后，复制因子 C（replication factor C，RFC）结合到引物‑模板结合处，DNA 聚合酶 α 从模板上脱离。RFC 促使增殖细胞核抗原（proliferation cell nuclear antigen，PCNA）形成闭合环形的可滑动夹子，然后 DNA 聚合酶 δ 结合到滑动夹子上，随着夹子的滑动持续延伸 DNA 链。PCNA 还具有促进核小体生成的作用，细胞内 PCNA 的蛋白质水平是检测细胞增殖能力的重要指标。

三、真核生物 DNA 复制的终止和核小体的组装

真核 DNA 复制终止过程也需要将引物切除，引物切除后留下的空隙由 DNA 聚合酶 ε 填补，并由 DNA 连接酶将不连续的冈崎片段连接起来。不同于原核生物的是，真核 DNA 复制不仅有冈崎片段的连接，还有复制子之间的连接；复制完成后 DNA 立即与组蛋白组装成核小体。核素标记实验证明，染色体上原有的组蛋白大部分重新参与新核小体的组装，另外，在 S 期也有大量新组蛋白的合成。

四、端粒和端粒酶

由于真核生物 DNA 是线性结构，复制完成后两条新链 5'端的引物被切除，留下的空隙如果不被填

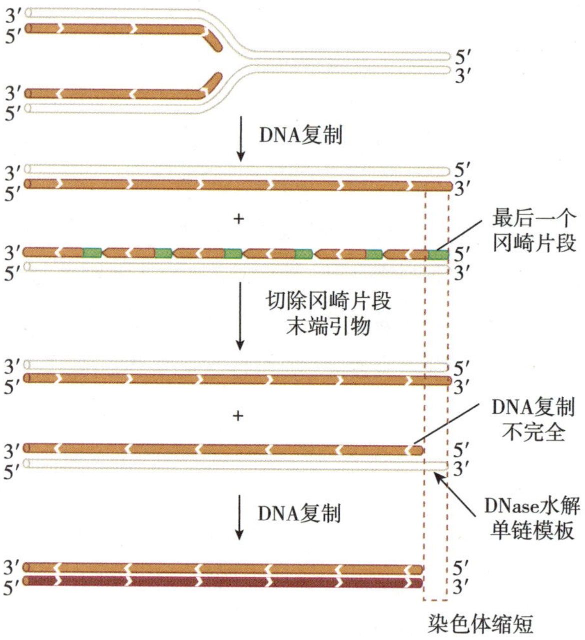

图 13 – 15　线性 DNA 复制的末端

补，那么剩下的 DNA 单链模板将会被核内的 DNase 水解，DNA 链的长度会随着复制逐渐缩短（图13－15）。这一现象确实存在某些低等生物中，多次复制后染色体越来越短，遗传信息不断丢失。而在真核生物中，正常情况下这一现象不会发生，这是因为在真核生物染色体末端存在一种特殊的结构，称为端粒（telomere）。它是真核生物线性染色体两个末端膨大为粒状的结构，因像帽子一样盖在染色体两端而得名。它是由许多富含 TG 的重复序列及相关蛋白质组成的复合体，端粒 DNA 的 3′端由数百个 TG 重复序列组成，四膜虫的重复序列为 – TTGGGG –；人的重复序列为 – TTAGGG –（图 13 –16）。

端粒是在端粒酶（telomerase）的催化下合成的，于 20 世纪 80 年代中期被发现。人端粒酶结构由 3 部分组成：人端粒酶 RNA（human telomerase RNA，hTR）、人端粒酶协同蛋白 1（human telomerase associated protein 1，hTP1）和人端粒酶逆转录酶（human telomerase reverse transcriptase，hTRT），端粒酶结构见图 13 –17。端粒酶能以自身携带的 RNA 为模板，通过逆转录作用合成端粒 DNA。端粒酶的作用机制称为"爬行模型"（inchworm model），其作用的基本过程：①端粒酶 RNA（A_nC_n）x 辨认、结合母链 DNA（T_nG_n）x 的重复序列并移至其 3′端；②逆转录延长母链，延伸至足够长度后使其反折，并且端粒酶脱离母链，代之以 DNA 聚合酶；③反折的母链同时起模板和引物的作用，在 DNA 聚合酶的催化下完成链的延长（图 13 –18）。

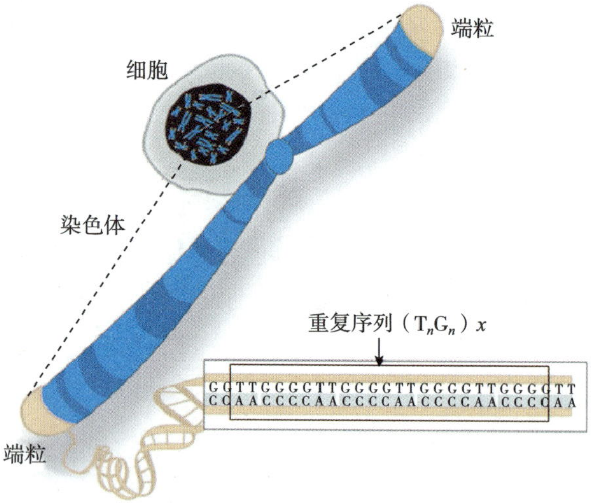

图 13 –16　端粒结构示意图

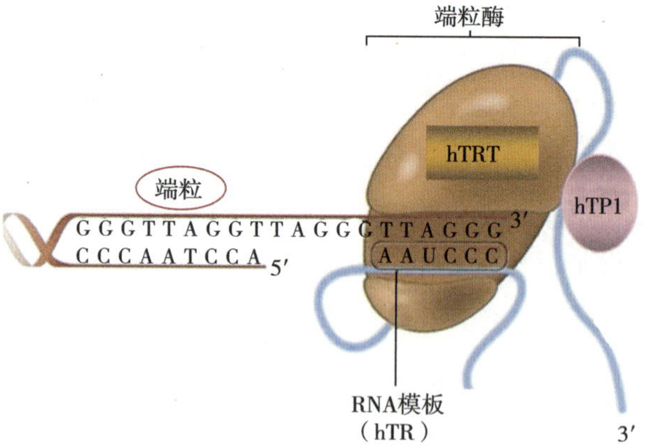

图 13 –17　人端粒酶结构示意图

端粒在维持染色体的稳定性和 DNA 复制的完整性方面有着重要的作用。端粒的长度会随着细胞分裂次数和年龄的增加而缩短，继而引起染色体稳定性下降，引起细胞衰老。研究发现，体外培养的细胞随着传代次数的增加，端粒长度是逐渐缩短的。临床研究中发现，在增殖活跃的肿瘤细胞中端粒酶的活性增高。但是，也有研究发现，某些肿瘤细胞的端粒比正常细胞要短。因此，端粒和端粒酶在肿瘤发生中的作用还有待进一步研究。

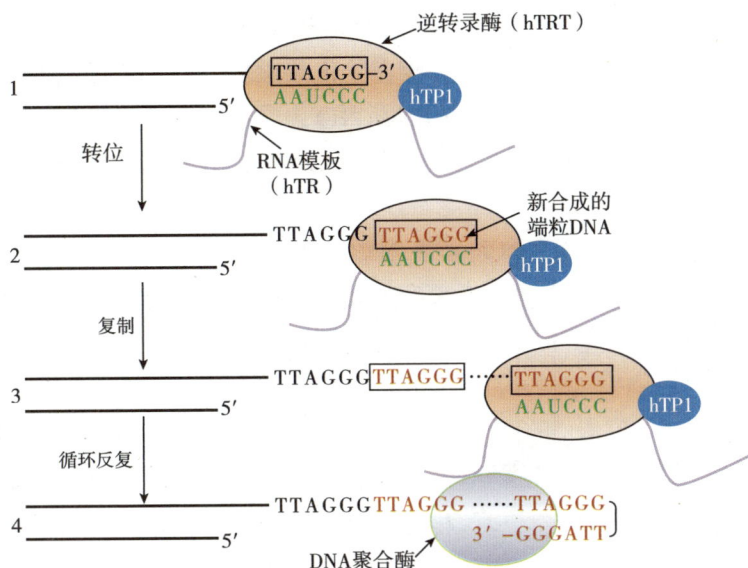

图 13 - 18　端粒酶作用的"爬行模型"

1~3. 以 RNA（hTR）为模板，逆转录延长端粒 DNA；4. 端粒 DNA 延长到足够长度后，
反折成非标准配对的发夹结构，端粒酶脱离，DNA 聚合酶催化 DNA 链延长，合成双链 DNA

⊕ 知识链接

端粒和端粒酶的发现

端粒及合成端粒的酶是由伊丽莎白·布莱克波恩（Elizabeth H. Blackburn）、卡罗尔·格雷德（Carol W. Greider）和杰克·绍斯塔克（Jack W. Szostak）共同发现的，他们于 2009 年获诺贝尔生理学或医学奖。绍斯塔克与布莱克波恩携手研究，成功组装出两端为 CCCCAA 序列的微型染色体。当这些微型染色体注入酵母细胞中后，在细胞分裂时，这种 CCCCAA 的 DNA 序列在复制时对染色体起到了保护作用，就像鞋带末端的塑料帽对鞋带起到的防磨损作用一样。他们首次将这些遗传保护帽命名为"端粒（telomere）"，这一英文单词来自希腊语，意为末端。

在端粒的结构和功能被发现后，科学家们认识到端粒 DNA 的合成应该受到某种酶的控制。1984 年，格雷德在细胞抽提物中发现了与端粒合成有关的酶活性标志物，后来的研究证明，该活性是一个单独的端粒合成酶活性。于是，格雷德将这种酶命名为端粒酶（telomerase）。

第四节　逆转录及其他复制方式

PPT

双链 DNA 是自然界大多数生物的遗传物质，但也有某些噬菌体和病毒以 RNA 为遗传物质。此外，原核生物的质粒，真核生物的线粒体 DNA 都是染色体外的 DNA。这些非染色体基因组采用一些特殊的方式进行生物合成。

一、逆转录病毒及逆转录酶

（一）逆转录的概念及过程

逆转录又称反转录，是指在逆转录酶的作用下，以 RNA 为模板合成 DNA 的过程，与转录过程刚好相反。逆转录中以 RNA 为模板生成的 DNA 链被称为互补 DNA（complementary DNA，cDNA）。1970 年，

Howard Temin 和 David Baltimore 在 RNA 病毒中发现了能催化逆转录过程的酶，称为逆转录酶（reverse transcriptase），该酶是多功能酶，有 3 种催化活性：①依赖 RNA 的 DNA 聚合酶活性（RNA dependent DNA polymerase，RDDP）；②RNA 酶 H 活性（RNase H）；③依赖 DNA 的 DNA 聚合酶活性。与一般 DNA 聚合酶不同的是，逆转录酶没有 $3' \to 5'$ 方向外切酶活性，因此没有校对功能，这也是 RNA 病毒变异较快的原因之一。

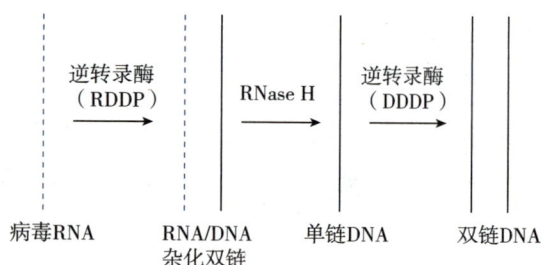

图 13 – 19　逆转录反应过程

RNA 病毒感染宿主细胞后，在逆转录酶的作用下以病毒的 RNA 为模板，4 种 dNTP 为原料，合成 DNA 互补链，它与模板形成 RNA/DNA 的杂化双链。然后，杂化双链中的 RNA 链被逆转录酶的 RNase H 活性水解。最后，以新合成的 cDNA 单链作为模板，合成第二条 DNA 互补链，从而形成双链 DNA 分子（图13 – 19）。通过逆转录，将病毒遗传信息的载体从单链 RNA 转化为双链 DNA。RNA 病毒在细胞内通过逆转录产生的双链 DNA 称为前病毒（provirus），它保留了 RNA 病毒的全部遗传信息。前病毒既能在细胞内独立繁殖，也可通过基因重组的方式整合到宿主细胞的基因组内，并随宿主细胞的 DNA 共同进行复制和表达，最终在宿主细胞中表达出病毒的遗传信息。

（二）逆转录的意义

1. 补充和发展了分子生物学的中心法则　传统的中心法则认为 DNA 兼具储存和表达遗传信息的功能，处于生命活动的中心位置，而 RNA 主要参与遗传信息的表达过程。逆转录现象说明，在某些生物体内 RNA 同样具有储存遗传信息的功能。

2. 推动了病毒致癌分子机制的研究　多数肿瘤病毒均为逆转录病毒，人们逐渐认识到很多肿瘤的发生与逆转录作用可能有关。20 世纪 70 年代，从逆转录病毒中发现了癌基因。

3. 逆转录酶是基因工程等分子生物学技术中常用的工具酶　逆转录能以 mRNA 为模板获得双链 DNA，所以既能保留基因完整的编码序列，又能使基因长度大大缩短，有利于基因工程的操作。因此，逆转录是基因工程中获取目的基因的一种重要方法。

二、其他复制方式

生物体还存在其他的复制方式，比如噬菌体 DNA 复制方式为滚环复制（rolling circle replication）、真核生物线粒体 DNA 为 D 环复制（D-loop replication）。

1. 滚环复制　是某些低等生物的复制方式，例如噬菌体 φX174 是环状单链 DNA 病毒，当感染细菌后，病毒在细菌内的复制型为双链 DNA。病毒自身编码的 A 蛋白（protein A）具有内切核酸酶和 DNA 连接酶的活性，首先利用其内切核酸酶活性在环状双链 DNA 复制起始点形成一个缺口，产生有 $3'$ - 羟基和 $5'$ - 磷酸的开环单链。以产生的 $3'$ - 羟基作为新链合成起点，保持闭环的对应单链为模板，一边滚动一边合成新链。在滚动的同时，外环 $5'$ 端逐渐向外伸出。内环单链复制完后，A 蛋白把外环母链和子链切断，外环母链再重新滚动一次，$3'$ 端沿母链延长，最后合成两个环状双链 DNA 分子（图 13 – 20）。

2. D 环复制　真核生物线粒体 DNA（mitochondrial DNA，mtDNA）为双链环状 DNA，其复制方式称为 D 环复制。两条链的复制不是同时进行的，开链以后第一个引物以内环为模板延伸，到达第二个复制起始点时，再合成另一个引物，以外环为模板进行延伸。复制过程中会出现字母 D 的形状，因而得名。

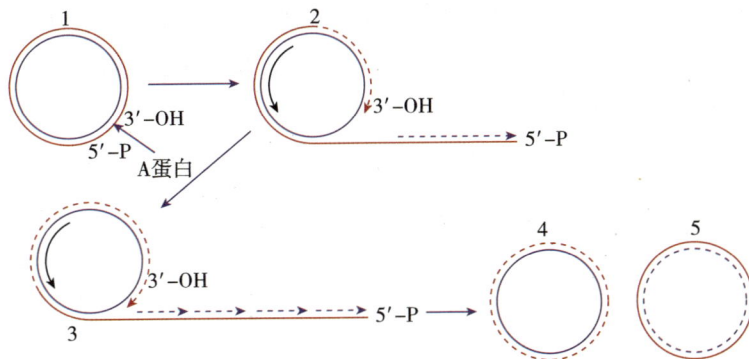

图 13 – 20　噬菌体的滚环复制

1. A 蛋白将外环（正链）切开，形成缺口；2. 以内环（负链）为模板，以外环 3′ – 羟基为新链合成起点；3. 第一次滚环完成，A 蛋白将负链的复制产物切断，以正链为模板继续指导子链延长；4. 负链的复制产物；5. 正链的复制产物

第五节　DNA 的损伤与修复

PPT

⇒ **案例引导**

　　案例　患者，男，52 岁，因上腹部隐痛不适 2 个月收治入院。入院诊断为胃癌。入院时一般状况尚可，浅表淋巴结未触及肿大，皮肤无黄染，心、肺未见异常，腹平坦，未见胃肠型及蠕动波，腹软，肝、脾未触及，腹部未触及包块，剑突下区域深压痛，无肌紧张，移动性浊音（－），肠鸣音正常，直肠指检未触及异常。上消化道造影：胃窦小弯侧似见约 2cm 大小龛影，位于胃轮廓内，周围黏膜僵硬粗糙，腹部 B 超检查未见肝异常。给予 FAM 方案：5 – FU，第 1 天、第 8 天、第 29 天、第 36 天 600mg/ml 静脉滴注；阿霉素（ADM），第 1 天、第 29 天 30mg/ml 静脉滴注；丝裂霉素（MMC），第 1 天 10mg/ml 静脉注射，每 6 周重复。

　　讨论　1. 5 – FU、阿霉素和丝裂霉素抑制肿瘤细胞分裂的机制分别是什么？

　　　　　2. 对胃癌患者接受化疗药物治疗期间进行健康教育的主要内容是什么？

　　在遗传信息传递过程中，DNA 复制的保真性是保持物种相对稳定最主要的因素。然而，在长期的生命过程中，生物体的遗传信息也并非一成不变，而是在体内外各种因素的影响下不断发生变化。所以 DNA 的改变不可避免，这也正是生物进化的分子基础。

一、DNA 的损伤

　　各种因素所导致的 DNA 组成和结构的异常改变就称为 DNA 损伤（DNA damage）。DNA 损伤可产生两种后果：①导致生物的基因型发生稳定的、可遗传的变化，即突变（mutation）；②DNA 失去作为复制和转录模板的功能。小范围的 DNA 损伤通常可通过 DNA 修复纠正，而程度广泛的损伤可引起细胞的程序性死亡。

（一）DNA 损伤的因素

1. 体外因素　导致 DNA 损伤的体外因素主要包括物理因素、化学因素及生物因素。

　　（1）物理因素　最常见的是电离辐射和紫外线。电离辐射既可以直接作用于 DNA 等生物大分子，导致其化学键断裂，分子结构被破坏；又可以通过激发细胞内的自由基反应间接损伤 DNA 分子。紫外线的照射可引起 DNA 分子中同一条链上相邻的胸腺嘧啶碱基间发生共价连接，形成胸腺嘧啶二聚体结构（TT）（图 13 - 21），其他嘧啶碱基之间也可在紫外线照射下形成类似的二聚体。二聚体的形成会使 DNA 产生弯曲和扭结，影响 DNA 双螺旋结构，使复制和转录受阻。

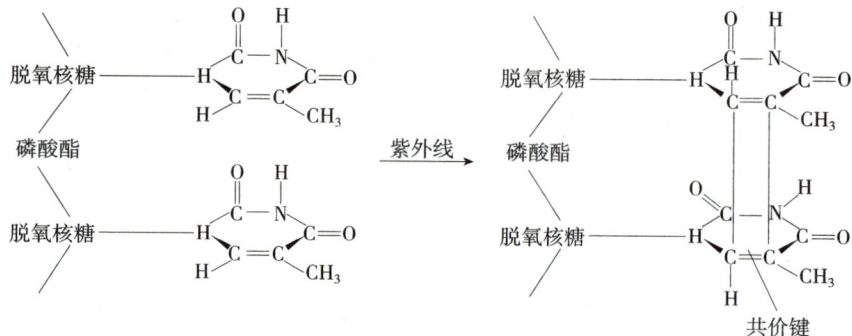

图 13 - 21　嘧啶二聚体的形成

（2）化学因素　能引起 DNA 损伤的化学物质种类繁多，按其作用机制的不同可分为自由基、碱基类似物、碱基修饰物和嵌入染料。能引起 DNA 发生突变的化学物质称为化学诱变剂，化学诱变剂大多是致癌物。碱基类似物是人工合成的一类与 DNA 正常碱基结构类似的化合物，DNA 复制时可替代正常碱基掺入 DNA 分子中。例如，5 - 溴尿嘧啶（5 - bromouracil, 5 - BU）是胸腺嘧啶类似物，有酮式与烯醇式两种结构形式，酮式与腺嘌呤配对，烯醇式与鸟嘌呤配对，可导致 AT 配对与 GC 配对的相互转变。烷化剂作为碱基修饰剂通过对 DNA 链中碱基的某些基团进行修饰，改变其配对性质，进而改变 DNA 结构。例如，亚硝酸盐能使碱基脱氨基，腺嘌呤脱氨后变为次黄嘌呤，不再与胸腺嘧啶配对，转而与胞嘧啶配对。

（3）生物因素　主要是指某些病毒或真菌，如疱疹病毒、麻疹病毒、黄曲霉菌等，它们代谢产生的毒素或代谢产物有诱变作用，可导致 DNA 突变。

2. 体内因素　主要指 DNA 复制过程中的错配、DNA 结构自身的不稳定性及代谢过程产生的活性氧对 DNA 的损伤。由于机体自身原因导致的 DNA 突变，称为自发突变。

（二）DNA 损伤的类型

DNA 分子中的碱基、核糖与磷酸二酯键都是各种损伤因素作用的靶点，碱基是最主要的作用位点。根据 DNA 分子结构变化方式的不同，DNA 损伤的类型主要有点突变（point mutation）、缺失（deletion）和插入（insertion）、重组和重排、DNA 单链或双链断裂、DNA 交联等。

1. 点突变　DNA 分子中单一碱基的替换称为点突变，是最常见的突变形式。根据碱基置换类型的不同可以分为转换（transition）和颠换（transversion）两种形式。转换是指同类碱基之间的互换，颠换是指异类碱基之间的互换。一般而言，颠换比转换导致的遗传后果更严重。

如果点突变发生在基因的编码区，可能会导致以下几种情况：①同义突变，突变多发生在遗传密码的第三位，不引起氨基酸种类的改变，又称沉默突变；②错义突变，突变多发生在遗传密码的第一位，会导致氨基酸种类的改变；③无义突变，突变导致编码某种氨基酸的密码子变成了终止密码子，引起肽链合成提前终止。

2. 缺失和插入　缺失是指 DNA 分子上出现一个碱基或一段核苷酸链的丢失。插入是指 DNA 分子上插入了一个碱基或一段核苷酸链。

由于密码子具有连续性的特点，缺失和插入若出现在编码区，可导致 mRNA 开放阅读框移位，翻译产物的结构和功能发生明显的改变，造成蛋白质氨基酸排列顺序发生改变，称为移码突变（frameshift mutation）。

3. 重组或重排　DNA 分子内较大片段的交换称为重组或重排，移位的 DNA 片段可在新位点上正向或反向放置。例如，地中海贫血就是由 11 号染色体上的 Hbβ 基因家族的重排引起。β 基因和 δ 基因重排会形成两种融合基因，即 Lepore（δβ 融合基因）及 Anti – Lepore（βδ 融合基因）（图 13 – 22）。

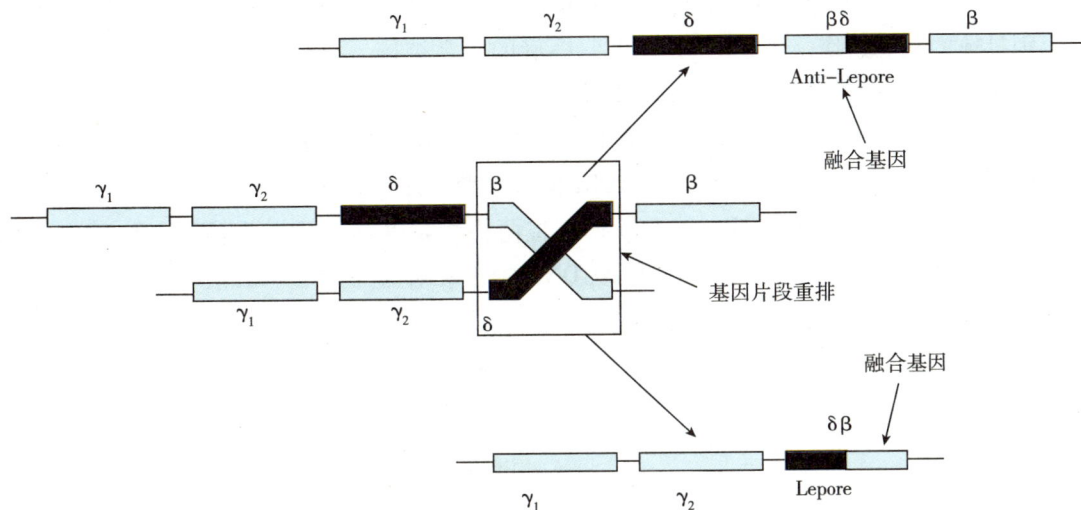

图 13 – 22　基因重排引起的地中海贫血

4. DNA 链的断裂　电离辐射及某些化学物质都可引起 DNA 链的断裂。磷酸二酯键的断裂、脱氧核糖的破坏、碱基的损伤和脱落都是引起 DNA 链断裂的主要原因。DNA 链上损伤的碱基可被特异的 DNA – 糖基化酶切除，形成无嘌呤嘧啶位点（apurinic-apyrimidinic site，AP site），DNA 链可在这一位点被内切核酸酶切断。

5. DNA 链的共价交联　有多种形式，发生在 DNA 同一条链上的两个碱基的共价结合，称为 DNA 链内交联；双螺旋 DNA 中一条链上的碱基与另一条链上的碱基发生的共价结合，称为 DNA 链间交联；DNA 和蛋白质之间的共价结合，称为 DNA – 蛋白质交联。

二、DNA 损伤的修复

生命活动中 DNA 的损伤不可避免，生物体在长期的进化过程中也逐渐形成了 DNA 修复系统，以及时纠正和修复细胞内发生的 DNA 损伤。DNA 修复的方式主要有 4 种类型：直接修复（direct repair）、切除修复（excision repair）、重组修复（recombination repair）和 SOS 修复等。

（一）直接修复

直接修复是最简单的一种修复方式，它通过直接作用于受损的 DNA，使其恢复其原有结构。

1. 嘧啶二聚体的直接修复　光修复系统就属于一种直接修复，光修复酶（photolyase）可被 400nm 波长的光活化，识别并结合嘧啶二聚体，破坏嘧啶二聚体之间的共价连接，恢复 DNA 的正常结构。

2. 烷基化碱基的直接修复　细胞内一类特异的烷基转移酶能将烷基从核苷酸上转移到自身的肽链上，修复 DNA 的同时自身发生不可逆转的失活。例如，人类 O^6 – 甲基鸟嘌呤 – DNA 甲基转移酶能将 O^6 位的甲基转移到自身的半胱氨酸残基上，使甲基化的鸟嘌呤恢复正常的结构。

3. 无嘌呤位点的直接修复　DNA 链的损伤形成无嘌呤位点以后，DNA 嘌呤插入酶能催化游离嘌呤碱基或脱氧核苷与 DNA 嘌呤缺失部位重新形成糖苷键，从而使 DNA 链上的无嘌呤位点得到修复。

（二）切除修复

切除修复是生物界普遍存在、最为有效的一种修复方式，通过酶的作用将异常的碱基或核苷酸切除并替换，使 DNA 恢复正常结构。根据识别损伤机制的不同，又分为碱基切除修复和核苷酸切除修复。

1. 碱基切除修复　需由一类特异的 DNA 糖基化酶识别及水解受损的碱基，内切核酸酶在无碱基位点将 DNA 链的磷酸二酯键切开并去除剩余的磷酸及核糖，DNA 聚合酶填补水解后留下的空隙，最后由 DNA 连接酶将缺口连接起来，恢复 DNA 分子的正常结构。

2. 核苷酸切除修复　其过程和碱基切除修复相似，也要由相应的酶发挥作用。但是，核苷酸切除修复不能识别具体的碱基损伤，而是识别 DNA 双螺旋的异常结构。目前，大肠埃希菌中切除修复的过程研究得较为清楚，其核苷酸切除修复系统主要由 4 种蛋白质组成：UvrA（ultravoilet resistant，Uvr）、UvrB、UvrC 和 UvrD。UvrA 和 UvrB 蛋白复合物能辨认并结合到损伤的 DNA 分子上，利用水解 ATP 产生的能量在 DNA 链上移动，到达损伤部位后使 DNA 构象改变。然后，UvrC 蛋白取代复合物中的 UvrA 蛋白，UvrC 蛋白具有内切核酸酶的活性，能在损伤部位两侧切断单链。通过 DNA pol I 填补水解后留下的空隙，DNA 连接酶将缺口连接起来，从而恢复 DNA 的正常结构（图 13-23）。

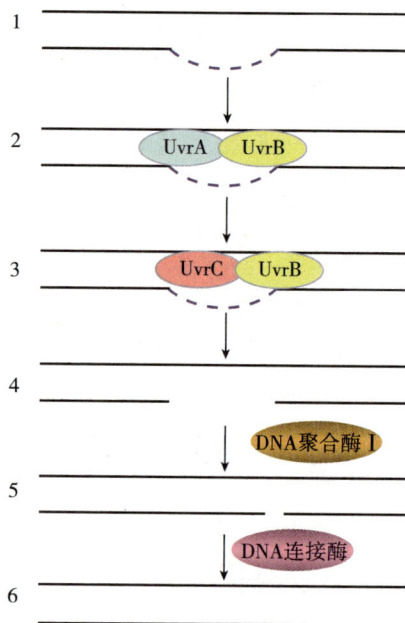

图 13-23　大肠埃希菌核苷酸的切除修复

1. DNA 一条链上出现损伤；2. UvrA、UvrB 复合物结合到损伤部位；3. UvrC 取代复合物中的 UvrA；
4. UvrC 将损伤部位的核苷酸切除；5. DNA 聚合酶 I 填补缺口；6. DNA 连接酶连接缺口

真核生物的切除修复与原核生物基本相似，但更为复杂。遗传性着色性干皮病（xeroderma pigmentosum，XP）是一种常染色体隐性遗传性疾病，人类 XP 的发生与 DNA 损伤核苷酸切除修复系统基因缺陷有关。目前发现 XP 的发病机制与基因突变有关，这些基因以其缩写命名为 *XP* 基因，表达产生 XPA、XPB、XPC……XPG 等蛋白质，均参与核苷酸修复途径。其中，XPA 和 XPC 与损伤部位的识别和切除有关；XPB 和 XPD 具有解螺旋的作用，此外，还作为亚基参与 TF II H 的组成。*XP* 基因突变会导致细胞对紫外线造成的 DNA 损伤不能进行修复，患者的皮肤对阳光极度敏感，容易引起光暴露部位皮肤发生复杂的病理改变，包括雀斑样痣、表皮增生、基底细胞癌、鳞状细胞癌、恶性黑素瘤的发生。

（三）重组修复

重组修复是依靠重组酶系将一段未受损的 DNA 移到损伤部位，提供正确的模板进行修复。光修复和切除修复是快速修复系统，在 DNA 损伤数分钟后就开始工作。当 DNA 损伤范围较广时，上述修复机制无法及时修复损伤，DNA 进入复制过程时，细胞就需依靠重组修复使损伤减轻。损伤的 DNA 分子在复制过程中两条链都会作为模板，但其中一条模板链上的损伤部位不能指导碱基配对，在子链上将出现缺口。通过 RecA（recombination，Rec）蛋白的作用，使未受损母链上的同源序列交换到子链上，从而填补缺口。母链上出现的空缺在 DNA polI催化下被填补，DNA 连接酶将缺口连接起来，恢复 DNA 的正常结构。通过重组修复能解决损伤 DNA 分子的复制问题，但模板链的损伤并没有得到真正的修复。只不过随着复制次数的增加，损伤 DNA 分子所占比例将越来越低，对机体的影响可以忽略不计（图 13-24）。

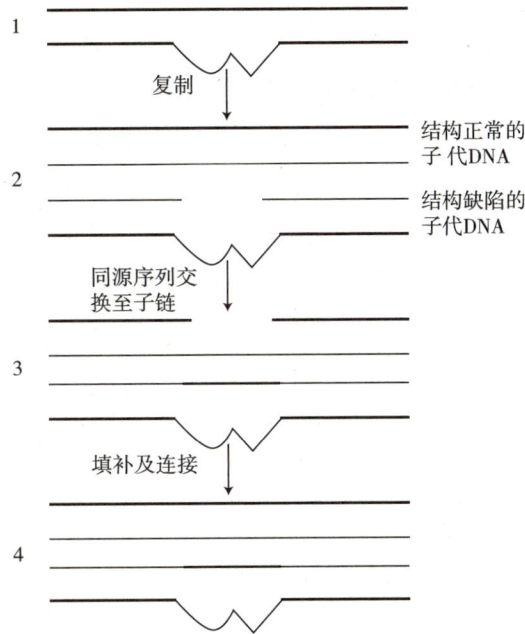

图 13-24　重组修复作用过程

1. DNA 一条链上出现损伤；2. 复制后生成结构正常及结构缺陷的子代 DNA；

3. 结构正常母链 DNA 的同源序列交换到子链上；4. 以新合成的子链为模板填补母链上的缺口

（四）SOS 修复

SOS 是国际海难急救代号，SOS 修复是细胞在危急状态下诱导产生的一种应急 DNA 损伤修复机制。当 DNA 分子损伤范围较广、难以继续复制、危及细菌生存时，会诱导细菌表达出一种特殊的 DNA 聚合酶，它不需要模板就能掺入核苷酸，使细菌 DNA 的复制得以继续进行，细胞得以暂时存活。然而，由于这样的复制错误较多，会产生广泛的突变。

目标检测

答案解析

一、选择题

1. 复制中维持 DNA 单链状态的蛋白质是（　　）

　A. DnaA　　　　B. DnaB　　　　C. DnaG　　　　D. SSB　　　　E. UvrB

2. 真核细胞催化线粒体 DNA 复制的酶是（　　）

　A. DNA 聚合酶 α　　　　　　B. DNA 聚合酶 β　　　　　　C. DNA 聚合酶 γ

　D. DNA 聚合酶 δ　　　　　　E. DNA 聚合酶 ε

3. 关于 DNA 复制的叙述，错误的是（　　）

A. 以 dNTP 为原料　　　　　　　　　　B. 两条新链的延长方向都是 5′→3′

C. 新链合成都需要引物　　　　　　　　　D. 新链都是连续合成的

E. 复制以半保留方式进行

4. 在原核生物复制过程中，解螺旋酶的作用是（　　）

　　A. 理顺 DNA 链　　　　　　　　　　　B. 辨认复制起始点

　　C. 稳定单链模板　　　　　　　　　　　D. 合成引物

　　E. 解开 DNA 双链

5. 端粒酶在催化端粒合成时，被它用作模板的是（　　）

　　A. DNA　　　　　　　　　　　　　　　B. RNA

　　C. 蛋白质　　　　　　　　　　　　　　D. 核糖核苷酸和脱氧核苷酸的混聚物

　　E. SSB

6. 真核细胞具有引物酶活性的是（　　）

　　A. DNA 聚合酶 α　　　　　　　　　　　B. DNA 聚合酶 β

　　C. DNA 聚合酶 γ　　　　　　　　　　　D. DNA 聚合酶 δ

　　E. DNA 聚合酶 ε

7. 关于真核生物 DNA 复制的叙述，错误的是（　　）

　　A. 复制具有时序性　　　　　　　　　　B. 只有一个复制起始点

　　C. 新链合成都需要引物　　　　　　　　D. DNA 复制与核小体装配同步进行

　　E. 端粒维持了染色体的稳定性和 DNA 链的完整性

8. 逆转录过程中遗传信息的流向是（　　）

　　A. DNA→DNA　　　　　　　　　　　　B. DNA→RNA

　　C. RNA→DNA　　　　　　　　　　　　D. RNA→蛋白质

　　E. RNA→RNA

9. 低波长紫外线辐射可造成 DNA 形成嘧啶二聚体，最常见的形式是（　　）

　　A. CC　　　　　B. TT　　　　　C. TC　　　　　D. AU　　　　　E. CU

10. 下列 DNA 损伤的方式中，可能仅改变一个氨基酸的是（　　）

　　A. 缺失　　　　B. 插入　　　　C. DNA 交联　　　D. 重排　　　E. 点突变

二、问答题

1. 子代细胞为何能获得与亲代细胞相同的遗传性状，其机制是什么？

2. 简述突变对生物体的影响和意义。

（杨银峰）

书网融合……

本章小结　　　　　　微课　　　　　　题库

第十四章　RNA 的生物合成与转录调控

学习目标

知识要求

1. 掌握　复制和转录的异同；转录的原料、模板和酶；乳糖操纵子调节机制；顺式作用元件、反式作用因子。

2. 熟悉　原核生物和真核生物转录的过程；真核生物转录后加工修饰。

3. 了解　转录调控的意义。

技能要求

1. 能解释 RNA 合成抑制剂抗菌和抗肿瘤的机制。

2. 能够应用本章所学知识解释转录调控异常导致肿瘤发生的分子机制。

素质要求

具有尊重遗传信息传递规律的意识，认识到生命是个有序的、系统的过程。

DNA 携带的遗传信息决定了蛋白质的氨基酸序列，但是，DNA 并不能直接指导蛋白质的合成。DNA 首先作为模板指导 RNA 的合成，然后再由 RNA 作为模板指导蛋白质的合成。RNA 的生物合成包括两种方式：一种以 DNA 为模板合成 RNA，该过程称为转录（transcription）；另一种是某些病毒以 RNA 为模板在 RNA 复制酶（RNA replicase）的作用下合成 RNA，该过程称为 RNA 复制（RNA replication）。本章主要介绍转录及其调控。

转录是遗传信息从 DNA 流向 RNA 的过程，是由 DNA 指导的 RNA 合成，即以双链 DNA 中的一条链为模板，以 ATP、CTP、GTP、UTP 4 种核苷三磷酸为原料，在 RNA 聚合酶（RNA polymerase，RNA pol）催化下合成 RNA 的过程。转录和复制有许多相似之处：①都以 DNA 为模板；②都是在 DNA 指导的聚合酶催化下的核苷酸聚合反应；③新链合成都是从 $5' \rightarrow 3'$ 方向；④都遵循碱基互补配对的原则；⑤合成过程都包括起始、延长、终止三阶段。但两者又有明显差别（表 14-1）。

表 14-1　复制和转录的区别

	复制	转录
模板	两股链均复制	仅模板链转录
原料	dNTPs	NTPs
酶	DNA 聚合酶（DNA pol）	RNA 聚合酶（RNA pol）
产物	子代双链 DNA（半保留复制）	mRNA，tRNA，rRNA 等
配对	A-T，G-C	A-U，T-A，G-C
引物	需要	不需要

某一特定条件下，一个细胞中所转录的所有 RNA 分子被称为转录组（transcriptome）。虽然人或其他哺乳动物基因组中只有相对较少部分 DNA 片段用于编码蛋白质，但是基因组的大部分被转录成为 RNA。转录产生 3 种主要的 RNA，其中 mRNA 是蛋白质生物合成的模板，tRNA 是蛋白质合成中氨基酸的载体；rRNA 则与蛋白质组成核糖体，作为蛋白质合成的场所。转录产物还包括许多其他 RNA，有的

具有调节或催化功能，有的是这 3 种主要 RNA 的前体。在脊椎动物中，这些 RNA 在数量上远远超过 3 种主要 RNA。

基因表达（gene expression）是指基因经过转录和翻译的过程。转录作为基因表达的重要环节，在某一时刻只有特定的基因被转录，而基因组中某些片段从不被转录，即转录具有选择性。转录的起始、终止及转录的强度等都受到严格的调控。转录起始的调节通过蛋白质 – DNA 相互作用进行。大多数原核生物基因转录调控通过操纵子机制实现。真核生物基因转录激活受顺式作用元件和反式作用因子相互作用的调节。

第一节　转录的模板和酶

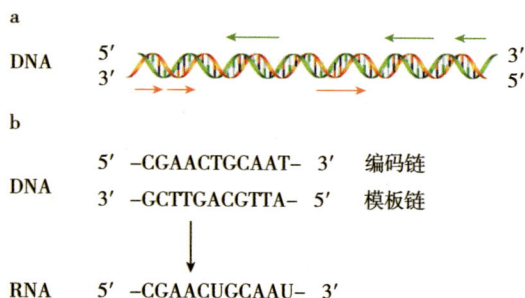

PPT

⇒ 案例引导

案例 患者，男，52 岁。主诉：反复发热 5 个多月，每天上午体温正常，下午或傍晚开始体温升高，伴有咳嗽、咳痰，痰中带血，感觉倦怠乏力、盗汗、食欲减退。查体未见明显异常。实验室检查：痰涂片检查抗酸杆菌阳性，痰培养结核杆菌阳性。胸部 X 线检查：右上肺可见纤维增殖病灶。医生诊断为肺结核，给予利福平等抗结核药物治疗。

讨论 1. 利福平如何发挥抗结核作用？
　　　2. 作为一名护理人员，应从哪些方面关爱结核病患者？

一、转录的模板

a
DNA 5′　　　　　　　　　　　　　　　　3′
　　　3′　　　　　　　　　　　　　　　　5′

b
DNA 5′ –CGAACTGCAAT– 3′　编码链
　　　3′ –GCTTGACGTTA– 5′　模板链
　　　　　　　　↓
RNA 5′ –CGAACUGCAAU– 3′

图 14 – 1　转录的模板

与复制相比，转录只发生在 DNA 分子特定的区域，具有选择性和不对称性。在基因组 DNA 中，并非所有的序列都被转录，被转录的序列也不是始终在转录；而且 DNA 分子中并非两条链都被转录，有些基因以 DNA 分子的一条链为模板进行转录，而有些基因则以另一条链为模板进行转录（图 14 –1a）。

在 DNA 分子中，作为 RNA 合成模板的一条链被称为模板链（template strand）；另一条与模板链互补的为非模板链，或称编码链（coding strand）。编码链与转录所得的 RNA 相比，除了以 T 代替 U 外，其他碱基序列相同（图 14 –1b）。

二、RNA 聚合酶

转录是酶促核苷酸聚合反应，发挥主要作用的酶是 RNA 聚合酶，其全称是 DNA 依赖的 RNA 聚合酶，与双链 DNA 结合时活性最高。

转录的化学反应及机制与 DNA 聚合酶催化的反应类似。RNA 聚合酶催化核苷三磷酸以核苷酸的方式逐个添加到新生链 3′—OH 末端，从 5′→ 3′方向延长 RNA 链而合成 RNA。化学反应如下：

$$(NMP)_n + NTP \rightarrow (NMP)_{n+1} + PPi。$$

RNA 聚合酶与 DNA 聚合酶主要的不同之处在于：①RNA 聚合酶只有 5′→ 3′的聚合酶活性，没有 3′→ 5′外切酶活性，没有即时校读功能，因此转录中的错误发生率要高于复制；②RNA 聚合酶不需要引物来起始合成，RNA 聚合酶结合于 DNA 的启动子区即可启动 RNA 合成；③RNA 聚合酶能促进 DNA 双链解链形成单链；④RNA 聚合酶的底物是 NTPs 而非 dNTPs。

1. 原核生物的 RNA 聚合酶 以大肠埃希菌为例，其 RNA 聚合酶由 α、β、β′、σ、ω 5 种亚基组成，可形成核心酶（core enzyme）和全酶（holoenzyme）两种形式。核心酶由 2 个 α 亚基、1 个 β 亚基、1 个 β′ 亚基和 1 个 ω 亚基组成（$α_2ββ′ω$）；全酶则是由核心酶和 σ 亚基组装而成。σ 亚基与其他亚基结合比较疏松，其作用是识别转录起始点。细胞内的转录起始需要 RNA 聚合酶全酶，而当转录进入延长阶段时，σ 亚基被释放，全酶转变为核心酶，催化链的延伸。各亚基及其功能见表 14 - 2。其他原核生物与大肠埃希菌的 RNA 聚合酶具有相似的结构与功能。抗结核药物利福平、利福霉素可专一性地结合 RNA 聚合酶的 β 亚基，从而抑制细菌的转录。

表 14 - 2 大肠埃希菌 RNA 聚合酶组分

亚基	相对分子质量（kD）	亚基数目	功能
α	36.5	2	决定哪些基因被转录
β	150.6	1	催化聚合反应
β′	155.6	1	结合 DNA 模板
ω	11.0	1	促进核心酶组装
σ	70.2	1	辨认起始点

2. 真核生物的 RNA 聚合酶 主要有 3 种：RNA pol Ⅰ、RNA pol Ⅱ、RNA pol Ⅲ。它们识别不同的启动子，转录生成不同的 RNA（表 14 - 3）。

表 14 - 3 真核生物的 RNA 聚合酶

RNA 聚合酶	转录产物	亚细胞定位
RNA pol Ⅰ	45S rRNA	核仁
RNA pol Ⅱ	mRNA 前体、miRNA、piRNA、LncRNA	核质
RNA pol Ⅲ	5S rRNA、tRNA 和 snRNA 等一些特殊的小 RNA	核质

第二节 原核生物的转录过程

PPT

原核生物基因的转录分区段进行，每一个转录区段可视为一个转录单元，由若干个功能相关的基因及其上游的调控序列组成，称为操纵子（operon）。

原核生物的转录过程可分为起始、延长和终止三个阶段。

一、原核生物转录的起始

转录起始不需要引物，RNA 聚合酶可催化两个游离的 NTP 形成磷酸二酯键。但是，转录前首先要找到转录起始点，形成转录起始复合物才能启动转录。

1. 转录起始点 基因的转录都有固定的起点，RNA 聚合酶在开始转录前需要辨认起始点。操纵子的调控序列中含有启动子（promoter），它是 RNA 聚合酶识别、结合并开始转录的一段特异 DNA 序列，也是控制转录的关键部位。原核生物 RNA 聚合酶的全酶与启动子结合，由 σ 亚基负责辨认转录起始点。

启动子位于转录起始点的 5′ 端，由高度保守的序列组成。通常将开始转录的 5′ 端第一个核苷酸作为转录起始点，以 +1 表示；以负数表示其上游的碱基序号。实验证实，大多数细菌的启动子包含两段高度保守序列，分别是以 - 35 和 - 10 为中心的短序列。这两个序列是 σ 亚基重要的作用位点，其中 - 35

区的一致性序列为 TTGACA，是 RNA 聚合酶 σ 亚基的识别部位；－10 区一致性序列为 TATAAT，称为 Pribnow 盒，是 RNA 聚合酶紧密结合并解链的部位。此外，在表达量高的基因中，其 －40 ～ －60 区之间还有一个富含 AT 的序列，它可将转录活性提高约 30 倍（图 14 － 2）。

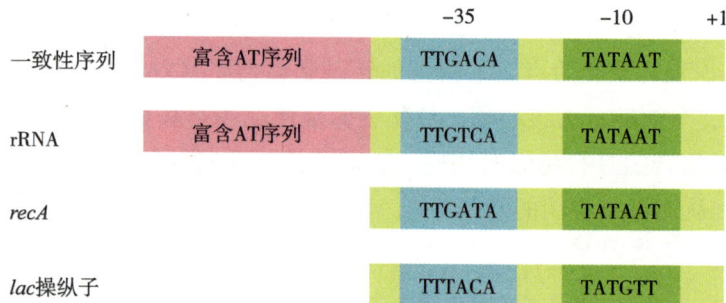

图 14 － 2　大肠埃希菌基因的启动子序列

RNA 聚合酶结合启动子启动转录的效率很大程度上取决于这些一致性序列，包括它们之间的跨度及与转录起点的距离等。但必须指出，启动子的一致性序列并不是指所有启动子都具有同样的碱基序列。相反，迄今为止，在大肠埃希菌中还未发现哪一个基因的启动子序列与一致性序列完全相同。一致性序列是对多种启动子序列分析后的统计结果。某个基因启动子序列与一致性序列越接近，该启动子的效率就越高，属于强启动子；反之，启动子效率越低，属于弱启动子。

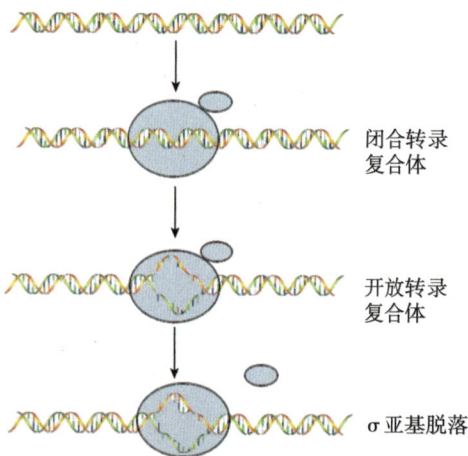

图 14 － 3　原核生物转录起始

2. 转录起始复合物的形成　转录起始时 RNA 聚合酶全酶与启动子结合，形成转录起始复合物从而启动转录（图 14 － 3）。

RNA 聚合酶全酶先与双链 DNA 随机结合，然后沿 DNA 滑动，直至发现启动子。RNA 聚合酶与启动子的结合是特异的，且亲和性高。先通过 σ 亚基识别 －35 区的 TTGACA 序列并与之结合，形成闭合转录复合体。此时的结合并不紧密，DNA 仍保持双链结构。当 RNA 聚合酶全酶移至 －10 区的 TATAAT 序列并跨过转录起始位点时，聚合酶构象发生改变，－10 区附近的部分双螺旋解链。此时，闭合转录复合体即转变为开放转录复合体。

RNA 聚合酶全酶催化第一个核苷三磷酸（通常是 GTP）与第二个核苷三磷酸缩合生成 3′,5′－磷酸二酯键，生成的聚合物是 5′pppGpN—OH 3′，其 5′端保留 3 个磷酸基团直至转录完成，3′端的游离羟基可以接受新的 NTP 并与之聚合，使 RNA 链延长。

当转录物达到足够长度并与 DNA 模板形成稳定的杂合体，RNA 聚合酶转变为延伸构象，释放 σ 亚基，移出启动子区域。此时，转录进入延长阶段。

一旦 RNA 聚合酶离开启动子区，其他的 RNA 聚合酶又可以通过其 σ 亚基再次辨认、结合启动子，启动转录。如此重复，一个基因可被多个 RNA 聚合酶转录，获得多个拷贝的 RNA。

二、原核生物转录的延长

σ 亚基脱落、RNA 聚合酶离开启动子区标志着转录进入延长阶段。与起始阶段相比，延长阶段的反应较为简单。与 σ 亚基分离后，核心酶与 DNA 模板结合疏松，易于沿着 DNA 链前移，催化 RNA 链的延长。

转录过程中，核心酶沿 DNA 分子向下移动，所覆盖之处局部 DNA 解开成单链，形成"转录泡"（图 14 － 4），转录泡大小约为 17bp。转录泡前方是不断解开的 DNA 双链，后面的 DNA 则重新形成双链，转录泡内部的 RNA 链有约 8bp 长的片段与模板链形成杂化双链。随着 RNA 链的延长，5′端脱离模板向转录泡外伸展。

新合成的 RNA 链从 5′端向 3′端延长，新的核苷酸不断加到 3′—OH 上，直到 DNA 模板上出现终止信号。

原核生物 RNA 链的转录尚未完成即已开始作为蛋白质合成的模板。这种转录与翻译同时进行的现象在原核生物中普遍存在，可保证转录和翻译的高效运行，满足它们快速增殖的需要。

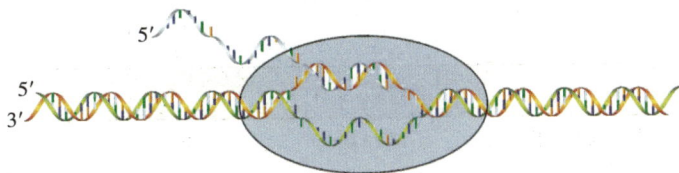

图 14 – 4　大肠埃希菌的转录泡局部结构示意图

三、原核生物转录的终止

当 RNA 聚合酶到达 DNA 末端的终止信号处时，就从 DNA 模板上脱离，释放出新合成的 RNA 链。原核生物转录终止有依赖 ρ 因子与不依赖 ρ 因子两种方式。

1. 依赖 ρ 因子的转录终止　这一终止机制多见于噬菌体中。ρ 因子是一种同源六聚体蛋白质，具有解链酶和 ATP 酶的活性，可控制转录的终止。

转录产物 RNA 的 5′端依照 DNA 模板转录产生一段特殊的碱基序列，ρ 因子识别并结合这一序列后，沿着新合成 RNA 链的 5′→3′方向移动，直至遇到暂停在终止区位置的 RNA 聚合酶。RNA 聚合酶之所以暂停，是因为转录产物的 3′端形成茎环结构，阻碍了 RNA 聚合酶的移动。随后，ρ 因子通过其解链酶活性，解开转录泡内的 RNA/DNA 杂化双链，使转录产物释放出来，从而终止转录。

2. 不依赖 ρ 因子的转录终止　这是细菌转录终止的主要方式，依赖于转录产物 3′端的特殊结构，不需要蛋白质因子的协助。DNA 模板上靠近转录终止处有些特殊碱基序列，使转录出的 RNA 产物形成特殊的茎环结构和多（U），这些结构就是转录终止信号。

当 RNA 转录至终止信号序列处时，RNA 在其 3′端自发形成茎环结构（图 14 – 5），导致转录泡塌陷和关闭，RNA 聚合酶因此出现停顿。而茎环结构后面多（U）与模板链以较弱的氢键结合，很容易与模板链解离，导致转录产物的释放和转录的终止。

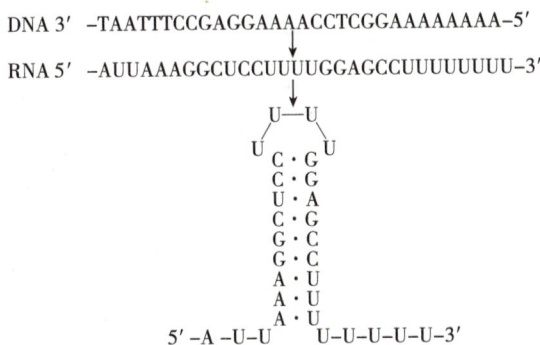

图 14 – 5　转录终止区的茎环结构

第三节　真核生物的转录过程

真核生物的转录过程远比原核生物复杂，两者的转录起始过程有较大区别，转录终止方式也不相同。

一、真核生物转录的起始

真核生物转录起始时也需要由 RNA 聚合酶识别并结合 DNA 模板，但是真核生物的模板 DNA 结构较原核生物的复杂，并且真核生物的 RNA 聚合酶不能直接识别结合模板 DNA，需要多种蛋白质因子（基本转录因子）的介导才能结合启动子并起始转录。

真核生物有 3 种 RNA 聚合酶，其转录起始过程类似，但各自识别不同的启动子，转录生成不同的产物。下面主要介绍 RNA 聚合酶 II 通过基本转录因子与启动子结合并转录生成 mRNA 的起始过程。

（一）真核生物启动子

真核生物启动子的作用是招募和定位 RNA 聚合酶 II 至转录起始点，启动基因转录，控制着基因转录起始的频率以及精确性，其结构至少包括一个转录起始位点和一个以上的功能元件（图 14-6）。

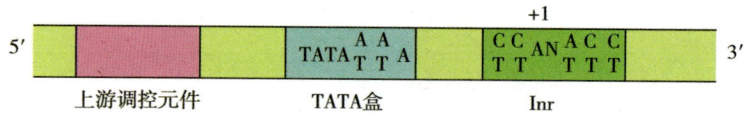

图 14-6　真核生物 RNA 聚合酶 II 识别的启动子

1. 核心启动子　TATA 盒是启动子的核心序列，富含 AT，一致性序列为 TATA（A/T）（A/T）A，与原核生物启动子中的 Pribnow 盒类似，但位置不同；起始子（initiator，Inr）覆盖转录起始点。两者属于招募和定位元件，主要用于决定转录起始点。

2. 启动子上游元件　位于核心启动子上游，可影响转录起始的效率，但不影响转录起始的特异性。常见的有 GC 盒（一致性序列为 GGGCGG）与 CAAT 盒（一致性序列为 GCCAAT）等。

（二）真核生物转录因子

转录因子（transcription factor，TF）泛指 RNA 聚合酶以外的参与转录和转录调节的蛋白质因子，可直接或间接地结合 RNA 聚合酶。转录因子包括基本转录因子和特异转录因子。前者是转录起始前复合物装配所需的，又称为通用性转录因子，而后者是某些特定蛋白质基因转录所需。

在转录起始时，首先识别、结合核心启动子，并招募 RNA 聚合酶组成转录起始前复合物的转录因子常称为基本转录因子或通用性转录因子，它们的主要作用是介导 RNA 聚合酶定位到启动子上。真核生物 RNA 聚合酶 II 有一套基本转录因子，包括 TF II D、TF II A、TF II B、TF II E、TF II F 和 TF II H 等。所有蛋白质编码基因的转录都需要这套基本转录因子的介导，才能形成转录起始前复合物（表 14-4）。

表 14-4　基本转录因子及其功能

转录因子	功能
TF II D	由 TBP、TAF 组成，识别结合启动子的 TATA 盒 DNA 序列
TF II A	辅助和加强 TBP 与 DNA 的结合
TF II B	结合 TF II D，稳定 TF II D - DNA 复合物；介导 RNA 聚合酶 II 的募集
TF II E	招募 TF II H，稳定 DNA 解链状态
TF II F	与 RNA 聚合酶 II 结合，进入转录延长阶段
TF II H	具有 ATP 酶和解旋酶活性；参与 CTD 磷酸化

注：TBP（TATA binding protein）为 TATA 结合蛋白；TAF（TBP associated factor）为 TBP 辅因子。

（三）真核生物转录起始前复合物

真核生物 RNA 聚合酶 II 不能单独识别、结合启动子，而是先由基本转录因子按顺序结合于启动子，与 RNA 聚合酶 II 共同形成转录起始前复合物。基本转录因子与启动子结合的基本顺序：TF II D → TF II A → TF II B →（TF II F + RNA 聚合酶 II）→ TF II E → TF II H。

转录起始前复合物从封闭状态转为开放状态，模板 DNA 双链解开，RNA 开始合成。当 RNA 聚合酶 II 离开启动子后，转录进入延长阶段，大多数的转录因子脱离转录起始前复合物。

然而，真核生物的转录起始前复合物并不能有效启动基因的转录，还需要特异转录因子与增强子等形成真正的转录起始复合物才能启动转录。

二、真核生物转录的延长

真核生物转录延长过程与原核生物相似，但因为有核膜相隔，没有转录与翻译同步的现象。RNA pol 前移处处都遇上核小体，转录延长过程中可以观察到核小体移位和解聚现象，转录速度较慢。

三、真核生物转录的终止

真核生物的转录终止和转录后修饰同时进行。真核生物 mRNA 的多聚腺苷酸尾巴结构是转录后才加进去的。转录不是在 poly A 的位置上终止，而是超出数百个乃至上千个核苷酸后才停顿。

第四节　真核生物的转录后加工修饰

PPT

原核生物和真核生物转录生成的 RNA 都需要经过加工修饰方可成为成熟的、有功能的 RNA 分子，真核生物 RNA 转录后加工过程较复杂且主要在细胞核中进行。RNA 的加工修饰包括去除或添加核苷酸、碱基修饰等，可与转录同时进行，也可发生于转录完成之后。加工修饰后，真核生物的 RNA 转移出细胞核。

一、mRNA 前体的加工修饰

mRNA 的前体也称为 hnRNA 或前体 mRNA，需要进行 5′端和 3′端修饰以及对 hnRNA 进行剪接，才能成为成熟的 mRNA（图 14 - 7）。

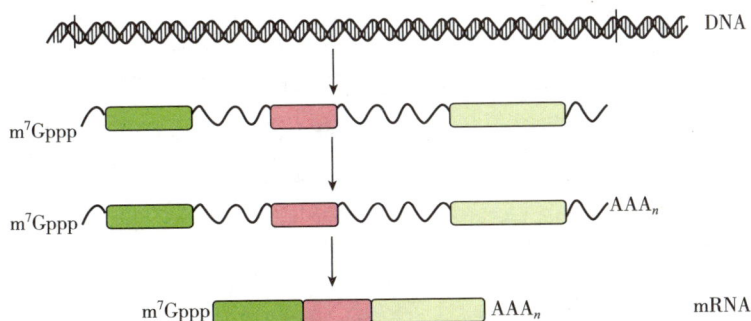

图 14 - 7　mRNA 前体加工修饰示意图

1. 5′端加入 m^7GpppN 帽结构　RNA 聚合酶 Ⅱ 催化转录的 RNA 包括 mRNA 及某些非编码 RNA。在转录起始时，RNA 聚合酶 Ⅱ 催化前两个三磷酸核苷酸生成 5′pppGpN—OH 3′，其 5′端保留 3 个磷酸基团。在转录合成的 RNA 达到 20～30 个核苷酸时，GTP 与 5′端核苷酸以 5′，5′－ 三磷酸二酯键相连，继而鸟嘌呤的 N_7 位发生甲基化，形成帽结构（m^7GpppN）。此外，邻近帽结构的第一个和第二个核苷酸的 2′—OH 也会发生甲基化。

帽结构可保护 mRNA 免遭核酸酶的消化；可以与特异的帽结合蛋白复合体结合；也可以使 mRNA 与核糖体结合，启动蛋白质的生物合成。

2. 3′端加入多腺苷酸尾　大多数真核生物的 mRNA 3′端都有由 80～250 个腺苷酸组成的多腺苷酸［poly（A）］尾结构。加尾是一个多步骤的过程：转录进行到加尾位点处并未停止，而是继续延伸，之后被内切核酸酶在加尾位点处切断，随即多腺苷酸聚合酶在断点的 3′端催化聚合形成 80～250 个腺苷酸组成的 poly（A）尾。多腺苷酸聚合酶不需要模板，而是以断裂的 mRNA 作为引物来催化这一聚合反应。断点处具有特征性的核酸序列：在 mRNA 断点的上游 10～30 核苷酸处有一高度保守序列 AAUAAA，在其下游 20~40 核苷酸处有一富含 GU 的序列。mRNA 的 poly（A）尾可以与特异蛋白质结合，保护 mR-NA 不受酶的破坏。

3. mRNA 前体的剪接　以 DNA 为模板转录得到的初级转录产物普遍较成熟的 mRNA 长，那些在加工过程中被剪切、未出现在成熟 mRNA 中的序列属于非编码序列，称为内含子（intron）；相应地，出现在成熟 mRNA 中的编码序列称为外显子（exon）。真核生物基因中外显子与内含子间隔排列，呈现出不连续的特点，被称为断裂基因。真核细胞基因组中普遍存在断裂基因，只有少数蛋白质编码基因是连续的。细胞内这种去除内含子，并将相邻外显子连接起来的过程称为剪接（splicing）。

RNA 剪接是一个多步骤的过程。当 mRNA 前体与 RNA 聚合酶及模板 DNA 分离后，迅速与核小核糖核蛋白质（snRNPs）结合。snRNPs 由核小 RNA（snRNA）与一些特殊蛋白质结合而成。snRNA 是存在于细胞核内的序列高度保守的小 RNA，序列中富含 U，故以 U 命名。参与剪接过程的 snRNA 分别是 U_1、U_2、U_4、U_5、U_6。

snRNPs 中的 snRNA（U_1 和 U_2）与内含子序列通过碱基互补配对结合而识别剪接位点，进而进行剪接反应。剪接过程是通过两次连续的转酯反应将相邻的外显子通过新的磷酸二酯键连接到一起，而内含子以套索形式释放。

有些前体 mRNA 可能具有 2 个以上多腺苷酸化的位点，可采取可变剪接形成不同的 mRNA，增加蛋白质的多样性。

4. mRNA 的编辑　转录后 mRNA 上的一些序列仍会发生改变，这一现象称为 RNA 编辑（RNA editing）。编辑主要有两种方式，一种是在编码区内增减一定数目的核苷酸，另一种是编码区的碱基发生突变。编辑现象的存在提示蛋白质的一级结构与其基因序列不一定完全匹配。

二、rRNA 前体的加工修饰

RNA 聚合酶 I 催化转录生成一种 45S rRNA 的初级转录产物，或称为 rRNA 前体。45S rRNA 可催化自身内含子剪接，这种方式又称为自剪接。45S rRNA 在核仁中经过剪接可以产生 18S rRNA、5.8S rRNA 和 28S rRNA。

三、tRNA 前体的加工修饰

大多数真核细胞中含有 40~50 种 tRNA，且多数 tRNA 基因有多个拷贝。tRNA 前体的 5′端和 3′端都有额外的核苷酸序列（不存在于成熟的 tRNA 中），但 3′端无 CCA 序列，少数tRNA 在反密码子区有内含子。因此，tRNA 前体的加工包括剪接、稀有碱基修饰及 3′端添加 CCA 等过程。

第五节　转录调控

PPT

对于蛋白质编码基因，转录生成的 mRNA 可作为模板翻译成多肽链，并装配修饰成最终的蛋白质产物而行使其生物学功能；而有些基因转录结束就已生成其终产物，如 tRNA、rRNA 等，完成基因表达过程。转录是基因表达过程中的重要环节。

无论原核或真核生物，所有基因并不能同时表达，而是随着环境的变化，特定基因适时适度地表达。有些基因产物对于整个生命过程必不可少，这类基因几乎在生物体所有组织细胞的各个生长阶段持续表达，且不易受环境条件的影响。这些基因通常被称为管家基因（housekeeping gene）。这类基因的表达被称为基本（或组成性）基因表达。而有些基因的表达具有严格的规律性，其表达易受环境因素的影响，在特定环境信号刺激下会被诱导或阻遏，基因表达产物增加或降低，即基因表达表现为时间特异性和空间特异性，这类基因的表达被称为诱导表达或阻遏表达。

基因的选择性表达是基因表达调控的结果，生物物种越高级，基因表达调控也就越精细、越复杂。基因表达调控体现在基因表达的全过程中，从基因活化、转录、转录后加工、翻译到翻译后加工等，各个环节都有基因表达调控的控制点。但转录水平，尤其是转录起始水平的调节，对基因表达起着至关重要的作用。

原核生物和真核生物的转录起始过程是通过 RNA 聚合酶或在基本转录因子协助下识别结合启动子序列后启动转录的，但是此时仅仅启动了基础转录，转录效率并不高。为了启动有效的转录或者调节转录的强度，则需要其他的调节蛋白与特异 DNA 序列的相互作用。

一、原核生物转录的调控

大肠埃希菌的染色体是环形双链 DNA 分子，约有 4300 个基因。绝大多数基因成簇、集中排列，例如，编码催化特定代谢反应的酶的基因成簇集中于 DNA 的某一区域，以操纵子的形式存在并组成基因表达调控的单元。

（一）操纵子

1960 年，法国科学家 Francois Jacob 和 Jacques Monod 最早提出了操纵子的概念和模型。原核生物成簇排列的结构基因以及调控序列共同组成了操纵子（operon），操纵子中通常包含 2~6 个结构基因，但也有些操纵子含有 20 个以上的结构基因。通过共同的启动子和转录终止序列，这些结构基因一起被转录形成多顺反子（polycistron）mRNA，其中包含多种蛋白质的编码序列。

操纵子的调控序列通常包括启动子（promoter，P）、操纵序列（operator，O）及调节基因（调节蛋白的编码基因）。启动子是 RNA 聚合酶的结合位点，两者结合后即可启动转录。原核生物启动子 −10 及 −35 区存在一些一致性序列，这些序列决定了启动子转录活性的强弱。某基因启动子序列与一致性序列越接近，该启动子转录活性越强；反之，转录活性越弱。

操纵序列是与阻遏蛋白结合的 DNA 序列。当操纵序列上结合有阻遏蛋白时，RNA 聚合酶与启动子的结合受阻，阻遏转录的进行，这种调控方式称为负调控。

原核生物的调控序列中还有一种 DNA 序列，可与激活蛋白结合，增强转录，这种调节方式为正调控。

调节基因编码调节蛋白，与操纵序列结合从而调节结构基因的转录。

（二）乳糖操纵子 🅔 微课

大肠埃希菌的乳糖操纵子（*lac* operon）是第一个被阐明的操纵子。Francois Jacob 和 Jacques Monod 研究乳糖在大肠埃希菌中的代谢时发现，如果大肠埃希菌培养基中没有乳糖，细胞内参与乳糖分解代谢的 3 种酶（β - 半乳糖苷酶、半乳糖苷通透酶、半乳糖苷转乙酰基酶）含量很少；当培养基中加入乳糖或乳糖类似物时，3 种酶的含量大大提高，以乳糖操纵子的模式进行调控。

1. 乳糖操纵子的结构及功能 乳糖操纵子由结构基因及上游调控序列组成，含有 3 个结构基因（*lacZ*、*lacY*、*lacA*）、1 个启动子（*lacP*）、1 个操纵序列（*lacO*）、1 个调节基因 I（*lacI*）及 1 个分解代谢物激活蛋白（catabolite activator protein，CAP）结合位点（图 14 − 8）。3 个结构基因中 *lacZ* 编码参与乳糖分解代谢的 β - 半乳糖苷酶；*lacY* 编码半乳糖苷通透酶，将乳糖转运入细胞内；*lacA* 编码半乳糖苷转乙酰基酶。3 个结构基因共用同一个启动子 *lacP*，但 *lacP* 是弱启动子，其转录效率很低；*lacO* 位于 *lacP* 和 *lacZ* 之间；调节基因 I 具有独立的启动子（*PI*），编码阻遏蛋白，与操纵序列结合；CAP 结合位点可与激活蛋白结合。

2. 乳糖操纵子的负调节 乳糖操纵子的调节基因 *lacI* 独立地表达，编码阻遏蛋白，其功能是控制 3

图 14 – 8　乳糖操纵子结构示意图

个结构基因的转录起始（图 14 – 9）。在没有乳糖存在时，I 基因编码的阻遏蛋白结合于 O 序列，阻碍 RNA 聚合酶与启动子的结合，乳糖操纵子受阻遏，处于关闭状态；当有乳糖存在时，乳糖在 β – 半乳糖苷酶作用下生成的别乳糖可与阻遏蛋白结合，使阻遏蛋白构象改变，不再与 O 序列结合，RNA 聚合酶可与启动子结合而启动乳糖操纵子的转录。异丙基硫代半乳糖苷（IPTG）是一种人工合成的半乳糖类似物，作为诱导剂可解除阻遏蛋白对乳糖操纵子的抑制作用，能够迅速而持续地刺激乳糖操纵子结构基因的表达。

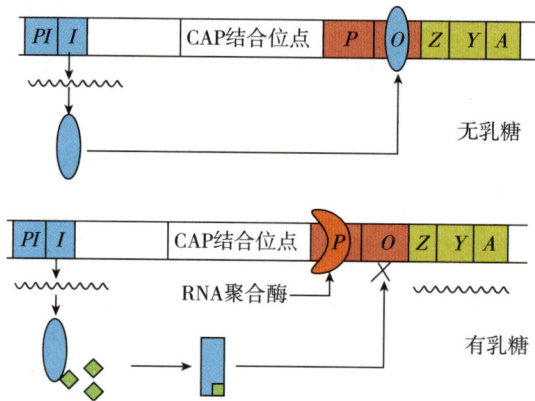

图 14 – 9　乳糖操纵子的负调节

3. 乳糖操纵子的正调节　激活蛋白可与乳糖操纵子的 CAP 结合位点结合，促进结构基因的转录，这种正调控是乳糖操纵子的另一种调控方式（图 14 – 10）。

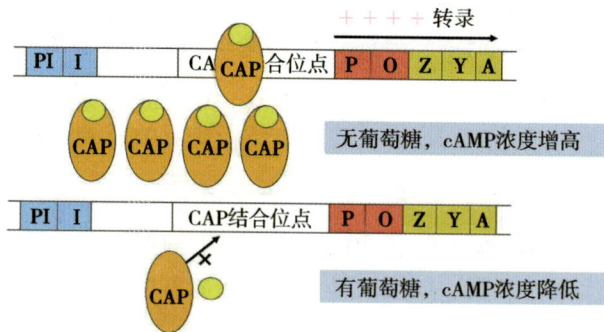

图 14 – 10　乳糖操纵子的正调节

大肠埃希菌中存在 cAMP，由腺苷酸环化酶催化生成。cAMP 与 CAP 结合形成复合物后，CAP 被激活而结合到乳糖操纵子的 CAP 结合位点处，激活了结构基因的转录。

细胞内 cAMP 的浓度与葡萄糖浓度呈负相关，高浓度葡萄糖可抑制腺苷酸环化酶的活性，导致 cAMP 浓度下降。当培养基中缺乏葡萄糖时，cAMP 浓度增高，并与 CAP 结合，促进 RNA 聚合酶与启动子的结合，使转录活性提高约 50 倍；当有葡萄糖存在时，cAMP 浓度低，与 CAP 结合受阻，乳糖操纵子转录活性下降。

4. 乳糖操纵子的协同调节　阻遏蛋白的负调节和 CAP 的正调节相互协调，保证乳糖操纵子的适时表达。乳糖操纵子的启动子为弱启动子，转录效率极低，需要 CAP 的激活，使其转录活性明显提高，才能有效表达结构基因；当阻遏蛋白封闭转录时，CAP 对该系统不能发挥作用。因此，乳糖操纵子仅在培养基中有乳糖、没有葡萄糖的状况下才能高效转录；而当培养基中同时存在葡萄糖和乳糖时，细菌优先选择代谢葡萄糖，当葡萄糖被耗尽后才代谢乳糖。

二、真核生物转录的调控

与原核生物相比，真核生物的基因结构较为复杂，DNA 与组蛋白结合以染色质的形式存在。同时，真核生物细胞内具有多种细胞器，其基因的转录和转录后加工在细胞核中进行，而翻译和翻译后加工则在细胞质中进行。真核生物基因表达调控的环节更多，机制更复杂，主要包括染色质的活化、转录、转录后加工、翻译和翻译后加工等过程。但是，转录起始阶段依然是其中最关键的调控点。

与原核基因类似，真核生物转录调控的基本方式也是通过 DNA 与蛋白质间的相互作用，即通过反式作用因子对顺式作用元件的识别与结合进行调控。

（一）顺式作用元件

不同基因转录时，需要各自特异的非编码序列参与，这些序列包括启动子和其他调节基因转录的序列。它们与转录的基因处于同一条染色体 DNA 上，呈顺式关系，称为顺式作用元件（cis-acting element），按照功能可以分为启动子、增强子（enhancer）和沉默子（silencer）等。启动子详见第三节，以下介绍增强子和沉默子。

1. 增强子 是指位于真核基因转录调控区中能够被特异转录因子识别结合，增强基因转录活性的 DNA 序列。增强子的作用与位置无关，在所调控基因的上游、内含子中或下游均可发挥调控作用，但以上游为主；增强子的作用与距离无关，可作用于邻近或距离较远的基因，但总是作用于最近的启动子；某些增强子具有组织特异性。

2. 沉默子 是一类负性调控元件，与特异转录因子结合后抑制或阻遏靶基因转录。沉默子的结构特征和作用特点与增强子极为相似，其作用与位置、距离等无关，也具有组织特异性。

（二）反式作用因子

大多数真核生物基因转录调节蛋白通过直接或间接辨认、结合特异的顺式作用元件而调节相应基因的表达，这些蛋白质对其他基因的调节作用称为反式调节作用，而这些调节蛋白就称为反式作用因子或转录因子（transcription factor，TF），从 DNA 分子之外影响转录。根据功能特性，转录因子可分为两类：基本转录因子（basic transcription factor）和特异转录因子（special transcription factor）。

1. 转录因子 基本转录因子帮助 RNA 聚合酶与启动子结合并启动转录，是所有基因转录所必需的；而特异转录因子则是个别基因转录所需要的。

特异转录因子大部分起转录激活作用，称为转录激活因子，通过识别结合增强子发挥作用，通常可以决定基因的时空特异性表达；少数特异转录因子起抑制作用，称为转录抑制因子，一般通过结合沉默子发挥作用。有些转录因子可以不和 DNA 直接结合，而是通过蛋白质－蛋白质相互作用来促进或抑制其他转录因子，进而影响 DNA 和 RNA 聚合酶的相互作用，从而发挥转录调控作用，这类转录因子可以称为辅助激活因子或中介子。

2. 转录因子的结构 转录因子与 DNA 结合后启动或调节转录，大多数转录因子通常含 DNA 结合结构域和转录激活结构域，有些转录因子还包含蛋白质－蛋白质相互作用结构域及二聚化结构域。

（1）DNA 结合结构域 真核生物转录因子的 DNA 结合结构域中一般会含有某种模体结构，转录因子通过这一结构与 DNA 结合。常见的模体结构有 α 螺旋－转角－α 螺旋、锌指结构、碱性拉链和碱性 α 螺旋－环－α 螺旋等。

（2）转录激活结构域　转录因子通过其 DNA 结合结构域与所调节基因的特异 DNA 序列结合，而转录激活结构域则承担激活基因表达的功能。常见的转录激活结构域包括酸性激活结构域（富含天冬氨酸和谷氨酸这两种酸性氨基酸，是最常见的转录激活结构域）、富含谷氨酰胺的转录激活结构域和富含脯氨酸的转录激活结构域。

⊕ **知识链接**

转录因子与糖尿病

转录因子与多种疾病的发生密切相关。成人发病型糖尿病（MODY）是一种常染色体显性遗传的单基因遗传病，是由不同程度的胰岛素分泌减少所致，它的发生与某些基因突变相关。目前已发现至少 6 种 MODY 相关基因，分别是肝细胞核因子 -4α（HNF -4α）/MODY1、葡糖激酶（GCK）/MODY2、肝细胞核因子 -1α（HNF -1α）/MODY3、胰岛素启动因子 -1（IPF -1）/MODY4、肝细胞核因子 -1β（HNF -1β）/MODY5 及神经源性分化因子 1（neuroD1/BETA2）/MODY6。这 6 种基因产物中，除葡糖激酶外，其他均为转录因子。这些转录因子均可调节胰岛素基因的表达，其中的 IPF -1，又称为 PDX -1，还影响胰腺的器官发生。当基因发生突变，这些转录因子失去转录调控胰岛素基因表达的作用时，导致胰岛素表达减少，从而引发糖尿病。

3. mRNA 的转录激活　基本转录因子协助 RNA 聚合酶 Ⅱ 在启动子区组装形成转录起始前复合物，但此时并不能有效启动基因的转录。还需要特异转录因子识别、结合增强子序列，并通过 DNA 链的迂回折叠与转录起始前复合物结合，形成真正的转录起始复合物才能启动转录。值得强调的是，多数基因的转录需要多个特异转录因子的协同作用。

（三）真核生物转录调控的意义

通过对基因转录水平的调控，特定基因保持适时适度地表达，维持细胞正常地增殖、分化与个体发育并适应变化的环境等。但是如果转录调控异常，导致基因表达过度增加或失活，可导致细胞癌变等异常状况。

癌基因（oncogene）是能导致细胞发生恶性转化和诱发癌症的基因。绝大多数癌基因是细胞内正常的原癌基因（ptoto - oncogene）突变或表达水平异常升高转变而来，原癌基因的作用通常是促进细胞的生长和增殖。某些病毒也携带癌基因。抑癌基因（antioncogene）或肿瘤抑制基因（tumor supressor gene）是调节细胞正常生长和增殖的基因，其编码产物对细胞生长起着负调控作用，抑制细胞的恶性生长。原癌基因与抑癌基因相互制约，维持细胞正常增殖。当原癌基因过量表达或过度激活，或抑癌基因丢失或失活均可导致肿瘤发生。

常见的癌基因 $C - MYC$，抑癌基因 $Tp53$、RB 等基因的编码产物均为转录因子。以 $Tp53$ 为例，野生型 $p53$ 通过 TATA 序列抑制其下游基因的表达。当 $Tp53$ 缺失或失活，失去对下游基因的抑制作用。$Tp53$ 基因突变一般发生于其与 DNA 结合区，影响 $p53$ 与其下游基因 DNA 序列的结合，从而失去转录调控的功能，导致细胞异常增生，继而发生癌变。

目标检测

答案解析

一、选择题

1. RNA 合成时需要的物质是（　　）

A. ATP　　　　　B. dATP　　　　　C. dCTP　　　　　D. dUTP　　　　　E. 逆转录酶

2. 细菌 RNA 合成时负责延长 RNA 链的物质是（　　）

A. σ 因子　　　　　B. ρ 因子　　　　　C. 核心酶　　　　　D. 全酶　　　　　E. 逆转录酶

3. 参与转录终止的因素是（　　）

A. ρ 因子

B. σ 因子

C. 转录产物 3′ 端发夹结构

D. ρ 因子或转录产物 3′ 端茎环结构

E. σ 因子或转录产物 3′ 端茎环结构

4. 下列属于基因表达调控基本控制点的是（　　）

A. 基因的激活　　B. 转录的起始　　C. 转录后加工　　D. 翻译后加工　　E. 翻译的起始

5. 关于 RNA 的转录合成，下列叙述不正确的是（　　）

A. 只有在 DNA 存在时，RNA 聚合酶才能催化磷酸二酯键的形成

B. 在转录开始时，RNA 聚合酶需要一个引物

C. RNA 链的延长方向是 5′→3′

D. 作为模板的 DNA 只有一条链

E. 合成的 RNA 不是环状的

6. 关于操纵序列的叙述，下列正确的是（　　）

A. 与阻遏蛋白结合的部位

B. 与 RNA 聚合酶结合的部位

C. 属于编码基因的一部分

D. 具有转录活性

E. 是编码基因的转录产物

7. 下列关于顺式作用元件的叙述，错误的是（　　）

A. 是特定 DNA 序列

B. 即转录因子

C. 增强子是顺式作用元件

D. 对基因转录起调节作用

E. 可与反式作用因子特异结合

二、问答题

1. 简述原核基因转录的基本过程。

2. 试比较复制与转录的区别。

3. 真核生物 mRNA 前体需要哪些加工修饰？

4. 简述乳糖操纵子的结构及调控机制。

（周芳亮）

书网融合……

本章小结　　　微课　　　题库

第十五章　蛋白质的生物合成

生物体内蛋白质的生物合成发生在核糖体上，是在多种蛋白质因子的辅助下，以 mRNA 为模板、tRNA 为转运氨基酸的工具而合成蛋白质的过程。在这一过程中，mRNA 上的核苷酸序列被转换成蛋白质中的氨基酸序列，类似于两种不同分子语言的转换，故又称为翻译（translation）。整个反应过程包括：氨基酸的活化、肽链的生物合成以及肽链合成后的加工和转运。

第一节　蛋白质生物合成体系 🅴 微课1

PPT

参与细胞内蛋白质生物合成的物质体系极为复杂，除 20 种编码氨基酸为基本原料外，还需要模板 mRNA、适配器 tRNA、装配机核糖体、有关的酶和蛋白质因子、能源物质 ATP 和 GTP、无机离子 Mg^{2+} 和 K^+。

一、mRNA 与遗传密码

从 DNA 转录出的 mRNA 携带着编码信息，是蛋白质生物合成的直接模板。真核生物成熟 mRNA 的基本结构分为 5 个区域（图 15-1）：5′帽结构、5′端非翻译区（5′-untranslated region，5′-UTR）、开放阅读框、3′端非翻译区（3′-UTR）和 3′多腺苷酸［poly（A）］尾。从 mRNA 5′端起始密码子 AUG 到 3′端终止密码子之间的核苷酸序列，称为开放阅读框（open reading frame，ORF），在 mRNA 的开放阅读框区，从 5′端 AUG 开始至 3′端方向，每 3 个相邻的核苷酸为一组，代表一种氨基酸或蛋白质合成的起始、终止信号，这种三联体形式的核苷酸序列称为三联体密码（triplet codon）。4 种构成 mRNA 的核苷酸经过排列组合共构成 64 种密码子（表 15-1），其中 61 个密码子直接编码在蛋白质合成时使用的 20 种编码氨基酸，而 AUG 既编码甲硫氨酸，在开放阅读框架区的 5′端时又作为起始密码子（在原核生物中代表甲酰甲硫氨酸，在真核生物中代表甲硫氨酸）；另外 3 个密码子（UAA，UAG，UGA）作为肽链合成的终止密码子，不编码任何氨基酸。

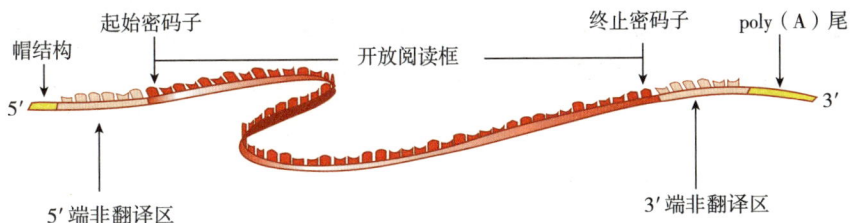

图 15 – 1 真核生物成熟 mRNA 的基本结构

表 15 – 1 通用遗传密码表

第一位核苷酸 (5'端)	第二位核苷酸（中间）				第三位核苷酸（3'端）
	U	C	A	G	
U	苯丙氨酸	丝氨酸	酪氨酸	半胱氨酸	U
	苯丙氨酸	丝氨酸	酪氨酸	半胱氨酸	C
	亮氨酸	丝氨酸	终止信号	终止信号	A
	亮氨酸	丝氨酸	终止信号	色氨酸	G
C	亮氨酸	脯氨酸	组氨酸	精氨酸	U
	亮氨酸	脯氨酸	组氨酸	精氨酸	C
	亮氨酸	脯氨酸	谷氨酰胺	精氨酸	A
	亮氨酸	脯氨酸	谷氨酰胺	精氨酸	G
A	异亮氨酸	苏氨酸	天冬酰胺	丝氨酸	U
	异亮氨酸	苏氨酸	天冬酰胺	丝氨酸	C
	异亮氨酸	苏氨酸	赖氨酸	精氨酸	A
	甲硫氨酸	苏氨酸	赖氨酸	精氨酸	G
G	缬氨酸	丙氨酸	天冬氨酸	甘氨酸	U
	缬氨酸	丙氨酸	天冬氨酸	甘氨酸	C
	缬氨酸	丙氨酸	谷氨酸	甘氨酸	A
	缬氨酸	丙氨酸	谷氨酸	甘氨酸	G

遗传学上，将编码一种多肽的遗传单位称为顺反子（cistron）。在原核生物中，数个功能相关的结构基因常串联为一个转录单位，转录生成的 mRNA 可编码几种功能相关的蛋白质，称为多顺反子 mR-NA；而真核生物中成熟 mRNA 只编码一种蛋白质，称为单顺反子 mRNA。

遗传密码有以下几个主要特点。

1. 方向性 mRNA 序列中碱基的排列具有方向性。翻译时读码方向只能从 5'端至 3'端，即按 5'→3'的方向，从 mRNA 的起始密码子 AUG 开始逐一阅读，直至终止密码子。读码的方向性决定了肽链的合成方向是从 N 端至 C 端（图 15 – 2）。

2. 连续性 从 mRNA 的起始密码子开始，三联体密码被连续阅读，密码子之间既无间隔也无重叠。基因损伤有可能导致 mRNA 开放阅读框内发生碱基的插入或缺失，可能引起框移突变（frameshift mutation）（图 15 – 2）。

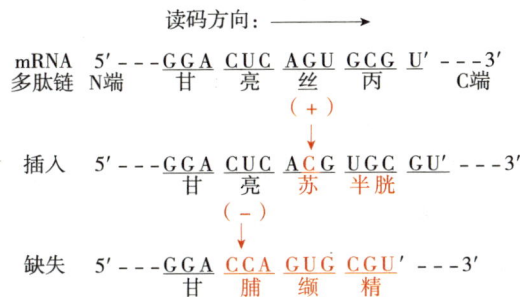

图 15 – 2 密码子的方向性、连续性与框移突变

3. 简并性 64 个密码子中有 61 个密码子编码氨基酸，显然两者不是一一对应的关系。除色氨酸和甲硫氨酸仅有 1 个密码子编码外，其余氨基酸都有 2 个或 2 个以上的密码子为其编码。这一特性称为密码子的简并性（表 15 – 2）。编码同一种氨基酸的各密码子称为简并性密码子，又称同义密码子。大多数同义密

码子间仅第 3 位碱基有差异，前两位相同的碱基决定了密码子的特异性，这意味着同义密码子第 3 位碱基的改变并不影响所编码的氨基酸，即合成的多肽具有相同的一级结构。因此，密码子的简并性可以减少有害突变的发生，保持物种的稳定性。

表 15 – 2　密码子的简并性

氨基酸	同义密码子数目
Met、Trp	1
Asn、Asp、Cys、Gln、Glu、His、Lys、Phe、Tyr	2
Ile	3
Ala、Gly、Pro、Thr、Val	4
Arg、Leu、Ser	6

4. 摆动性　翻译过程中，氨基酸的正确加入取决于 mRNA 的密码子与 tRNA 的反密码子之间的反向碱基配对。然而反密码子的第 1 位碱基与密码子的第 3 位碱基之间有时不严格遵守常见的碱基配对规律（图 15 – 3），这种现象称为摆动配对。摆动配对能够使一种 tRNA 识别 mRNA 编码区中的多种简并密码子（表 15 – 3）。

表 15 – 3　反密码子与密码子的摆动配对

tRNA 反密码子的第 1 位碱基	I	G	U	A	C
mRNA 密码子的第 3 位碱基	U、C、A	U、C	A、G	U	G

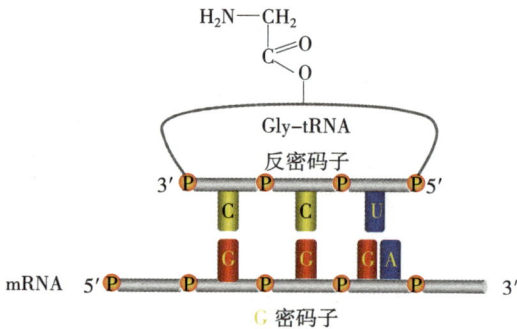

图 15 – 3　反密码子与密码子的摆动配对

5. 通用性　从原核生物到人类，蛋白质生物合成的整套遗传密码都通用。密码子的通用性进一步证明地球上的生物来自同一祖先。在动物细胞的线粒体和植物细胞的叶绿体已发现个别例外。如在线粒体中代表起始密码子和甲硫氨酸的密码子是 AUA（在通用密码中代表异亮氨酸）；在线粒体中代表色氨酸的密码子是 UGA（在通用密码中代表终止密码子）。

二、tRNA 与氨基酸

在翻译的过程中，mRNA 上的密码子不具有特异识别其编码氨基酸的能力，两者之间的相互识别是通过 tRNA 而实现的。tRNA 起到以下两方面的作用。

1. 运载氨基酸　氨基酸各由其特异的 tRNA 携带，一种氨基酸可有 2～6 种对应的 tRNA，但一种 tRNA 只能转运一种特定的氨基酸。氨基酸结合在 tRNA 重要的功能部位——氨基酸臂的 3′—CCA—OH 上，反应需要 ATP 供能。

2. 充当"适配器"　tRNA 上另一个重要的功能部位是 mRNA 结合部位，即反密码子环中的反密码子。每种 tRNA 的反密码子决定了所运载的氨基酸能准确地在 mRNA 上对号入座。

按照 mRNA 上遗传信息的指导，参与肽链合成的氨基酸与其对应的 tRNA 相结合，再被运载到核糖体，通过 tRNA 反密码子与 mRNA 中对应的密码子反向互补结合（图 15 – 3），氨基酸残基被依次加入多肽链中。

三、rRNA 与核糖体

核糖体是由 rRNA 和多种核糖体蛋白结合而成的一种大的核糖核蛋白颗粒，是蛋白质生物合成的场所。核糖体像一个移动的多肽链"装配机"，沿着模板 mRNA 从 5′端向 3′端滑动，而运载各种氨基酸的 tRNA 按照反密码子和密码子的反向互补配对关系依次进出其中，提供合成肽链所需的氨基酸原料，至肽链合成完毕后，核糖体与 mRNA 立刻分离。

原核生物与真核生物的核糖体虽组成不同（见第二章），但均由大、小亚基构成，核糖体在翻译中的功能部位也基本相同。原核生物的核糖体上有 3 个重要的功能部位：A 位、P 位和 E 位（图 15-4）。A 位又称氨酰位（aminoacyl site），是氨酰 tRNA 结合的部位；P 位又称肽酰位（peptidyl site），是肽酰 tRNA 结合的部位；E 位称为排出位（exit site），是释放空载 tRNA 的位置。真核生物的核糖体上没有 E 位，空载 tRNA 直接从 P 位释放。

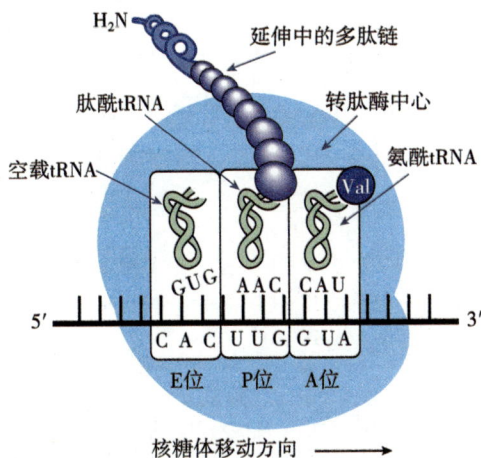

图 15-4　原核生物的核糖体在翻译中的功能部位

四、参与蛋白质合成的其他成分

蛋白质的生物合成除了需要 ATP 或 GTP 供能外，还需要酶类（表 15-4）和蛋白质因子的参与（表 15-5、表 15-6）。蛋白质因子按其参与的不同阶段，分类如下：①起始因子（initiation factor，IF），参与多肽链合成的起始；②延长因子（elongation factor，EF），参与肽链的延长；③释放因子（release factor，RF），参与肽链合成的终止与释放。为了区别原核生物（prokaryote）和真核生物（eukaryote）的蛋白质因子，真核生物的 3 种蛋白质因子均在缩写字母前加"e"（真核生物的英文首字母）表示，即 eIF、eEF 和 eRF，原核生物的蛋白质因子缩写保持不变。

表 15-4　参与蛋白质合成的酶类

酶类	生物学功能
氨酰 tRNA 合成酶（aminoacyl tRNA synthetase）	催化氨基酸的活化，即催化氨基酸的羧基与其对应的 tRNA 结合生成氨酰tRNA。此酶具有高度特异性，既能识别特异的氨基酸，又能正确选择运载这种氨基酸的 tRNA，故能催化氨基酸与特异的 tRNA 正确结合
*转肽酶（peptidase）	催化核糖体 P 位上的肽酰基转移至 A 位氨酰 tRNA 的氨基上，使酰基与氨基结合形成肽键。此酶受释放因子作用后发生变构，呈现出酯酶的水解活性，促使 P 位上的肽链与 tRNA 解离
移位酶（translocase）	催化核糖体向 mRNA 的 3′端移动一个密码子的距离，使下一个密码子定位于 A 位，即原核生物中 EF-G，真核生物中 eEF-2 的活性

注：*1992 年，加州大学 Noller 等证实其分离的 rRNA 具有转肽酶活性。在原核生物中，转肽酶活性位于大亚基的 23S rRNA 上；真核生物中，该酶的活性位于大亚基的 28S rRNA 中。

表 15-5　原核生物参与肽链合成的蛋白质因子

种类		生物学功能
起始因子	IF-1	占据核糖体 A 位，防止其他 tRNA 与 A 位结合
	IF-2	促使 fMet-tRNA^{fMet} 与小亚基结合
	IF-3	促使大、小亚基分离；提高 P 位对 fMet-tRNA^{fMet} 结合的敏感性
延长因子	EF-Tu	结合并分解 GTP，促使氨酰 tRNA 进入 A 位
	EF-Ts	EF-Tu 的调节亚基
	EF-G	有移位酶活性，促使 mRNA-肽酰 tRNA 由 A 位移至 P 位以及 tRNA 卸载与释放
释放因子	RF-1	特异识别终止密码子 UAA、UAG 并诱导转肽酶转变为酯酶
	RF-2	特异识别终止密码子 UAA、UGA 并诱导转肽酶转变为酯酶
	RF-3	具有 GTP 酶活性并介导 RF-1、RF-2 与核糖体的相互作用

表 15－6　真核生物参与肽链合成的蛋白质因子

种类		生物学功能
起始因子	eIF－1	多功能因子，参与翻译的多个步骤
	eIF－2	促使 Met－tRNAi^{Met} 与小亚基结合
	eIF－2B	与小亚基结合，促使大、小亚基分离
	eIF－3	与小亚基结合，促使大、小亚基分离；介导 eIF－4F 复合物－mRNA 与小亚基结合
	eIF－4A	具有 RNA 解旋酶活性，解除 mRNA 5′端的发夹结构，促使其与小亚基结合
	eIF－4B	结合 mRNA，协助小亚基扫描定位 mRNA 上的起始 AUG
	eIF－4E	eIF－4F 复合物成分，识别结合 mRNA 的 5′帽结构
	eIF－4G	eIF－4F 复合物成分，结合 eIF－3、eIF－4E 和 PAB
	eIF－5	促使各种起始因子从小亚基上解离
	eIF－6	促使大、小亚基分离
延长因子	eEF－1α	促使氨酰 tRNA 进入 A 位，结合并分解 GTP，相当于 EF－Tu
	eEF－1βγ	调节亚基，相当于 EF－Ts
	eEF－2	有移位酶活性，促使肽酰 tRNA 由 A 位移至 P 位，促使 tRNA 卸载，相当于 EF－G
释放因子	eRF	识别所有终止密码子，具有原核生物各类 RF 的功能

PPT

第二节　肽链的生物合成 微课2

肽链的生物合成包括氨基酸活化与肽链合成过程（包括起始、延长及终止），现将各阶段所必需的成分列于表 15－7。

表 15－7　肽链合成各阶段的必需成分（以原核生物为例）

阶段		必需成分
氨基酸活化		20 种编码氨基酸
		20 种或更多的 tRNA
		20 种氨酰 tRNA 合成酶
		ATP、Mg^{2+}
肽链合成过程	起始	核糖体大、小亚基
		mRNA 及起始密码子 AUG
		fMet－tRNA^{fMet}
		起始因子（IF－1、IF－2、IF－3）
		GTP、Mg^{2+}
	延长	原核生物翻译起始复合物
		AA－tRNA^{AA}
		转肽酶
		延长因子（EF－Tu、EF－Ts、EF－G）
		GTP、Mg^{2+}
	终止	mRNA 上的终止密码子
		释放因子（RF－1、RF－2、RF－3）
		GTP

一、氨基酸活化

氨基酸作为蛋白质合成的基本原料，只有与 tRNA 结合才能被准确运送到核糖体中，参与肽链的合成。氨基酸与相应的 tRNA 特异结合成氨酰 tRNA 的过程称为氨基酸活化，是肽链正确合成的关键步骤。

此过程是由氨酰 tRNA 合成酶（aminoacyl-tRNA synthetase）催化的耗能反应，每活化 1 分子氨基酸需消耗 2 个来自 ATP 的高能磷酸键。

总反应式如下：

$$氨基酸 + tRNA + ATP \xrightarrow{氨酰tRNA合成酶} 氨酰 tRNA + AMP + PPi$$

氨酰 tRNA 合成的主要反应过程如图 15 – 5 所示。

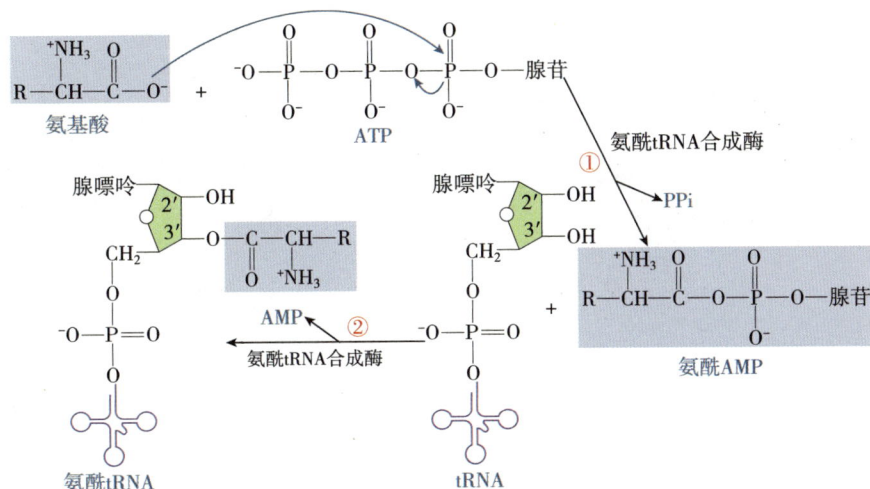

图 15 – 5　氨酰 tRNA 合成的主要反应过程

主要包括两个反应步骤：①氨酰 tRNA 合成酶催化 ATP 释放 PPi 转变为 AMP，再与氨基酸的羧基以酸酐键相连，生成中间复合物（氨酰 AMP – 酶）；②氨酰 AMP 释放 AMP，再与相应 tRNA 的 3′—CCA—OH 以酯键结合，生成氨酰 tRNA。

1. 氨酰 tRNA 合成酶　对底物氨基酸和结合该氨基酸的 tRNA 均有高度特异性，此外还有校对活性（proofreading activity），能水解并释放错误结合的氨基酸，即将上述反应中形成的任何错误的氨酰 AMP – E 复合物或氨酰 tRNA 的酯键水解，再替换上与密码子相对应的氨基酸，纠正反应中出现的错配，保证氨基酸活化反应的误差小于 10^{-4}。

2. 氨酰 tRNA 的表示方法　各种氨基酸和对应的 tRNA 结合后形成的氨酰 tRNA 可表示为"氨基酸的三字母缩写 – tRNA^{氨基酸的三字母缩写}"，如丙氨酰 tRNA 表示为 Ala – tRNA^{Ala}，精氨酰 tRNA 表示为 Arg – tRNA^{Arg}，甲硫氨酰 tRNA 表示为 Met – tRNA^{Met}。

肽链合成的起始氨酰 tRNA 的书写形式有别于延长阶段的形式 Met – tRNA^{Met}，原核生物的起始氨酰 tRNA 表示为 fMet – tRNA^{fMet}，其中的甲硫氨酸被甲酰化为 N – 甲酰甲硫氨酸（N – formyl methionine，fMet）。对于真核生物，起始氨酰 tRNA 表示为 Met – tRNAi^{Met}，其中 i 是 initiator 的首字母。起始密码子 AUG 只能辨认结合起始氨酰 tRNA，参与形成翻译起始复合物。

二、肽链合成过程

肽链合成过程包括起始（initiation）、延长（elongation）和终止（termination）3 个阶段。真核生物与原核生物的肽链合成过程基本类似，只是涉及的蛋白质因子更多，反应更复杂。

（一）原核生物的肽链合成过程

1. 起始阶段　肽链合成的起始阶段是指模板 mRNA、起始氨酰 tRNA 分别与核糖体结合，形成翻译起始复合物的过程。其主要步骤如图 15 – 6 所示。

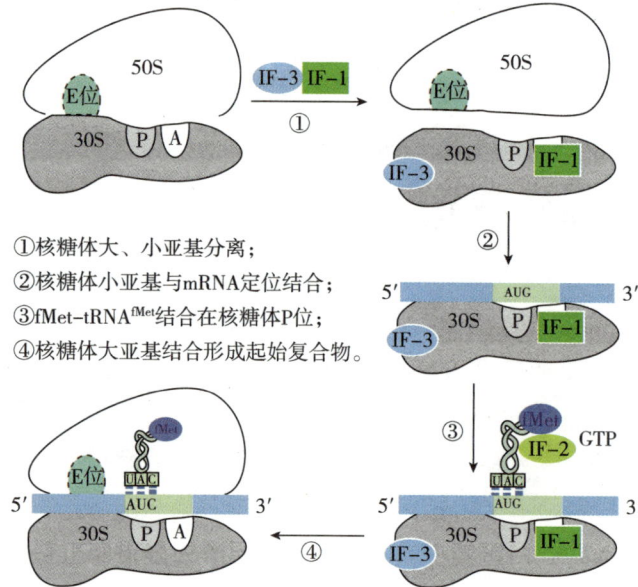

图 15 - 6   原核生物肽链合成的起始过程

（1）核糖体大、小亚基分离   肽链合成是一个连续进行的过程，上一轮的合成终止紧接着下一轮的合成起始。起始因子 IF - 1、IF - 3 与核糖体的小亚基的结合，促使 70S 完整核糖体的 50S 大亚基、30S 小亚基分离，为模板 mRNA 和 fMet - tRNA^{fMet} 与小亚基的结合做好准备。另外，IF - 1 占据核糖体 A 位，以防结合其他氨酰 tRNA。

（2）30S 小亚基与 mRNA 定位结合   原核生物的 mRNA 是多顺反子 mRNA，为多个多肽编码，而每个开放阅读框均拥有各自的起始密码子 AUG 和阅读框内部的 AUG。核糖体小亚基是如何准确识别并结合在起始 AUG 附近，使小亚基上 P 位对准起始 AUG，从而翻译出正确的编码蛋白质，这有赖于 RNA - RNA、RNA - 蛋白质的相互作用（图 15 - 7）。

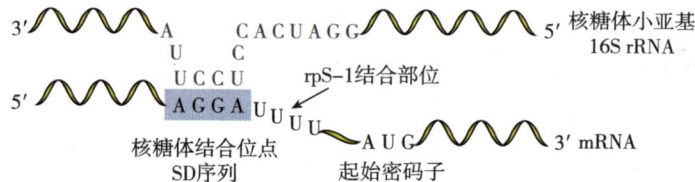

图 15 - 7   原核生物核糖体小亚基与 mRNA 定位结合机制

1）RNA - RNA 的相互作用（mRNA - 16S rRNA）：在各种 mRNA 起始 AUG 上游 8 ~ 13 个核苷酸处，有一段富含嘌呤碱基、由 4 ~ 9 个核苷酸组成的保守序列，如 - AGGAGG - 。此序列是 1974 年由 J Shine 和 L Dalgarno 发现的，故称为 Shine - Dalgarno 序列，简称 S - D 序列。S - D 序列可与小亚基的 16S rRNA 3′ 端的一段富含嘧啶碱基的短序列 - UCCUCC - ，通过碱基互补而识别结合，故 S - D 序列又被称为核糖体结合位点（ribosomal binding site，RBS）。一条多顺反子 mRNA 的每个阅读框都拥有各自的 S - D 序列。

2）RNA - 蛋白质的相互作用（mRNA - 小亚基蛋白 rpS - 1）：mRNA 上邻近 RBS 的下游，还有一段短的核苷酸序列，可被小亚基蛋白 rpS - 1 辨认并结合。

（3）fMet - tRNA^{fMet} 结合在核糖体 P 位   由于小亚基上 A 位已被 IF - 1 占据，因而不能结合任意氨酰 tRNA。fMet - tRNA^{fMet} 在结合了 GTP 的 IF - 2 的协助下，共同识别并结合于对准小亚基 P 位的 mRNA 的起始 AUG。

（4）50S 大亚基结合形成翻译起始复合物   IF - 2 有 GTP 酶活性能水解与之结合的 GTP 而释放能

量，促使 3 种起始因子全部解离，随之大亚基与结合了 fMet‑tRNA^{fMet}、mRNA 的小亚基结合，形成了由 fMet‑tRNA^{fMet}、mRNA、完整核糖体组成的翻译起始复合物。此时，核糖体 A 位空留，并恰好对准起始 AUG 后的密码子，为对应的氨酰 tRNA 的进入做好了准备。

2. 延长阶段　翻译起始复合物形成后，核糖体沿 mRNA 的 5′端向 3′端移动，依据密码子顺序，多肽链开始从 N 端向 C 端延伸。肽链延长是在核糖体上连续进行的循环过程，包括进位（positioning）（注册，registration）、成肽（peptide bond formation）和移位（translocation）3 步反应，也称为核糖体循环（ribosomal cycle）。每轮循环可使多肽链增加一个氨基酸残基。

（1）**进位**　又称为注册，是指在 mRNA 模板的指导下对应的氨酰 tRNA 进入并结合到核糖体 A 位的过程。这一过程需要延长因子 EF‑T 的参与。

翻译起始复合物形成后，核糖体 P 位被 fMet‑tRNA^{fMet} 占据，A 位是空缺的，并对应于阅读框的第二个密码子，该密码子决定着何种氨酰 tRNA 进入 A 位。在延长因子 EF‑Tu·GTP 的作用下，对应的氨酰 tRNA 与之构成氨酰 tRNA·EF‑Tu·GTP 复合物，并结合到 A 位上。这时 EF‑Tu 利用 GTP 酶活性水解 GTP 为 GDP 并释放能量，驱动 EF‑Tu·GDP 从核糖体上释放，再通过 EF‑Ts 使 EF‑Tu·GDP 交换成 EF‑Tu·GTP，进入新一轮循环。延长阶段的每一个过程都有时限。在此时限内，难免发生非对应氨酰 tRNA 进入 A 位，但因反密码子‑密码子不能互补配对结合，故而解离，即核糖体对氨酰 tRNA 的进位有校正能力。这也是维持翻译高度保真性的另一机制。

（2）**成肽**　是指转肽酶催化肽键形成的过程。进位后，A 位上的氨酰 tRNA 的 α‑氨基与 P 位上 fMet‑tRNA^{fMet}（从第二轮循环开始，P 位上是肽酰 tRNA）的 α‑羧基结合形成肽键，此二肽酰 tRNA 占据 A 位，卸载的 tRNA 仍在 P 位上。

（3）**移位**　是指在移位酶催化下，核糖体沿着 mRNA 向 3′端移动一个密码子的距离，A 位上的肽酰 tRNA 移至 P 位，P 位上卸载的 tRNA 移入 E 位并排出，A 位空出并对应下一个密码子，以接纳新的氨酰 tRNA 进位。转位过程需要延长因子 EF‑G 和 GTP。EF‑G 具有移位酶活性，可结合并水解 GTP 为移位反应供能。

经过一轮进位‑成肽‑移位，肽链 C 端就增加一个氨基酸残基，这一过程共消耗 2 分子 GTP。如此，核糖体沿着 mRNA 模板的 5′→3′方向连续阅读密码子，而多肽链不断从 N 端向 C 端延伸（图15‑8），直至核糖体的 A 位对应到 mRNA 的终止密码子上。

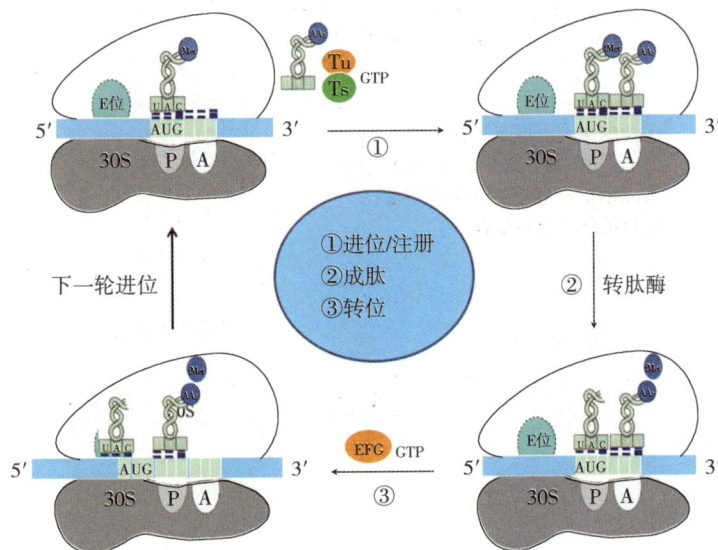

图 15‑8　原核生物肽链合成的延长过程

3. 终止阶段 当终止密码子对应于核糖体 A 位时，没有任何氨酰 tRNA 能与之结合，只有释放因子 RF 能识别这些终止密码子而进入 A 位。RF-1 能识别 UAA 或 UAG，RF-2 识别 UAA 或 UGA，RF-3 则结合并水解 GTP，协助 RF-1 与 RF-2 与核糖体结合。RF 的结合可诱导核糖体变构，使转肽酶活性转变为酯酶活性，水解 P 位上肽酰 tRNA 的肽链与 tRNA 之间的酯键，释放多肽链，继而促使翻译复合物（mRNA-tRNA-核糖体-RF）解体，肽链合成结束（图 15-9）。

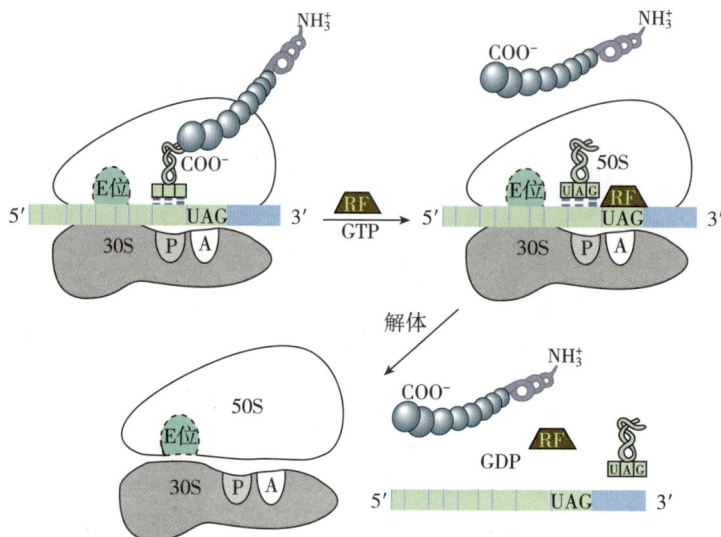

图 15-9 原核生物肽链合成的终止过程

（二）真核生物的肽链合成过程

1. 起始阶段 真核生物与原核生物肽链合成过程的起始阶段差异较大：①过程复杂；②起始因子多；③核糖体不同（组成不同，没有 E 位）；④起始甲硫氨酸不需甲酰化；⑤装配顺序不同（起始 Met-tRNAi^{Met} 先于 mRNA 结合到小亚基上）；⑥mRNA 没有 S-D 序列，正确起始依赖 mRNA 的 5′帽和 3′ poly（A）尾结构。其主要步骤如图 15-10 所示。

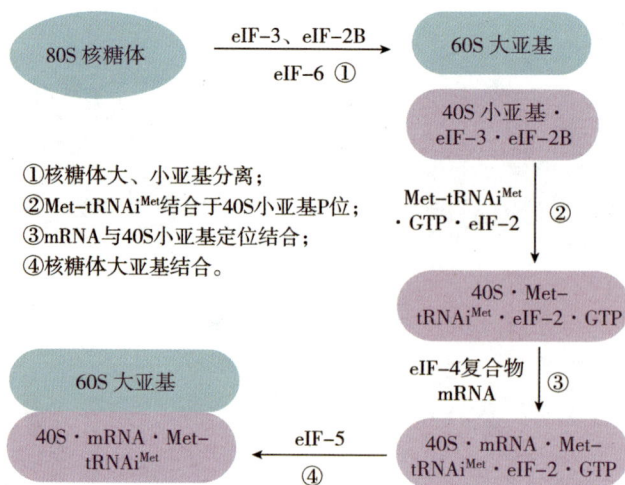

图 15-10 真核生物肽链合成的起始过程

（1）核糖体大、小亚基分离 起始因子 eIF－2B、eIF－3 与 40S 小亚基结合，在 eIF－6 协助下，促使 80S 核糖体解聚成 60S 大亚基和 40S 小亚基。

（2）Met－tRNAi^{Met}定位结合于 40S 小亚基 P 位 在 eIF－2B 作用下，eIF－2 先与 GTP 结合，再结合起始 Met－tRNAi^{Met}形成 Met－tRNAi^{Met}·eIF－2·GTP 三元复合物，然后定位结合到小亚基 P 位上，形成 43S 前起始复合物（40S·Met－tRNAi^{Met}·eIF－2·GTP）。

（3）mRNA 与 40S 小亚基定位结合 在 eIF－4F 复合物的协助下，43S 前起始复合物与 mRNA 的 5′帽结合并沿着 mRNA 从 5′→3′方向扫描定位起始密码子，然后由 Met－tRNAi^{Met}的反密码子与之配对结合，形成 48S 前起始复合物（40S·mRNA·Met－tRNAi^{Met}·eIF－2·GTP）。

真核生物 mRNA 没有 S－D 序列，这一准确定位过程依赖于蛋白质－蛋白质、RNA－蛋白质以及 RNA－RNA 的相互作用。其中最重要的成分是 eIF－4F 复合物，亦称帽结合蛋白（cap binding protein，CBP）复合物，是由 eIF－4E、eIF－4G、eIF－4A 等组分构成，eIF－4E 直接结合 mRNA 5′帽；poly（A）结合蛋白〔poly（A）binding protein，Pabp〕结合 3′poly（A）尾，与 eIF－4G 相互作用；此外，真核生物起始 AUG 常常存在于一段被称为 Kozak 共有序列（－CCRCCAUGG－，R 为 A 或 G）中，该序列可被 18S rRNA 识别并结合。

（4）与核糖体大亚基结合 48S 前起始复合物形成后，eIF－5 水解其中的 GTP 供能，促使复合物中的各种起始因子及 GDP 解离，60S 大亚基随即结合形成 80S 翻译起始复合物。

2. 延长阶段 真核生物肽链合成的延长阶段与原核生物基本相似，但反应体系和延长因子不同。此外，真核生物核糖体上没有 E 位，移位时卸载的 tRNA 直接从 P 位上脱落。

3. 终止阶段 真核生物只有 eRF 一种释放因子，所有 3 种终止密码子均可被其识别。真核生物中肽链合成完成后的水解释放过程尚不完全清楚，可能有其他蛋白质因子的参与。

肽链合成是一个耗能的过程。对于原核生物合成一条含有 n 个氨基酸残基的多肽链，每活化一个氨基酸需要消耗 2 个高能磷酸键（ATP 提供），此活化阶段消耗 $2n$ 个高能磷酸键；起始复合物形成消耗 1 分子 GTP；进入延长阶段（核糖体循环）进位与移位各消耗 1 分子 GTP，此阶段共进行（$n-1$）次循环，共消耗 $2\times(n-1)$ 个高能磷酸键；最后在终止阶段消耗 1 分子 GTP，共计消耗〔$2n+1+2\times(n-1)+1$〕个高能磷酸键（n 为肽链所含氨基酸残基的数目），总计消耗 $4n$ 个高能磷酸键。

以上是单个核糖体合成肽链的情况。其实，无论原核生物还是真核生物，用电镜观察正在翻译中的 mRNA 时，都会看到沿着这条 mRNA 模板链附着 10～100 个核糖体。这些核糖体依次与起始 AUG 结合并按 5′→3′方向读码移动，进行肽链合成。

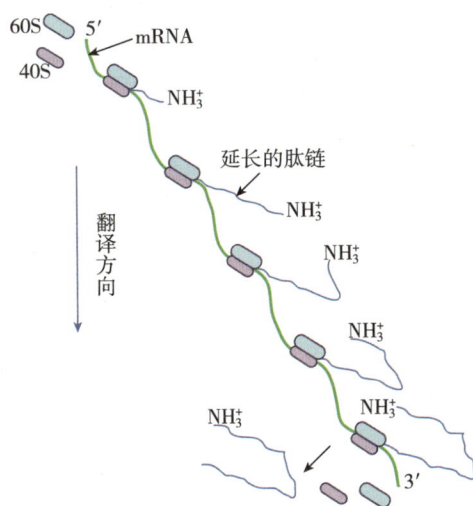

图 15－11 多核糖体

这种 1 条 mRNA 与多个核糖体结合形成的串珠状聚合物称为多核糖体（polyribosome 或 polysome）。多核糖体的形成可以使肽链的合成高速、高效地进行（图 15－11）。

⇒ 案例引导

案例 患者，女，6岁，主诉：发热、厌食、持续咳嗽、畏寒、头痛、咽痛，口服青霉素未见效。查体发现患者胸骨下有轻度压痛。实验室检查：白细胞正常，血沉增快，Coombs 试验阳性，血清凝集素滴度上升。X 线检查左侧肺门阴影增重，呈不整齐云雾状肺浸润，从肺门向外延至肺下叶。体征轻微而胸片阴影显著，患者执意要求按普通流感治疗，经医生耐心劝说沟通，结合血清特异性抗体检测，诊断为支原体肺炎。患者经一般和对症治疗，同时应用阿奇霉素及抗病毒治疗后痊愈。

讨论 1. 应用阿奇霉素治疗支原体肺炎的生化机制是什么？
2. 该患者应采取何种护理措施？包含哪种基础护理技术？
3. 如何与患者进行有效的沟通交流？

三、肽链合成过程的抑制与干扰

肽链合成过程是很多天然抗生素和某些毒素的作用靶点。这些抑制剂就是通过阻断真核、原核生物蛋白质翻译体系某组分功能，干扰和抑制肽链合成过程而起作用的。因此，利用真核、原核生物肽链合成体系的一些差异，以肽链合成所必需的关键组分为作用靶点，设计、筛选仅对病原微生物有特效而不损害人体的新型抗菌药物，是抗菌药物研发的重要途径。

（一）抗生素类

抗生素（antibiotics）是一类由某些微生物（如真菌或细菌等）产生的、能抑制其他微生物生长或杀死其他微生物的药物。抗生素可作用于基因信息传递的各个环节，如放线菌素，可干扰 DNA 生物合成；利福霉素可抑制 RNA 生物合成；某些抗生素则抑制肽链生物合成过程，如红霉素、链霉素、氯霉素、嘌呤霉素等。常用抗生素抑制肽链合成的作用机制见表15－8。仅仅作用于原核生物的抗生素方可作为预防和治疗人、动物和植物的抗菌药。

表 15－8　常用抗生素抑制肽链合成的作用机制

抗生素	作用靶点	作用机制	应用
伊短菌素、密旋霉素晚霉素	原核/真核核糖体小亚基原核 23S rRNA	阻碍翻译起始复合物的形成，抑制肽链起始	抗病毒药抗菌药
四环素粉霉素、黄色霉素	原核核糖体小亚基原核 EF－Tu	干扰进位过程，抑制肽链延长	抗菌药
氨基糖苷类（链霉素、潮霉素 B、新霉素）	原核核糖体小亚基	引起读码错误，抑制肽链延长	抗菌药
氯霉素、林可霉素、大环内酯类（红霉素）	原核核糖体大亚基	抑制转肽酶而影响成肽，抑制肽链延长	抗菌药
放线菌酮	真核核糖体大亚基	抑制转肽酶而影响成肽	医学研究
嘌呤霉素	原核/真核核糖体	酪氨酰 tRNA 类似物，取代进位后使肽链脱落，抑制肽链延长	抗肿瘤药
夫西地酸、微球菌素大观霉素	原核 EF－G原核核糖体小亚基	阻止移位，抑制肽链延长	抗菌药

（二）毒素及干扰素

1. 毒素 某些毒素通过不同机制抑制肽链合成而呈现毒性。例如由白喉棒状杆菌产生的白喉毒素（diphtheria toxin），可作为一种修饰酶，使 eEF－2 发生 ADP 糖基化修饰而失活，是真核生物肽链延长的抑制剂。而蓖麻毒素（ricin）是蓖麻籽中的一种糖蛋白，由 A、B 两条多肽链组成。A 链是一种蛋白酶，可催化真核生物核糖体大亚基的 28S rRNA 中特异腺苷酸发生脱嘌呤，使 28S rRNA 降解，核糖体大亚基失活；B 链可促进 A 链发挥毒性作用，且其半乳糖结合位点也是毒素发挥毒性作用的活性位点。

2. 干扰素（interferon，IFN） 是真核细胞感染病毒后分泌的一类可抑制病毒繁殖而具有抗病毒作用的蛋白质。干扰素分为三大类：α（白细胞）型、β（成纤维细胞）型和 γ（淋巴细胞）型，每类各有亚型，分别具有特异作用。干扰素有两种作用机制：①在双链 RNA 存在时，干扰素能诱导特异的蛋白激酶活化，该酶使 eIF-2 磷酸化而失活，从而抑制病毒肽链合成；②干扰素能与双链 RNA 共同激活特殊的 2′-5′寡聚腺苷酸（2′-5′A）合成酶，催化 ATP 聚合成以 2′-5′磷酸二酯键连接的 2′-5′A 寡聚物，2′-5′A 可激活内切核酸酶 RNase L，后者可降解病毒 mRNA，从而阻断病毒肽链合成（图 15-12）。此外，干扰素还有调节细胞生长分化、激活免疫系统等功能，临床应用十分广泛。

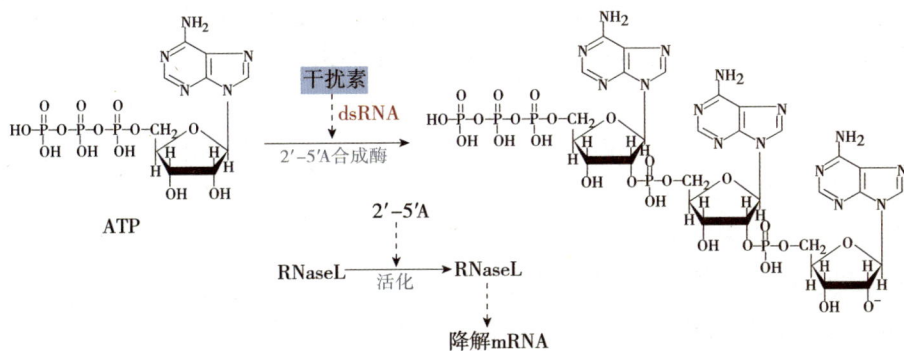

图 15-12 干扰素的作用机制

⊕ 知识链接

干扰素

干扰素（IFN）是 1957 年由英国科学家 Isaacs 利用鸡胚绒毛尿囊膜研究流感病毒干扰现象时首先发现的。它是一类细胞因子，具有抗病毒、抑制细胞分裂、调节免疫、抗肿瘤等多种功能，化学本质是蛋白质。IFN 可分为 α、β、γ、ω 等几类，能诱导细胞对病毒感染产生抗性，并通过干扰病毒基因转录或病毒蛋白的翻译，进而阻止或限制病毒感染，它是目前最主要的抗病毒和抗肿瘤药物。干扰素的分子量小，对热稳定，一般 4℃ 保存，-20℃ 可长期保存其活性，56℃ 则失活，pH 2~10 范围内其性质稳定。目前我国利用基因工程技术生产人类干扰素，这一基因工程药物在临床应用已十分广泛。

第三节 肽链合成后的加工修饰和靶向输送 ▣ 微课3

从核糖体释放出的新生多肽链不具备蛋白质的生物学活性，必须经过复杂的加工修饰才能转变为具有天然构象的成熟蛋白质，这一过程称为翻译后加工（post-translational processing）。翻译后的加工过程主要包括三个方面：多肽链天然三维结构的折叠、肽链一级结构的修饰和肽链空间结构的修饰。

蛋白质在核糖体上合成后，必须定向输送到一个合适的部位才能行使各自的生物学功能，这一分选过程称为蛋白质的靶向运输（protein targeting transport）。蛋白质的靶向输送与肽链合成后的加工修饰是同步进行的。

一、肽链合成后的加工修饰

（一）多肽链天然三维结构的折叠

多肽链天然三维构象的折叠是肽链合成后形成功能蛋白质的必经过程。通常新生多肽链 N 端在核糖体上一出现，肽链的折叠即开始，进而在肽链合成中或合成后完成折叠。一般认为，多肽链自身氨基酸序列储存着蛋白质折叠的信息，即一级结构是空间构象的基础。细胞中大多数天然蛋白质折叠都不是自动完成，而需要其他酶和蛋白质辅助新生多肽链按特定方式正确折叠。这些辅助性蛋白质主要包括以下几种。

1. 分子伴侣（molecular chaperone） 是目前研究较多的指导新生多肽链正确折叠的辅助性蛋白质，其本身不参与最终蛋白质的形成。它是细胞内一类可识别肽链的非天然构象、促进各功能域和整体蛋白质正确折叠的保守蛋白质。主要作用：①防错，封闭未折叠肽链暴露的疏水区域，或提供一个可以使肽链的折叠互不干扰的微环境，防止出现错误折叠；②纠错，识别错误折叠或聚集的蛋白质，先使其去折叠或去聚集，再促进肽链正确折叠或介导其降解；例如热激蛋白（heat shock protein，HSP）和伴侣蛋白（chaperonin）等。

2. 蛋白质二硫键异构酶（protein disulfide isomerase，PDI） 它催化错配二硫键断裂，形成正确的二硫键，使蛋白质形成热力学最稳定的天然构象。

3. 肽 - 脯氨酰顺反异构酶（peptide prolyl-cis-trans isomerase，PPI） 脯氨酸是亚氨基酸，肽链中肽酰脯氨酸间的肽键有顺反异构体，其反式构型占绝大多数。当肽链合成需形成顺式构型时，它可使多肽在各脯氨酸弯折处形成准确折叠，是蛋白质空间构象形成的关键酶。

（二）肽链一级结构的修饰

1. 肽链末端的水解修饰 新生多肽链 N 端第一个氨基酸残基为甲酰甲硫氨酸或甲硫氨酸，但大多数天然蛋白质第一位氨基酸并不是甲硫氨酸，即新生多肽链 N 端的甲酰基、甲硫氨酸残基或一段序列（信号肽）可被特异蛋白水解酶切除。C 端的氨基酸残基有时也可被切除。这一修饰过程可以发生在肽链合成中或肽链离开核糖体后。

2. 肽链中的水解修饰 一些无活性的多肽或蛋白质前体可经特异蛋白酶的水解，生成有活性的多肽或蛋白质。例如酶原的激活，某些激素由无活性的前体转化为有活性的形式，某些多肽链经水解后可得到数种功能不同的小分子活性肽等。

3. 个别氨基酸残基的共价修饰 某些成熟的蛋白质中存在侧链发生共价修饰的氨基酸残基，这是肽链合成后加工修饰产生的，主要包括糖基化、羟基化、甲基化等。这些修饰大大增加了肽链中的氨基酸种类，是维持蛋白质的正常生物学功能所必需的。蛋白质中常见修饰的氨基酸残基及其共价修饰类型见表 15 - 9。

表 15 - 9　蛋白质中常见修饰的氨基酸残基及其共价修饰类型

常见修饰的主要氨基酸残基	常见的共价修饰类型
丝氨酸、苏氨酸、酪氨酸	磷酸化
脯氨酸、赖氨酸	羟基化
赖氨酸、精氨酸、组氨酸、天冬酰胺、天冬氨酸、谷氨酸	甲基化
天冬酰胺	N - 糖基化
丝氨酸、苏氨酸	O - 糖基化
赖氨酸、丝氨酸	乙酰化
半胱氨酸	硒化

（三）肽链空间结构的修饰

1. 亚基聚合 具有四级结构的蛋白质，其亚基通过非共价键聚合，才能形成有生物学活性的寡聚体蛋白，如血红蛋白。

2. 辅基连接 结合蛋白质（如糖蛋白、脂蛋白和各种带辅基的酶蛋白）的肽链合成后都需要与相应辅基结合，才能成为具有生物学活性的天然蛋白质。

🌐 知识链接

分子伴侣

1987 年，Lasky 最早提出了分子伴侣的概念。他将细胞核内能与组蛋白结合且能介导核小体有序组装的核质素（nucleoplasmin）称为分子伴侣。后来 Ellis 将这一概念延伸为"一类在序列上没有相关性但有共同功能的蛋白质，它们在细胞内帮助其他多肽链完成正确的组装，而在组装完毕后与之分离，不构成这些蛋白质执行功能时的结构组分"。热激蛋白就是分子伴侣的一大家族。1987 年，Ikemura 发现枯草杆菌素（subtilisin）需要前肽（propeptide）帮助其折叠。这类前肽常位于信号肽与成熟多肽之间，以共价键相连，是成熟多肽链正确折叠所必需的，成熟多肽链完成折叠后即通过酶的水解与前肽解离。Shinde 和 Inouye 将这类前肽称为分子内伴侣（intramolecular chaperones）。分子伴侣的作用机制日益受到人们重视，但仍有很多问题需要进一步探讨。有意思的是，每一类分子伴侣在进化上都有一定保守性。例如，大肠埃希菌中参与噬菌体衣壳组装的 Gro EL、植物叶绿体中 Rubisco 亚基结合蛋白 RBP、线粒体基质中参与鸟氨酸氨甲酰基转移酶的折叠与组装的 HSP 60，三者的氨基酸序列彼此有 50% 的同源性。抗 RBP 的抗体甚至与人类、植物、酵母和爪蟾的应激蛋白有交叉反应。

二、肽链合成后的靶向运输

蛋白质靶向运输的去向包括：留在胞质中，进入细胞器，定位于膜上，分泌至体液。所有定位信息即分选信号均存在于蛋白质的一级结构中，是决定蛋白质靶向输送特性的最重要元件。这些分选信号或存在于肽链的 N 端，或位于 C 端，或在肽链内部；有些输送完后被切除，有的仍保留（表 15 – 10）。

表 15 – 10　靶向运输蛋白的分选信号

靶向运输蛋白	分选信号名称	结构特征
分泌型蛋白质	信号肽	N 端，15 ~ 30 个氨基酸残基，中间是疏水性残基
线粒体蛋白质	线粒体导肽	N 端，两性螺旋，20 ~ 35 个残基，富含 Arg、Lys
核蛋白	核定位序列	多位于内部，4 ~ 8 个氨基酸残基，典型序列为 K – K/R – X – K/R，含 Arg、Lys 和 Pro
内质网滞留蛋白	信号肽 + 滞留信号	N 端信号肽，C 端 – Lys – Asp – Glu – Leu – 序列（KDEL）
内质网膜蛋白	信号肽 + 膜定位信号	N 端信号肽，C 端 KKXX 序列（X 为任意氨基酸）
细胞质膜蛋白	信号肽 + 终止转移信号	N 端信号肽，中段疏水性残基构成的跨膜序列
过氧化物酶体蛋白	过氧化物酶体导肽	C 端 – Ser – Lys – Leu – 序列（SKL）
溶酶体蛋白	信号肽 + 溶酶体靶向信号	N 端信号肽，甘露糖 – 6 – 磷酸（Man – 6 – P）

1. 分泌型蛋白质的靶向运输 细胞分泌型蛋白质的合成是在与内质网膜结合的核糖体上进行，边合成肽链边进入内质网，其合成与转运同时发生。新生分泌型蛋白的 N 端具有可被细胞转运系统识别并引导其进入内质网的特征氨基酸序列，称为信号肽（signal peptide）。常见信号肽的特点：①N 端（1 ~

10 个氨基酸残基）含 1 个或几个带正电荷的碱性氨基酸残基；②中段（15～20 个氨基酸残基）为疏水核心区；③C 端（1～3 个氨基酸残基）加工区由一些极性相对较大、侧链较短的氨基酸组成，紧接着是被信号肽酶（signal peptidase）裂解的位点。

具有信号肽的新生多肽转运进入内质网后，信号肽酶切除信号肽，待肽链合成完成并折叠成最终构象后，分泌型蛋白质转移到高尔基体中包装进入分泌小泡，再转运到细胞膜分泌到胞外。

定位在内质网膜、内质网腔、高尔基体、溶酶体的蛋白质也需先进入内质网，然后再通过其他分选信号进行靶向运输。这些蛋白质进入内质网的机制与分泌型蛋白质的机制相同。

2. 线粒体蛋白质的靶向运输　核基因组编码的线粒体蛋白质是在细胞质游离的核糖体上合成后再输入线粒体，其中大部分蛋白质定位于基质，属于翻译后运输。线粒体基质蛋白的分选信号又称导肽，位于新生肽链的 N 端，由 20～35 个氨基酸残基构成，富含丝/苏氨酸和碱性氨基酸残基。

3. 核蛋白的靶向运输　核蛋白的转运也属于翻译后运输，它们都是在细胞质游离核糖体上合成后经核孔进入细胞核中。核蛋白的分选信号称为核定位序列（nuclear localization signal，NLS），多位于肽链内部，定位后不被切除。

4. 细胞质膜蛋白的靶向运输　与分泌型蛋白质相似，只是质膜蛋白的肽链锚定在内质网膜上而不完全进入内质网腔。然后，通过内质网膜出芽形成囊泡，随囊泡转运到高尔基体中加工，再随囊泡移至胞膜并与胞膜融合而形成新的细胞质膜。

质膜蛋白的分选信号包括信号肽和终止转移序列。信号肽与分泌型蛋白质相同，终止转移序列是一段由疏水性氨基酸残基组成的跨膜序列，是质膜蛋白在膜上的嵌入区域。不同质膜蛋白以不同的形式锚定于膜上。

目标检测

答案解析

一、选择题

1. 遗传密码的简并性指的是（　　）

　　A. 一些三联体密码可以缺少一个嘌呤碱或嘧啶碱

　　B. 密码中有许多稀有碱基

　　C. 大多数的氨基酸有一组以上的密码

　　D. 一些密码适用于一种以上的氨基酸

　　E. 密码之间不可以重复

2. 原核生物蛋白质合成中肽链延长所需的能量来源于（　　）

　　A. ATP　　　　　B. GTP　　　　　C. GDP　　　　　D. UTP　　　　　E. CTP

3. 氯霉素的抗菌作用是由于抑制了细菌的（　　）

　　A. 细胞色素氧化酶　　　　　　　　　　　B. 核蛋白体上的转肽酶

　　C. 嘌呤核苷酸代谢　　　　　　　　　　　D. 基因表达

　　E. 二氢叶酸还原酶

4. 关于原核生物中肽链合成的起始过程的叙述，不恰当的一项是（　　）

　　A. mRNA 起始密码多数为 AUG，少数情况也为 GUG

　　B. 起始密码子往往在 5′-端第 25 个核苷酸以后，而不是从 mRNA 5′-端的第一个苷酸开始的

C. 在距起始密码子上游约 10 个核苷酸的地方往往有一段富含嘌呤的序列，它能与 16S rRNA 的 3′-端碱基形成互补

D. 70S 起始复合物的形成过程，是 50S 大亚基及 30S 小亚基与 mRNA 自动组装的

E. IF 的作用是稳定大小亚基的分离状态，如没有 IF 存在，大小亚基极易重新聚合

5. 蛋白质生物合成中不需要能量的步骤是（　　）

  A. 氨基酰 – tRNA 合成   B. 翻译起始复合物形成

  C. 进位   D. 成肽

  E. 移位

6. 蛋白质生物合成的肽链延长阶段不需要（　　）

  A. GTP   B. 转肽酶

  C. 甲酰甲硫氨酸 tRNA   D. mRNA

  E. Tu 与 TS

7. 关于肽链终止释放的叙述，不恰当的是（　　）

  A. RF1 能识别 mRNA 上的终止信号 UAA、UAG

  B. RF2 用于识别 mRNA 上的终止信号 UAA、UGA

  C. RF3 识别 mRNA 上的终止信号 UAA、UGA、UAG

  D. 当 RF3 结合到大亚基上时转移酶构象变化，转肽酶活性则成为水解酶活性，使多肽基从 tR-NA 上水解而释放

  E. RF3 具有 GTPase 活性，当新合成肽链从核糖体释放后，促进 RF1 或 RF2 与核糖体分离

二、问答题

1. 蛋白质生物合成体系的组分有哪些？它们具有什么功能？

2. 遗传密码有什么特点？

3. 简述三种 RNA 在蛋白质生物合成中的作用。

4. 试比较原核生物与真核生物肽链合成的区别。

5. 用连续的（CCAC）$_n$ 序列在试管内合成一段 mRNA，反应结果得到有组氨酸、脯氨酸、苏氨酸组成的肽。已知组氨酸和苏氨酸的遗传密码是 CAC、ACC，能否判断出脯氨酸的密码？

（杨笃晓）

书网融合……

本章小结   微课1   微课2   微课3   题库

第十六章 分子生物学常用技术及应用

分子生物学技术是现代生命科学研究的主要技术之一，从基因组框架结构的阐明，到后基因组学的蓬勃开展，以及各种生命现象和规律的探索，都充分显示了这些技术的巨大潜力。因此，作为以人为服务对象的医疗工作人员，有必要对常用的分子生物学技术有一定的认识，以便熟悉快速发展的分子生物学诊断技术和个体化治疗技术。

第一节 分子杂交

PPT

分子杂交（molecular hybridization）是利用分子间特异性结合的原理对核酸或蛋白质进行定性、定量分析的一项技术，主要包括核酸杂交和蛋白质杂交。核酸分子杂交是在核酸变性及复性基础上建立起来的实验技术，是具有一定同源序列的两条单核苷酸链按碱基互补配对原则在退火条件下形成异质双链的过程。蛋白质杂交则是一种以抗原－抗体特异性结合为基础的生物技术。

一、核酸探针

核酸探针是指一段带有放射性核素、生物素或荧光物质等可检测性标记，并能与待检测核酸分子通过碱基互补配对原则而结合的核酸片段，它可以是一段 DNA、RNA 或合成的寡核苷酸。通过检测核酸分子样品是否与探针分子结合，可判断被检测的样品中是否存在特定的核酸片段。根据制备方法及核酸性质不同，核酸探针一般分为以下几类。

1. DNA 探针 是最常用的核酸探针，包括长度在几百碱基对以上的双链 DNA 或单链 DNA。现已获得的 DNA 探针种类很多，有细菌、病毒、原虫、真菌、动物和人类细胞 DNA 探针，这些探针多为某一基因的全部或部分序列，或某一非编码序列。

2. cDNA（complementary DNA）探针 是指互补于 mRNA 的 DNA 分子，由逆转录酶催化而产生。

逆转录酶以 RNA 为模板，根据碱基互补配对原则，按照 RNA 的核苷酸序列合成互补于 mRNA 的 DNA（其中 U 与 A 配对）。cDNA 探针是目前应用最为广泛的一种探针。

3. RNA 探针 是一类很有前景的核酸探针，由于 RNA 是单链分子，所以它与靶序列的杂交反应效率极高。通常 RNA 探针是细胞 mRNA 探针和病毒 RNA 探针，此类 RNA 探针主要用于科学研究。

4. 寡核苷酸探针 根据已知的核酸序列，采用 DNA 合成仪合成一定长度的寡核苷酸片段，亦可作为探针使用。若核酸序列是未知的，可根据蛋白质的氨基酸序列推导出核酸序列，但要考虑到密码子的简并性。该类探针多用于克隆筛选和点突变分析。

二、分子杂交的方法及应用

分子杂交是利用分子间特异性结合的原理而建立的检测技术。该技术针对不同的实验要求，又衍生出许多不同的实验技术，例如荧光原位杂交、印迹技术、基因芯片技术等。这里着重介绍几种常用的印迹技术及基因芯片技术。

1. Southern 印迹 又称 DNA 印迹（DNA blotting），为 E. Southern 首次应用，因而被命名为 Southern blotting。DNA 样品经过限制性内切核酸酶消化后进行琼脂糖凝胶电泳，使不同大小的 DNA 分子在凝胶中进行分离，将含有 DNA 区带的凝胶在变性溶液中处理后，再将胶上的 DNA 分子原样吸印转移到固相支持物上（常用的固相支持物有尼龙膜、NC 膜、PVDF 膜等）。然后将探针与固相支持物上的 DNA 分子杂交（复性），利用放射自显影技术（autoradiography）使 X 线片感光，从而检测出目的 DNA（基因）（图 16 - 1）。DNA 印迹技术主要用于基因组 DNA 的定性和定量分析，例如对基因组中特异基因的定位和检测等，此外，亦可用于分析重组质粒和噬菌体。

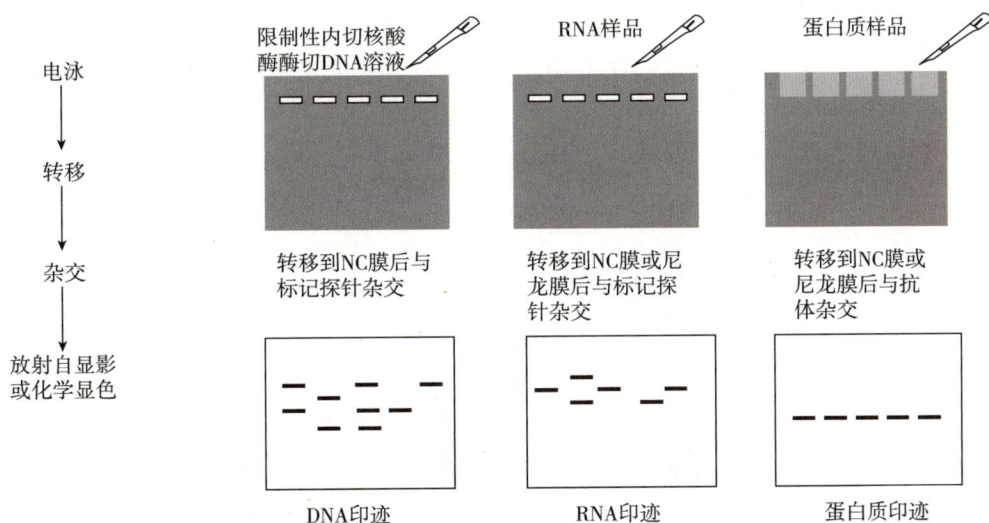

图 16 - 1 三种印迹技术示意图

2. Northern 印迹 又称 RNA 印迹（RNA blotting），即利用与 DNA 印迹类似的技术分析 RNA 的技术，其基本过程和原理与 Southern 印迹类似。不同的是 RNA 分子较小，在转移前不需要限制性内切核酸酶切割；琼脂糖凝胶电泳系统中含有变性试剂，可保持 RNA 为单链。

Northern 印迹技术中探针可以是 DNA 也可以是 RNA，但因为 DNA 比较稳定，所以被大多数人所使用。RNA 印迹技术目前常用于检测某一组织或细胞中已知的特异 mRNA 的表达水平，或比较不同组织和细胞中的同一基因的表达状况。尽管用 RNA 印迹技术检测 mRNA 表达水平的敏感性较 PCR 法低，但是由于其特异性强，假阳性率低，仍然被认为是最可靠的 RNA 定量分析方法之一。

3. Western 印迹（Western blotting）　是一种比较普遍的检测蛋白质的方法之一。该方法将蛋白质从组织或培养的细胞中裂解释放，经过适当的变性处理后进行 SDS - PAGE 电泳以及下游实验。其原理与 Southern 印迹和 Northern 印迹相似，所不同的是，Western 印迹采用的是聚丙烯酰胺凝胶电泳检测蛋白质，其"探针"是抗体，"显色"用标记的二抗，同时该技术中转膜技术主要用电转移（分为湿转移和半干转移）。虽然前面两种方法中也有电转移装置，但更多使用的还是毛细管虹吸作用的转移方式。此外，Western 印迹中的蛋白质检测，主要利用抗原 - 抗体的特异性结合，而不是核酸互补的特异性结合（图 16 - 1）。

4. 基因芯片（gene chip）　又称 DNA 芯片（DNA chip）或 DNA 微阵列（DNA microarray），工作原理与经典的核酸分子杂交一致，都是应用已知核酸序列与互补的靶序列杂交，根据杂交信号进行定性与定量分析。它采用光导原位合成或显微印刷等方法将大量特定序列的探针分子密集、有序地固定于经过相应处理的硅片、玻片、硝酸纤维素薄膜等载体上，然后加入标记的待测样品，进行多元杂交，通过杂交信号的强弱及分布来分析目的分子的有无、数量及序列，从而获得受检样品的遗传信息。

基因芯片的突出特点在于快速、高效、敏感、高通量、经济以及平行化、自动化等，它可在一张芯片上同时对多个患者的样品进行多种疾病检测，所以应用 DNA 芯片可以大规模筛查由基因突变所引起的疾病，如感染性疾病、遗传性疾病，因而在肿瘤检测方面具有独特优势。目前基因芯片技术已广泛应用于基因序列测定、基因表达研究、动植物疾病诊断及生物药物筛选等领域，是一种发展前景良好的新型检测手段。随着基因芯片的开发研究，基因芯片技术在临床医学中的应用正不断扩大，诊断疾病用的各种基因芯片的种类也已日趋增多。

第二节　聚合酶链反应

PPT

聚合酶链反应（polymerase chain reaction，PCR）是指在体外对目的 DNA 进行快速大量扩增的一种技术，目前已广泛应用于分子生物学领域。

一、PCR 的基本原理与基本过程

Southern 印迹和 Northern 印迹都是广泛应用于检测和分析核酸的技术，但对目的 DNA 或 RNA 的量要求较大。在样品量较少时，可以使用 PCR 进行成倍扩增。

1. PCR 技术的基本原理　以目的 DNA 分子为模板，以一对与模板互补的寡核苷酸片段为引物，在 DNA 聚合酶作用下，按照碱基互补配对原则，从 $5'→3'$ 方向延伸新链，直至完成两条新链的合成。重复这一过程，即可使目的片段得到指数倍扩增。组成 PCR 反应体系的基本成分包括模板 DNA、特异引物、耐热性 DNA 聚合酶（如 *Taq* DNA 聚合酶）、dNTP、含有 Mg^{2+} 的缓冲液以及 H_2O。

2. PCR 技术的基本过程　由变性、退火、延伸三部分组成。

（1）变性　将反应体系加热至 95℃，使模板 DNA 完全变性成为单链，同时引物自身以及引物之间存在的局部双链也得以消除。

（2）退火　将温度下降至适宜温度，使引物与模板 DNA 结合。

（3）延伸　通常将温度升至 72℃，DNA 聚合酶以 dNTP 为底物催化 DNA 的合成反应。上述 3 个步骤称为 1 个循环，新合成的 DNA 分子作为下一轮合成的模板继续进行扩增（图 16 - 2），通常这个过程重复 20 ~ 30 个循环即可达到大量目的 DNA 片段。理论上来说，PCR 技术能够在 2 小时内将目的 DNA 扩增至 10^6 倍，即 100 万倍，也就是说，只要有一个目的 DNA 分子存在，经 PCR 扩增后即可被 DNA 检测技术检测。PCR 反应中所用的 DNA 聚合酶是从耐热的细菌里提取的 *Taq* 酶，所以即使在 PCR 反应过程中的高温加热变性环节，酶活性也不会丧失。

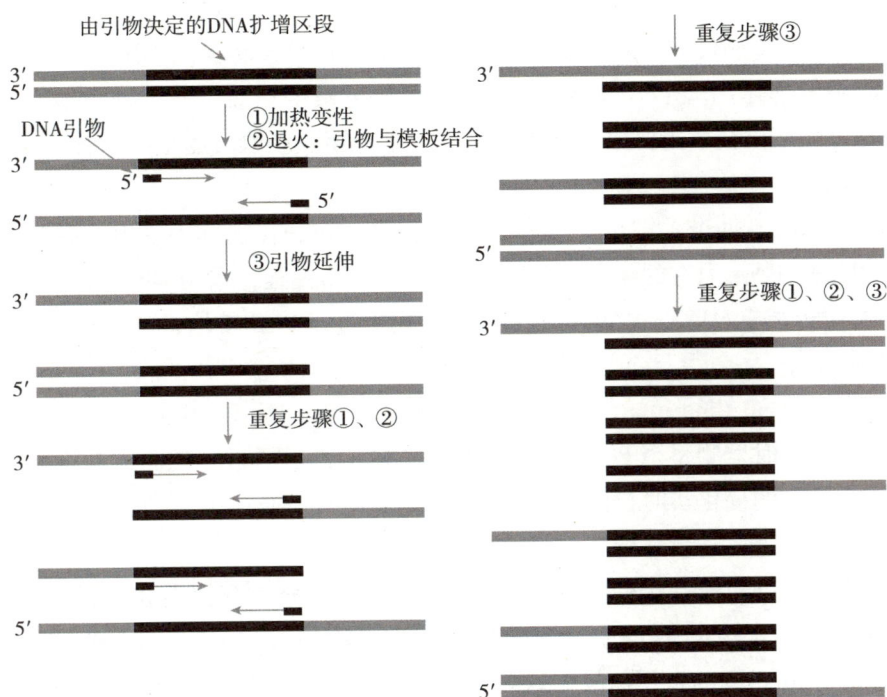

图 16 - 2　PCR 基本原理示意图

⊕ 知识链接

PCR 技术的发明

　　早在 1983 年，穆里斯（Kary Banks Mullis）就想到 PCR 原理的原型，并于当年 8 月做了有关 PCR 原理的正式报告，但当时几乎没有人相信，甚至有人中途离场。直到 1986 年 5 月，穆里斯生平第一次受邀在"人类分子生物学"专题研讨会中发表演讲并表现出色，才让 PCR 之名及其可能的应用广为人知。然而，每个实验技术理论的提出至其变成真正成熟的技术，总是与领域中其他技术的突破息息相关。1973 年，一位来自中国台湾的年轻科学家钱嘉韵，从黄石公园热泉里的嗜热菌细胞中成功分离出耐高温的 *Taq* DNA 聚合酶，该酶的发现成为 PCR 技术走向成熟的临门一脚。1986 年 6 月，穆里斯团队首度将 *Taq* DNA 聚合酶应用于 PCR，自此，PCR 技术取得了完全的成功。穆里斯也最终获得了 1993 年的诺贝尔化学奖。

二、PCR 技术的衍生及应用

　　PCR 技术可将微量目的 DNA 片段大量扩增，它的高敏感、高特异、高产率、可重复以及快速简便等优点使其迅速成为分子生物学研究中应用最广泛的技术。随着分子生物学技术以及 PCR 技术的发展，已有多种 PCR 的衍生技术诞生，例如反向 PCR（inverse PCR，IPCR）技术、不对称 PCR（asymmetric PCR）技术、逆转录 PCR（reverse transcription，RT - PCR）技术、巢式 PCR（nest PCR）技术以及实时 PCR（real - time PCR）技术等。本章选取 RT - PCR、实时 PCR 这两种比较常用的 PCR 衍生技术进行介绍。

　　1. 逆转录 PCR 技术　PCR 技术只能够检测 DNA 样品中某个目的 DNA 片段的存在及其量的情况，

而 RNA 的信息则不能够得到直接反映。逆转录 PCR（reverse transcription PCR，RT‑PCR）技术作为 PCR 的一种衍生技术，可以将一条 RNA 链逆转录成与其互补的 DNA（cDNA），再以此 DNA 为模板通过 PCR 进行 DNA 扩增（图 16‑3）。实际上就是利用逆转录酶将 RNA 转换为 DNA，从而在基因的表达和基因的发现与获取中发挥作用。RT‑PCR 使 RNA 检测的灵敏度提高了几个数量级，使一些极微量的 RNA 样品分析成为可能。该技术主要用于分析基因的转录产物、获取目的基因、合成 cDNA 探针、构建 RNA 高效转录系统等。

RT‑PCR 技术中主要有两个关键步骤：①提取完整的 RNA，保护其不受 RNase 的降解以及无基因组 DNA 的污染，以维持 RNA 原有的信息状态；②以 RNA 作为模板，采用 Oligo（dT）或随机引物，利用逆转录酶将 RNA 逆转录成 cDNA，之后再以 cDNA 为模板进行 PCR 扩增，从而获得目的基因或检测基因表达。

2. 实时定量 PCR（real-time quantivative PCR）技术　基本原理：在 PCR 反应体系中加入荧光基团，利用荧光信号累积实时监测整个 PCR 进程（图 16‑4），最后通过标准曲线对未知模板进行定量分析。该方法通过荧光信号的变化实时检测 PCR 扩增反应中每一个循环扩增产物量的变化，最后通过标准曲线对起始模板的浓度进行定量分析。

在实际应用过程中，可根据是否使用探针将实时定量 PCR 分为探针类和非探针类实时定量 PCR。非探针类实时定量 PCR 与常规 PCR 的主要不同在于加入了能与双链 DNA 结合的荧光染料（如 SYBR Green），从而实现对 PCR 过程的全程监控。这种方法简便易行且实验成本低廉，但特异性和精确性相对较差。而探针类实时定量 PCR 由于在使用引物的同时又使用了探针（图 16‑4），所以其精确性及特异性较高，但操作相对复杂，成本也较高。

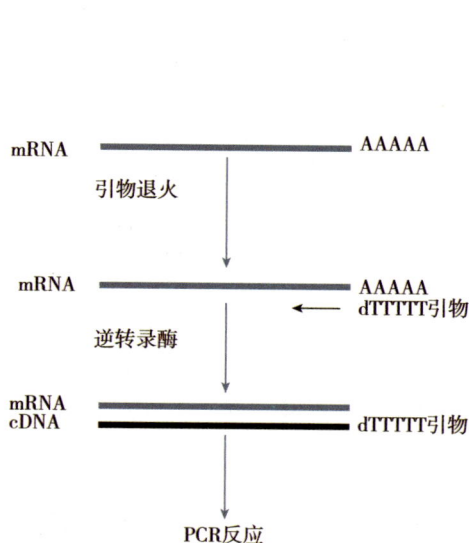

图 16‑3　RT‑PCR 示意图

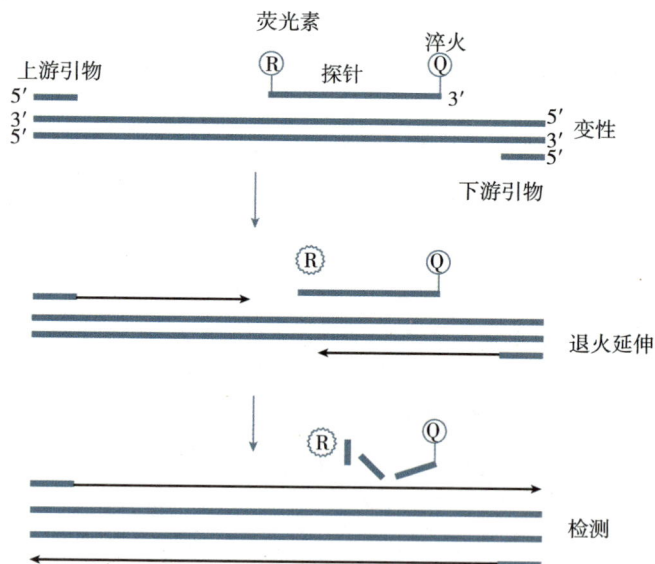

图 16‑4　探针类实时定量 PCR 原理示意图

探针类实时定量 PCR 技术利用寡核苷酸探针和引物，探针两端设计有荧光素与淬灭剂。荧光基团连接在探针的 5′端，而淬灭剂则在 3′端。当完整的探针与目标序列配对时，荧光基团发射的荧光因与 3′端的淬灭剂接近而被淬灭。但在进行延伸反应时，聚合酶的 5′外切酶活性将探针进行酶切，使得荧光基团与淬灭剂分离。随着扩增循环数的增加，释放出来的荧光基团不断积累，因此荧光强度与扩增产物的数量呈正比关系。

实时定量 PCR 技术实现了 PCR 反应从定性到定量的飞跃，随着该技术的日趋完善，逐渐在生命科学领域得到了广泛的应用，例如海关对于有进出境要求的动、植物的传染病以及对寄生虫病病原体的检测；此外，在食品、饲料、化妆品的相关检测中，实时定量 PCR 技术也发挥了重要作用。

第三节 基因工程 ◉微课

PPT

基因工程（genetic engineering）又称为重组 DNA 技术，是在分子水平上用人工方法提取或合成不同生物的遗传物质（DNA 片段），在体外经酶切、连接形成重组 DNA，然后将重组 DNA 导入受体细胞中，进行复制和表达，生产出人类需要的蛋白质或创造出生物的新性状，并使之稳定地遗传给下一代。基因工程兴起于 20 世纪 70 年代。1972 年，Berg P 团队将噬菌体基因和大肠埃希菌乳糖操纵子插入猴病毒 SV40 DNA 中，首次构建出 DNA 的重组体。由于 SV40 能够使动物致癌，因此工作并未进行下去。第二年，Cohen S 和 Boyer H 将细菌质粒通过体外重组后，导入宿主大肠埃希菌细胞内，得到基因的分子克隆（克隆意为无性繁殖系），由此诞生了基因工程。基因工程这个术语可以用来表示对特定基因的操作所涉及的技术体系，其核心是构建重组体 DNA 的技术。它与当前发展的蛋白质工程、酶工程和细胞工程共同构成了当代新兴的学科领域——生物技术工程。生物技术工程的兴起为现代科学技术发展和工农业、医药卫生事业的进步提供了巨大的发展空间。

⊕ 知识链接

基因工程胰岛素

早期用于临床治疗的胰岛素几乎都是从猪、牛胰腺中提取的，获得率很低。动物源胰岛素与人胰岛素在结构上有一定程度的差别，注射到人体内会引起免疫反应，导致胰岛素效用下降。

随着生物技术的发展，科学家已经分离并鉴定了人胰岛素基因。首先利用 RT-PCR 扩增该基因，通过酶切和连接方法将人胰岛素基因连接至表达载体，并将其导入非致病的酵母菌或大肠埃希菌等微生物中进行融合表达。经测定，在去除杂质后获得的高纯度的人胰岛素，其氨基酸排列顺序及生物活性与人体本身的胰岛素完全相同。与动物胰岛素相比，人胰岛素吸收稍快，作用时间略短；主要的优点是免疫原性显著下降，体内一般不产生针对胰岛素的抗体，生物活性有所提高，特别适用于因出现抗胰岛素抗体以致对胰岛素敏感性明显降低的患者，以及胰岛素过敏及脂肪萎缩的糖尿病患者。

一、基因工程常用的工具酶

基因工程操作中需要用到各种各样的工具酶，主要有限制性内切核酸酶、DNA 连接酶、DNA 聚合酶、逆转录酶、RNA 聚合酶、多核苷酸激酶、碱性磷酸酶、外切核酸酶、内切核酸酶等。基因工程酶学已经成为基因工程技术体系的主要内容之一，本章节主要就限制性内切核酸酶、DNA 连接酶、碱性磷酸酶进行详细的介绍。

1. 限制性内切核酸酶（restriction endonuclease，RE） 是能够识别双链 DNA 分子中的某种特定核苷酸序列并水解磷酸二酯键的一类酶。目前发现的 RE 有 1800 多种，根据其组成、所需因子及裂解 DNA 方式的不同，可将 RE 分为Ⅰ型、Ⅱ型和Ⅲ型。其中Ⅰ型和Ⅲ型 RE 为复合功能酶，同时具有限制及修饰两种作用。Ⅱ型 RE 为重组 DNA 技术中广泛使用的"分子解剖刀"，能够识别 DNA 内部的特异位点，通常为 6 个碱基的回文结构（palindrome）。回文结构，又称反向重复序列，是指在两条核苷酸链中，从 5′→3′方向的核苷酸序列完全一致。表 16-1 列举了部分Ⅱ型 RE 的识别位点。*Aat* I 酶识别位点位于 DNA 的中轴线处，并在此处进行切割，使切开的 DNA 两条单链形成平整的切口，称为平末端（blunt ends）；其他酶可将 DNA

两条链交错切开，形成单链突出、彼此互补的末端，称为黏性末端（sticky ends）。

表 16 – 1　常用 Ⅱ 型 RE 的识别位点举例

RE	识别位点	RE	识别位点
*Bam*H Ⅰ	5′ G^GATCC 3′	*Sac* Ⅰ	5′ GAGCT^C 3′
*Eco*R Ⅰ	5′ G^AATTC 3′	*Aat* Ⅰ	5′ AGG^CCT 3′
Hind Ⅲ	5′ A^AGCTT 3′	*Xba* Ⅰ	5′ T^CTAGA 3′
Kpn Ⅰ	5′ GGTAC^C 3′	*Xho* Ⅰ	5′ C^TCGAG 3′

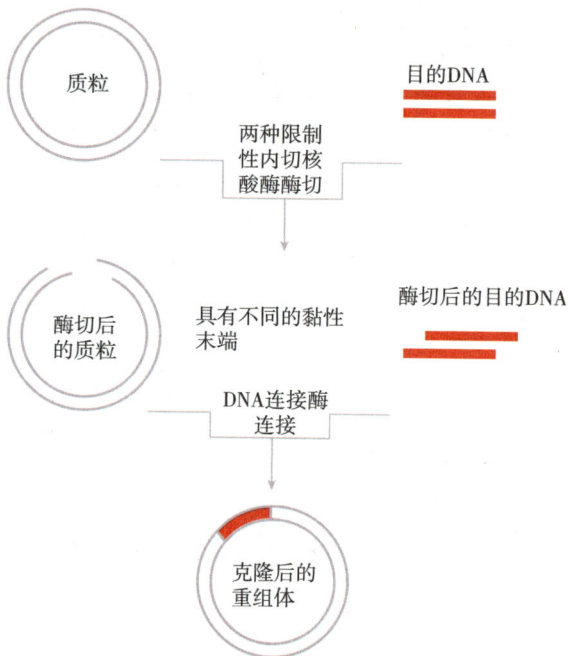

图 16 – 5　限制性内切核酸酶和 DNA 连接酶用于目的基因及载体的切割与连接

通常在基因克隆时，根据克隆载体上多克隆酶切位点和目的基因上可利用的限制性内切核酸酶位点，选择两种合适的酶进行切割（图 16 – 5）。实验中尽可能使用黏性末端，这有利于目的片段按照正确的方向插入。

选择能够产生黏性末端的限制性内切核酸酶，将会使克隆的效率得到很大的提高，如果两端选用的限制性内切核酸酶不同，DNA 片段便可定向插入载体中。

2. DNA 连接酶　分子克隆中，DNA 连接酶可以催化两条双链 DNA 片段中相邻的 3′ - 羟基末端与 5′ - 磷酸基团末端之间形成磷酸二酯键（图 16 – 5），此过程需要由 ATP 水解提供能量。DNA 连接酶主要有来自噬菌体的 T4 DNA 连接酶和 *E. coil* DNA 连接酶两种，其中 T4 DNA 连接酶在分子克隆中的应用较广泛，它的最适连接温度为 16℃，对黏性末端连接效率较高，而对平末端连接效率较低。

3. 碱性磷酸酶（alkaline phosphatase）　主要作用是脱去 DNA 双链 5′端的磷酸，消除载体 DNA 的自身连接，减少无效重组体的产生。

载体 DNA 被单酶切后，其本身能够在 DNA 连接酶的作用下，重新连接成闭合环状 DNA，不但降低了目的基因的插入效率，而且干扰对重组 DNA 的选择，而碱性磷酸酶可以将 DNA 5′端的磷酸基团去除，使得酶切后的载体不能够自身环化，从而有利于外源性片段的插入。因此，酶切后对载体 DNA 进行脱磷酸处理，DNA 连接酶就不能够催化载体本身的自身连接反应（图 16 – 6），从而可以提高克隆的成功率。

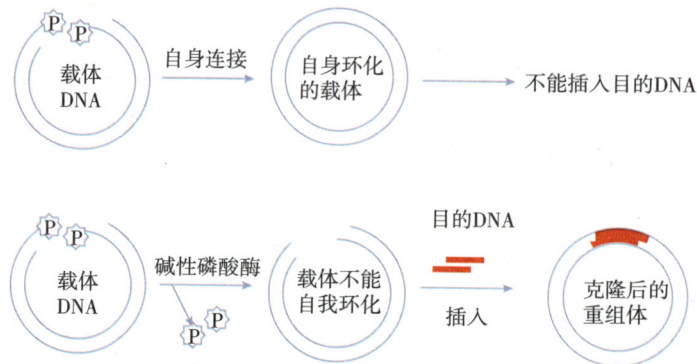

图 16 – 6　碱性磷酸酶在分子克隆中的应用

二、基因工程的基本程序

基因工程的基本程序：目的基因的获取，基因载体的选择与构建，目的基因与载体的拼接，重组 DNA 分子导入受体菌，筛选并无性繁殖含重组分子的受体菌（转化子）以及目的蛋白的诱导与表达。

（一）目的基因的获取

目前获取目的基因的途径大致分为以下几种。

1. 化学合成　根据不同的实验目的，可以利用网络资源，搜索某已知基因的核苷酸序列，或根据某种基因产物的氨基酸序列推导出该多肽链编码的核苷酸序列，再利用 DNA 合成仪通过化学合成法合成目的基因。该方法一般适用于小分子活性多肽基因的合成，如胰岛素、人生长激素释放抑制因子、干扰素及脑啡肽基因等。

2. 从基因组 DNA 文库中分离　基因组 DNA 文库（genomic library）是指由基因组 DNA 片段插入克隆载体获得的分子克隆的总称。理想情况下，基因组 DNA 文库包含该基因组的全部遗传信息。

3. 从 cDNA 文库中分离　cDNA 文库（cDNA library）是指细胞内全部 mRNA 逆转录生成的 cDNA 并被克隆的总和，它以 cDNA 片段的形式储存细胞的基因表达信息。

4. PCR 直接扩增　PCR 是一种在体外扩增 DNA 片段的方法。通过设计合适的引物，利用酶促反应即可获得特异性 DNA 片段，是获得目的基因最常用的方法。

（二）载体的选择和构建

载体根据其功能不同可分为克隆载体（cloning vector）和表达载体（expression vector）两大类。克隆载体主要由质粒、病毒或一段 DNA 改造而成，主要用于外源 DNA 片段在受体细胞中进行扩增。作为克隆载体，最基本的要求如下：①具有自主复制的能力；②携带具有易于筛选的选择标记；③含有多种限制性酶的单一识别序列以供外源基因的插入；④除必要序列外，载体应尽可能的小，以便于导入细胞进行繁殖；⑤使用安全。表达载体根据其宿主细胞的不同又可分为原核表达载体和真核表达载体，主要用于外源基因的表达。在载体构建的过程中，根据不同的实验目的以及操作基因的性质等，通常需要选择不同的载体。

（三）外源基因与载体的连接

获取目的基因和载体后将两者连接形成重组子，即 DNA 的体外重组。与自然界发生的基因重组不同，人工 DNA 重组是依靠序列特异的限制性内切核酸酶在准确的位置切割外源 DNA 与载体，使 DNA 分子与载体形成相同的黏性末端，然后通过 DNA 连接酶将目的基因与载体共价连接（图 16-5）。由于 DNA 末端的切口不同，其连接方式也有多种，无缝克隆便是其中新产生的一种，该技术可通过同源重组将载体与目的 DNA 片段连接在一起。

（四）重组 DNA 导入受体菌

目的基因与载体在体外连接成重组 DNA 分子后，需将其导入受体菌。按照不同的实验目的，将选择的受体菌经适当的理化方法处理（如氯化钙法等）后，使其处于最适摄取和容忍重组体的状态，成为感受态细胞（competent cell）。根据重组 DNA 时采用的载体性质不同，又可分为转化（transformation）和转染（transfection）等方式。

（五）重组体的筛选

重组 DNA 分子被导入受体细胞后，经涂布适当的固体培养基便可得到大量转化子菌落或转染噬菌斑。因为每一重组体只携带某一段外源基因，而转化或转染时每一受体菌又只能接受一个重组体分子，所以从众多的转化菌落或菌斑中鉴定出含有目的基因的重组子即可得到目的基因的克隆，这一过程为筛选（screening）或选择（selection）。根据载体体系、宿主细胞特性及外源基因在受体细胞的表达情况不同，可采取不同的选择方法，常用的方法有抗药性标志选择法、标志补救法、分子杂交法等。

1. 抗药性标志选择　克隆载体会携带有某种抗药性标志基因，如氨苄西林抗性基因（amp^r）、卡那霉素抗性基因（kan^r）、四环素抗性基因（tet^r）等。在含有相应抗生素的固体培养基上，只有含有这种抗药基因的转化子才能形成菌落。通过这种方法，可将转化菌与非转化菌区别开来。重组载体（含外源基因）的转化菌，因外源基因插入标志基因内，使标志基因失活，通过有、无抗生素培养基对比培养即可与单纯载体区分。此外，噬菌体载体转染细菌形成的噬菌斑也具有此种筛选特征，这种方法只适用于阳性重组体的初步筛选。

2. 标志补救　若克隆的基因能够在宿主菌中表达，且表达产物与宿主菌的营养缺陷型互补，就可以利用营养突变菌株进行筛选，这就是标志补救（marker rescue）。利用营养缺陷型宿主，就可以将相应生物合成基因作为筛选标记，带有相应合成基因的载体就可以使它的宿主菌在基础培养基中生长繁殖，无须再补充原来所缺少的营养成分。反之，宿主菌则不能在基础培养基中生长。利用这种方法，就可以获得阳性重组体。利用 α 互补筛选携带重组质粒的细菌就是一种标志补救选择方法，基本原理：在 M13 基因间隔区插入 *E. coli* 的一段调节基因及 *lacZ* 的 N 端 146 个氨基酸残基编码基因，其编码产物为 β-半乳糖苷酶的 α 片段；突变型 *lac* - *E. coli* 可表达该酶的 ω 片段；单独存在的 α 片段及 ω 片段均无 β-半乳糖苷酶活性，只有宿主细胞与克隆载体同时存在并共同表达两个片段时，宿主细胞内才有 β-半乳糖苷酶活性，可使特异性底物（X - gal）变为蓝色化合物，这就是 α 互补（alpha complementation）。如果外源基因插入编码 α 片段的基因内，则会干扰 *lacZ* 的表达，不形成 α 互补，在含 X - gal 的培养基上生长时只会出现白色菌落；如果在编码 α 片段的基因内无外源基因插入，则有 *lacZ* 表达，转化菌在同样条件下呈蓝色菌落（图 16 - 7）。

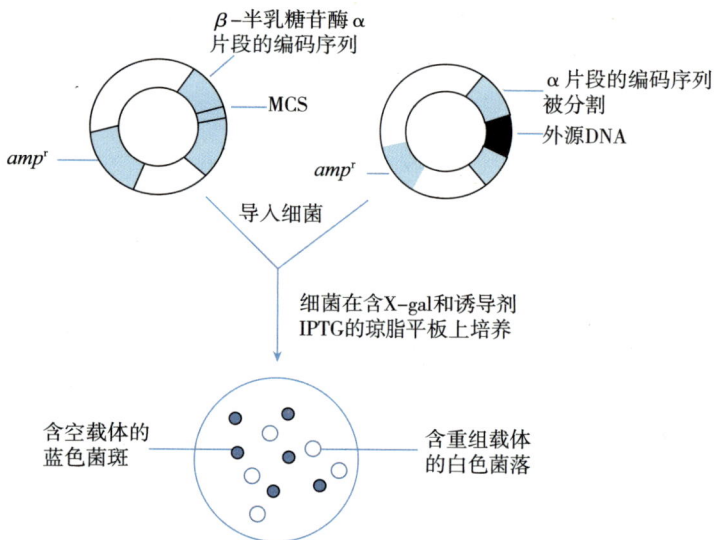

图 16 - 7　α 互补筛选

重组体初步筛选结束后，可通过基因测序的方法，进一步确定目的基因序列的完整性与插入位置的准确性，从而确保后续实验的顺利进行。

（六）克隆基因的表达

经过上述过程，获得的基因组 DNA 或 cDNA 克隆是基因工程操作的基础。接下来，重组正确的克隆便可用于目的基因的表达，从而实现生命科学相关研究以及医药或商业化生产的目的，即基因工程的最终目标。蛋白质表达已成为基因工程中一个专门的领域，在该领域中，表达系统的建立包括表达载体的构建、载体导入受体细胞、诱导表达及表达产物的分离、纯化等过程。基因工程的表达系统包括原核表达系统和真核表达系统。

1. 原核表达系统　大肠埃希菌是当前使用最多的原核表达菌株，其优点是培养方法简单、经济、迅速而又适合大规模的生产。运用大肠埃希菌表达目的基因时，构建重组体所需的表达载体除了需具备克隆载体的一般特点之外，还需要具有调控外源基因有效转录和翻译的序列：①具有能调控转录、产生大量 mRNA 的强启动子，如 *tac* 启动子序列；②含适当的翻译控制序列，如翻译起始点、核糖体结合位点（ribosome binding site，RBS）等；③含有标签，用于后续目的蛋白的纯化与检测。在实际工作中，重组子进入不同的菌株，表达策略也不一致，有的目的蛋白主要分泌到培养基中，有的分泌到细胞周质中，有的则以胞内蛋白的形式存在，所以需要根据表达目的的不同，选择不同的获得策略。大肠埃希菌表达系统在实际应用过程中也存在一些不足之处：①由于缺乏转录后加工机制，大肠埃希菌表达系统只能表达克隆的 cDNA，不宜表达真核基因组 DNA；②由于缺乏翻译后加工机制，大肠埃希菌表达系统表达的真核蛋白质不能进行适当的折叠或糖基化修饰；③表达的蛋白质常常形成不可溶的包涵体，需进行复杂的复性处理；④很难在大肠埃希菌表达系统中表达大量的可溶性蛋白。

2. 真核表达系统　与原核表达系统比较，有其独特的优缺点。真核表达载体通常含有启动子、选择标记、转录终止信号、mRNA 具有 poly（A）信号或染色体整合位点等。真核表达系统大多是穿梭载体，有两套复制原点及选择标记，在大肠埃希菌和真核细胞中都可以使用。

真核表达系统包括酵母、昆虫及哺乳类动物细胞三类表达系统。哺乳类动物细胞，不仅可表达克隆的 cDNA，还可表达真核基因组 DNA。哺乳类细胞表达的蛋白质通常需要被适当修饰，而且表达的蛋白质会恰当地分布在细胞内一定区域并积累。而操作技术要求高、周期长、成本高是其缺点。

第四节　基因诊断与基因治疗

基因作为携带生物遗传信息的基本单位，其改变往往会导致各种表型的改变，进而引起疾病的发生。基因诊断（gene diagnosis）与基因治疗（gene therapy）是从基因水平对疾病进行早期诊断与针对性治疗的现代分子医学的重要研究内容之一。

一、基因诊断

（一）基因诊断的概念与特点

基因诊断是指利用分子生物学技术对生物体的基因序列及其表达产物进行定性、定量检测与分析，从而对疾病做出诊断的方法。相较于以疾病表型改变为依据的医学诊断方法，基因诊断不依赖疾病表型的改变，直接对患者基因或基因表达产物进行检测分析，具有特异性强、灵敏度高、应用广泛、稳定性和重复性好、早期诊断及快速经济等特点。

（二）基因诊断的常用技术方法

基因诊断的基本方法主要有核酸分子杂交、PCR、DNA 测序和基因芯片等。基因诊断中常将多种检查方法相结合进行联合应用，并衍生出其他诊断方法，如 PCR‐限制性片段长度多态性分析、等位基因特异的寡核苷酸分子杂交、单核苷酸多态性分析等。以下简要介绍几种常用的诊断技术。

1. 核酸分子杂交　是基因诊断的最基本方法之一。

2. PCR 技术　现已成为基因诊断的主要方法，应用该技术可以快速、灵敏地检测疾病相关基因的缺失或突变，明确病原体的存在与否。

3. DNA 测序　对疾病有关的 DNA 片段进行序列测定，该方法是诊断疾病相关基因异常最直接和准确的方法。

4. 基因芯片　是近年发展起来的可用于大规模基因组表达谱研究、快速检测基因差异表达、鉴别致病基因或疾病相关基因的一项新的基因功能研究技术。具有同时对大量基因，甚至整个基因组的基因表达进行对比分析的优点。

5. PCR‐限制性片段长度多态性分析　用一种或多种限制性内切核酸酶切割某一 DNA 序列，会产生多个大小不同的 DNA 片段，即限制性片段。如果基因突变导致 DNA 序列中产生新的限制性内切核酸酶的切割位点或原有酶切位点消失，当用同一种限制性内切核酸酶切割同一物种不同个体的基因组 DNA 时，会出现相对分子质量不同的同源等位片段，这种由于限制性内切核酸酶切点变化所导致的 DNA 酶切片段长度的差异，称为限制性片段长度多态性（restriction fragment length polymorphism，RFLP）。PCR－RFLP 分析，即将 PCR 与 RFLP 相结合，先用 PCR 技术扩增突变基因，之后再将扩增产物经相应的内切酶切割分析。该技术可以快速、简便地对疾病相关基因的已知突变进行诊断。

6. PCR－等位基因特异的寡核苷酸分子杂交　等位基因特异的寡核苷酸（allele specific oligonucleotide，ASO）分子杂交是检测已知点突变的有效技术之一，它可通过合成 ASO 探针，将其与受检者 DNA 杂交来进行诊断。PCR 结合 ASO，即 PCR－ASO 技术，先将含有突变点的有关基因片段进行体外扩增，然后再与 ASO 探针做点杂交，可快速、简便地检测一些遗传病的已知突变。

（三）基因诊断的临床应用

1. 在感染性疾病检测中的应用　人类疾病的发生，除内源基因的突变外，还涉及外源性基因的入侵。各种微生物、病毒和寄生虫感染机体，均可引发疾病。对于感染性疾病，基因诊断尤其是 PCR 的应用，仅需少量的细胞、体液或其他物质，在几个小时之内不仅可以检测出正在生长的病原体，也能检出潜伏的病原体，既能确定既往感染也能确定现行感染。

2. 在遗传病检测中的应用　在妊娠期甚至胚胎着床前进行产前诊断可杜绝患儿出生，有利于优生优育。以往的产前诊断一般采用常规的细胞遗传学方法和生化方法，如检查染色体的核型，测定酶活性等，但需要对细胞进行培养，费时费力，而且很多疾病无法诊断。而采用基因诊断技术，在短时间内即可做出准确诊断。产前诊断初期是取羊水细胞进行检测，之后采用妊娠 8～12 周的绒毛 DNA 作为检测材料并获得成功，使产前基因诊断的时间提前。然而随着 PCR 技术的应用，在胚胎植入前即可作产前诊断，并且目前已有一系列的遗传病可用 PCR 进行诊断，例如 PCR－RFLP 技术便被应用于诊断软骨发育不全。

3. 在肿瘤检测中的应用　肿瘤的发生和发展是一个多因素多步骤的过程，基因结构和表达的异常是肿瘤发生的主要因素之一。肿瘤癌基因的变化包括癌基因扩增、过量表达和点突变。其中，基因扩增可以采用 Southern 杂交或定量 PCR 的方法进行检测；基因的过量表达可采用 Northern 杂交和 RT－PCR 方法检测；癌基因的点突变的检测主要采用基于 PCR 的各种方法，如 PCR－RFLP 技术和 PCR－ASO 技术等。

二、基因治疗

（一）基因治疗的概念

基因治疗是指将外源正常基因导入靶细胞，通过外源基因的表达产物纠正或补偿因基因缺陷和异常引起的疾病，以达到治疗的目的。目前基因治疗的概念有了较大的扩展，凡是采用分子生物学的方法和原理，将某种遗传物质转移到患者细胞内，使其在体内发挥作用，以达到治疗疾病目的的方法，都可称为基因治疗。随着对疾病本质的深入了解和新的分子生物学方法的不断涌现，基因治疗方法有了较大的发展。

（二）基因治疗的基本策略

根据所采用的方法不同，基因治疗的策略大致可分为以下几种。

1. 基因矫正（gene correction）　将致病基因的碱基进行纠正，而将正常部分予以保留。

2. 基因置换（gene replacement）　用正常的基因通过体内基因同源重组，原位替换病变细胞内的致病基因，使细胞内的 DNA 完全恢复正常状态。

3. 基因增补（gene augmentation）　将目的基因导入病变细胞而不去除异常基因，通过目的基因的非定点整合，使其表达产物补偿缺陷基因的功能或使原有的某些功能得以加强。

4. 基因失活（gene inactivation）　利用反义技术特异地封闭基因表达特性，抑制一些有害基因的表达，以达到治疗疾病的目的。

总之，基因治疗的策略较多，不同的方法在实践中各有优缺点，而基因治疗本身也并不仅局限于遗传病的治疗，现已扩展到肿瘤、心血管疾病和感染性疾病等的治疗中。

（三）基因治疗的过程

基因治疗的过程可以分为以下 6 个步骤。

1. 选择治疗性目的基因　基因治疗的首要任务是选择用于治疗疾病的目的基因。对单基因缺陷的遗传病，其野生型基因就可被用于基因治疗；对于肿瘤，可以用特定的反义核酸封闭细胞内活化的原癌基因的表达或向细胞内转入相关的抑癌基因以抑制肿瘤的生长。

2. 选择基因载体　外源基因只有整合到染色体中，变为其中一部分才有可能得到持续的高表达。因此，将功能基因送到体内，穿过细胞膜，进入细胞核与染色体整合，这是基因治疗成败的关键。目前基因治疗应用的载体有非病毒载体和病毒载体。

非病毒载体可大量生产，毒性、免疫方面问题少，但基因传输效率低，外源基因表达短暂。而许多疾病需要转染基因持续、高水平的表达，故病毒类载体成为有效传输基因的最佳工具。病毒具有一些独特的性质，如多数病毒可感染特异的细胞，且在细胞内不易降解；RNA 病毒则能整合到宿主染色体上，且其表达水平较高，因此病毒载体是良好的基因转运载体。目前已被用作载体的病毒有逆转录病毒、腺病毒、腺相关病毒等。

3. 选择靶细胞　理论上，无论何种细胞均具有接受外源 DNA 的能力，但在实际基因治疗中禁止使用生殖细胞作为靶细胞，只能使用体细胞。目前使用较多的是骨髓干细胞、皮肤成纤维细胞、肝细胞、血管内皮细胞和肌细胞等。

4. 基因转移　将目的基因导入靶细胞的方法很多，大致可分为物理方法、化学方法、融合法和病毒感染法 4 类。物理方法包括核内显微注射、电穿孔、基因枪等；化学方法包括磷酸钙沉淀法、DEAE－葡聚糖法、脂质体法等。而在基因治疗的临床实施中，以病毒感染法为主。

5. 外源基因的表达及检测　在筛选出转化子后还需要鉴定转导细胞中外源基因的表达状况，其中包括对目的基因和标记基因表达的鉴定。常用方法有原位杂交、Northern 杂交、RNA 点杂交、免疫组织化学染色等。

6. 回输体内　将治疗性基因修饰的细胞以不同的方式回输体内以发挥治疗效果，如淋巴细胞可经静脉回输入血；造血细胞可采用自体骨髓移植的方法；皮肤成纤维细胞经胶原包裹后可埋入皮下组织中等。

（四）基因治疗的应用

目前基因治疗主要是治疗那些对人类健康威胁严重的疾病，包括遗传病（如血友病、囊性纤维病、家庭性高胆固醇血症等）、恶性肿瘤、心血管疾病、感染性疾病（如艾滋病、类风湿）等。基因治疗最初是以治疗单基因遗传病为主，而现已广泛应用于肿瘤等多基因疾病的治疗研究。肿瘤基因治疗的原理是将目的基因用基因转移技术导入靶细胞，使其表达此基因而获得特定的功能，继而执行或介导对肿瘤的杀伤和抑制作用，从而达到治疗之目的。

作为新兴的医学科技，基因治疗一方面给患有遗传病及其他疑难疾病的患者带来希望和信心，另一方面由于基因治疗可能引发人类基因库的改变，诱发新的疾病而产生一系列安全性和伦理学方面的问题，国家制定了一系列有关基因治疗的规定和审批制度来确保基因治疗用于人体临床试验的安全性和可靠性。

虽然基因治疗还面临着很多问题需要解决，但它的理论基础和强大生命力是显而易见的。随着人类基因组计划的完成和大批新基因的发现以及新技术的发展，在未来，基因治疗将取得重大突破，成为一种常规的治疗手段。

目标检测

答案解析

一、选择题

1. 下列物质中，不能在 PCR 反应中作为模板的是（　　）

    A. RNA   B. 单链 DNA   C. cDNA   D. 蛋白质   E. 双链 DNA

2. 用来鉴定 DNA 的技术是（　　）

    A. Northern 印迹杂交   B. Western 印迹杂交   C. Southern 印迹杂交

    D. 离子交换层析   E. SDS – PAGE

3. 基因诊断的基本原理是（　　）

    A. 基因重组   B. 基因突变   C. 染色体变异

    D. DNA 的分子杂交   E. DNA 变性

4. 下列方法中不属于基因治疗的是（　　）

    A. 基因矫正   B. 基因置换   C. 基因失活   D. 基因增补   E. 基因敲除

5. 基因治疗的步骤是（　　）

    ①选择运输治疗基因的载体；②治疗基因的表达；③将治疗基因转入患者体内；④选择治疗基因；⑤选择治疗基因的靶细胞

    A. ③②①④⑤   B. ④①⑤③②   C. ⑤④①②③   D. ①④③②⑤   E. ②③①⑤④

6. 重组 DNA 技术常用的限制性核酸内切酶为（　　）

    A. Ⅰ型酶   B. Ⅱ型酶   C. Ⅲ型酶   D. Ⅳ型酶   E. Ⅴ型酶

7. 在重组 DNA 技术中催化形成重组 DNA 分子的酶是（　　）

    A. DNA 聚合酶   B. RNA 连接酶   C. 核酸内切酶   D. 逆转录酶   E. DNA 连接酶

二、问答题

1. PCR 技术的基本原理是什么？

2. 什么是基因工程技术？它的基本原理是什么？

3. 基因诊断的方法有哪些？

4. 什么是分子杂交？简述它的应用。

5. 简述蓝白斑筛选的原理及应用。

（周太梅）

书网融合……

本章小结   微课   题库

参考文献

[1] 周春艳，药立波．生物化学与分子生物学 ［M］．9 版．北京：人民卫生出版社，2018.

[2] 杨荣武．基础生物化学原理 ［M］．北京：高等教育出版社，2021.

[3] 王镜岩，沈同，朱圣庚，等．生物化学 ［M］．4 版．北京：高等教育出版社，2017.

[4] 贾弘褆．生物化学 ［M］．4 版．北京：北京大学医学出版社，2019.

[5] 唐炳华．生物化学 ［M］．11 版．北京：中国中医药出版社，2021.

[6] 刘新光，罗德生．生物化学与分子生物学（案例版）［M］．北京：科学出版社，2021.

[7] 马文丽，德伟，王杰．生物化学与分子生物学 ［M］．北京：科学出版社，2018.

[8] 郑里翔，杨云．生物化学 ［M］．2 版．北京：中国医药科技出版社，2018.

[9] 冯作化，药立波．生物化学与分子生物学 ［M］．3 版．北京：人民卫生出版社，2015.

[10] 吴梧桐．生物化学 ［M］．3 版．北京：中国医药科技出版社，2015.

[11] 翟静，黄忠仕．生物化学 ［M］．南京：江苏凤凰教育科技出版社，2018.

[12] 赵宝昌，关一夫．Biochemistry（生物化学）［M］．2 版．北京：科学出版社，2019.

[13] 罗伯特·K·默里．生物化学 ［M］．2 版．汤其群译．北京：科学出版社，2019.

[14] 罗伯特·F·韦弗．医学分子生物学 ［M］．药立波，卜友泉译．北京：科学出版社，2020.

[15] David L. Nelson，Michael M. Cox. Lehninger Principles of Biochemistry ［M］．8th ed. New York：W. H. Freeman & Company，2021.